全国勘察设计注册工程师执业资格考试用书

注册岩土工程师执业资格考试 专业考试历年真题详解

Zhuce Yantu Gongchengshi Zhiye Zige Kaoshi
Zhuanye Kaoshi Linian Zhenti Xiangjie

（案例分析）

李自伟　李　跃｜主编
董　倩　陈鸿杰　吴连杰　耿楠楠｜副主编

人民交通出版社股份有限公司
China Communications Press Co.,Ltd.

内 容 提 要

本书根据人力资源和社会保障部、住房和城乡建设部颁布的注册土木工程师(岩土)专业考试大纲,由多位通过注册土木工程师(岩土)专业考试、熟悉命题规则、具有丰富备考经验的一线资深工程师共同编写而成。本书收录了2004~2014年案例分析真题,试题均采用现行规范进行解答,全书按照试题、解析答案分开排版,便于考生自测。

本书适合参加注册土木工程师(岩土)专业考试的考生复习使用,同时也可作为岩土工程技术人员、高等院校师生的参考书。

图书在版编目(CIP)数据

2015注册岩土工程师执业资格考试专业考试历年真题详解·案例分析/李自伟,李跃主编. —北京:人民交通出版社股份有限公司,2015.4

ISBN 978-7-114-12020-6

Ⅰ.①2… Ⅱ.①李… ②李… Ⅲ.①岩土工程—工程师—资格考试—题解 Ⅳ.①TU4-44

中国版本图书馆CIP数据核字(2015)第016334号

书　　名:2015注册岩土工程师执业资格考试专业考试历年真题详解·案例分析
著 作 者:李自伟　李　跃
责任编辑:刘彩云　李　坤
出版发行:人民交通出版社股份有限公司
地　　址:(100011)北京市朝阳区安定门外外馆斜街3号
网　　址:http://www.ccpress.com.cn
销售电话:(010)59757973
总 经 销:人民交通出版社股份有限公司发行部
经　　销:各地新华书店
印　　刷:北京盈盛恒通印刷有限公司
开　　本:787×1092　1/16
印　　张:25
字　　数:606千
版　　次:2015年4月　第1版
印　　次:2015年4月　第1次印刷
书　　号:ISBN 978-7-114-12020-6
定　　价:88.00元

前　　言

2002年4月，人事部、建设部下发了《注册土木工程师(岩土)执业资格制度暂行规定》、《注册土木工程师(岩土)执业资格考试实施办法》和《注册土木工程师(岩土)执业资格考核认定办法》(人发〔2002〕35号)，决定在我国施行注册土木工程师(岩土)执业资格制度，并于同年9月举行了首次全国注册土木工程师(岩土)执业资格考试。

该考试分为基础考试和专业考试两部分。参加基础考试合格并按规定完成职业实践年限者，方能报名参加专业考试。

专业考试分为"专业知识考试"和"专业案例考试"两部分。

"专业知识考试"上、下午试卷均由40道单选题和30道多选题构成，单选题每题1分，多选题每题2分，试卷满分为200分，均为客观题，在答题卡上作答。专业知识试卷由11个专业(科目)的试题构成，它们分别是：岩土工程勘察；岩土工程设计基本原则；浅基础；深基础；地基处理；土工结构与边坡防护；基坑工程与地下工程；特殊条件下的岩土工程；地震工程；岩土工程检测与监测；工程经济与管理。

"专业案例考试"上、下午试卷均由30道单项选择题构成，考生从上、下午试卷的30道试题中任选其中25道题作答，每题2分，试卷满分为100分，采取主、客观相结合的考试方法，即要求考生在填涂答题卡的同时，在答题纸上写出计算过程。专业案例试卷由9个专业(科目)的试题构成，它们分别是：岩土工程勘察；浅基础；深基础；地基处理；土工结构与边坡防护；基坑工程与地下工程；特殊条件下的岩土工程；地震工程；岩土工程检测与监测。

专业考试分2天进行，第1天为专业知识考试，第2天为专业案例考试，专业知识和专业案例的考试时间均为6小时，上、下午各3小时。具体时间安排是：

第一天　08:00～11:00　专业知识考试(上)
　　　　14:00～17:00　专业知识考试(下)
第二天　08:00～11:00　专业案例考试(上)
　　　　14:00～17:00　专业案例考试(下)

注册土木工程师(岩土)专业考试为非滚动管理考试，且为开卷考试，考试时允许考生携带正规出版社出版的各种专业规范和参考书进入考场。

截至2014年，注册土木工程师(岩土)执业资格考试共举行了13届，考生人数逐年增加，2014年考生人数达到历史之最。纵观这十多年，大体而言，该考试经历了三个阶段，即：2002～2003年，初期探索，题型及难度与目前的考试没有可比性；2004～2011年，题型和风格基本固定，以方鸿琪、张苏民两位大师以及高大钊、李广信两位教授为代表的老一辈命题专家，比较注重理论基础，偏"学院派"；2012年以后，武威担任命题组组长，出题风格明显转变，更加注重基本理论与工程实践的结合，更具"综合性"，是典型的"实践派"。相较于注册土木工程师的其他专业考试，岩土工程师考试更为复杂多变，其考查广度与深度也极具张力，复习时需投入更多的时间和精力。

为了帮助考生抓住考试重点，提高复习效率，顺利通过考试，人民交通出版社股份有限公司特邀请行业专家、对历年真题有潜心研究的注册岩土工程师们，在搜集、甄别、整理历年真题的基础上编写了本系列图书(含专业知识和案例分析)。书中对每一道题都进行了十分详细的解析，并力争做到答案准确清晰。另外，由于规范的更新，为了提高本系列图书的使用价值，在保证每套试题完整性的基础上，本书所有真题均采用现行规范进行解答。在此，特别感谢陈轮老师提供了部分参考资料。

为了更好地模拟演练，本书真题均按照年份顺序编排，答案附于每套真题之后。建议使用时严格按照考试时间解答，超过时间，应停止作答。给自己模拟一个考场环境，对于应考十分重要。真题永远是最好的复习资料，其中的经典题目，建议读者反复练习，举一反三。此外，也有必要提醒考生，一本好的辅导教材固然有助于备考，但自己扎实的理论基础更为重要。任何时候，都不应本末倒置。建议考生在使用本书前，应经过充分而系统的土力学和基础工程课程的学习。

本书由李自伟、李跃主编，董倩、陈鸿杰、吴连杰、耿楠楠参编。

感谢人民交通出版社股份有限公司刘彩云编辑、李坤编辑为本书的出版付出的辛勤劳动。

因时间有限，书中疏漏之处在所难免，欢迎各位考生提出宝贵建议，以便再版时进一步完善。

最后，愿诸位考生顺利通过考试！

编　者

2015 年 3 月

微信公众号

目　录

2004 年案例分析试题(上午卷)

1. 拟建一龙门吊,起重量 150kN,轨道长 200m,预计条形基础宽度 1.5m,埋深1.5 m。场地地形平坦,地基土主要为硬塑黏性土及密实卵石交互分布,水平向厚薄不一,基岩(砂岩)埋藏于地面下 7~8m,地下水位深度约 3m。请分析下列哪一项应作为岩土工程评价的重点?并说明理由。 ( )

(A)地基承载力 (B)地基的均匀性

(C)基岩面深度及起伏 (D)地下水埋藏条件及变化幅度

2. 某土样做固结不排水测孔隙水压力三轴试验,部分结果取值如下表。

题 2 表

试验结果 / 试验次序	主 应 力(kPa)		孔隙水压力 u(kPa)
	σ_1	σ_3	
1	77	24	11
2	131	60	32
3	161	80	43

试按有效应力法求得莫尔圆的圆心坐标和半径,其结果将最接近下列哪一选项所列数值? ( )

选 项	试 验 次 序	莫尔圆参数(kPa)	
		圆心坐标	半径
(A)	1	50.5	26.5
	2	95.5	35.5
	3	120.5	40.5
(B)	1	50.5	37.5
	2	95.5	57.5
	3	120.5	83.5
(C)	1	45.0	21.0
	2	79.5	19.5
	3	99.0	19.0
(D)	1	39.5	26.5
	2	63.5	35.5
	3	77.5	40.5

3. 某土试样固结试验成果如下:

题 3 表

压力(kPa)	50	100	200
稳定校正后的变形量 Δh_i(mm)	0.155	0.263	0.565

已求得该试样天然孔隙比 $e_0=0.656$。试计算该试样在压力 100~200kPa 范围的压缩系数和压缩模量最接近下列哪一组数值? ( )

(A)$a_{1-2}=0.15\text{MPa}^{-1}$,$E_s=11.0$MPa　　(B)$a_{1-2}=0.25\text{MPa}^{-1}$,$E_s=6.6$MPa

(C)$a_{1-2}=0.45\text{MPa}^{-1}$,$E_s=3.7$MPa　　(D)$a_{1-2}=0.55\text{MPa}^{-1}$,$E_s=3.0$MPa

4.一粉质黏土层中旁压试验成果如下:旁压器量测腔初始固有体积$V_c=491.0\text{cm}^3$,初始压力对应的体积$V_0=134.5\text{cm}^3$,临塑压力对应的体积$V_f=217.0\text{cm}^3$,旁压曲线直线段压力增量$\Delta p=0.29$MPa,土的泊松比取$v=0.38$。试计算该土层旁压模量最接近于下列哪一个数值?　(　　)

(A)3.5MPa　(B)6.5MPa　(C)9.5MPa　(D)12.5MPa

5.一水泥土搅拌桩复合地基,桩径500mm,矩形布桩,中心距1200mm×1600mm,现做单桩复合地基静载荷试验,承压板应选用下列哪一种尺寸和形状?　(　　)

(A)直径1200mm的圆　　(B)1390mm×1390mm的方形

(C)1200mm×1200mm的方形　　(D)直径1390mm的圆形

6.某厂房柱基础,建于如图所示的地基上,基础底面面积$b\times l=2\text{m}\times 3\text{m}=6\text{m}^2$(矩形),受力层范围内有淤泥质土层③,该层经修正后的地基承载力特征值$f_a=135$kPa。荷载效应标准组合时的基底平均压力$p_k=202$kPa。问淤泥质土层顶面处土的自重压力值p_{cz}与相应荷载效应标准组合时淤泥质土层顶面处的附加压力值p_z之和最接近下列哪一个数值?　(　　)

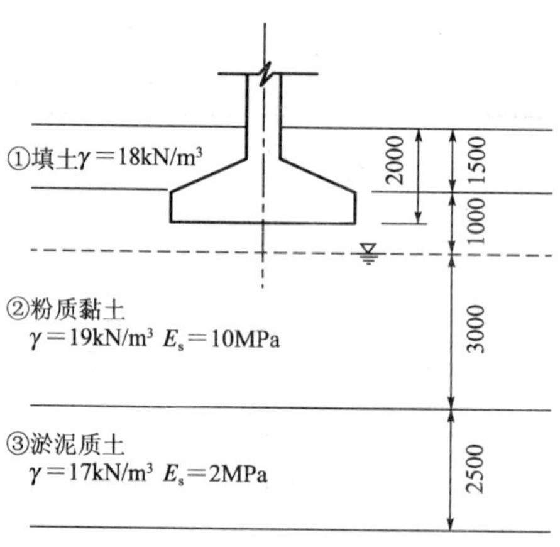

题6图(尺寸单位:mm)

(A)$p_{cz}+p_z=99$kPa　　(B)$p_{cz}+p_z=103$kPa

(C)$p_{cz}+p_z=108$kPa　　(D)$p_{cz}+p_z=113$kPa

7.水下重力式码头为条形基础,基底为抛石基床,抛石厚度为2.0m,计算面宽度$B_r=14$m,计算面以上竖向合力标准值$V_k=450$kN/m,地基土的十字板剪切强度标准值$c_{uk}=40\text{kPa}(\varphi=0)$,地基土天然重度为$18\text{kN/m}^3$,抛石基床内天然重度为$19\text{kN/m}^3$,计

算面合力的倾斜率 $\tan\delta=0.22$。试按现行《港口工程地基规范》(JTS 147-1—2010),确定计算面内各小区间地基极限承载力竖向应力的平均值 p_{zj} 最接近下列哪一个数值? ( )

(A)183kPa (B)193kPa
(C)203kPa (D)213kPa

8. 某正常固结土层厚度为 2m,土层平均自重压力 $p_{cz}=100$kPa,其压缩试验数据见下表。现在该层土上建造建筑物,估计平均附加压力 $p_0=200$kPa,问该土层的最终沉降量与下列哪一个数值最接近? ( )

压缩试验数据 题8表

p(kPa)	0	50	100	200	300	400
e	0.984	0.900	0.828	0.752	0.710	0.680

(A)10.5cm (B)12.9cm (C)14.2cm (D)17.8cm

9. 用作车库的地下室位于住宅小区内公共活动区的范围内,地下室的平面面积为 4000m^2,在地下室的顶板上覆土 1m,覆土的重度 $\gamma=18$kN/m^3,公共活动区的可变荷载取 10kPa。地下室顶板的厚度 30cm,顶板的顶面标高与地面标高相同,底板的厚度 50cm,混凝土的重度 $\gamma=25$kN/m^3。侧墙和梁柱的总重为 100MN,使用要求的地下室净空为 4m,最不利的设计抗浮地下水位埋深为地面下 1.0m,地基土的不固结不排水抗剪强度 $c_u=35$kPa。针对本工程的具体条件,指出下列对设计工作的判断中哪一条是不正确的? ( )

(A)抗浮验算不满足要求,必须设置抗浮桩
(B)不设置抗浮桩,但在覆土以前不能停止降水
(C)按使用期的荷载条件,不需要设置抗浮桩
(D)不需要验算地基承载力和沉降

10. 有相邻两栋住宅楼 A、B,由于 B 楼的建造,可能对已建的 A 楼产生一定的附加沉降量,其地层剖面、土层参数及附加压力曲线如图所示。问 A 楼可能产生的附加沉降量将接近下列哪一个数值? ( )

(A)0.9cm (B)1.2cm
(C)2.4cm (D)3.2cm

11. 超固结黏土层厚度为 4.0m,前期固结压力 $p_c=400$kPa,压缩指数 $C_c=0.3$,再压缩曲线上回弹指数 $C_e=0.1$,平均自重压力 $p_{cz}=200$kPa,天然孔隙比 $e_0=0.8$,建筑物平均附加应力在该土层中为 $p_0=300$kPa,该黏土层最终沉降量最接近于下列哪一个数值? ( )

(A)8.5cm (B)11cm

(C)13.2mm (D)15.8mm

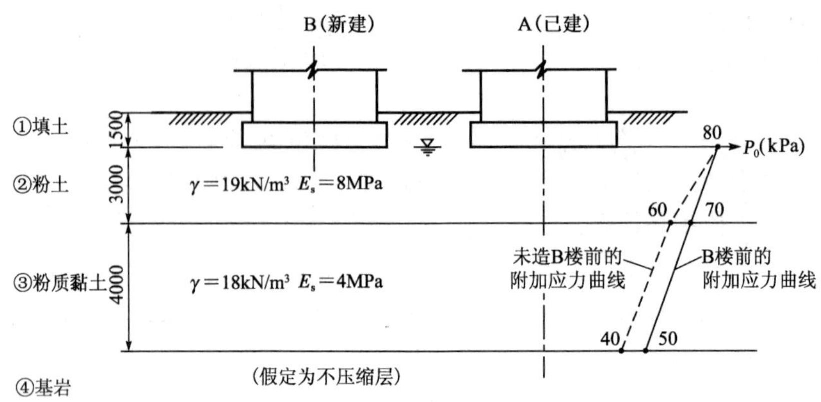

题 10 图(尺寸单位:mm)

12. 柱下独立基础底面尺寸为 3m×5m,F_1=300kN,F_2=1500kN,M=900kN·M,F_H=200kN,如下图所示,基础埋深 d=1.5m,承台及填土平均重度 γ=20kN/m³,计算基础底面偏心距最接近于下列哪一数值? ( )

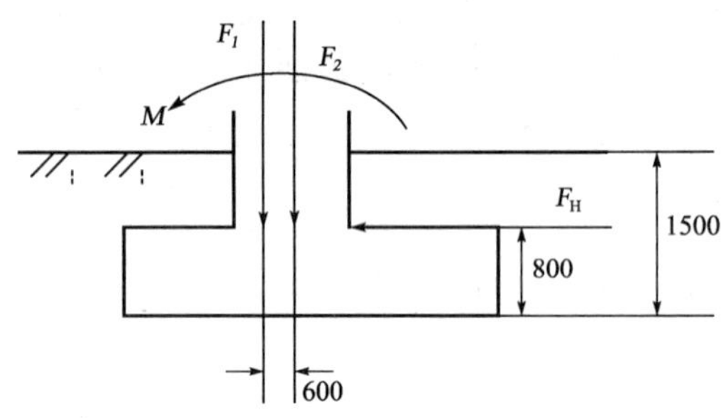

题 12 图(尺寸单位:mm)

(A)23cm (B)47cm (C)55cm (D)83cm

13. 一框架柱采用桩基础,承台下为 5 根 ϕ600mm 钻孔灌注桩,桩长 15m,承台底面埋深、承台尺寸、桩位平面分布,以及桩周、桩端下土层分布情况,均如图所示。荷载标准组合下作用在承台顶面处的柱竖向轴力 F_k=3840kN,弯矩 M_{yk}=161kN·m,并已知承台底面以上,承台与土自重标准值为 447kN,请分析计算承台下基桩的最大竖向力最接近下列哪一个数值? ( )

(A)813kN (B)858kN

(C)886kN (D)902kN

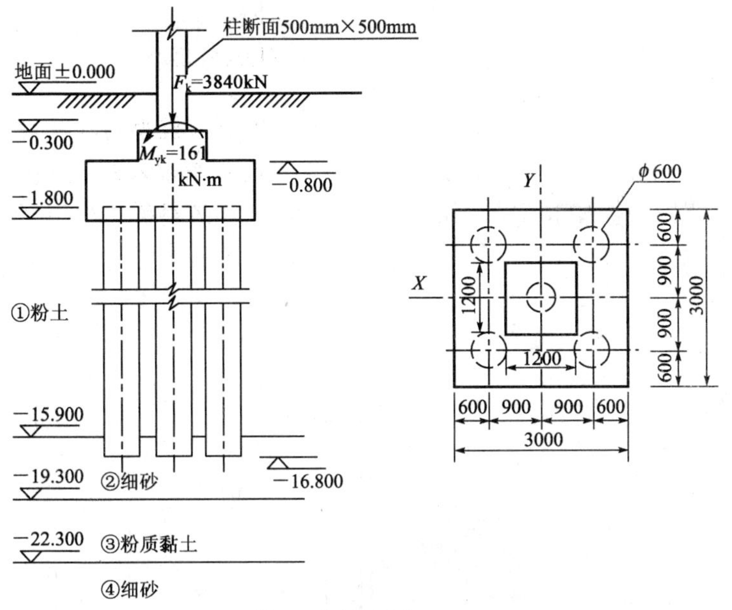

题 13 图(尺寸单位:mm)

14. 群桩基础,桩径 d=0.6m,桩入土换算深度 $\alpha h \geqslant 4.0$,单桩水平承载力特征值(位移控制)R_{ha}=50kN,沿水平荷载方向桩排数 n_1=3,每排中桩数 n_2=4,距径比 s_a/d=3,承台底位于地面以上 50mm。试按《建筑桩基技术规范》(JGJ 94—2008)计算群桩基础中复合基桩的水平承载力特征值,其值最接近下列哪一个数值? ( )

(A)45kN　　(B)50kN

(C)55kN　　(D)65kN

15. 柱下桩基如图,承台混凝土 f_t=1.71MPa。试按《建筑桩基技术规范》(JGJ 94—2008)计算承台长边斜截面的受剪承载力,其值与下列哪一个数值最接近? ( )

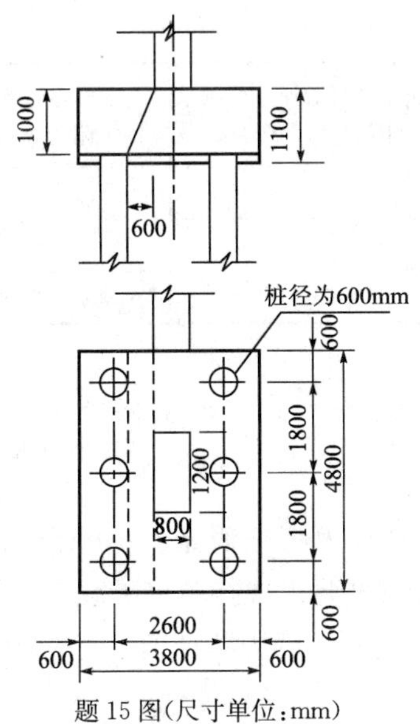

题 15 图(尺寸单位:mm)

(A)6.2MN　　(B)8.5MN

(C)10.2MN　　(D)12.2MN

16. 某一柱一桩基础(按二级桩基、摩擦型桩考虑),桩型为钻孔灌注桩,直径为850mm,桩长22m,土层条件及计算参数如图所示。由于地面大面积堆载引起桩侧负摩阻力,请问按《建筑桩基技术规范》(JGJ 94—2008),计算的基桩下拉荷载标准值最接近于下列哪一个数值?(已知中性点 $l_n/l_0=0.80$,淤泥质黏土 $\zeta_n=0.20$,群桩效应系数 $\eta_n=1.0$)　　(　　)

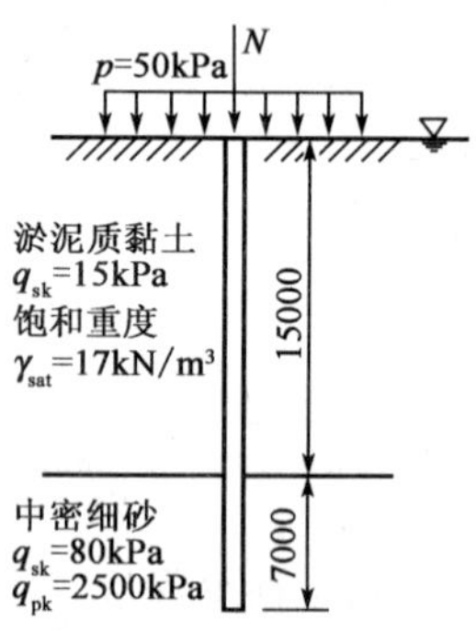

题16图(尺寸单位:mm)

(A)$Q_g^n=400$kN　　(B)$Q_g^n=480$kN　　(C)$Q_g^n=580$kN　　(D)$Q_g^n=680$kN

17. 某工程双桥静力触探资料见下表。拟采用第3层粉砂作为桩基持力层。假定采用钢筋混凝土方桩,断面为400mm×400mm,桩长为13m,承台埋深为2m,桩端入粉砂层2m,按《建筑桩基技术规范》(JGJ 94—2008),根据双桥静力触探资料计算单桩竖向极限承载力标准值 Q_{uk},其结果最接近下列哪一个数值?　　(　　)

题17表

层序	土层名称	层底深度(m)	双桥静力触探平均侧阻力 f_{si}(kPa)	双桥静力触探锥尖阻力 q_c(kPa)	桩侧阻力综合修正系数 β_i
1	填土	1.5			
2	淤泥质黏土	13.0	12	600	2.56
3	饱和粉砂	20.0	110	12000	0.61

(A)1220kN　　(B)1580kN

(C)1715kN　　(D)1900kN

18. 某软土地基天然地基承载力特征值 $f_{sk}=80$kPa,采用水泥土深层搅拌法加固,桩径为0.5m,桩长15m,经载荷试验得搅拌单桩承载力特征值160kN,桩间土承载力发挥系数取0.75,设计要求复合地基承载力特征值 $f_{spk}=180$kPa,试问复合地基面积置换率应取下列哪一个数值?　　(　　)

(A)0.14　　　(B)0.16
(C)0.18　　　(D)0.20

19. 某工程轨道梁软土地基，采用水泥粉煤灰碎石桩法进行地基处理。水泥粉煤灰碎石桩桩径 d=0.5m，等边三角形布置，桩距 1.1m，桩长 15m。设计要求复合地基承载力特征值达到 180kPa。问单桩竖向承载力特征值(R_a)和桩体试块抗压强度平均值(f_{cu},28 天龄期)应达到下列哪一组数值方可满足设计要求？(取 m=0.2，处理后桩间土承载力特征值 f_{sk}=80kPa，桩间土承载力发挥系数 β=0.4，单桩承载力发挥系数为 0.8)　(　)

(A)R_a=158kPa，$f_{cu}\geqslant$2580kPa　　　(B)R_a=165kPa，$f_{cu}\geqslant$2670kPa
(C)R_a=169kPa，$f_{cu}\geqslant$2730kPa　　　(D)R_a=173kPa，$f_{cu}\geqslant$2890kPa

20. 某天然地基各土层厚度和有关参数如下表所示，采用深层搅拌桩复合地基加固，桩径 0.6m，桩长 15.0m，水泥立方体抗压强度平均值为 2000kPa，桩身强度折减系数 0.25，桩端端阻力发挥系数取 0.5。试问搅拌桩单桩承载力可取用下列哪一个数值？　(　)

题 20 表

土层序号	厚度(m)	桩侧阻力特征值(kPa)	桩端阻力特征值(kPa)
1	3	7.0	120
2	6	6.0	100
3	18	8.0	150

(A)219kN　　(B)203kN　　(C)187kN　　(D)142kN

21. 某天然地基承载力特征值为 100kPa，采用振冲挤密碎石桩加固，碎石桩桩长 10m，桩径 1.2m，正方形布置，桩中心距 1.8m，桩体承载力特征值 450kPa，在桩的设置过程中，桩间土承载力提高了 20%，则碎石桩复合地基承载力特征值可达到下列哪一个数值？　(　)

(A)248kPa　　　(B)235kPa
(C)222kPa　　　(D)209kPa

22. 在采用塑料排水板进行软土地基处理时，需将塑料排水板换算成等效的砂井进行设计计算，现有一宽度为 100mm，厚度为 3mm 的塑料排水板，如取换算系数为 α=1.00，则其等效砂井的换算直径应取下列哪一个数值？　(　)

(A)55mm　　　(B)60mm
(C)65mm　　　(D)70mm

23. 散粒填土堤边坡坡高 H=4m，土堤填料重度 γ=20kN/m^3，内摩擦角 φ=35°，黏聚力忽略不计($c\approx0$)，试问土堤边坡坡角 β 必须接近下列哪一个角度时，边坡稳定系数

k 才能最接近于 1.25？ ( )

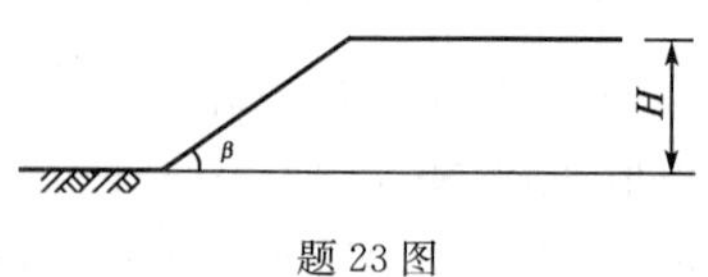

题 23 图

(A)25°45′ (B)29°15′

(C)32°30′ (D)33°42′

24. 基坑剖面如图所示，按照土水分算原则并假设地下水为稳定渗流，支护结构墙底 E 点处内外两侧水压力相等。问墙身内外水压力抵消后作用于每延长米支护结构的总水压(按图中三角形分布计算)净值应等于下列哪一个数值？(水的重度取 10.0kN/m^3) ( )

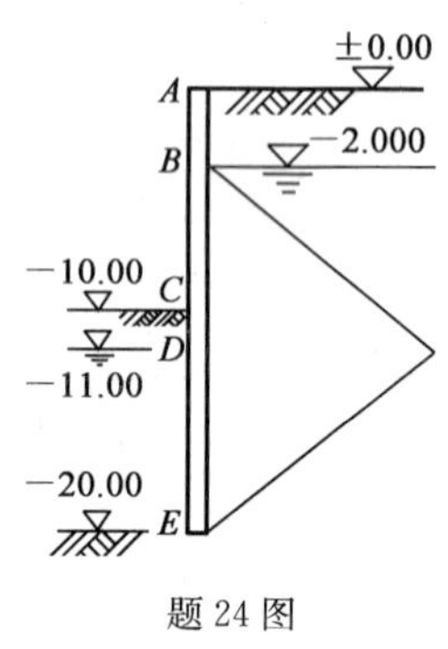

题 24 图

(A)1620kN/m (B)1215kN/m

(C)1000kN/m (D)810kN/m

25. 基坑坑底下某深度处有承压含水层，其上都为不透水层，如图所示。已知不透水层土的天然重度为 $\gamma=20\text{kN/m}^3$，水的重度为 $\gamma_w=10\text{kN/m}^3$。如果要求基坑坑底抗突涌稳定系数 k 不小于 1.10，则基坑开挖深度 h 最深不能超过下列哪一个数值？ ( )

题 25 图

(A)7.5m　　(B)8.3m

(C)9.0m　　(D)9.5m

26. 重力式挡墙如图所示。土对挡墙基底的摩擦系数 $\mu=0.4$，墙背填土对挡墙背的摩擦角 $\delta=15°$。问挡墙的抗滑移稳定性系数最接近下列哪一个数值？（　　）

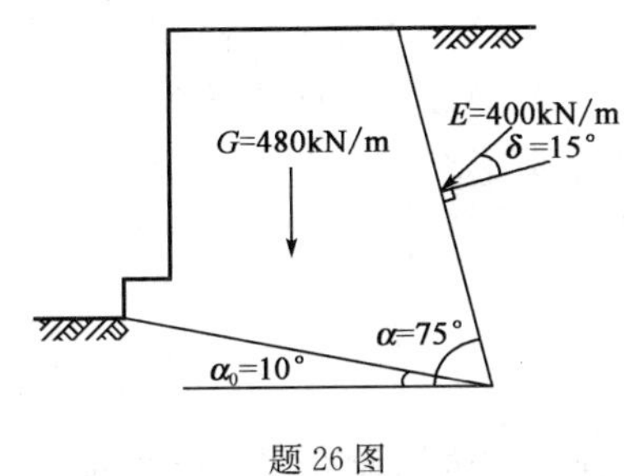

题 26 图

(A)1.20　　(B)1.25

(C)1.30　　(D)1.35

27. 一用砂性土填筑的路堤，高 3m、顶宽 26m、边坡坡率 1∶1.5，现采用直线滑动面法验算其边坡稳定性。已知填土的内摩擦角 $\varphi=30°$，黏聚力 $c=0.1$kPa，如假设滑动面的倾角 $\alpha=25°$，已算得作用在滑动面上的土体重 $W=52.2$kN/m，滑动面长度 $L=7.1$m，此时，稳定系数 K 最接近下列数值中的哪一个？（　　）

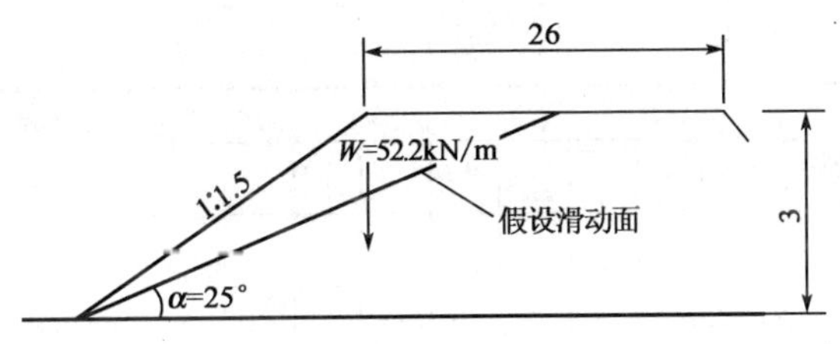

题 27 图(尺寸单位:m)

(A)1.17　　(B)1.27

(C)1.37　　(D)1.47

28. 采用锚喷支护对某 25m 高的均质岩边坡进行支护。边坡所产生的侧向岩压力合力水平分力修正值(即单宽岩石侧压力)为 1800kN/m。若锚杆水平间距 $s_{xj}=4.0$m，垂直间距 $s_{yj}=2.5$m，试问单根锚杆所受的水平拉力标准值最接近下列哪一个数值？（　　）

(A)200kN　　(B)400kN

(C)600kN　　(D)800kN

29. 调查确定某泥石流中固体物质所占体积比为60%，固体物质的密度为$2.7\times 10^3kg/m^3$。该泥石流的流体密度(固体和水体混合的密度)应为下列哪一个数值？ (   )

(A)$2.0\times 10^3kg/m^3$　　(B)$1.6\times 10^3kg/m^3$

(C)$1.5\times 10^3kg/m^3$　　(D)$1.1\times 10^3kg/m^3$

30. 某路堤的地基土为薄层均匀冻土层，稳定融化层深度为3m，融沉系数为10(%)，融化后体积压缩系数为$0.3MPa^{-1}$(即压缩模量为3.33MPa)，基底平均总压力为180kPa，该层的融沉和压缩沉降总量最接近下列哪一个数值？ (   )

(A)16cm　　(B)30cm

(C)46cm　　(D)192cm

31. 经过一膨胀土原状土样的室内试验获得一组膨胀率δ_{ep}(%)与压力p(kPa)关系的数值，如表所列。试问，按《膨胀土地区建筑技术规范》(GB 50112—2013)，该土样的膨胀力p_e最接近下列哪一个数值？可以用作图方法或插入法近似求得。 (   )

题31表

试验次序	膨胀率δ_{ep}(%)	压力p(kPa)
1	8	0
2	4.7	25
3	1.4	75
4	−0.6	125

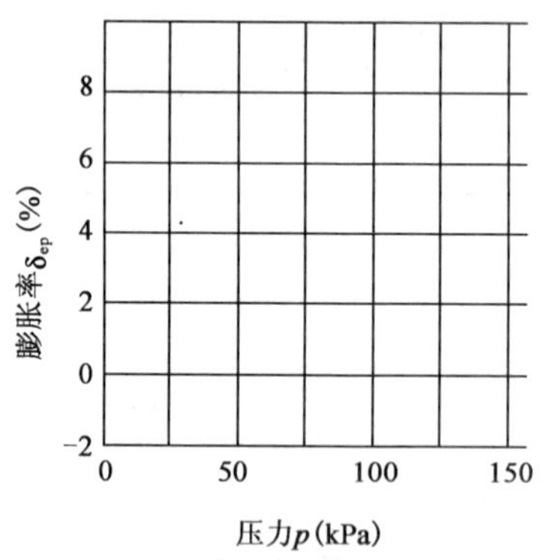

题31图

(A)90kPa　　(B)98kPa

(C)110kPa　　(D)120kPa

32. 某滑坡需做支挡设计。根据勘察资料，该滑坡体可分为3个条块，各条块的重量G、滑动面长度l如下表，滑动面倾角β见下图。 (   )

题 32 表

条块编号	G(kN/m)	l(m)
1	500	11.03
2	900	10.15
3	700	10.79

已知滑动面的黏聚力 $c=10\text{kPa}$，内摩擦角 $\varphi=10°$，推力安全系数取 1.15。求第三块下部边界处每米宽土体的下滑推力 F_3 最接近下列哪一个数值？（　　）

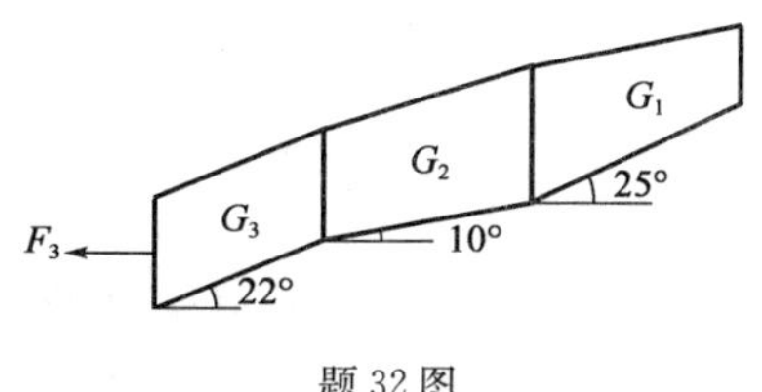

题 32 图

(A)39.9kN/m　　(B)49.3kN/m

(C)79.2kN/m　　(D)109.1kN/m

33. 某建筑场地抗震设防烈度为 7 度，设计基本地震加速度为 $0.15g$，设计地震分组为第二组，地下水位深度在地面下 2m，场地地基土层条件、测试数据及未打桩前的液化判别如表所列。

题 33 表

地质年代	土层名称	层底深度(m)	标贯试验深度(m)	实测标贯击数	临界标贯击数	计算厚度(m)	权函数 W_i	液化指数
新近	填土	1						
Q_4	黏土	3.5						
	粉砂	8.5	4.0	5	11	1.0	10	5.45
			5.0	9	12	1.0	10	2.50
			6.0	14	13	1.0	9.3	
			7.0	6	14	1.0	8.7	4.95
			8.0	16	15	1.0	8.0	
Q_3	粉质黏土	20						
液化指数：12.90								

该建筑工程采用打入式钢筋混凝土预制方桩，桩断面为 400mm×400mm，桩长为 15m，桩间距为 1.6m，桩数为 20×20（面积置换率 $\rho=0.063$），打桩后由于挤密作用，其液化指数由原来的 12.90 降为下列哪一个数值？（　　）

(A)2.7　　(B)4.5

(C)6.8　　(D)8.0

34. 某建筑场地的地基土层条件及测试数据如下表，试判别该建筑场地属哪一类别？（　　）

题 34 表

土层名称	层底深度(m)	剪切波速 v_s(m/s)
填土	1.0	90
粉质黏土	3.0	180
淤泥质黏土	11.0	110
细砂	16.0	420
黏质粉土	20.0	400
基岩	>25.0	>500

(A) Ⅰ类　　(B) Ⅱ类

(C) Ⅲ类　　(D) Ⅳ类

35. 一高层建筑箱形基础建在天然地基上，基底标高−6.0m，地下水面标高−8.0m，天然地基的土层分布、厚度及特征如剖面图所示。建筑场地抗震设防烈度为 8 度，设计基本地震加速度为 0.20g，设计地震分组为第一组。为判定场地液化等级，在现场沿不同深度进行了标准贯入试验，结果列于剖面图上。请计算该地基的液化指数 I_{lE}，划分该地基土的液化等级，并从下列选项中选择哪一项是正确的。（　　）

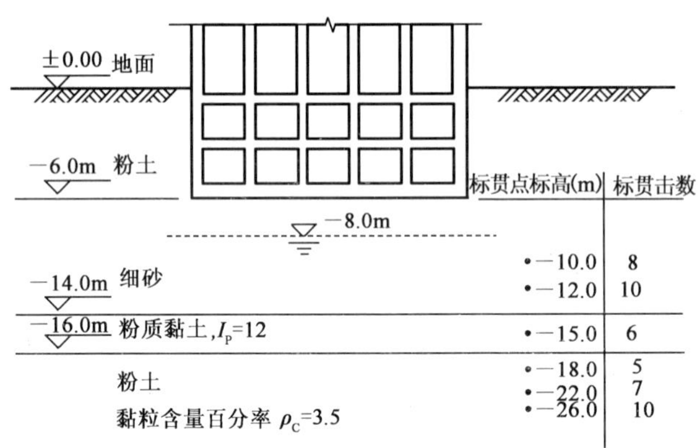

题 35 图

(A) I_{lE}=5.7，轻微液化　　(B) I_{lE}=6.3，中等液化

(C) I_{lE}=9.2，中等液化　　(D) I_{lE}=13.7，中等液化

2004年案例分析试题答案(上午卷)

1.[答案] B

[解析] A:吊车起重量150kN,自重估计70~80kN,全荷载分布到基础上约130kPa。(150+80/2)/1.5=126.7kPa,硬塑黏性土及密实卵石地基承载力可以满足要求,故可不作为重点。

B:龙门吊轨道长200m,最怕轨道因不均匀沉降而弯曲或侧倾影响运转,而两种地层压缩性差异大,又交互分布,厚薄不一,因此应以地基均匀性作为评价重点。

C:条形基础主要受力层为$3b$,即3×1.5=4.5m,加基础埋深1.5m,因此地下6m以下已不是重点,故对基岩不必详细研究。

D:地下水埋深3m,对基础已不构成影响,故不是重点。

2.[答案] D

[解析] 圆心坐标为$(\sigma'_1+\sigma'_3)/2$,半径为$(\sigma_1-\sigma_3)/2$。

$\sigma'_1=77-11=66, 131-32=99, 161-43=118$

$\sigma'_3=24-11=13, 60-32=28, 80-43=37$

$(\sigma'_1+\sigma'_3)/2=39.5, 63.5, 77.5$

$(\sigma'_1-\sigma'_3)/2=26.5, 35.5, 40.5$

3.[答案] B

[解析]《土工试验方法标准》(GB/T 50123—1999)第14.1.8条~14.1.10条。

$e_i=e_0-\dfrac{1+e_0}{h_0}\Delta h_i$ 计算100kPa和200kPa压力下的孔隙比e_i。

$e_{100}=0.656-\dfrac{1+0.656}{20}\times0.263=0.634$, $e_{200}=0.656-\dfrac{1+0.656}{20}\times0.565=0.609$

$a_{1-2}=\dfrac{e_i-e_{i+1}}{p_{i+1}-p_i}$,计算 $a_{1-2}=\dfrac{0.634-0.609}{0.2-0.1}=0.25\text{MPa}^{-1}$

$E_s=\dfrac{p_{i+1}-p_i}{s_{i+1}-s_i}=\dfrac{1+e_1}{a_{1-2}}=\dfrac{1+0.634}{0.25}=6.536\text{MPa}\approx6.6\text{MPa}$

$E_s=\dfrac{1+e_0}{a_{1-2}}=6.6\text{MPa}$,也对。

4.[答案] B

[解析]《岩土工程勘察规范》(GB 50021—2001)第10.7.4条。

由 $E_m=2(1+\upsilon)\left(V_c+\dfrac{V_0+V_f}{2}\right)\dfrac{\Delta p}{\Delta V}$ 计算E_m,

$\Delta V=V_f-V_0=217.0-134.5=82.5\text{cm}^3$

$E_m=2(1+0.38)\left(491+\dfrac{134.5+217.0}{2}\right)\dfrac{0.29}{82.5}=6.5\text{MPa}$

5.［答案］B

［解析］第一种解法：置换率 $m=3.1416\times250^2/(1200\times1600)=10.22\%$

$\sqrt{\pi\times250^2/1022\%}=1386\approx1390\text{mm}$

第二种解法：计算一根桩承担的处理面积。

$\sqrt{1200\times1600}=1386\approx1390\text{mm}$

6.［答案］B

［解析］(1)软弱下卧层顶面处土的自重压力计算：

$p_{cz}=1.5\times18+1.0\times19+3.0\times9=27+19+27=73\text{kPa}$

基础底面处土的自重压力值：

$p_c=1.5\times18+0.5\times19=27+9.5=36.5\text{kPa}$

(2)地基压力扩散角：$z/b=3.5/2=1.75>0.5$，$E_{s1}/E_{s2}=10/2=5$，取 $\theta=25°$。

(3)软弱下卧层顶面处的附加压力值计算：根据《建筑地基基础设计规范》(GB 50007—2011)中式(5.2.7-3)。

$$p_z=\frac{lb(p_k-p_c)}{(b+2z\tan\theta)(l+2z\tan\theta)}=\frac{2\times3\times(202-36.5)}{(2+2\times3.5\times\tan25°)(3+2\times3.5\times\tan25°)}$$

$$=\frac{165.5\times6}{5.264\times6.264}=\frac{993}{32.974}=30.1\text{kPa}$$

(4)$p_{cz}+p_z=73+30.1=103.1\text{kPa}$

7.［答案］D

［解析］《港口工程地基规范》(JTS 147-1—2010)第 5.2.3 条、5.3.6.2 条。

(1)$H_k=\tan\delta\cdot V_k=0.22\times450=99\text{kN/m}$

$$k=\frac{\gamma_h H_k}{B_e c_{uk}}=\frac{1.3\times99}{14\times40}=0.23$$

$$N_s=0.5(\pi+2)+2\tan^{-1}\sqrt{\frac{1-k}{1+k}}+\sqrt{1-k^2}$$

$$=0.5\times(3.14+2)+2\tan^{-1}\sqrt{\frac{1-0.23}{1+0.23}}+\sqrt{1-0.23^2}$$

$$=4.88$$

(2)$p_{zj}=q_k+c_{uk}N_s=2\times(19-10)+40\times4.88=213.2\text{kPa}$

8.［答案］B

［解析］(1)$p_1=p_z=100\text{kPa}$；$p_2=p_1+p_0=300\text{kPa}$；由附表知：$e_1=0.828$，$e_2=0.710$

(2)$s=\dfrac{0.828-0.710}{1+0.828}\times200=12.9\text{cm}$

9.［答案］A

［解析］地下水浮力：$W=(4.0+0.5+0.3-1.0)\times10\times4000=152000\text{kN}$

顶板未浇筑时的重力：$G_1=(0.5\times4000\times25+100000)=150000\text{kN}$

覆土以后的重力：$G_2=150000+4000\times0.3\times25+4000\times1.0\times18=252000\text{kN}$

在顶板未浇筑时，抗浮验算虽然不满足要求，但如不停止降水就不会上浮，不必设置抗浮桩；覆土以后，重力远大于浮力，不会上浮。

挖除的土重 $G_3=4000\times4.8\times18=345600\text{kN}$，可变荷载 $N=4000\times10=40000\text{kN}$

挖除的土重远大于覆土以后的重力加可变荷载，补偿作用明显，故不需要验算地基承载力和沉降。

10.［答案］B

［解析］(1)B 楼未造前 A 楼的沉降量：$S_0=70/8000\times300+50/4000\times400=7.63\text{cm}$

(2)B 楼建造后 A 楼的沉降量：$S_1=75/8000\times300+60/4000\times400=8.81\text{cm}$

(3)A 楼沉降量增加值 $=S_1-S_0=1.18\text{cm}$

也可以通过计算附加应力曲线面积的方法来求得：

$$\Delta S=\frac{\frac{1}{2}\times(70-60)\times3}{8}+\frac{10\times4}{4}=11.875\approx1.2\text{cm}$$

11.［答案］C

［解析］(1) $p_{cz}+p_0=200+300=500\text{kPa}>p_c=400\text{kPa}$

(2) $S=\frac{400}{1+0.8}\left(0.1\times\lg\frac{400}{200}+0.3\times\lg\frac{500}{400}\right)=13.2\text{cm}$

12.［答案］C

［解析］(1) $F=F_1+F_2+G=300+1500+20\times3\times5\times1.5=2250\text{kN}$

(2) $M=900+300\times0.6+200\times0.80=1240\text{kN}\cdot\text{m}$

(3) $e=M/F=0.55\text{m}=55\text{cm}$

13.［答案］D

［解析］《建筑桩基技术规范》(JGJ 94—2008)第 5.1.1 条。

在竖向轴力、弯矩及承台与土自重作用下，计算基桩最大竖向力标准值：

$$N_k-\frac{F_k+G_k}{n}+\frac{M'_{yk}\cdot x_i}{\sum x_i^2}-\frac{3840+47}{5}+\frac{161\times0.9}{4\times0.81}=857.4+44.7=902.1\text{kN}$$

14.［答案］D

［解析］《建筑桩基技术规范》(JGJ 94—2008)第 5.7.3 条。

(1)基桩水平承载力群桩效应系数：

$$\eta_i=\frac{\left(\frac{S_a}{d}\right)^{0.015n_2+0.45}}{0.15n_1+0.10n_2+1.9}=0.637$$，查表 5.7.3-1 得 $\eta_r=2.05$，$\eta_h=0.637\times2.05=1.305$

(2)基桩水平承载力设计值：$R_h=\eta_hR_{ha}=1.305\times50=65.3\text{kN}$

15.［答案］B

［解析］《建筑桩基技术规范》(JGJ 94—2008)第 5.9.10 条。

$a_x=0.6\text{m}$，$\lambda_x=a_x/h_0=0.6/1.0=0.6$，$\alpha=\frac{1.75}{\lambda_x+1}=\frac{1.75}{0.6+1}=1.094$

$\beta_{hs}=\left(\frac{800}{h_0}\right)^{\frac{1}{4}}=\left(\frac{800}{1000}\right)^{\frac{1}{4}}=0.946$

$\beta_{hs}\alpha f_t b_0 h_0=0.946\times1.094\times1.71\times4.8\times1.0=8.49\text{MN}$

16.［答案］B

［解析］《建筑桩基技术规范》(JGJ 94—2008)第5.4.4条。

(1)中性点深度：$L_n=0.8\times15=12\text{m}$

(2)$\sigma=50+12/2\times(17-10)=92\text{kPa}$

$q_s^n=0.2\times92=18.4\text{kPa}>q_{sk}=15\text{kPa}$，故 q_s^n 取 15kPa；

$Q_s^n=1\times3.14\times0.85\times12\times15=480\text{kN}$

17.［答案］C

［解析］《建筑桩基技术规范》(JGJ 94—2008)第5.3.4条。

$Q_{uk}=u\sum l_i\beta_i f_{si}+\alpha q_c A_p=4\times0.4(11\times2.56\times12+2\times0.61\times110)+0.5\times12000\times0.16=1715\text{kN}$

18.［答案］B

［解析］《建筑地基处理技术规范》(JGJ 79—2012)第7.1.5条、第7.3.3条。

$$m=\frac{f_{spk}-\beta f_{sk}}{\lambda R_a/A_p-\beta f_{sk}}=\frac{180-0.75\times80}{\frac{1.0\times160}{0.196}-0.75\times80}=\frac{180-60}{816.3-60}=\frac{120}{756.3}=0.158$$

19.［答案］A

［解析］《建筑地基处理技术规范》(JGJ 79—2012)第7.1.5条、7.7.2条。

$$f_{spk}=m\frac{\lambda R_a}{A_p}+\beta(1-m)f_{sk}$$

则 $R_a=\frac{A_p}{\lambda m}[f_{spk}-\beta(1-m)f_{sk}]=\frac{0.196}{0.8\times0.2}[180-0.8(1-0.2)\times80]=158\text{kN}$

$$f_{cu}=4\frac{\lambda R_a}{A_p}=\frac{4\times0.8\times158}{0.196}=2580\text{kPa}$$

20.［答案］D

［解析］《建筑地基处理技术规范》(JGJ 79—2012)第7.1.5条、7.3.3条。

$u_p=\pi d=1.885\text{m}$，$A_p=\pi r^2=0.283\text{m}^2$

$R_a=u_p\sum_{i=1}^{n}q_{si}l_i+\alpha_p q_p A_p=1.885(7\times3+6\times6+6\times8)+0.5\times150\times0.283=219.2\text{kN}$

$R_a=\eta f_{cu}A_p=0.25\times2.00\times10^3\times0.283=141.5\text{kN}$，二者中取小值。

21.［答案］B

［解析］《建筑地基处理技术规范》(JGJ 79—2012)第7.1.1条、7.2.2条。

$d_e=1.13s=1.13\times1.8=2.03\text{m}$，$m=d^2/d_e^2=1.2^2/2.03^2=0.349$，$f_{sk}=100\times120\%=120\text{kPa}$

$n=\frac{f_{pk}}{f_{sk}}=\frac{450}{120}=3.75$，$f_{spk}=[1+m(n-1)]f_{sk}=[1+0.349\times(3.75-1)]\times120$

$=235\text{kPa}$

22.［答案］C

［解析］$d_p=\alpha\frac{2(b+\delta)}{\pi}=1.00\times\frac{2\times(100+3)}{\pi}=65.6\text{mm}\approx65\text{mm}$

23.［答案］B

［解析］对于 $c=0$ 的散粒填料边坡，稳定系数：$k=\frac{\tan\varphi}{\tan\beta}$

$$\beta\leqslant\arctan\left(\frac{\tan\varphi}{k}\right)=\arctan\left(\frac{\tan35^\circ}{1.25}\right)=29^\circ15'$$

24.［答案］D

［解析］D 点水压力 $=10.0\times9=90.00\text{kN/m}^2$

总水压力净值 $=\frac{1}{2}\times90\times18=810\text{kN/m}$

25.［答案］B

［解析］《建筑基坑支护技术规程》(JGJ 120—2012)附录 C。

$$\frac{D\gamma}{h_w\gamma_w}\geqslant K_h,\ \frac{\gamma(16-h)}{\gamma_w(16-2)}\geqslant1.10$$

$20(16-h)\geqslant1.1\times10\times(16-2)$，故 $16-h\geqslant7.7$，$h\leqslant16-7.7=8.3\text{m}$

26.［答案］C

［解析］$G_n=G\cos\alpha_0=480\times\cos10^\circ=473$

$G_t=G\sin\alpha_0=480\times\sin10^\circ=83$

$E_{at}=E_a\sin(\alpha-\alpha_0-\delta)=400\sin(75^\circ-10^\circ-15^\circ)=306$

$E_{an}=E_a\cos(\alpha-\alpha_0-\delta)=400\cos(75^\circ-10^\circ-15^\circ)=257$

$$K=\frac{(G_n+E_{an})\mu}{E_{at}-G_t}=\frac{(473+257)\times0.4}{306-83}=1.31$$

27.［答案］B

［解析］$K=\frac{W\cos\alpha\tan\varphi+cL}{W\sin\alpha}=\frac{52.2\times\cos25^\circ\times\tan30^\circ+0.1\times7.1}{52.2\times\sin25^\circ}=1.27$

28.［答案］D

［解析］《建筑边坡工程技术规范》(GB 50330—2013)第 10.2.1 条、9.2.5 条。

$$e'_{ah}=\frac{E'_{ah}}{0.9H}=\frac{1800}{0.9\times25}=80\text{kN/m}^2$$

$H_{tk}=e'_{ah}\cdot S_{xj}\cdot S_{yj}=80\times4\times2.5=800\text{kN}$

29.［答案］A

［解析］$\rho=(1-p)\rho_w+p\rho_H$

流体密度：$\rho=(1-0.6)\times1\times10^3+0.6\times2.7\times10^3=2.02\times10^3\text{kg/m}^3$

30.［答案］C

[解析] A:只计压缩沉降量。

B:只计融沉量。

C: $s=\delta h+a_v\bar{p}h=(0.10\times300)+\left(\frac{0.30}{1000}\times180\times300\right)=30+16.2=46.2\text{cm}$

D:计算错误。1MPa=100kPa 错误,应为 1MPa=1000kPa。

31.[答案] C

[解析] 应有作图法或插入法的简要过程: $p_e=125-\frac{0+0.6}{1.4+0.6}\times(125-75)=110\text{kPa}$

32.[答案] C

[解析] $G_{1n}=500\times\cos25°=453.15, G_{1t}=500\times\sin25°=211.31$

$G_{2n}=900\times\cos10°=886.33, G_{2t}=900\times\sin10°=156.28$

$G_{3n}=700\times\cos22°=649.03, G_{3t}=700\times\sin22°=262.22$

$F_1=1.15\times211.31-453.15\times\tan10°-11.03\times10=52.81$

$\psi=\cos(25°-10°)-\sin(25°-10°)\times\tan10°=0.9203$

$F_2=0.9203\times52.81+1.15\times156.28-886.33\times\tan10°-10.15\times10=-29.46$(不向下传递)

$F_3=1.15\times262.22-649.03\times\tan10°-10.79\times10=79.21\text{kN}$

33.[答案] A

[解析]《建筑抗震设计规范》(GB 50011—2010)第 4.4.3 条、4.3.5 条。

$N_1=N_p+100\rho(1-e^{-0.3N_p})$

4m: $N_1=5+100\times0.063(1-e^{-0.3\times5})=9.89$

5m: $N_1=9+100\times0.063(1-e^{-0.3\times9})=14.88$

7m: $N_1=6+100\times0.063(1-e^{-0.3\times6})=11.26$

液化指数$=(1-9.89/11)\times1\times10+(1-11.26/14)\times1\times8.7=2.70$

34.[答案] B

[解析]《建筑抗震设计规范》(GB 50011—2010)第 4.1.4 条~4.1.6 条。

(1)场地覆盖层厚度为 11m。

(2) $v_{se}=d_0/t=11\div(1/90+2/180+8/110)=115.9\text{m/s}$

(3)场地类别属于Ⅱ类。

35.[答案] D

[解析]《建筑抗震设计规范》(GB 50011—2010)第 4.3.4 条、4.3.5 条。

(1) $N_{cr}=N_0\beta[\ln(0.6d_s+1.5)-0.1d_w]\sqrt{3/\rho_c}$

−10m 处: $N_{cr}=12\times0.8\times[\ln(0.6\times10+1.5)-0.1\times8]\times\sqrt{3/3}=11.66>8$,液化;

−12m 处: $N_{cr}=12\times0.8\times[\ln(0.6\times12+1.5)-0.1\times8]\times\sqrt{3/3}=13.09>10$,液化;

−18m 处: $N_{cr}=12\times0.8\times[\ln(0.6\times18+1.5)-0.1\times8]\times\sqrt{3/3.5}=15.19>5$,

液化；

(2)－10m、－12m、－18m处为液化点，计算代表土层厚度(d_i)、中点深度(d_s)、权函数(W_i)，如下表：

题35解表

标贯深度	代表土层深度(d_i)	代表中点深度(d_s)	权函数(W_i)
－10m	2+1=3	$8+\frac{3}{2}=9.5$	$\frac{2}{3}\times(20-9.5)=7$
－12m	2+1=3	$14-\frac{3}{2}=12.5$	$\frac{2}{3}\times(20-12.5)=5$
－18m	2+2=4	18	$\frac{2}{3}\times(20-18)=1.33$

(3) $I_{lE}=\sum_{i=1}^{n}\left[1-\frac{N_i}{N_{cri}}\right]d_iW_i$

$$=\left(1-\frac{8}{11.66}\right)\times3\times7+\left(1-\frac{10}{13.09}\right)\times3\times5+\left(1-\frac{5}{15.19}\times4\times1.33\right)$$

＝13.7，中等液化。

2004年案例分析试题(下午卷)

1. 一原状取土器，管靴外径 D_w 为 75.0mm，取样管内径 D_s 为 71.3mm，取土器刃口内径 D_e 为 70.6mm，具有延伸至地面的活塞杆，按《岩土工程勘察规范》(GB 50021—2001)，该取土器应属于以下哪一种取土器？ (　　)

(A)面积比 12.9，内间隙比 5.2 的厚壁取土器

(B)面积比 12.9，内间隙比 0.99 的固定活塞厚壁取土器

(C)面积比 10.6，内间隙比 0.99 的固定活塞薄壁取土器

(D)面积比 12.9，内间隙比 0.99 的固定活塞薄壁取土器

2. 在稍密的砂层中作浅层平板载荷试验，方形承压板，面积 0.5m^2，各级加载和对应的累计沉降量如下表：

题2表

p(kPa)	25	50	75	100	125	150	175	200	225	250	275
s(mm)	0.88	1.76	2.65	3.53	4.41	5.30	6.13	7.05	8.00	10.54	15.80

问该试验所得砂层变形模量 E_0 最接近下列哪一个数值？(泊松比 μ=0.33，刚性承压板形状系数 0.89) (　　)

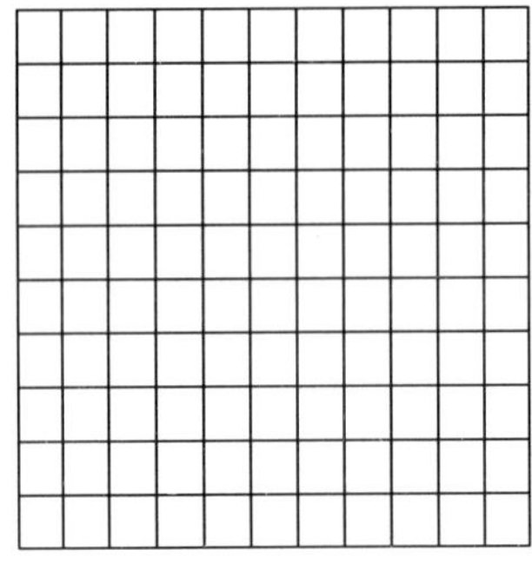

题2图

(A)9.8MPa　　(B)13.3MPa

(C)15.8MPa　　(D)17.7MPa

3. 钻孔压水试验段位于地下水位以下。采用安设在与试段连通的测压管上的压力表测得的水压力为 0.75MPa，压力表中心至压力计算零线的水柱压力为 0.25MPa。试段长度为 5m，试验时试段的渗漏量为 50L/min。问计算可得试段透水率与下列哪一个数据最为接近？ (　　)

(A)5(Lu)　　(B)10(Lu)

(C)15(Lu)　　(D)20(Lu)

4. 某轻型建筑物条形基础单层砌体结构普遍严重开裂。外墙窗台附近有水平裂缝，墙角附近有倒八字裂缝，有的中间走廊地坪有纵向开裂。试问建筑物破坏最可能属于下列哪一种原因？并说明理由。 (　　)

(A)湿陷性土浸水引起　　(B)膨胀性土胀缩引起

(C)不均匀地基差异沉降引起　　(D)水平滑移拉裂引起

5. 某建筑基础宽度 $b=3.0$m，基础埋深 $d=1.5$m，建在 $\varphi\approx0$ 的软土层上，室内测定无侧限抗压强度标准值 $q_u=6.6$kPa，基底上下软土的重度皆为 18kN/m^3，试用《建筑地基基础设计规范》(GB 50007—2011)计算承载力的公式，可确定该软土的地基承载力特征值最接近下列哪一个数值？ (　　)

(A)10.4kPa　　(B)20.7kPa

(C)37.4kPa　　(D)47.7kPa

6. 6 层普通住宅，砌体结构，无地下室，平面尺寸 9m×24m，季节冻土设计冻深为 0.5m，地下水位深 7.0m。均匀布置钻孔，孔距 10m。相邻钻孔间基岩面起伏可达 7m。基岩浅的代表性钻孔，深度 0.0～3.0m 为中密中砂，3.0～5.5m 为硬塑黏土，以下为薄层泥质灰岩；基岩深的代表性钻孔，深度 0.0～3.0m 为中密中砂，3.0～5.5m 为硬塑黏土，5.5～14.0m为可塑黏土，以下为薄层泥质灰岩。试问下面哪一项的考虑是正确和较为合理的？并说明理由。 (　　)

(A)加做物探，查明地基内溶洞的分布

(B)优先考虑地基处理，加固浅部地层

(C)优先考虑浅埋天然地基，验算沉降和下卧层承载力

(D)优先考虑桩基，以基岩为持力层

7. 一建筑物地基需压实填土 8000m^3，压实填土控制压实后含水量 w_1 为 14%，饱和度 S_r 为 90%；现已知用作填土的填料重度 γ 为 15.5kN/m^3，含水量 w_0 为 10%，土粒比重 G_s 为 2.72。此时约需填料方量最接近下列哪一个数值？ (　　)

(A)10650m^3　　(B)10850^3

(C)11050m^3　　(D)11250m^3

8. 某住宅墙下条形基础，建在粉质黏土地基上，未见地下水，由载荷试验确定的地基承载力特征值 $f_{ak}=220$kPa，基础埋深 1.0m，基础底面以上土的加权平均重度 $\gamma_m=18$kN/m^3，天然孔隙比 $e=0.70$，液性指数 $I_L=0.80$，基础底面下土的重度 $\gamma=18.5$kN/m^3。基底荷载标准值 $F=300$kN/m。修正后地基承载力最接近下列哪一个值？(承载力修正系数 $\eta_b=0.3$，$\eta_d=1.6$) (　　)

(A)224kPa　　(B)228kPa

(C)234kPa　　(D)240kPa

9. 偏心距 e 小于 0. 1m 的条形基础，基础宽度 $b=3$，基础埋深 $d=1.5\text{m}$，地基土为粉质黏土，基底以上土的加权平均重度 $\gamma_m=18.5\text{kN/m}^3$，基底以下土的重度 $\gamma=19.0\text{kN/m}^3$，饱和重度 $\gamma_{sat}=20.0\text{kN/m}^3$，土的内摩擦角标准值 $\varphi_k=20°$，土的黏聚力标准值 $c_k=10\text{kPa}$，当地下水位由基底下很深处上升到基础底面，同时不考虑地下水位变化对地基土抗剪强度指标的影响时，地基承载力特征值将会有以下哪一种变化？（注：承载力系数 $M_b=0.51$，$M_d=3.06$，$M_c=5.66$）（　　）

(A)承载力降低 8%　　(B)承载力降低 4%

(C)承载力无变化　　(D)承载力提高 3%

10. 直径为 10m 的油罐，其基底附加压力为 100kPa，已知油罐轴线上，在罐底面以下 10m 处的附加应力系数为 0. 285，通过沉降观测得到油罐中心的底板沉降为 200mm，深度 10m 处的深层沉降为 40mm，则 10m 范围内土层的平均反算压缩模量最接近于下列哪一个数值？（　　）

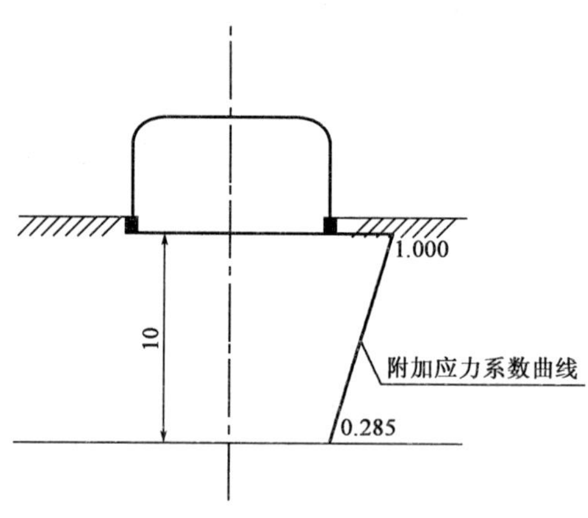

题 10 图(尺寸单位：m)

(A)2MPa　　(B)3MPa

(C)4MPa　　(D)5MPa

11. 有一高度为 30m 的塔桅结构，刚性连接设置在宽度 $b=10\text{m}$，长度 $l=11\text{m}$，埋置深度 $d=2\text{m}$ 的基础板上，包括基础自重在内的总重为 $W=7.5\text{MN}$。地基土为内摩擦角 $\varphi=35°$的砂土。如已知产生失稳极限状态的临界偏心距 $e=4.8\text{m}$，基础侧面抗力不计，试分析当作用于塔顶的水平力 H 接近于下列哪一个数值时，塔桅结构将出现失稳而倾倒的临界状态？（　　）

(A)1. 5MN　　(B)1. 3MN

(C)1. 1MN　　(D)1. 0MN

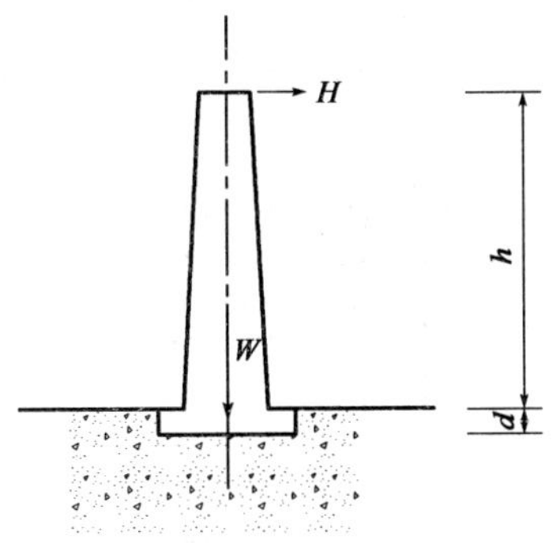

题 11 图

12. 某建筑物基础尺寸为 4m×8m，对应于荷载效应准永久组合时上部结构传下来的基础底面处的竖向力 $F=1920$kN，基础埋深来 1.0m，土的重度 $\gamma=18$kN/m^3，地下水距地表为 1.0m，基础底面下平均附加应力系数如下表所示，其沉降经验系数按类似工程实测资料确定为 $\psi_s=1.1$。按《建筑地基基础设计规范》(GB 50007—2011)计算该基础最终沉降量，其值最接近下列哪一个数值？ (　　)

题 12 表

z_i(m)	l/b	$2z_i/b$	$\bar{\alpha}_i$	$\bar{\alpha}_i=4\bar{\alpha}_i$	$z_i\cdot\bar{\alpha}_i$	E_s(MPa)	$z_i\cdot\bar{\alpha}_i-z_{i-1}\cdot\bar{\alpha}_{i-1}$
0	2	0	0.2500	1.0000	0		
2	2	1	0.2340	0.9360	1.872	10.2	1.872
6	2	3	0.1619	0.6476	3.886	3.4	2.014

(A)3.0cm　　(B)3.6cm　　(C)4.2cm　　(D)4.8cm

13. 某厂房采用柱下独立基础，基础尺寸为 4m×6m，埋深为 2.0m，地下水距地表为 1.0m。基础持力层为粉质黏土(孔隙比 $e=0.80$，液性指数 $I_L=0.75$，天然重度 $\gamma=18$kN/m^3)，在此土层上进行了三个静载荷试验，试验实测值 f_{ak}分别为 130kPa、110kPa 和 135kPa，请问按《建筑地基基础设计规范》(GB 50007—2011)作基础深宽修正后的地基承载力特征值最接近下列哪一个数值？ (　　)

(A)110kPa　　(B)125kPa

(C)140kPa　　(D)160kPa

14. 某端承型单桩基础，桩入土深度 12m，桩径 $d=0.8$m，桩顶荷载 $Q_0=500$kN，受地面大面积堆载影响产生的桩侧负摩阻力平均值 $q_s^n=20$kPa，中性点位于桩顶以下 6m，试求桩身的最大轴力 N_{max}与下列哪一个数值最接近？ (　　)

(A)500kN　　(B)650kN　　(C)800kN　　(D)900kN

15. 图为一穿过自重湿陷性黄土，端承于含卵石的极密砂层内的高承台基桩与有关的土性参数和深度值。试问当地基遭严重浸水时，按《建筑桩基技术规范》(JGJ 94—

2008)计算的下拉荷载最接近下列何值？计算时取桩周土负摩阻力系数 ζ_n=0.30，负摩阻力群桩效应系数 η_n=1，桩周土的饱和度80%时的有效重度平均值为 $18kN/m^3$，桩周长 u=1.884m，下拉荷载累计至砂层顶面。（　　）

层底深度(m)	层厚(m)	自重湿陷系数δ_{zs}	第i层中点深z_i	桩侧正摩阻力(kPa)
2.00	2.00	0.003	1.00	15
5.00	3..00	0.065	3.50	30
7.00	2.00	0.003	6.00	40
10.00	3.00	0.075	8.50	50
13.00	3.00	—	—	80

地面

题15图

(A)178kN　　(B)366kN

(C)509kN　　(D)610kN

16. 柱下桩基如图所示，桩径 d=0.6m，承台有效高度 h_0=1.0m，承台高度 h=1.05m，冲跨比 λ=0.7，承台混凝土 f_t=1.71MPa，作用于承台顶面的竖向力设计值F=7500kN，试按《建筑桩基技术规范》(JGJ 94—2008)验算承台受柱冲切承载力。其结果与下列哪一项最为接近？（　　）

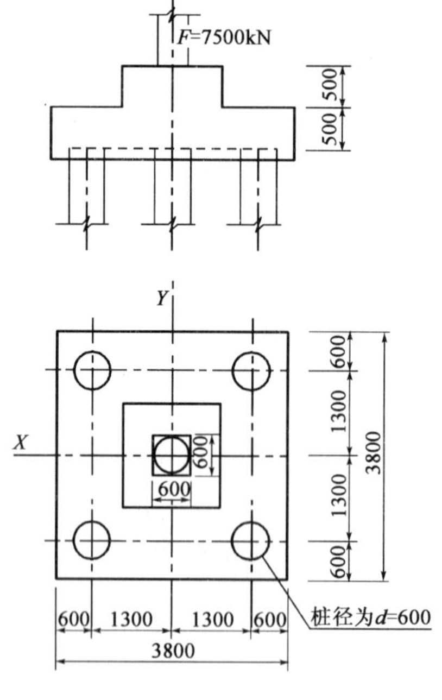

题16图

注：图中尺寸以mm计。

(A)受冲切承载力比冲切力小 80kN

(B)受冲切承载力与冲切力相等

(C)受冲切承载力比冲切力大 810kN

(D)受冲切承载力比冲切力大 2122kN

17. 某桩顶为自由端的钢管桩，桩径 $d=0.6$m，桩的入土深度 $h=10$m，桩侧土水平抗力系数的比例系数 $m=10\text{MN/m}^4$，$EI=1.7\times10^5\text{kN}\cdot\text{m}^2$，桩的水平变形系数 $\alpha=0.59\text{m}^{-1}$，桩顶容许水平位移 $\chi_{0a}=10$mm。试按《建筑桩基技术规范》(JGJ 94—2008)计算单桩水平承载力特征值。其结果与下列哪一个数值最接近？（　　）

(A)75kN　　(B)102kN

(C)107kN　　(D)175kN

18. 如图所示，某水泵房(按丙级桩基考虑)为抗浮设置抗拔桩，基桩上拔力设计值为 600kN，桩型采用钻孔灌注桩，直径为 550mm，桩长 16m，桩群边缘尺寸为 20m×10m，桩数为 50 根，请按《建筑桩基技术规范》(JGJ 94—2008)验算群桩基础及其基桩的抗拔承载力，下列哪一组与验算结果最接近？(抗拔系数 λ_i 对黏性土取 0.7，砂土取 0.6，钻孔灌注桩材料重度为 25kN/m^3，群桩基础所包围体积的桩土平均重度为 20kN/m^3)（　　）

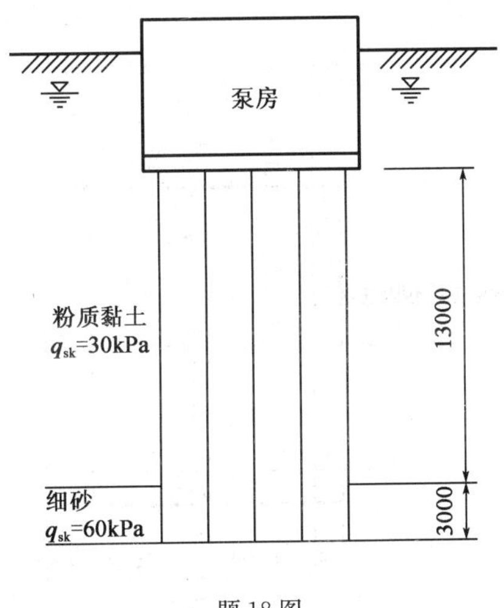

题 18 图

(A)群桩和基桩都满足　　(B)群桩满足，基桩不满足

(C)群桩不满足，基桩满足　　(D)群桩和基桩都不满足

19. 某群桩基础的平面、剖面和地基土层分布情况如图所示，已知作用于桩端平面处的长期效应组合的附加压力为 300kPa，桩基沉降计算经验系数 $\psi=0.70$，其他计算系数见下表。请按《建筑桩基技术规范》(JGJ 94—2008)估算群桩基础沉降量，其值最接近下列哪一个数值？（　　）

桩端平面下平均附加应力系数($a=b=2.000$m)　　题 19 表

z_i(m)	a/b	z_i/b	$\bar{\alpha}_{i角}$	$\bar{\alpha}_i=4\bar{\alpha}_{i角}$	$z_i\cdot\bar{\alpha}_i$	$z_i\cdot\bar{\alpha}_i-z_{i-1}\cdot\bar{\alpha}_{i-1}$
0	1	0	0.2500	1.0000	0	
2.5	1	1.25	0.2148	0.8592	2.1480	2.1480
8.5	1	4.25	0.1072	0.4288	3.6448	1.4968

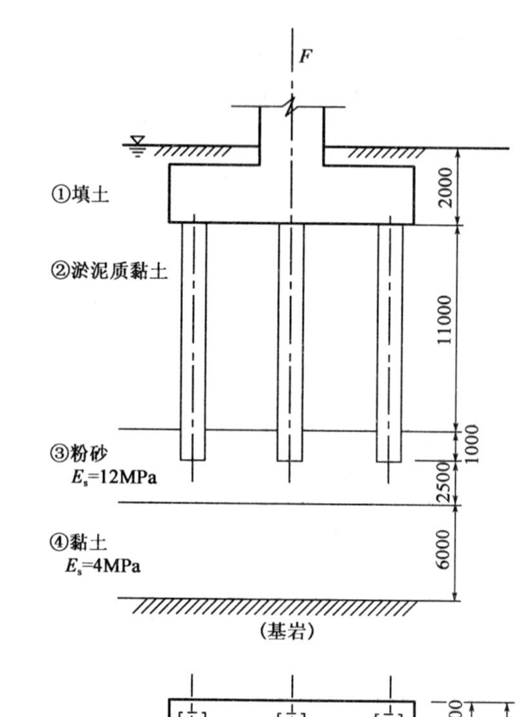

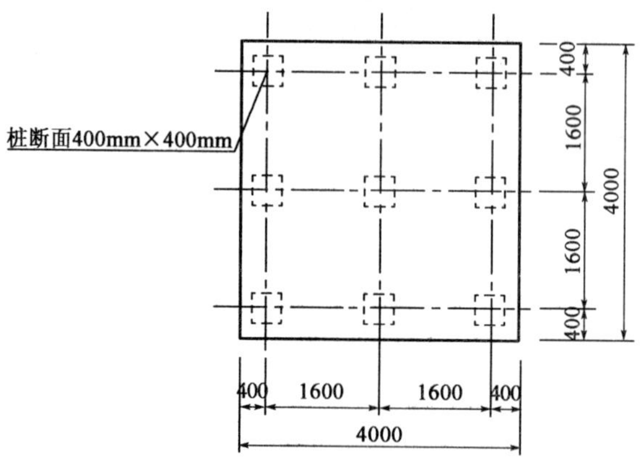

题 19 图

注:图中尺寸以 mm 计。

(A)2.5cm　　(B)3.0cm

(C)3.5cm　　(D)4.0cm

20. 淤泥质黏土厚 15m,下为不透水土层。该淤泥质黏土层固结系数 $C_h=C_v=2.0\times10^{-3}\text{cm}^2/\text{s}$。采用大面积堆载预压法加固,竖向排水通道采用袋装砂井,直径为

d_w=70mm，等边三角形排列，间距 1.4m，深度 15.0m。预压荷载 60kPa，一次匀速加载，加载时间为 12d，开始加荷后 100d 土层平均固结度与下列哪一数值最为接近？根据《建筑地基处理技术规范》(JGJ 79—2012)的规定计算。（　　）

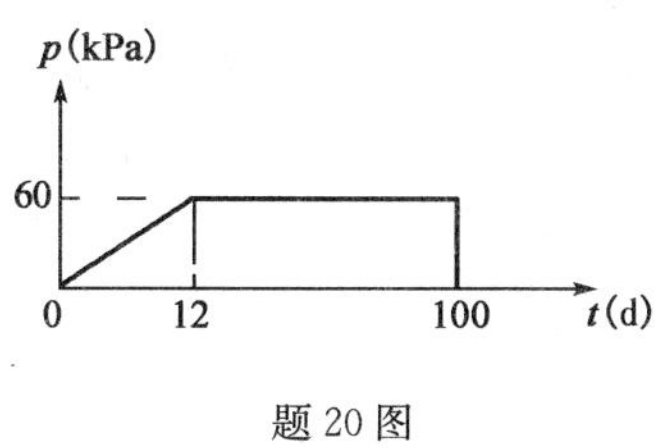

题 20 图

(A)0.80　　(B)0.85　　(C)0.90　　(D)0.95

21. 某炼油厂建筑场地，地基土为山前洪坡积砂土，地基承载力特征值 100kPa，设计要求复合地基承载力特征值 180kPa。决定采用振冲碎石桩处理地基，桩径设计 0.9m，基础下等边三角形布桩，因无实测载荷试验资料，桩土应力比 n 取 3.5，桩距设计应取下列哪一个数值？（　　）

(A)1.2m　　(B)1.5m

(C)1.8m　　(D)2.1m

22. 某建筑场地分布有厚 4m 的素填土层，其下为粉质黏土层。现采用柱锤冲扩桩法处理 4m 厚素填土层后形成复合地基。经试验得到天然地基土承载力特征值 f_{sk}=80kPa，冲扩桩桩身强度 f_{pk}=350kPa，成孔直径 0.5m，按等边三角形布桩，桩中心距 s=1.2m，当初步设计估算复合地基承载力时，桩面积可按 1.2 倍成孔直径计算，桩间土承载力特征值为天然地基土承载力特征值的 1.2 倍，此时冲扩桩复合地基承载力特征值最接近下列哪一个数值？（　　）

(A)117kPa　　(B)127kPa

(C)137kPa　　(D)154kPa

23. 一座 5 万 m^3 储油罐，拟建于滨海地区，地基土为海陆交互沉积的软土，天然地基承载力特征值 75kPa。拟采用水泥土搅拌桩加固地基。面积置换率为 0.3，桩径设计为 0.6m，桩身强度 f_{cu}采用 3445kPa，桩身强度折减系数 η 取 0.25，桩间土承载力发挥系数 β 取 0.75。如果由桩身材料强度确定的单桩承载力等于由桩周土和桩端土的抗力所提供的单桩承载力，问复合地基承载力特征值最接近下列哪一个数值？（　　）

(A)300kPa　　(B)360kPa

(C)380kPa　　(D)400kPa

24. 一软土层的厚度为 8m，压缩模最为 1.5MPa，其下为硬黏土层。地下水位与软土层顶面一致。现上铺厚 1m、重度为 18kN/m^3 的砂层，其下打砂井穿透软土层，再采用 90kPa 真空预压至固结度达到 80%，此时已完成的固结沉降量最接近下列哪一个

数值？（　　）

(A)40cn　　(B)46cm

(C)52cm　　(D)58cm

25. 基坑剖面如图所示，已知土的重度 $\gamma=20\text{kN/m}^3$，有效内摩擦角 $\varphi'=30°$，黏聚力 $c'=0$。若不要求计算墙两侧的水压力，按朗肯土压力理论分别计算支护结构墙底 E 点内外两侧的被动土压力 e_p 和主动土压力 e_a 最接近下列哪一组数值？（水的重度 $\gamma_w=10\text{kN/m}^3$）（　　）

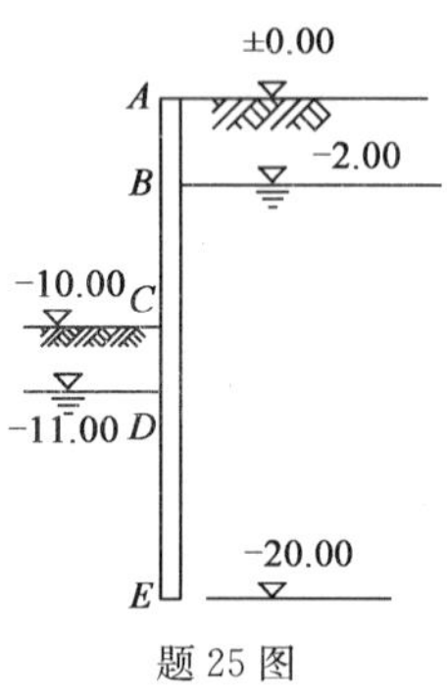

题 25 图

(A)$e_p=330\text{kPa}$，$e_a=73\text{kPa}$　　(B)$e_p=191\text{kPa}$，$e_a=127\text{kPa}$

(C)$e_p=600\text{kPa}$，$e_a=133\text{kPa}$　　(D)$e_p=346\text{kPa}$，$e_a=231\text{kPa}$

26. 已知作用于二级永久岩质边坡锚杆的水平拉力 $H_{tk}=1140\text{kN}$，锚杆倾角 $\alpha=15°$，锚固体直径 $D=0.15\text{m}$，土层与锚固体黏结强度 $f_{rbk}=1000\text{kPa}$。问锚杆锚固体与地层的锚固长度至少必须达到下列哪一个数值？（　　）

(A)4.0m　　(B)4.5m

(C)5.0m　　(D)5.5m

27. 在水平均质、具有潜水自由面的含水层中进行单孔抽水试验如图所示。已知水井半径 $r=0.15\text{m}$，影响半径 $R=60\text{m}$，含水层厚度 $H=10\text{m}$，水位降深 $S=3\text{m}$，渗透系数 $k=25\text{m/d}$，问抽水流量最接近下列哪一个数值？（　　）

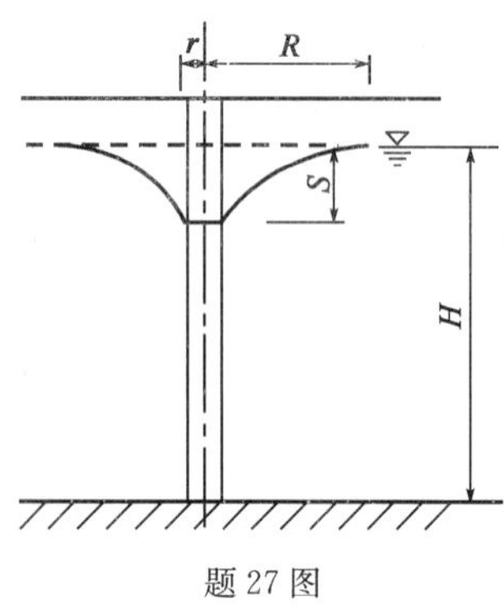

题 27 图

(A)$572\text{m}^3/\text{d}$　　(B)$669\text{m}^3/\text{d}$

(C)737m^3/d (D)953m^3/d

28. 在裂隙岩体中,滑面 S 的倾角为 30°,已知岩体的重力为 1200kN/m,当后缘垂直裂隙充水高度 h=10m 时,岩体的下滑力最接近下列哪一个数值? ( )

(A)1030kN/m (B)1230kN/m

(C)1430kN/m (D)1630kN/m

29. 一墙面直立、墙顶面与土堤顶面齐平的重力式挡土墙墙身高 3m,顶宽 1.0m,底宽 1.6m,已知墙背主动土压力的水平分力 E_x=175kN/m,竖向分力 E_y=55kN/m,墙身自重 W=180kN/m。请问此墙的抗倾覆稳定性系数最接近下列数值中的哪一个? ( )

题 29 图(尺寸单位:m)

(A)1.05 (B)1.12

(C)1.20 (D)1.30

30. 某地段软黏土厚度超过 15m,软土的重度 γ=16kN/m^3,内摩擦角 $\varphi\approx0$,不固结不排水抗剪强度 c_u=12kPa,假设土堤和地基土为同一均质软土。若采用泰勒(Taylor)稳定数图解法确定土堤临界高度近似解公式。[见《铁路工程特殊岩土勘察规程》(TB 10038—2012)],建筑在该软土地基上,且加荷速率较快的铁路路堤临界高度 H_c 最接近下列哪一个数值? ( )

(A)3.5m (B)4.1m

(C)4.8m (D)5.6m

31. 一均匀黏性土填筑的路堤存在如图所示圆弧形滑动面,圆弧形滑动面半径 R 为 12.5m,滑动面长度 L 为 25m,滑带土的不排水剪强度 c_u 为 19kPa,内摩擦角 $\varphi\approx0$,下滑土体重 W_1 为 1300kN,抗滑土体重 W_2 为 315kN,下滑土体重心至圆心垂线距 d_1 为 5.2m,抗滑土体重心至圆心垂线距 d_2 为 2.7m,该滑体抗滑动稳定系

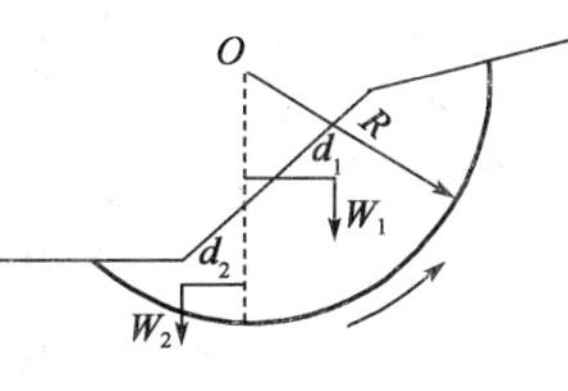

题 31 图

数最接近于下列哪一个数值？（ ）

(A)0.9　(B)1.0

(C)1.15　(D)1.25

32. 根据勘察材料，某滑坡体正好处于极限平衡状态，且可分为 2 个条块，条块的重量 G、滑动面长度 l 见下表，滑动面倾角 β 如下图所示。（ ）

题 32 表

条块编号	G(kN/m)	l(m)
1	600	11.55
2	1000	10.15

现设定滑动面内摩擦角 $\varphi=10°$，稳定系数取 1.0。用反分析法求滑动面黏聚力 c 值最接近下列哪一个数值？（ ）

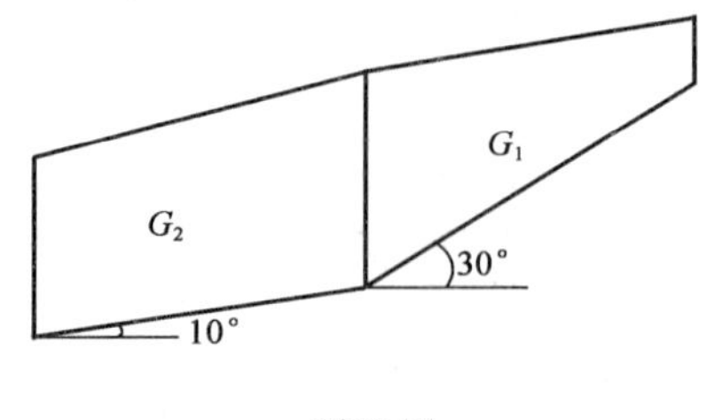

题 32 图

(A)9.0kPa　(B)9.6kPa

(C)12.3kPa　(D)12.9kPa

33. 某普通多层建筑，其结构自振周期 $T=0.5$s，阻尼比 $\zeta=0.05$，建在天然地基上，建筑场地覆盖土层厚 30m，土层的等效剪切波速 $v_{se}=200$m/s，抗震设防烈度为 8 度，设计基本地震加速度为 0.20g，设计地震分组为第一组，若按多遇地震考虑，请确定该建筑结构的地震影响系数最接近下列哪一个数值？（ ）

(A)$\alpha=0.116$　(B)$\alpha=0.131$

(C)$\alpha=0.174$　(D)$\alpha=0.196$

34. 拟在位于基本地震加速度为 0.3g，设计地震分组为第二组，特征周期为 0.45s 的场地上修建一桥墩，桥墩基础底面尺寸为 8m×10m，基础埋深为 2m。某钻孔揭示地层结构如题图所示；勘察期间地下水位埋深 5.5m，近期内年最高水位埋深 4.0m；在地下 3.0m 和 5.0m 处实测标准贯入试验击数均为 11 击，经初判认为需对细砂进一步液化判别。若测标准贯入试验击数不随土的含水率变化而变化，试计算该钻孔的液化指数最接近下列哪项数值(只需判断 15m 内土层)？（ ）

(A)3.5　　(B)4.1　　(C)5.3　　(D)6.9

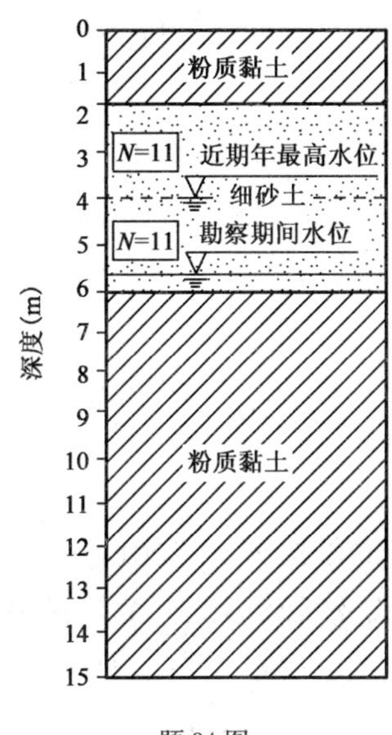

题34图

35. 按上题条件，如果水位以上各层的重度为 19.0kN/m^3；水位以下各层土的重度为 20.0kN/m^3，细砂层的承载力基本容许值为 220kPa，试计算抗震承载力容许值最接近下列哪一选项？（　　）

(A)305kPa　　(B)335kPa　　(C)390kPa　　(D)429kPa

2004年案例分析试题答案(下午卷)

1.[**答案**] D

[**解析**]《岩土工程勘察规范》(GB 50021—2001)附录F。

面积比:$\frac{D_w^2-D_e^2}{D_e^2}\times100(\%)=\frac{75.0^2-70.6^2}{70.6^2}\times100(\%)=12.9(\%)$

内间隙比:$\frac{D_s-D_e}{D_e}\times100(\%)=\frac{71.3-70.6}{70.6}\times100(\%)=0.99(\%)$

2.[**答案**] C

[**解析**]《岩土工程勘察规范》(GB 50021—2001)第10.2.5条。

由 p-s 曲线可知,比例界限为225kPa,此时的沉降为8.0mm。已知承压板边长为 $b=707$mm。

$$E_0=I_0(1-\mu)^2\frac{pd}{s}=0.89(1-0.33^2)\times707\times(225/8.0)=15770\text{kPa}=15.8\text{MPa}$$

3.[**答案**] B

[**解析**] $q=\frac{Q}{L}\times(p_p+p_z)$

$$q=\frac{50}{5}\times(0.75+0.25)=10(\text{Lu})$$

4.[**答案**] B

[**解析**](1)膨胀土地基上的轻型建筑物,在土的膨胀力作用下容易破坏,荷载较大的建筑对土的膨胀有抑制作用。

(2)室内外胀缩条件不同,导致外墙水平裂缝。

(3)建筑物角部外侧地基土最易失水,收缩下沉,产生倒八字裂缝。

(4)膨胀土的胀缩现象随季节变化,反复发生,室内地坪下的膨胀土,湿季膨胀,外推基础;干季收缩,但不能恢复原状,产生地坪开裂。反复发生,越裂越宽。

5.[**答案**] C

[**解析**]《建筑地基基础设计规范》(GB 50007—2011)第5.2.5条。

查表 $M_c=3.14,M_b=0,M_d=1.0$

$$\begin{aligned}f_a&=M_d\gamma_m d+M_c c_k=1\times18\times1.5+3.14\times q_u/2=1\times18\times1.5+3.14\times6.6/2\\&=27+3.14\times3.3=37.4\text{kPa}\end{aligned}$$

6.[**答案**] C

[**解析**] 6层住宅条形基础每延米荷载约200~230kN,中密中砂地基承载力约250kPa,可考虑做条形基础,基宽约1m。尽量浅埋,埋深0.5~1.5m,则压缩层深度约4.5m。天然地基可行,但需验算沉降和软弱下卧层。薄层泥质灰岩内不会发育大的溶

洞，不必查。

7.［答案］B

［解析］三相指标的换算关系。

填料的孔隙比：$e=\dfrac{\gamma_s(1+w)}{\gamma}-1=\dfrac{2.72\times10\times1.10}{15.5}-1=0.93$

压实土的孔隙比：$e_1=\dfrac{\gamma_s w}{S_r\gamma_w}=\dfrac{27.2\times0.14}{0.90\times10}=0.423$

共需填料体积：$V=8000\times\dfrac{1+0.93}{1+0.423}=10850.3\text{m}^3$

8.［答案］C

［解析］(1)先用 f_{ak} 求基础宽度。

$b=\dfrac{F}{f_{ak}-\gamma_G d}=\dfrac{300}{220-20\times1.0}=\dfrac{300}{200}=1.5\text{m}$

(2)求修正后承载力，因 $b<3.0\text{m}$，不作宽度修正，$\eta_d=1.6$

则 $f_a=f_{ak}+\eta_d\gamma_m(d-0.5)=220+1.6\times18(1-0.5)=220+14.4=234.4\text{kPa}$

9.［答案］A

［解析］(1)《建筑地基基础设计规范》(GB 50007—2011)第 5.2.5 条。

计算地下水位上升前和上升后的地基承载力特征值 f_a。

地下水位上升前：

$f_a=0.51\times19\times3+3.06\times18.5\times1.5+5.66\times10$

$=29.07+84.92+56.6=170.59\text{kPa}$

地下水上升到基础底面后：

$f_a=0.51\times10\times3+3.06\times18.5\times1.5+5.66\times10=15.3+84.92+56.6=156.82\text{kPa}$

(2)$\dfrac{170.59-156.82}{170.59}=0.08$，即承载力降低 8%。

10.［答案］C

［解析］10m 范围内的附加应力曲线所围面积$=\dfrac{(1+0.285)\times100\times10}{2}=642.5\text{kPa}\cdot\text{m}$

平均反算压缩模量$=\dfrac{642.5}{200-40}=4.02\text{MPa}$

11.［答案］C

［解析］偏心距由公式 $e=\dfrac{H(h+d)}{W}$ 表示，将已知的产生极限状态的临界偏心距 e 和塔的高度 h 及竖向荷载 W 代入上式，即可解得产生极限状态时的水平力 H。

$H=\dfrac{We}{(h+d)}=\dfrac{7.5\times4.8}{30+2}=1.125\text{MN}$

12.［答案］B

［解析］《建筑地基基础设计规范》(GB 50007—2011)第 5.3.5 条。

(1) $p_0=\frac{(F+G)}{A}-p_{cz}=\frac{1920}{4\times8}-18\times1=42\text{kPa}$

(2)计算基础沉降量：$S=\psi_s\sum\frac{p_0}{E_{si}}(z_i\bar{\alpha}_i-z_{i-1}\bar{\alpha}_{i-1})=1.1\times42\left(\frac{1.872}{10.2}+\frac{2.014}{3.4}\right)=35.85\text{mm}\approx3.6\text{cm}$

13.［答案］D

［解析］《建筑地基基础设计规范》(GB 50007—2011)附录C、附录D。

(1) $f_{ak}=\frac{(130+110+135)}{3}=125\text{kPa}$

极差 $=\frac{(135-110)}{125}\times100=20\%<30\%$

(2)由粉质黏土的孔隙比 $e=0.80$，液性指数 $I_L=0.75$，查规范中表5.2.4，得 $\eta_b=0.30$，$\eta_d=1.60$

(3) $f_a=125+0.30\times8\times(4-3)+1.6\times13\times(2-0.5)=159\text{kPa}$

14.［答案］C

［解析］《建筑桩基技术规范》(JGJ 94—2008)5.4.4条。

(1)下拉荷载：$Q_g^n=q_s^n\pi dL_n=20\times3.14\times0.8\times6=301.4\text{kN}$

(2)最大轴力：位于中性点截面 $N_{max}=Q_0+Q_g^n=500+301.4=801.4\text{kN}$

15.［答案］C

［解析］《建筑桩基技术规范》(JGJ 94—2008)5.4.4条。

下拉荷载：$Q_g^n=\eta_n u\sum_{i=1}^{n}q_{s_i}^n l_i=1\times1.884(0.3\times1.0\times18\times2+0.3\times3.5\times18\times3+0.3\times6.0\times18\times2+0.3\times8.5\times18\times3)=1.884\times0.3\times18\times50=508.7\approx509\text{kN}$

注：此题桩侧负摩阻力标准值均小于桩侧正摩阻力。

16.［答案］D

［解析］《建筑桩基技术规范》(JGJ 94—2008)第5.9.7条。

(1)冲切力设计值：$F_L=F-\sum Q_i=7500-\frac{7500}{5}=6000\text{kN}$

(2)受冲切承载力设计值：$\beta_0=\frac{0.84}{\lambda+0.2}=\frac{0.84}{0.7+0.2}=0.933$，$\beta_{hp}=1-\frac{h-800}{12000}=1-\frac{1050-800}{12000}=0.979$

$\alpha=\frac{0.72}{0.7+0.2}=0.8$，$R_L=\beta_{hp}\beta_0\mu_m f_t h_0=0.979\times0.933\times1.71\times10^3\times\frac{2.0+0.6}{2}\times4\times1.0=8122\text{kN}$

(3) $R_L-F_L=8122-6000=2122$

17.［答案］C

［解析］《建筑桩基技术规范》(JGJ 94—2008)第5.7.2条。

$R_h=\frac{0.75\alpha^3 EI}{v_x}x_{0a}$，$ah=0.59\times10=5.9>4.0$，桩端自由。

查表故 $v_x=2.441$，$R_h=\frac{0.75\times0.59^3\times1.7\times10^5\times0.01}{2.441}=107.3\text{kN}$

18.**[答案]** B

[解析]《建筑桩基技术规范》(JGJ 94—2008)第 5.4.5 条、5.4.6 条。

基桩抗拔极限承载力标准值为：

$$T_{uk}=\sum\lambda_i q_{sik}u_i l_i$$
$$=0.7\times30\times\pi\times0.55\times13+0.6\times60\times\pi\times0.55\times3=658\text{kN}$$

基桩自重：$G_p=\frac{\pi}{4}\times0.55^2\times16\times15=57\text{kN}$

$\frac{T_{uk}}{2}+G_p=\frac{658}{2}+57=386\text{kN}<N_k=600\text{kN}$，不满足。

群桩呈整体破坏时基桩抗拔极限承载力标准值：

$$T_{gk}=\frac{1}{n}u_i\sum\lambda_i q_{sik}l_i$$
$$=\frac{1}{50}\times(20+10)\times2\times[0.7\times30\times13+0.6\times60\times3]=457.2\text{kN}$$

$$G_{gp}=\frac{1}{50}\times20\times10\times16\times10=640\text{kN}$$

$N_k=600\text{kN}\leqslant\frac{T_{gk}}{2}+G_{gp}=\frac{457.2}{2}+640=868.6\text{kN}$，满足。

19.**[答案]** B

[解析]《建筑桩基技术规范》(JGJ 94—2008)第 5.5.7 条、5.5.9 条。

(1)$s_a/d=4$，$L/d=12/0.4=30$，$L_c/B_c=1$

查表：$C_0=0.055$，$C_1=1.477$，$C_2=6.843$

$$\psi_e=0.055+\frac{(3-1)}{[1.477(3-1)+6.843]}=0.2591$$

(2)$s=0.7\times0.2591\times300\times(2.148/12000+1.497/4000)\times100=3.0\text{cm}$

20.**[答案]** D

[解析]《建筑地基处理技术规范》(JGJ 79—2012)第 5.2.7 条。

$\alpha=\frac{8}{\pi^2}=0.81$，$d_e=1.05l=1.47\text{m}$，井径比 $n=d_e/d_w=21$

$$F=\frac{n^2}{n^2-1}\ln n-\frac{3n^2-1}{4n^2}=2.3$$

$$\beta=\frac{8c_n}{F_n d_c^2}+\frac{\pi^2 c_v}{4H^2}=\frac{8\times2\times10^{-3}}{2.3\times147^2}+\frac{3.14^2\times2\times10^{-3}}{4\times1500^2}=3.241\times10^{-7}(1/\text{s})=0.0278(1/\text{d})$$

$$\dot{q}=\frac{60}{12}=5\text{kPa/d}$$

$$\overline{U}_t=\frac{\dot{q}}{p}\left[(T_1-T_0)-\frac{\alpha}{\beta}e^{-\beta}(e^{\beta T_1}-e^{\beta T_0})\right]=\frac{5}{60}\left[(12-0)-\frac{0.81}{0.0278}e^{-0.0278\times100}(e^{0.0278\times12}-e^0)\right]$$

$=0.94$

21.[答案] B

[解析]《建筑地基处理技术规范》(JGJ 79—2012)第 7.1.5 条、7.2.2 条。

$f_{spk}=[1+m(n-1)]f_{sk}$

$m=\frac{f_{spk}-f_{sk}}{(n-1)f_{sk}}=\frac{180-100}{(3.5-1)\times100}=0.32, m=d^2/d_e^2, d_e=\sqrt{d^2/m}=\sqrt{\frac{0.9^2}{0.32}}=1.59\text{m}$

$d_e=1.05s, s=\frac{d_e}{1.05}=1.52\approx1.5\text{m}$

22.[答案] D

[解析] (1)求置换率 m,根据《建筑地基处理技术规范》(JGJ 79—2012)7.1.5 条、7.8.4条。

$m=d^2/d_e^2=d^2/(1.05s)^2=0.6^2/(1.05\times1.2)^2=0.23$

(2)复合地基承载力特征值 f_{spk}。

$n=f_{pk}/f_{sk}=350/(1.2\times80)=3.65$

$f_{spk}=[1+m(n-1)]f_{sk}=[1+0.23(3.65-1)]\times1.2\times80=154.5\text{kPa}$

23.[答案] A

[解析]《建筑地基处理技术规范》(JGJ 79—2012)第 7.1.5 条、7.3.3 条。

$R_a=\eta f_{cu}A_p$

计算桩截面积:$A_p=\pi r^2=3.14\times0.3^2=0.28\text{m}^2$

$R_a=0.25\times3445\times0.28=241.2\text{kN}$

$f_{spk}=m\frac{\lambda R_n}{A_p}+\beta(1-m)f_{sk}=0.3\times\frac{1.0\times241.2}{0.28}+0.75\times(1-0.3)\times75$

$=298\text{kPa}$

24.[答案] B

[解析] $S=\frac{\gamma h+p_0}{E_s}H\mu=\frac{18\times1.0+90}{1500}\times0.8=0.461\text{m}\approx46\text{cm}$

25.[答案] A

[解析] 土压力系数:$k_p=\tan^2\left(45°+\frac{\varphi}{2}\right)=3.00$

$k_a=\tan^2\left(45°-\frac{\varphi}{2}\right)=0.333$

被动土压力:$p_p=\sum\gamma_i h_i k_p=(20\times1+10\times9)\times3.0=330\text{kPa}$

主动土压力:$p_a=\sum\gamma_i h_i k_a=(20\times2+10\times8)\times0.333=73\text{kPa}$

26.[答案] C

[解析]《建筑边坡工程技术规范》(GB 50330—2013)8.2.1 条～8.2.3 条。

$N_{ak}=\frac{H_{tk}}{\cos\alpha}=\frac{1140}{\cos\alpha}=1180\text{kN}, l_a\geqslant\frac{N_{ak}K}{\pi Df_{rbk}}=\frac{1180\times2.0}{\pi\times0.15\times1000}=5.0\text{m}$

27.［答案］B

［解析］根据潜水完整井抽水试验公式：

$$Q=1.366\times k\frac{(2H-s)s}{\lg R-\lg r}=1.366\times 25\frac{(2\times 10-3)\times 3}{\lg 60-\lg 0.15}=669.3\text{m}^3/\text{d}$$

28.［答案］A

［解析］下滑力＝重力分力＋水压力$=1200\cdot\sin 30°+\frac{1}{2}\times 10\times 10^2\cdot\cos 30°=600+433=1033\text{kN/m}$

29.［答案］B

［解析］$Z_y=\frac{1}{3}H=1\text{m}$，$\tan\alpha=\frac{(1.6-1.0)}{3}=0.2$

$Z_x=\beta-Z_y\tan\alpha=1.6-1\times 0.2=1.4\text{m}$

$Z_w=0.66\text{m}$

$$K=\frac{WZ_w+E_yZ_y}{E_xZ_y}=\frac{180\times 0.66+55\times 1.4}{175\times 1}=1.119\approx 1.12$$

30.［答案］B

［解析］《铁路工程特殊岩土勘察规程》(TB 10038—2012)6.2.4条条文说明。

$$H_c=5.52\frac{c_u}{\gamma}=\frac{5.52\times 12}{16}=4.14\text{m}$$

31.［答案］B

［解析］$K=\frac{W_2d_2+c_uLR}{W_1d_1}=\frac{(315\times 2.7)+(19\times 25\times 12.5)}{1300\times 5.2}=\frac{6788}{6760}=1.0$

32.［答案］A

［解析］《建筑地基基础设计规范》(GB 50007—2011)6.4.3条。

$G_{1n}=600\times\cos 30°=519.6$，$G_{1t}=600\times\sin 30°=300$

$G_{2n}=600\times\cos 10°=984.8$，$G_{2t}=1000\times\sin 10°=173.6$

$\psi=\cos(30°-10°)-\sin(30°-10°)\times\tan 10°=0.8794$

$F_1=1.0\times 300-519.6\times\tan 10°-11.55c=208.38-11.55c$

$F_2=0.8794(208.38-11.55c)+1.0\times 173.6-984.8\times\tan 10°-10.15c=183.20-20.31c=0$

$c=183.20/20.31=9.0\text{kPa}$

33.［答案］A

［解析］《建筑抗震设计规范》(GB 50011—2010)第4.1.6条、5.1.4条、5.1.5条。

$\alpha=0.116$，因覆盖土层厚30m，等效剪切波速$v_{sc}=200\text{m/s}$，场地类别为Ⅱ类，以及设计地震分组为第一组，故场地特征周期$T_g=0.35\text{s}$，地震设防烈度为8度，考虑为多遇地震时，水平地震影响系数最大值$\alpha_{max}=0.16$，根据公式$\alpha=\left(\frac{T_g}{T}\right)^{\gamma}\eta_2\alpha_{max}$，式中$T_g=$

0.35，$T=0.5$，$\gamma=0.9$，阻尼调整系数 $\eta_2=1$，故

$$\alpha=\left(\frac{0.35}{0.5}\right)^{0.9}\times1\times0.16=0.725\times0.16=0.116$$

34.［答案］C

［解析］根据《公路工程抗震规范》(JTG B02—2013)4.3.2 条、4.3.3 条：

(1)确定液化土层深度范围

近期内年最高水位埋深 4.0m，液化土层范围为 4.0～6.0m。

(2)计算标准贯入锤击数的临界值

5.0m 处的标准贯入锤击数的临界值为：

$$N_{cr}=N_0[0.9+0.1(d_s-d_w)]\sqrt{3/\rho_c}=15\times[0.9+0.1\times(5-4)]\times\sqrt{3/3}=15$$

(3)计算液化指数

$$I_{lE}=\sum(1-N_i/N_{cri})d_iW_i=(1-11/15)\times2\times10=5.3$$

35.［答案］A

［解析］根据《公路桥涵地基与基础设计规范》(JTG D63—2007)第 3.3.4 条：

$$\begin{aligned}[f_a]&=[f_{a0}]+k_1\gamma_1(b-2)+k_2\gamma_2(h-3)\\&=220+0.75\times19(8-2)+1.5\times20\times(3-3)\\&=305.5\text{kPa}\end{aligned}$$

根据《公路工程抗震规范》(JTG B02—2013)第 4.2.4 条：

$$f_{aE}=f_a=305.5\text{kPa}$$

2005 年案例分析试题(上午卷)

1. 钻机立轴升至高位时，其上口距孔口 1.50m，取样用钻杆总长 21.00m，取土器全长 1.00m，下到孔底后机上残尺 1.10m。钻孔用套管护壁，套管总长 18.50m，另有管靴与孔口护箍，各高 0.15m，套管口露出地面 0.40m。则取样位置距套管底的距离应等于下列哪个数值？（　　）

(A)0.60m

(B)1.00m

(C)1.30m

(D)2.50m

2. 某黏性土样做不同围压的常规三轴压缩试验。试验结果：莫尔圆包线前段弯曲，后段基本水平。试问，这应是下列哪个选项的试验结果？并简要说明理由。（　　）

(A)饱和正常固结土的不固结不排水试验

(B)未完全饱和土的不固结不排水试验

(C)超固结饱和土的固结不排水试验

(D)超固结土的固结排水试验

3. 压水试验段位于地下水位以下。地下水位埋藏深度为 50m，使用安设在与试验段连通的测压管上的压力计测压（忽略管路压力损失）。试验段长 5m，压水试验结果如表所示。则上述试验段的透水率(Lu)与下列哪个数值最接近？（　　）

压水试验结果　　题 3 表

P(MPa)	0.30	0.60	1.00
Q(L/min)	30	65	100

(A)10Lu　　(B)20Lu

(C)30Lu　　(D)40Lu

4. 地下水绕过隔水帷幕向集水构筑物渗流。为计算流量和不同部位的水力梯度，进行了流网分析。取某剖面，划分流槽数 N_1 为 12 个，等势线间隔数 N_D 为 15 个，各流槽的流量和等势线间的水头差均相等。每个网格的流线平均距离 b_i 与等势线平均距离 l_i 的比值均为 1。总水头差 ΔH 为 5m，某段自第 3 条等势线至第 6 条等势线的流线长 10m，交于 4 条等势线。则该段流线上的平均水力梯度将最接近下列哪个选项？（　　）

(A)1.00　　(B)0.13

(C)0.10　　(D)0.01

5. 在一盐渍土地段地表 1.0m 深度内分层取样，化验含盐成分如表所示。按《岩土工程勘察规范》(GB 50021—2001)，计算该深度范围内的取样厚度加权平均盐分比值 $D_1=[c(Cl^-)/2c(SO_4^{2-})]$，并判定该盐渍土应属于下列哪类盐渍土？（　　）

题 5 表

取样深度(m)	盐分摩尔浓度(mol/100g)	
	$c(Cl^-)$	$c(SO_4^{2-})$
0～0.05	78.43	111.32
0.05～0.25	35.81	81.15
0.25～0.50	6.58	13.92
0.50～0.75	5.97	13.80
0.75～1.00	5.31	11.89

(A)氯盐渍土　　(B)亚氯盐渍土

(C)亚硫酸盐渍土　　(D)硫酸盐渍土

6. 条形基础的宽度为 3m，承受偏心荷载，已知偏心距为 0.7m，最大边缘压力等于 140kPa。则作用于基础底面的合力最接近于下列哪个选项？（　　）

(A)360kN/m　　(B)240kN/m

(C)190kN/m　　(D)168kN/m

7. 大面积堆载试验时，在堆载中心点下，用分层沉降仪测各土层顶面的最终沉降量和用孔隙水压力计测得的各土层中部加载时的起始超孔隙水压力值如表所示，根据实测数据可以反算各土层的平均模量，指出第③层土的反算平均模量最接近下列哪个选项？（　　）

题 7 表

土层编号	土层名称	层顶深度(m)	土层厚度(m)	实测层顶沉降(mm)	起始超孔隙水压力值(kPa)
①	填土		2		
②	粉质黏土	2	3	460	380
③	黏土	5	10	400	240
④	黏质粉土	15	5	100	140

(A)8.0MPa　　(B)7.0MPa

(C)6.0MPa　　(D)4.0MPa

8. 某厂房桩基础，建于如图所示的地基上，基础底面尺寸为 $l=2.5$m，$b=5.0$m，基础埋深为室外地坪下 1.4m，相应荷载效应标准组合时，基础底面平均压力 $p_k=145$kPa。对软弱下卧层②进行验算，其结果应符合下列哪个选项？（　　）

(A) $p_z+p_{cz}=89\text{kPa}>f_{az}=81\text{kPa}$　　(B) $p_z+p_{cz}=89\text{kPa}<f_{az}=114\text{kPa}$

(C) $p_z+p_{cz}=112\text{kPa}>f_{az}=92\text{kPa}$　　(D) $p_z+p_{cz}=112\text{kPa}<f_{az}=114\text{kPa}$

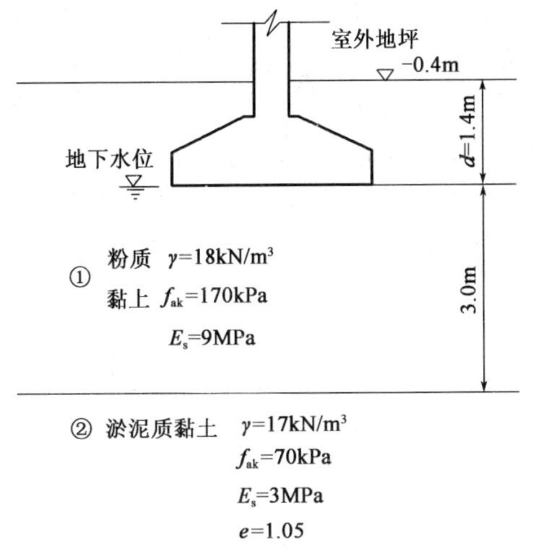

题 8 图

9. 某场地作为地基的岩体结构面组数为 2 组，控制性结构面平均间距为 1.5m。室内 9 个饱和单轴抗压强度的平均值为 26.5MPa，变异系数为 0.2。按照《建筑地基基础设计规范》(GB 50007—2011)的有关规定，由上述数据确定的岩石地基承载力特征值最接近下列哪个选项？ （ ）

(A)13.6MPa (B)12.6MPa

(C)11.6MPa (D)10.6MPa

10. 某积水低洼场地，进行地面排水后，在天然土层上回填厚度为 5m 的压实粉土，以此时的回填面标高为准下挖 2m，利用压实粉土作为独立方形基础的持力层，方形基础边长为 4.5m。在完成基础和地上结构施工后，在室外地面上再回填 2m 厚的压实粉土，达到室外设计地坪标高。回填材料为粉土，荷载试验得到压实粉土的承载力特征值为 150kPa，其他参数见图。若基础施工完成时地下水已恢复到室外设计地坪下 3.0m (如图所示)，地下水位上、下土的重度分别为 $18.5\mathrm{kN/m^3}$ 和 $20.5\mathrm{kN/m^3}$。请按《建筑地基基础设计规范》(GB 50007—2011)给出深度修正后地基承载力的特征值，并指出最接近下列哪个选项？(承载力宽度修正系数 $\eta_b=0$、深度修正系数 $\eta_d=1.5$) （ ）

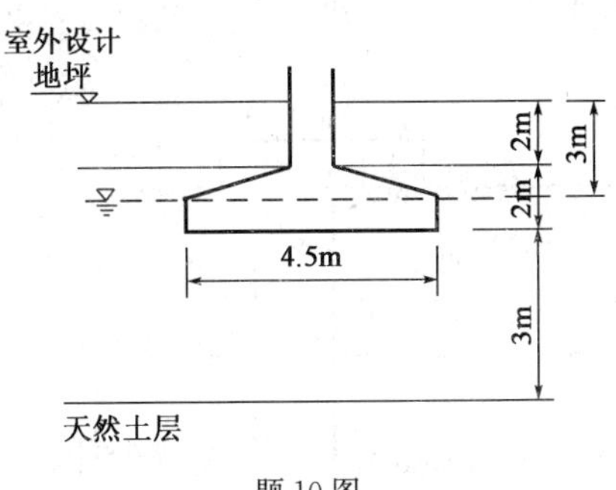

题 10 图

(A)198kPa (B)193kPa (C)188kPa (D)183kPa

11. 某稳定土坡的坡角为30°，坡高3.50m。现拟在坡顶部建一幢办公楼。该办公楼拟采用墙下钢筋混凝土条形基础，上部结构传至基础顶面的竖向力(F_k)为300kN/m，基础砌置深度在室外地面以下1.80m，地基土为粉土，其黏粒含量ρ_c=11.50%，重度γ=20kN/m^3，f_{ak}=150kPa，场区无地下水。根据以上的条件，为确保地基基础的稳定性，基础底面外缘线距离坡顶的最小水平距离a应符合以下哪个选项的要求最为适合？(注：为简化计算，基础结构的重度按照地基土的重度取值)　(　　)

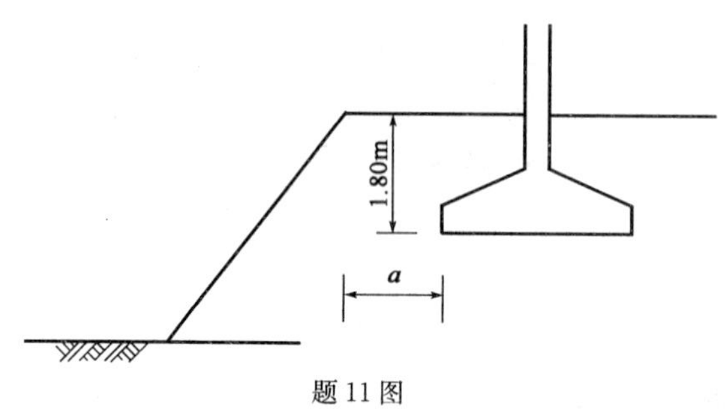

题11图

(A)大于等于4.2m　　(B)大于等于3.9m

(C)大于等于3.5m　　(D)大于等于3.3m

12. 某受压灌注桩，桩径1.2m，桩端入土深度20m，桩身配筋率0.6%，桩顶铰接，桩顶竖向压力设计值N=5000kN，桩的水平变形系数α=0.301m^{-1}，桩身换算截面积A_n=1.2m^2，换算截面受拉力边缘的截面模量W_0=0.2m^3，桩身混凝土抗拉强度设计值f_t=1.5N/mm^2。试按《建筑桩基技术规范》(JGJ 94—2008)计算单桩水平承载力设计值，其值最接近下列哪一个数值？　(　　)

(A)370kN　　(B)410kN

(C)490kN　　(D)550kN

13. 某端承灌注桩，桩径1.0m，桩长22m，桩周土性参数如图所示，地面大面积堆载p=60kPa，桩周沉降变形土层下限深度为20m。试按《建筑桩基技术规范》(JGJ 94—2008)计算基桩下拉荷载标准值，其值最接近下列哪一数值？(已知：中性点深度L_n/L_0=0.8，黏土ζ_n=0.3，粉质黏土ζ_n=0.4，群桩效应系数η_n=1)　(　　)

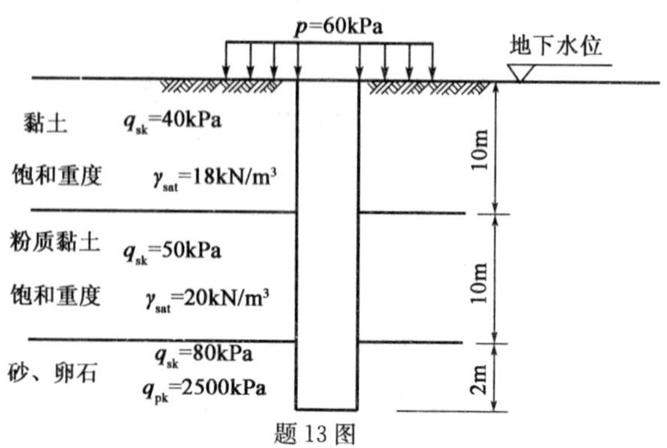

题13图

(A)1880kN　　(B)2200kN

(C)2510kN　　(D)3140kN

14. 沉井自重下沉，若不考虑浮力及刃脚反力作用，则下沉系数 $k=\frac{Q}{T}$，式中 Q 为沉井自重，T 为沉井与土间的摩阻力[假设 $T=\pi D(H-2.5)f$]。某工程地质剖面及设计沉井尺寸如图所示，沉井外径 $D=20$m，下沉深度为 16.5m，井身混凝土量为 977m^3，混凝土重度为 24kN/m^3。请验算沉井在下沉到图示位置时的下沉系数 k 最接近下列哪个数值？ (　　)

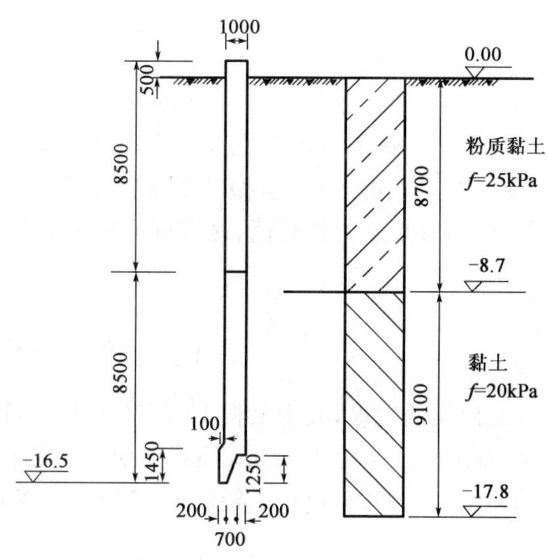

题 14 图

注：图中尺寸以 mm 计，标高以 m 计。

(A)1.10　　(B)1.20

(C)1.28　　(D)1.35

15. 某工程柱基的基底压力 $p=120$kPa，地基土为淤泥质粉质黏土，其天然地基承载力特征值为 $f_{sk}=75$kPa，用振冲桩处理后形成复合地基，按等边三角形布桩，碎石桩桩径 $d=0.8$m，桩距 $s=1.5$m，天然地基承载力特征值与桩体承载力特征值之比为 1∶4。则振冲碎石桩复合地基承载力特征值最接近下列何值？ (　　)

(A)125kPa　　(B)129kPa

(C)133kPa　　(D)137kPa

16. 拟对某湿陷性黄土地基采用灰土挤密桩加固，采用等边三角形布桩，桩距1.0m，桩长 0.6m，加固前地基土的平均干密度 $\bar{\rho}_d=1.32$t/m^3、平均含水量 $\bar{w}=9.0\%$。为达到较好的挤密效果，让地基土接近最优含水量，拟在三角形形心处挖孔预浸水增湿，场地地基土最优含水量 $w_{op}=15.6\%$，浸水损耗系数 k 可取 1.1，则每个浸水孔需加水量最接近下列哪个数值？ (　　)

(A)0.25m^3　　(B)0.50m^3

(C)0.75m^3　　(D)1.00m^3

17. 某工程场地为饱和软土地基，采用堆载预压法加固处理，以砂井作为竖向排水体，砂井直径 $d_w=0.3$m，砂井长 $h=15$m，井距 $s=3$m，按等边三角形布置。该地基土水平向固结系数 $C_h=2.6\times10^{-2}$m^2/d。在瞬间加荷下径向固结度达到 85%所需的时间最接近下列哪个选项？（注：由给出条件得到有效排水直径 $d_e=3.15$m，$n=10.5$，$F_n=1.6248$）（　　）

(A)125d　　(B)136d

(C)147d　　(D)158d

18. 某建筑场地为松砂，天然地基承载力特征值为 100kPa，孔隙比为 0.78，要求采用振冲法处理后孔隙比为 0.68。初步设计考虑采用直径 0.5m，桩体承载力特征值为 500kPa 的砂石桩处理，按正方形布桩，不考虑振动下沉密实作用。据此估算初步设计的桩距和按此方案处理后的地基承载力特征值，最接近下列哪组数据？（　　）

(A)1.6m，140kPa　　(B)1.9m，140kPa

(C)1.9m，120kPa　　(D)2.2m，110kPa

19. 采用土钉加固一破碎岩质边坡，其中某根土钉有效锚固长度 L 为 4m，该土钉计算承受拉力 E 为 188kN，锚孔直径 d 为 108mm，锚孔壁对砂浆的极限剪应力 τ 为0.25 MPa，钉材与砂浆间黏结力 τ_g 为 2MPa，钉材直径 d_b 为 32mm。该土钉抗拔安全系数最接近下列哪个数值？（　　）

(A)$K=0.55$　　(B)$K=1.80$

(C)$K=2.37$　　(D)$K=4.28$

20. 一锚杆挡墙，肋柱的某支点 n 处垂直于挡墙面的反力 R_n 为 250kN，锚杆对水平方向的倾角 β 为 25°，肋柱的竖直倾角 α 为 15°，锚孔直径 D 为 108mm，砂浆与岩层间的极限剪应力 τ 为 0.4MPa，计算安全系数 K 取 2.5。当该锚杆非锚固长度为 2m 时，问锚杆设计长度 l 最接近下列哪个数值？（　　）

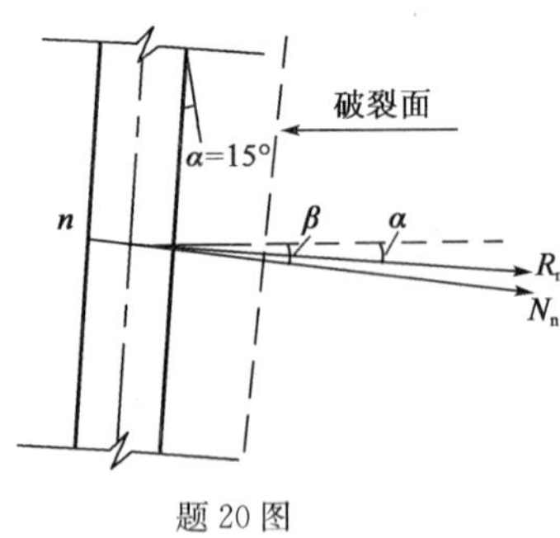

题 20 图

(A)$l\geqslant1.9$m　　(B)$l\geqslant3.9$m

(C)$l\geqslant4.7$m　　(D)$l\geqslant6.7$m

21. 由两部分土组成的土坡断面如图所示。假设滑裂面为直线，进行稳定计算。已知坡高 8m，边坡斜率为 1 ∶ 1，两种土的重度均为 $\gamma=20\text{kN/m}^3$，黏土的黏聚力 $c=12\text{kPa}$，内摩擦角 $\varphi=22°$；砂土 $c=0$，$\varphi=35°$，$\alpha=30°$。问下列哪一个直线滑裂面对应的抗滑稳定安全系数为最小？（　　）

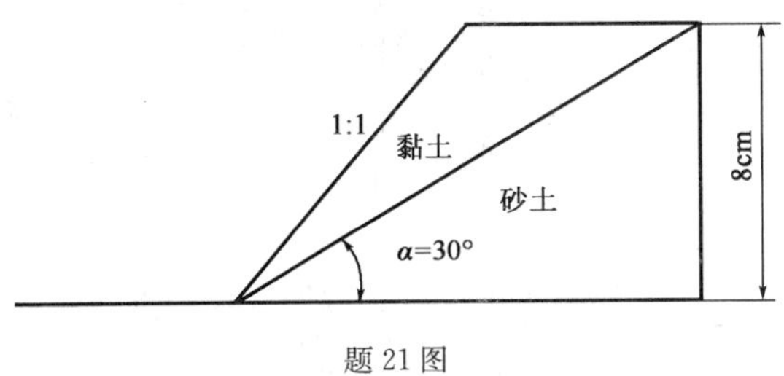

题 21 图

(A)与水平地面夹角 25°的直线

(B)与水平地面夹角 30°的直线在砂土一侧破裂

(C)与水平地面夹角 30°的直线在黏土一侧破裂

(D)与水平地面夹角 35°的直线

22. 一重力式挡土墙，底宽为 $b=4\text{m}$，地基为砂土。如果单位长度墙的自重为 $G=212\text{kN}$，对墙趾力臂 $x_0=1.8\text{m}$；作用于墙背上主动土压力垂直分量 $E_{az}=40\text{kN}$；力臂 $x_f=2.2\text{m}$；水平分量 $E_{ax}=106\text{kN}$（在垂直、水平分量中均已包括了水的侧压力），力臂 $z_f=2.4\text{m}$；墙前水位与基底平，墙后填土中的水位距基底 3m，假定基底面地下水的扬压力为三角形分布，趾前被动土压力忽略不计。问该墙绕墙趾倾覆的稳定安全系数最接近于下列哪个数值？（　　）

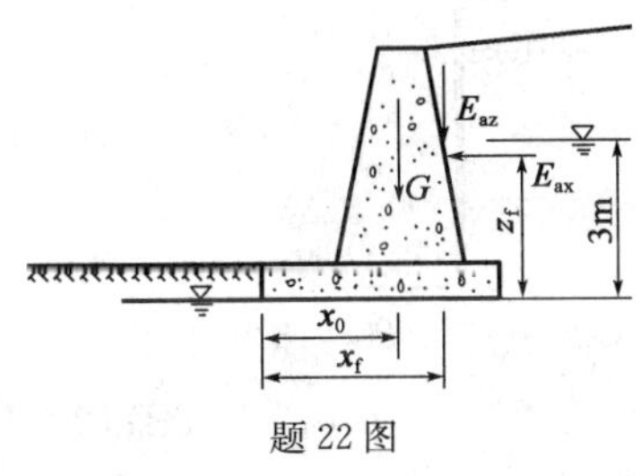

题 22 图

(A)1.1　　(B)1.2

(C)1.5　　(D)1.8

23. 基坑锚杆承载能力拉拔试验时，已知锚杆上水平拉力 $T=400\text{kN}$，锚杆倾角 $\alpha=15°$，锚固体直径 $D=150\text{mm}$，锚杆总长度为 18m，自由段长度为 6m。在其他因素都已考虑的情况下，锚杆锚固体与土层的平均摩阻力最接近下列哪个数值？（　　）

(A)49kPa　　(B)73kPa

(C)82kPa　　(D)90kPa

24. 基坑剖面如图所示，已知黏土饱和重度 $\gamma_m=20\text{kN/m}^3$，水的重度取 $\gamma_w=10\text{kN/m}^3$。

如果要求坑底抗突涌稳定安全系数 K 不小于 1.2，承压水层测压管高度 h 为 10m，问该基坑在不采取降水措施的情况下最大开挖深度最接近下列哪个数值？（ ）

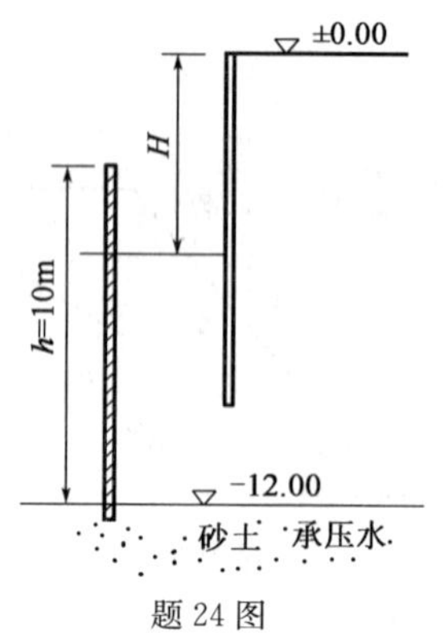

题 24 图

(A)6.0m　　(B)6.5m

(C)7.0m　　(D)7.5m

25. 基坑剖面如图所示，已知砂土的重度 $\gamma=20\text{kN/m}^3$，$\varphi=30°$，$c=0$。计算土压力时，如果 C 点主动土压力达到 1/3 被动土压力，则基坑外侧所受条形附加荷载 q 最接近下列哪个数值？（ ）

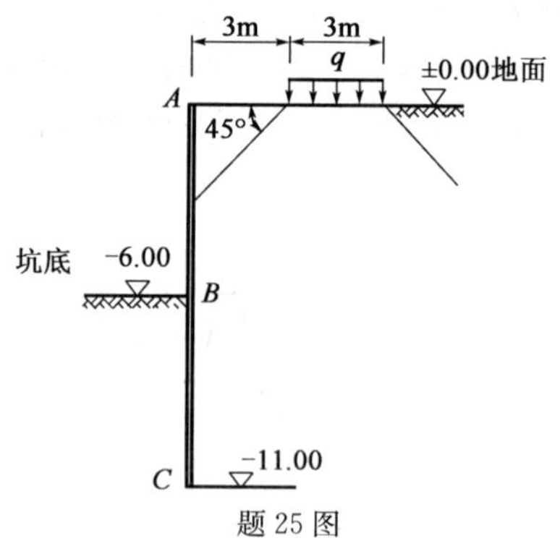

题 25 图

(A)80kPa　　(B)120kPa

(C)180kPa　　(D)240kPa

26. 对取自同一土样的 5 个环刀试样，按单线法分别加压，待压缩稳定后浸水，由此测得相应的湿陷系数 δ_s 见下表。试问按《湿陷性黄土地区建筑规范》(GB 50025—2004)求得的湿陷起始压力 p_{sh} 最接近下列哪个数值？（ ）

题 26 表

试验压力(kPa)	50	100	150	200	250
湿陷系数(δ_s)	0.003	0.009	0.019	0.035	0.060

(A)120kPa　　(B)130kPa

(C)140kPa　　(D)155kPa

27. 某一滑动面为折线形均质滑坡，其主轴断面及作用力参数如图和表所示，问该滑坡的稳定系数 F_s 最接近于下列哪个数值？（　　）

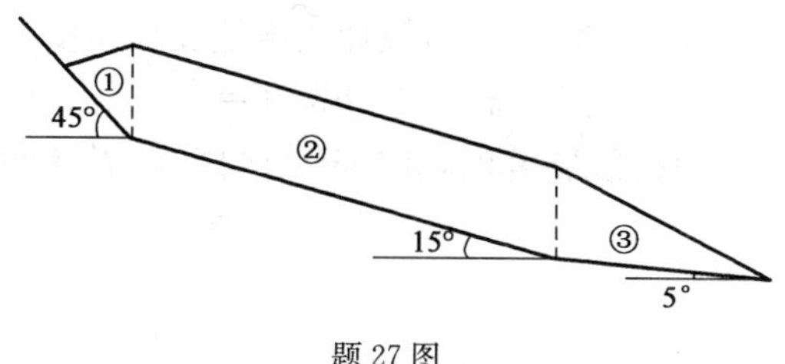

题 27 图

题 27 表

序　号	下滑力 T_i(kN/m)	抗滑力 R_i(kN/m)	传递系数 ψ_j
①	3.5×10^4	0.9×10^4	0.756
②	9.3×10^4	8.0×10^4	0.947
③	1.0×10^4	2.8×10^4	

(A)0.80　　(B)0.85　　(C)0.90　　(D)0.95

28. 某单层建筑位于平坦场地上，基础埋深 $d=1$m，按该场地的大气影响深度，取胀缩变形的计算深度 z_n 为 3.60m。计算所需的数据列于下表，试问按《膨胀土地区建筑技术规范》(GB 50112—2013)计算所得的胀缩变形量最接近下列哪个数值？（　　）

题 28 表

分层号	分层深度 z_i(m)	分层厚度 h_i(mm)	膨胀率 δ_{epi}	第 i 层可能发生的含水量变化均值 Δw_i	收缩系数 λ_{si}
1	1.64	640	0.00075	0.0273	0.28
2	2.28	640	0.0245	0.0223	0.48
3	2.92	640	0.0195	0.0177	0.40
4	3.60	680	0.0215	0.0128	0.37

(A)20mm　　(B)26mm
(C)44mm　　(D)63mm

29. 某建筑场地土层柱状分布及实测剪切波速如表所示，问在计算深度范围内土层的等效剪切波速最接近下列哪个数值？（　　）

题 29 表

层序号	岩 土 名 称	层厚 d_i(m)	层底深度(m)	实测剪切波速 v_{si}(m/s)
1	填土	2.0	2.0	150
2	粉质黏土	3.0	5.0	200
3	淤泥质粉质黏土	5.0	10.0	100
4	残积粉质黏土	5.0	15.0	300
5	花岗岩孤石	2.0	17.0	600
6	残积粉质黏土	8.0	25.0	300
7	风化花岗石			>500

(A)128m/s　　(B)158m/s

(C)179m/s　　(D)185m/s

30. 某建筑场地抗震设防烈度为8度，设计基本地震加速度为0.30g，设计地震分组为第二组，场地类别为Ⅲ类，建筑物结构自振周期T=1.65s，结构阻尼比ζ取0.05。当进行多遇地震作用下的截面抗震验算时，相应于结构自振周期的水平地震影响系数值最接近下列哪个数值？（　　）

(A)0.09　　(B)0.08

(C)0.07　　(D)0.06

2005年案例分析试题答案(上午卷)

1.[答案] B

[解析] 取样深度:21+1−1.50−1.10=19.40m

套管底深度:18.50+0.15+0.15−0.40=18.40m

两者距离:19.40−18.40=1.00m

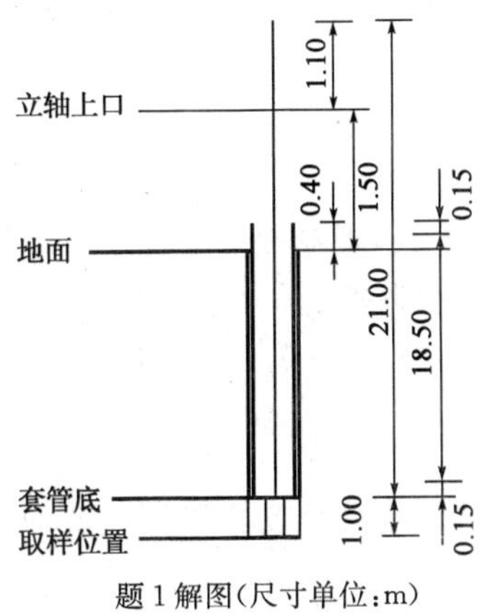

题1解图(尺寸单位:m)

2.[答案] B

[解析]

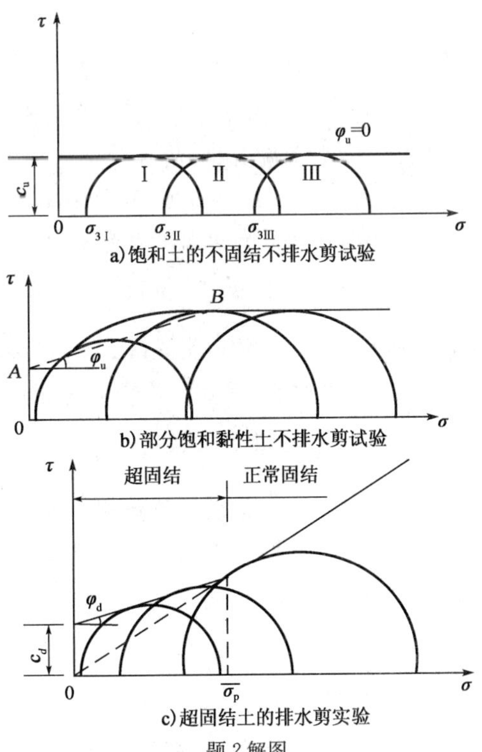

a)饱和土的不固结不排水剪试验

b)部分饱和黏性土不排水剪试验

c)超固结土的排水剪实验

题2解图

饱和正常固结土的三轴不固结不排水试验得出的总应力强度包线是一条水平线；未完全饱和土在围压作用下虽未排水，但土中的气体压缩或溶于水中，孔压系数 $B<1$，土的体积随围压的增加缩小，有效应力相应提高，抗剪强度增加，使包线前段弯曲，围压继续增加至土样完全饱和，强度包线呈水平线。

3.［答案］B

［解析］根据吕荣定义：

$$q=\frac{Q_3}{L\cdot P_3}=\frac{100}{5\times1}=20\text{Lu}$$

如果按 $P_1=0.3\text{MPa}$，$Q_1=30\text{L/min}$ 和 $P_2=0.60\text{MPa}$，$Q_2=65\text{L/min}$ 可以分别得出透水率为 20Lu 和 22Lu。

4.［答案］C

［解析］该段流线交于 4 条等势线，即 3 个等势线间隔，总水头差 ΔH 为 5m，水头落差数 N_D 为 15 个，故每个网格的水头差 Δh_i 为(5/15)m，自第 3 条等势线至第 6 条等势线的水头为 $3\times\Delta h_i$，水力梯度 $I=(3\times\Delta h_i)/L=0.1$。

5.［答案］D

［解析］盐渍土的平均含盐量、含盐成分应按取样厚度加权平均计算。

$$D_1=\frac{c(\text{Cl}^-)}{2c(\text{SO}_4{}^{2-})}$$

$$=\frac{78.43\times0.05+35.81\times0.20+(6.58+5.97+5.31)\times0.25}{2[111.32\times0.05+81.15\times0.20+(13.92+13.80+11.89)\times0.25]}$$

$$=0.245$$

$$D_1\leqslant0.3$$

6.［答案］D

［解析］基础宽度的 1/6 为 0.5m，小于偏心矩，故可判定为大偏心，则基础底面反力分布为三角形；合力至基础底面最大压力边缘的距离等于基础的半宽减去偏心矩，故为 0.8m，基础底面反力的范围为 2.4m，已知最大边缘压力为 140kPa，得合力值为 168kN/m。

7.［答案］A

［解析］第③层土的压缩变形 $s=400-100=300\text{mm}$，到达最终沉降时，起始超孔隙水压力已全部转化为有效应力。按近似计算，堆载时第③层土中部的应力 240kPa 作为平均附加有效应力，则反算平均模量为 $E=\frac{240\times10}{300}=8\text{MPa}$。

还有一种计算方法是先内插计算各层面交界处的附加应力，第③层土的平均附加应力为 357kPa，底面处为 173kPa，再按面积平均法计算第③层土的平均附加应力为 265kPa，则求得的反算模量为 8.8MPa。

8.［答案］B

［解析］(1)软弱下卧层顶面处的附加压力

$E_{s1}/E_{s2}=9/3=3$，$z/l=3.0/2.5=1.2$，得 $\theta=23°$，$\tan\theta=0.424$，$p_c=1.4\times18=$

25.2kPa

$$p_z = \frac{lb(p_k - p_c)}{(b+2z\tan\theta)(l+2z\tan\theta)}$$

$$= \frac{2.5\times5(145-25.2)}{(5+2\times3\times0.424)(2.5+2\times3\times0.424)}$$

$$= \frac{1497.5}{7.544\times5.044}$$

$$=39.4\text{kPa}$$

(2)软弱下卧层顶面处土的自重压力

$p_{cz}=18\times1.4+8\times3=25.2+24=49.2\text{kPa}$

(3)$p_z+p_{cz}=39.4+49.2=88.6\text{kPa}$

(4)修正后地基承载力特征值

查表得承载力修正系数:$\eta_d=1.0$

下卧层顶面以上土的加权平均重度:

$\gamma_m=(18\times1.4+8\times3)/(1.4+3)=11.2\text{kN/m}^3$

$f_{az}=70+11.2\times1.0(3+1.4-0.5)=70+43.68=113.68\text{kPa}$

9.**[答案]** C

[解析] 由《建筑地基基础设计规范》(GB 50007—2011)附录J公式 $f_{rk}=\psi\cdot f_{rm}$,及 $\psi=1-\left(\frac{1.704}{\sqrt{n}}+\frac{4.678}{n^2}\right)\delta$ 可知统计修正系数为0.875,所以岩石饱和单轴抗压强度的标准值为23.188MPa。

据《建筑地基基础设计规范》(GB 50007—2011)附录A,从结构面组数和平均距离,确定岩体属于完整岩体。

据《建筑地基基础设计规范》(GB 50007—2011)5.2.6条,对于完整岩体,折减系数 $f_a=\psi_r.f_{rk}=0.5\times23.188=11.59\text{MPa}$。

10.**[答案]** D

[解析] (1)由于设计地坪下2m厚的填土要到结构施工完成后才进行,深度修正只能按2m算。

(2)γ 和 γ_m 在水位以下取浮重度。得:

$f_a=f_{ak}+\eta_b\gamma(b-3)+\eta_d\gamma_m(d-0.5)$

$=150+0+1.5\times[(18.5+10.5)/2]\times(2-0.5)=150+32.63=182.6\text{kPa}$

11.**[答案]** B

[解析] 第一步:计算 f_a,查承载力修正系数表:$\eta_b=0.3$,$\eta_d=1.5$。

$f_a=150+0+1.5\times2.0\times(1.8-0.5)=189\text{kPa}$

第二步:估算基础的宽度,$b\geq F_k/(f_a-\gamma\cdot d)=300/(189-20\times1.8)=1.96\text{m}\approx2.0\text{m}$

第三步:根据《建筑地基基础设计规范》(GB 50007—2011)中式(5.4.2-1),验算安全距离:

$a \geqslant 3.5 \times 2.0 - \frac{1.80}{\tan 30^\circ} = 3.88\text{m}$。故选 B。

12.［答案］A

［解析］《建筑桩基技术规范》(JGJ 94—2008)第 5.7.2 条公式(5.7.2-1)。

$$R_{ha} = \frac{0.75\alpha\gamma_m f_t W_0}{\nu_M}(1.25 + 22\rho_g)\left(1 \pm \frac{\zeta_N \cdot N}{\gamma_m f_t A_n}\right)$$

$\alpha h = 0.301 \times 20 = 6.02 > 4.0$，查表 5.7.2 得：$\nu_M = 0.768$

$$R_{ha} = 0.75 \times \frac{0.301 \times 2 \times 1.5 \times 10^3 \times 0.2}{0.768}(1.25 + 22 \times 0.6 \times 10^{-2})\left(1 + \frac{0.5 \times 5000/1.35}{2 \times 1.5 \times 10^3 \times 1.2}\right) =$$

369.12kN

注：若没有除以 1.35，则得到 413kN；若仅除以 1.35，没有乘 0.75，则得到 492.16kN；若系数都没有考虑，则得到 550.67kN。

13.［答案］A

［解析］(1)《建筑桩基技术规范》(JGJ 94—2008)第 5.4.4 条。

$Q_g^n = \eta_n \cdot u \sum_{i=1}^{n} q_{si}^n L_i$，$l_n = 0.8 \times 20 = 16\text{m}$

(2)$q_{si}^n = \zeta_n \sigma_i'$，$\sigma_i' = p + \gamma_i' z_i$

黏土层：$\gamma_1' = 18 - 10 = 8\text{kN/m}^3$

$z_1 = 10/2 = 5\text{m}$

$\sigma' = 60 + 8 \times 5 = 100\text{kPa}$

$q_{s1}^n = 0.3 \times 100 = 30\text{kPa} < 40\text{kPa}$

粉质黏土层：$\gamma_2' = \frac{[(18-10) \times 10 + (20-10) \times 6]}{16} = 8.75\text{kN/m}^3$

$z_2 = 10 + 6/2 = 13\text{m}$

$\sigma_2' = 60 + 8.75 \times 13 = 173.75\text{kPa}$

(或 $\sigma_2' = 60 + 8 \times 10 + 10 \times 6/2 = 170\text{kPa}$)

$q_{s2}^n = 0.4 \times 173.75 = 69.5\text{kPa} > 50\text{kPa}$，取 50kPa

(或 $q_{s2}^n = 0.4 \times 170 = 68\text{kPa} > 50\text{kPa}$，取 50kPa)

(3)$Q_g^n = 1 \times 3.14 \times 1.0 \times (30 \times 10 + 50 \times 6) = 1884\text{kN}$

14.［答案］B

［解析］土层平均摩阻系数：$f = \frac{(8.7-2.5) \times 2.5 + 7.8 \times 20}{(8.7-2.5) + 7.8} = 22.21\text{kPa}$

沉井的下沉系数 k：

$$k = \frac{977 \times 24}{20 \times \pi(16.5-2.5) \times 22.21} = \frac{977 \times 24}{20 \times 3.14 \times (16.5-2.5) \times 22.21} = 1.20$$

也可直接计算：$k = \frac{977 \times 24}{20 \times \pi[(8.7-2.5) \times 25 + 7.8 \times 20]} = 1.20$

15.［答案］C

［解析］①等效圆直径 $d_e = 1.05s = 1.05 \times 1.5 = 1.575\text{m}$

②面积置换率 $m=d^2/d_e^2=\frac{0.8^2}{1.575^2}=\frac{0.64}{2.481}=0.258$

③振冲碎石桩复合地基承载力

$f_{spk}=mf_{pk}+(1-m)f_{sk}=0.258\times300+(1-0.258)\times75=133\text{kPa}$

注：$f_{pk}=75\times4=300\text{kPa}$

16.［答案］A

［解析］《建筑地基处理技术规范》(JGJ 79—2012)公式(7.5.3)。

$Q=\upsilon\bar{\rho}_d(w_{op}-\bar{w})k$

每个浸水孔承担的三角形面积：$A=\frac{1}{2}\times1\times0.866=0.433\text{m}^2$

体积 $=L\times A=6\times0.443=2.60\text{m}^3$

$Q=5.19\times1.32\times(\frac{15.6-9}{100})\times1.1=2.60\times1.32\times0.066\times1.1=0.25\text{m}^3$

17.［答案］C

［解析］《建筑地基处理技术规范》(JGJ 79—2012)公式(5.2.8-1)。

$\bar{U}_t=1-e^{-\frac{8c_ht}{F_nd_e^2}}$，$\ln(1-\bar{U}_t)=-\frac{8c_ht}{F_nd_e^2}$

$t=\frac{\ln(1-\bar{U}_t)}{-8c_h}\times F_n\times d_e^2=\frac{\ln(1-0.85)}{-8\times2.6\times10^{-2}}\times1.6248\times(3.15)^2=147\text{d}$

18.［答案］C

［解析］《建筑地基处理技术规范》(JGJ 79—2012)第 7.2.2 条。

(1)$s=0.89\xi d\sqrt{\frac{1+e_0}{e_0-e_1}}=0.89\times1.0\times0.5\times\sqrt{\frac{1+0.78}{0.78-0.68}}=1.88\text{m}$

(2)$m=\frac{d^2}{d_e^2}=\frac{0.5^2}{1.13^2\times1.88^2}=0.055$

(3)$f_{spk}=mf_{pk}+(1-m)f_{sk}=0.055\times500+(1-0.055)\times100=122\text{kPa}$

19.［答案］B

［解析］用锚孔壁岩土对砂浆抗剪强度计算土钉有效锚固力 F_1：

$F=\pi\cdot d\cdot l\cdot\tau=3.14\times0.108\times4\times250=339\text{kN}$

用钉材与砂浆间黏结力计算土钉有效瞄固力 F_2；

$F_2=\pi\cdot d_b\cdot l\cdot\tau_g=3.14\times0.032\times4\times2000=804\text{kN}$

有效瞄固力 F 取小值 339kN。

土钉抗拔安全系数：

$K=\frac{F}{E}=\frac{339}{188}=1.80$

20.［答案］D

［解析］锚杆轴向力 $N_n=\frac{R_n}{\cos(\beta-\alpha)}=\frac{250}{\cos(25-15)}=253.86\text{kN}$

$$l=2+\frac{N_n}{\pi \cdot D \cdot \tau/K}=2+\frac{253.86}{3.14\times 0.108\times 400/2.5}\approx 2+4.7\approx 6.7\text{m}$$

21.[答案] B

[解析] $K_s=\frac{\gamma V\cos\theta\tan\varphi+AC}{\gamma V\sin\theta}$,$\theta$为滑裂面与地面夹角。

$$V=\frac{H^2}{2}(\cot\theta-1)=32(\cot\theta-1)$$

$$A=\frac{H}{\sin\theta}=\frac{8}{\sin\theta}$$

A:由于砂土 $c=0$,$K_s=\frac{\tan\phi}{\tan\theta}$,显然$\theta$不是最危险,经判断可不算。

B:$c=0$,$K_s=\frac{\tan35°}{\tan30°}=1.21$

C:$K_s=\frac{20\times 32(\cot30°-1)\cos30°\cdot\tan22°+12\times 8/\sin30°}{20\times 32(\cot30°-1)\sin30°}=\frac{164+192}{234}=1.52$

D:$K_s=1.64$

22.[答案] B

[解析]《建筑地基基础设计规范》(GB 50007—2011)公式(6.7.5-6)。

$$\frac{Gx_0+E_{az}x_f}{E_{ax}z_f}=K$$

但参考《建筑基坑支护技术规程》(JGJ 120—2012),对砂土地基,当墙底位于地下水以下时,应考虑墙地面上的扬压力,则:

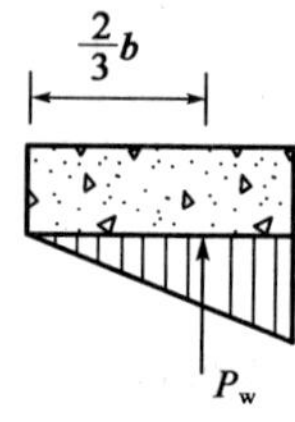

题 22 解图

$$\frac{Gx_0-P_w\cdot\frac{2}{3}b+E_{az}x_f}{E_{ax}z_f}=K$$

水的容量取为 10kN/m^3,得:

$$K=\frac{212\times 1.8-\frac{1}{2}\times 30\times 4\times\frac{2}{3}\cdot 4+40\times 2.2}{106\times 2.4}=\frac{381.6-160+88}{254.4}=1.217$$

23.[答案] C

[解析] 锚固长度:$l=18-6=12\text{m}$

轴向拉力:$N=T/\cos\alpha=400/\cos15°=414\text{kN}$

$$\bar{q}_s=\frac{N}{\pi Dl}=\frac{141}{3.14\times 0.15\times 12}=73\text{kPa}$$

24.[答案] A

[解析] 根据基坑底以下土体的静力平衡:

$$\frac{\gamma_m\times(12-H)}{\gamma_w\times 10}=1.2$$

得:$H=6\text{m}$

25.［答案］D

［解析］$K_a=\frac{1}{3}, K_p=3.0$

被动土压力：$e_p=\gamma h_2 K_p=20\times5\times3=300\text{kPa}$

主动土压力：$e_a=\frac{e_p}{3}=100\text{kPa}$

q 按 45°扩散，则 C 点在扩散范围之内。

$$\sigma=q\frac{b_0}{b_0+2b_1}=\frac{q}{3}$$

$$e_a=(\gamma h_1+\sigma)K_a=100\text{kPa}$$

$$\frac{20\times11}{3}+\frac{\sigma}{3}=100\text{kPa}$$

得：$\sigma=80\text{kPa}, q=240\text{kPa}$

26.［答案］B

［解析］可用插入法：

在 $p=100\text{kPa}$ 时，$\delta_s=0.009$；

在 $p=150\text{kPa}$ 时，$\delta_s=0.019$。

插入可得 $\delta_s=0.015$ 时的 $p_{sh}=130\text{kPa}$。

27.［答案］C

［解析］$\Pi\psi_1=\psi_1=0.756, \Pi\psi_2=\psi_1\cdot\psi_2=0.756\times0.947=0.7159$

$$F_s=\frac{(R_1\cdot\Pi\psi_1)+(R_2\cdot\Pi\psi_2)+R_3}{(T_1\cdot\Pi\psi_1)+(T_2\cdot\Pi\psi_2)+T_3}=\frac{(0.9\times0.7159)+(8.0\times0.947)+2.8}{(3.5\times0.7159)+(9.3\times0.947)+1.0}$$

$$=\frac{11.02}{12.31}=0.895$$

28.［答案］C

［解析］胀缩变形量：

$$s=0.7\times\sum_{i=1}^{n}(\delta_{epi}+\lambda_{si}\cdot\Delta w_i)\cdot h_i$$

$$=0.7\times[(0.00075+0.0273\times0.28+0.0245+0.0223\times0.48+0.195+0.0177\times0.40)\times640+(0.0215+0.0128\times0.37)\times680]$$

$$=43.9\text{mm}$$

29.［答案］C

［解析］(1)第 5 层花岗岩孤石应视同周围土层（即残积土 $v_s=300\text{m/s}$）。

(2)计算深度 d_0 取 20m。

$$v_{se}=\frac{20}{\frac{2}{150}+\frac{3}{200}+\frac{5}{100}+\frac{10}{300}}=179.1\text{m/s}$$

30.［答案］A

[解析] 基本公式：$\alpha=\left(\frac{T_g}{T}\right)^{\gamma}\eta_2\alpha_{max}$

$\alpha_{max}=0.24$

T_g(第二组，Ⅲ类场地)$=0.55s$

γ(阻尼比 $\zeta=0.05$)$=0.9$

$\eta_2=1$

$\alpha=\left(\frac{0.55}{1.65}\right)^{0.9}\times1.0\times0.24=0.089$

2005 年案例分析试题(下午卷)

1. 现场用灌砂法测定某土层的干密度,试验成果如下表所示。试计算该土层的干密度最接近下列哪个数值? (　　)

题 1 表

试坑用标准砂质量 m_s(g)	标准砂密度 ρ_s(g/cm^3)	试样质量 m_p(g)	试样含水量 w_1(%)
12566.40	1.60	15315.30	14.50

(A)1.55g/cm^3　　(B)1.70g/cm^3

(C)1.85g/cm^3　　(D)1.95g/cm^3

2. 某黄土试样进行室内双线法压缩试验,一个试样在天然湿度下压缩至 200kPa,压力稳定后浸水饱和,另一个试样在浸水饱和状态下加荷至 200kPa,试验成果数据如下表所示,按此数据求得的黄土湿陷起始压力 p_{sh} 最接近下列哪个数值? (　　)

题 2 表

压力(kPa)	0	50	100	150	200	200 浸水饱和
天然湿度下试样高度 h_p(mm)	20.00	19.81	19.55	19.28	19.01	18.64
浸水饱和状态下试样高度 h_p'(mm)	20.00	19.60	19.28	18.95	18.64	

(A)75kPa　　(B)100kPa

(C)125kPa　　(D)175kPa

3. 某岸边工程场地,细砂含水层的流线上 A、B 两点,A 点水位标高为 2.50m,B 点水位标高为 3.00m,两点间流线长度为 10.0m。请计算两点间的平均渗透力将最接近下列哪个选项? (　　)

(A)1.25kN/m^3　　(B)0.83kN/m^3

(C)0.50kN/m^3　　(D)0.20kN/m^3

4. 某滞洪区滞洪后沉积泥砂厚 3.0m,地下水位由原地面下 1.0m 升至现地面上 1.0m。原地面下有厚 5.0m 的可压缩层,平均压缩模量为 0.5MPa,滞洪之前沉降已经完成。为简化计算,所有土层的天然重度都以 18kN/m^3 计。请计算由滞洪引起的原地面下沉值将最接近下列哪个选项? (　　)

(A)51cm　　(B)31cm

(C)25cm　　(D)21cm

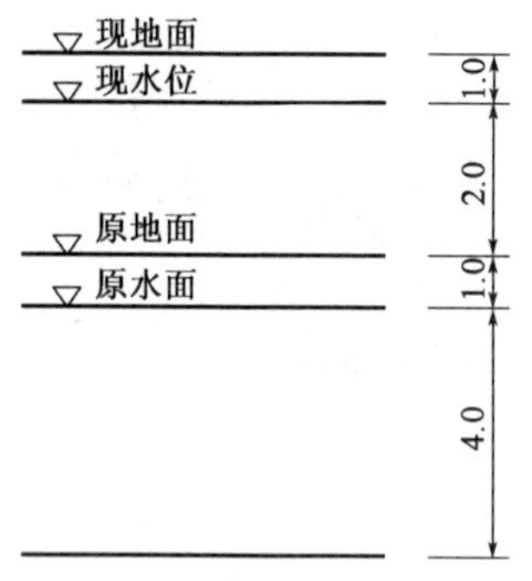

题 4 图(尺寸单位:m)

5. 某碾压式土石坝坝基处四个土样,其孔隙率 n 和细颗粒含量 p_c(以质量百分率计)分别如下。试判断下列哪一选项的土的渗透变形破坏形式属于管涌? ( )

(A) $n_1=20.3\%$, $P_{c1}=38.1\%$ (B) $n_2=25.8\%$, $P_{c2}=37.5\%$

(C) $n_3=31.2\%$, $P_{c3}=38.5\%$ (D) $n_4=35.5\%$, $P_{c4}=38.0\%$

6. 条形基础宽度为 3m,由上部结构传至基础底面的最大边缘压力为 80kPa,最小边缘压力为零,基础埋置深度为 2m,基础和台阶上的土的平均重度为 20kN/m³,指出下列论述中哪一选项是错误的? ( )

(A)计算基础结构内力时,基础底面压力的分布符合小偏心($e\leqslant b/6$)的规定

(B)按地基承载力验算基础底面尺寸时,基础底面压力分布的偏心已经超过了现行《建筑地基基础设计规范》(GB 50007—2011)中根据土的抗剪强度指标确定地基承载力特征值的规定

(C)作用于基础底面上的合力为 240kN/m

(D)考虑偏心荷载时,地基承载力特征值应不小于 120kPa 才能满足设计要求

7. 某采用筏基的高层建筑,地下室 2 层,按分层总和法计算出的地基变形量为 160mm,沉降计算经验系数取 1.2,计算的地基回弹变形量为 18mm,地基变形允许值 200mm。下列地基变形计算值中哪一选项是正确的? ( )

(A)178mm (B)192mm (C)210mm (D)214mm

8. 某港口重力式沉箱码头,沉箱底面积受压宽度和长度分别为 $B_{r1}=10\text{m}$, $L_{r1}=170\text{m}$,抛石基床厚 $d_1=2\text{m}$,作用于基础抛石基床底面上的合力标准值在宽度和长度方向的偏心距为 $e'_B=0.5\text{m}$, $e'_L=0\text{m}$。试计算基床底面处的有效受压宽度 B'_{re} 和长度 L'_{re}。 ( )

(A)14m,174m (B)13m,174m

(C)12m,172m (D)13.5m,172m

9. 某高层板式住宅楼的一侧设有地下车库,两部分的地下结构相互连接,均采用筏

基，基础埋深在室外地面以下 10m，住宅楼基底平均压力 p_k 为 $260kN/m^2$，地下车库基底平均压力 p_k 为 $60kN/m^2$。场区地下水位埋深在室外地面以下 3m，为解决基础抗浮问题，在地下车库底板以上再回填厚约 0.5m、重度为 $35kN/m^3$ 的钢渣。场区土层的重度均按 $20kN/m^3$ 考虑，地下水重度按 $10kN/m^3$ 取值。根据《建筑地基基础设计规范》(GB 50007—2011)计算住宅楼的地基承载力特征值 f_a 最接近以下哪个选项？（　　）

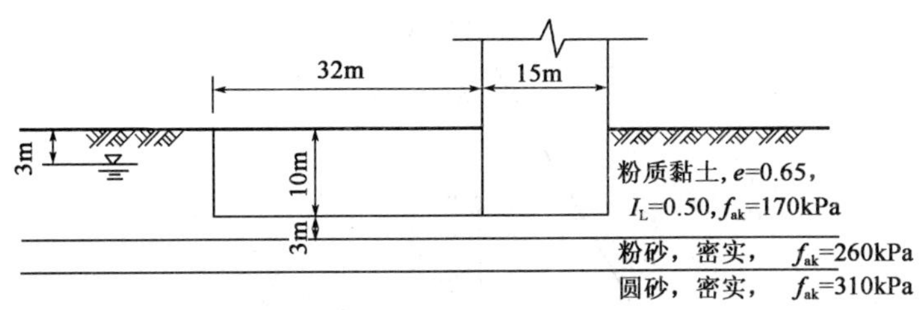

题 9 图

(A)285kPa　　(B)293kPa　　(C)300kPa　　(D)308kPa

10. 某办公楼基础尺寸为 42m×30m，采用箱基，基础埋深在室外地面以下 8m，基底平均压力 $425kN/m^2$。场区土层的重度为 $20kN/m^3$，地下水位埋深在室外地面以下 5m，地下水的重度为 $10kN/m^3$。计算得出的基础底面中心点以下深度 18m 处的附加应力与土的有效自重应力的比值最接近于下列何值？（　　）

(A)0.55　　(B)0.60　　(C)0.65　　(D)0.70

11. 某独立柱基尺寸为 4m×4m，基础底面处的附加压力为 130kPa，地基承载力特征值 f_{ak} 为 180kPa。根据下表所提供的数据，采用分层总和法计算独立柱基的地基最终变形量，变形计算深度为基础底面以下 6m。沉降计算经验系数取 $\Psi_s=0.4$。根据以上条件，计算得出的地基最终变形量最接近于下列何值？（　　）

题 11 表

第 i 层 土	基底至第 i 层土底面距离 z_i(m)	E_{si}(MPa)
1	1.6	16
2	3.2	11
3	6.0	25
4	30	60

(A)17mm　　(B)15mm　　(C)13mm　　(D)11mm

12. 某桩基三角形承台如图所示，承台厚 1.1m，钢筋保护层厚 0.1m，承台混凝土抗拉强度设计值 $f_t=1.7N/mm^2$。试按《建筑桩基技术规范》(JGJ 94—2008)计算承台受底部角桩冲切的承载力，其值最接近下列哪个数值？（　　）

(A)2415kN　　(B)2435kN
(C)2775kN　　(D)2795kN

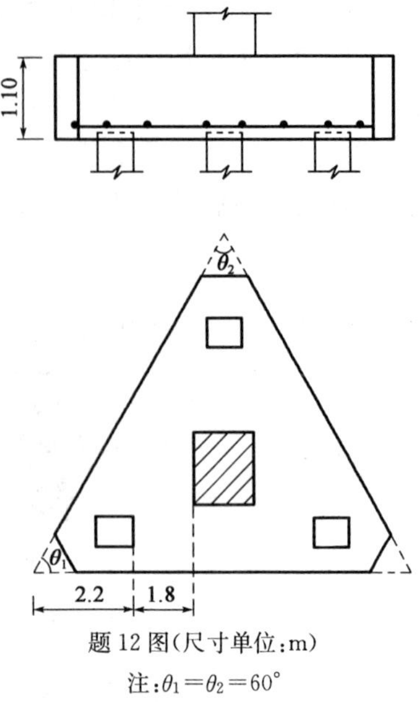

题 12 图(尺寸单位:m)

注:$\theta_1=\theta_2=60^\circ$

13. 某二级建筑物扩底抗拔灌注桩,桩径 d=1.0m,桩长 12m,扩底直径 D=1.8m,扩底高度 h_c=1.2m,桩周土性参数如图所示。试按《建筑桩基技术规范》(JGJ 94—2008)计算基桩的抗拔极限承载力标准值,其值最接近下列哪一数值?(抗拔系数:粉质黏土 λ=0.7,砂土 λ=0.5,取桩底起算长度 l_i=5d) ( )

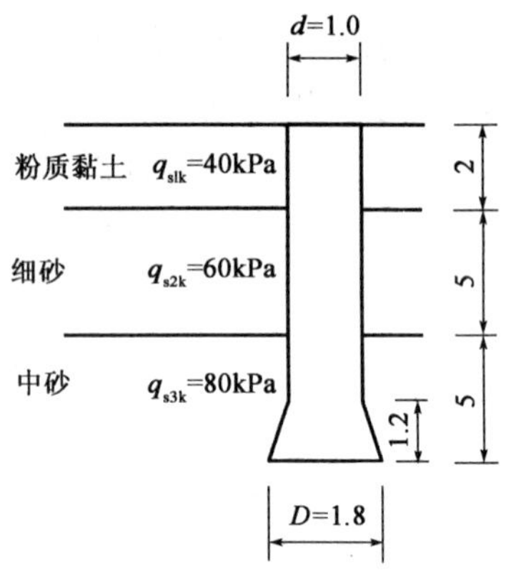

题 13 图(尺寸单位:m)

(A)1380kN (B)1780kN

(C)2080kN (D)2580kN

14. 某桩基工程安全等级为二级,其桩型、平面布置、剖面和地层分布如图所示,土层及桩基设计参数见图中注,作用于桩端平面处的有效附加压力为 400kPa(长期效应组合),其中心点的附加应力曲线如图所示(假定为直线分布),沉降经验系数 Ψ=1,地基沉降计算深度至基岩面。请按《建筑桩基技术规范》(JGJ 94—2008)验算桩基最终沉降量,其计算结果最接近下列哪个数值? ( )

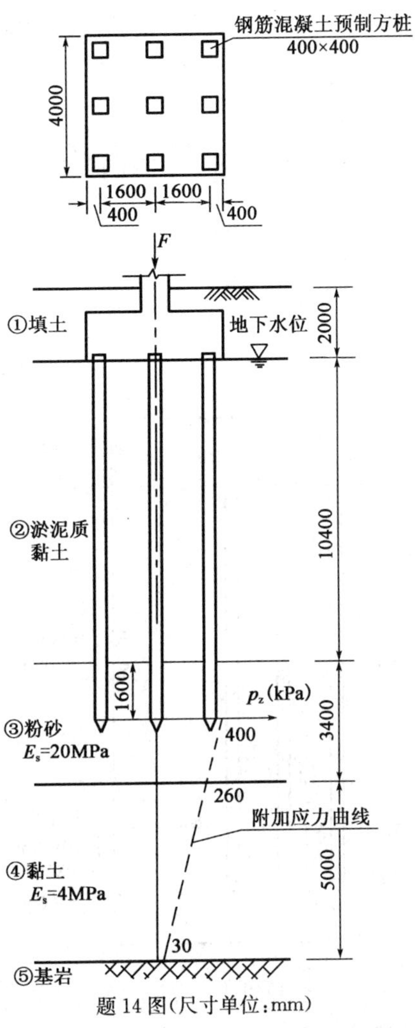

题 14 图(尺寸单位:mm)

(A)3.6m　　(B)5.4m

(C)7.9cm　　(D)8.6cm

15. 某桩基工程的桩型平面布置、剖面和地层分布如图所示，土层及桩基设计参数见图，承台底面以下存在高灵敏度淤泥质黏土，其地基土极限承载力标准值 $q_{ck}=90$kPa。试按《建筑桩基技术规范》(JGJ 94—2008)非端承桩桩基计算复合基桩竖向承载力特征值。（　　）

(A)660kN　　(B)740kN

(C)820kN　　(D)1480kN

16. 某地基饱和软黏土层厚 15.0m，软黏土层中某点土体天然抗剪强度 $\tau_{f0}=20$kPa，三轴固结不排水抗剪强度指标 $c_{cu}=0$、$\varphi_{cu}=15°$。该地基采用大面积堆载预压加固，预压荷载为 120kPa。堆载预压到 120 天时，该点土的固结度达到 0.75，问此时该点土体抗剪强度最接近下列哪个数值？（　　）

(A)34kPa　　(B)37kPa

(C)40kPa　　(D)44kPa

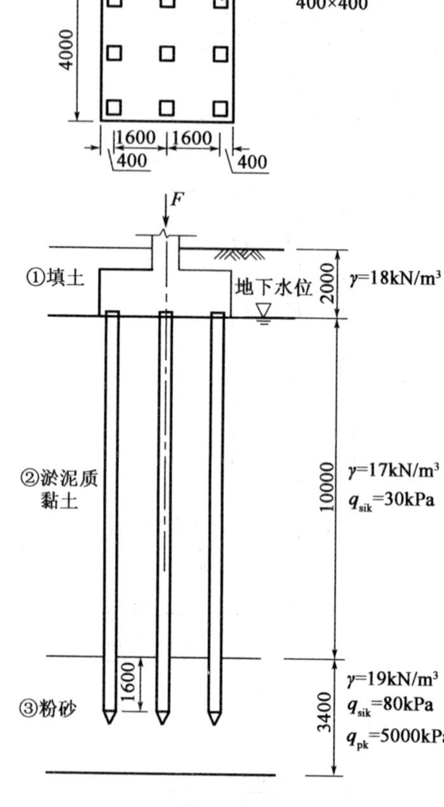

题 15 图(尺寸单位:mm)

17. 某钢筋混凝土条形基础埋深 $d=1.5$m,基础宽 $b=1.2$m,传至基础底面的竖向荷载 $F_k+G_k=180$kN/m(荷载效应标准组合),土层分布如图,用砂夹石将地基中淤泥土全部换填。按《建筑地基处理技术规范》(JGJ 79—2012)验算下卧层的承载力属于下述哪一种情况?(垫层材料重度 $\gamma=19$kN/m³)　　(　　)

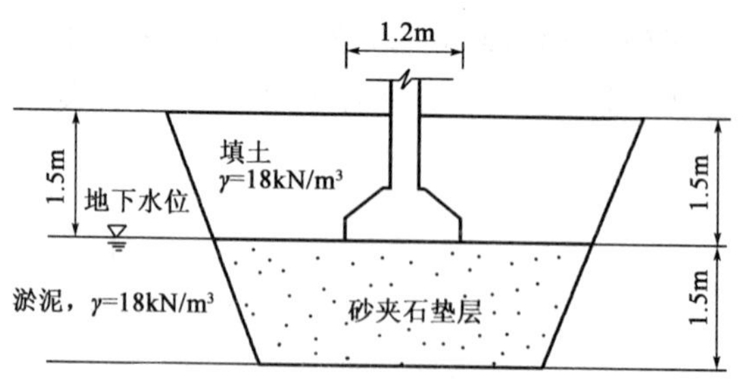

题 17 图

(A) $p_z+p_{cz}<f_{az}$　　(B) $p_z+p_{cz}>f_{az}$

(C) $p_z+p_{cz}=f_{az}$　　(D) $p_k+p_{cz}<f_{az}$

18. 某水泥搅拌桩复合地基，桩长 12m，面积置换率 $m=0.21$。复合土层顶面的附加压力 $p_z=114\text{kPa}$，底面附加压力 $p_{zL}=40\text{kPa}$，桩间土的压缩模量 $E_s=2.25\text{MPa}$，复合土层压缩模量等于天然地基压缩模量的 16.45 倍，桩端下土层压缩量为 12.2cm。试按《建筑地基处理技术规范》(JGJ 79—2012)计算该复合地基总沉降量最接近下列哪个数值？（　）

(A) 13.5cm　　(B) 14.5cm

(C) 15.5cm　　(D) 16.5cm

19. 某一级边坡永久性岩层锚杆，采用三根热处理钢筋，每根钢筋直径 d 为 10mm，抗拉强度设计值为 $f_y=1000\text{N/mm}^2$；锚固体直径 D 为 100mm，锚固段长度为 4m，锚固体与软岩的黏结强度标准值为 $f_{rb}=0.3\text{MPa}$；钢筋与锚固砂浆间黏结强度设计值 $f_b=2.4\text{MPa}$，锚固段长度为 4m；已知夹具的设计拉拔力 y 为 1000kN。根据《建筑边坡工程技术规范》(GB 50330—2013)，当拉拔锚杆时，判别下列哪一个环节最为薄弱？（　）

(A) 夹具抗拉　　(B) 钢筋抗拉强度

(C) 钢筋与砂浆间黏结　　(D) 锚固体与软岩间界面黏结强度

20. 某风化破碎严重的岩质边坡高 H 为 12m，采用土钉加固，水平与竖直方向均为每间隔 1m 打一排土钉，共 12 排，如图所示。按《铁路路基支挡结构设计规范》(TB 10025—2006)提出的潜在破裂面估算方法，请问下列土钉非锚固段长度 L，哪个选项的计算有误？（　）

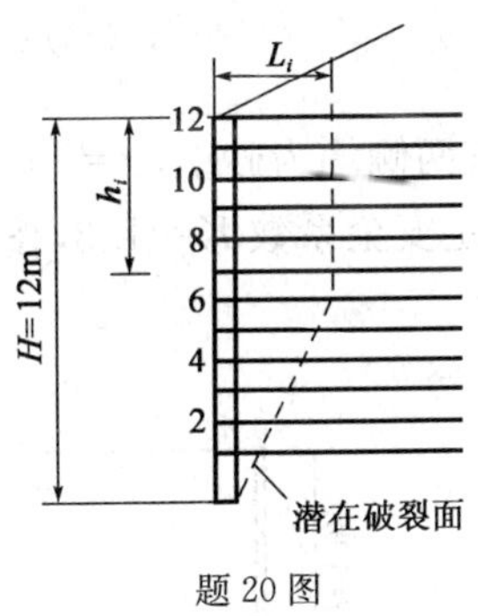

题 20 图

(A) 第 2 排，$L_2=1.4\text{m}$　　(B) 第 4 排，$L_4=3.5\text{m}$

(C) 第 6 排，$L_6=4.2\text{m}$　　(D) 第 8 排，$L_8=4.2\text{m}$

21. 某土石坝坝基表层土的平均渗透系数为 $k_1=10^{-5}\text{cm/s}$，其下的土层渗透系数为 $k_2=10^{-3}\text{cm/s}$。坝下游各段的孔隙率如表所列。设计抗渗透变形的安全系数采用 1.75。请指出下列哪一选项为实测水力比降大于允许渗透比降的土层分段？（　）

题21表

坝基土层分段	表层土的土粒比重 G_s	表层土的孔隙率 n_1	实测水力比降 J_i	表层土的允许渗透比降
Ⅰ	2.70	0.524	0.42	
Ⅱ	2.70	0.535	0.43	
Ⅲ	2.72	0.524	0.41	
Ⅳ	2.70	0.545	0.48	

(A)Ⅰ段　　(B)Ⅱ段

(C)Ⅲ段　　(D)Ⅳ段

22. 某基坑，开挖深度为10m，地面以下2m为人工填土，填土以下18m厚为中、细砂，含水层平均渗透系数 $k=1.0$m/d；砂层以下为黏土层，潜水地下水位在地表以下2m。已知基坑的等效半径为 $r_0=10$m，降水影响半径 $R=76$m，要求地下水位降到基坑底面以下0.5m，井点深为20m，基坑远离边界，不考虑周边水体的影响。问该基坑降水的涌水量最接近于下列哪个数值？（　）

(A)342m³/d　　(B)380m³/d

(C)425m³/d　　(D)453m³/d

23. 在加筋土挡墙中，水平布置的塑料土工格栅置于砂土中，已知单位宽度的拉拔力为 $T=130$kN/m，作用于格栅上的垂直应力为 $\sigma_v=155$kPa，土工格栅与砂土间摩擦系数为 $f=0.35$。问当抗拔安全系数为1.0时，按《铁路路基支挡结构设计规范》(TB 10025—2006)该土工格栅的最小锚固长度最接近下列哪个数值？（　）

(A)0.7m　　(B)1.2m

(C)1.7m　　(D)2.4m

24. 基坑剖面如图所示。板桩两侧均为砂土，$\gamma=19$kN/m³，$\varphi=30°$，c=0。基坑开挖深度为 $H=1.8$m，如果抗倾覆稳定安全系数 $K=1.3$，按抗倾覆计算悬臂式板桩的最小入土深度最接近于下列哪个数值？（　）

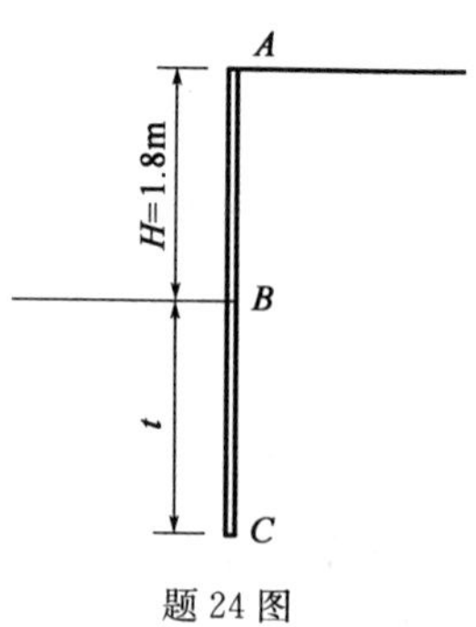

题24图

(A)1.8m　　(B)2.0m

(C)2.5m　　(D)2.8m

25. 在陕北地区一自重湿陷性黄土场地上拟建一乙类建筑，基础埋置深度为1.50m，建筑物下一代表性探井土样的湿陷性试验成果如下表所示。其湿陷量 Δ_s 最接近下列哪个数值？（　　）

题 25 表

取样深度(m)	自重湿陷系数 δ_{zs}	湿陷系数 δ_s	取样深度(m)	自重湿陷系数 δ_{zs}	湿陷系数 δ_s	取样深度(m)	自重湿陷系数 δ_{zs}	湿陷系数 δ_s
1	0.012	0.075	6	0.030	0.060	11	0.040	0.042
2	0.010	0.076	7	0.035	0.055	12	0.040	0.040
3	0.012	0.070	8	0.030	0.050	13	0.050	0.050
4	0.014	0.065	9	0.040	0.045	14	0.010	0.010
5	0.016	0.060	10	0.042	0.043	15	0.008	0.008

(A)656mm　　(B)787mm

(C)732mm　　(D)840mm

26. 某一滑动面为折线形的均质滑坡，其主轴断面及作用力参数如图和表所示，取滑坡推力计算安全系数 $\gamma_t=1.05$，则第③块滑体剩余下滑力 F_3 最接近于下列哪个数值？（　　）

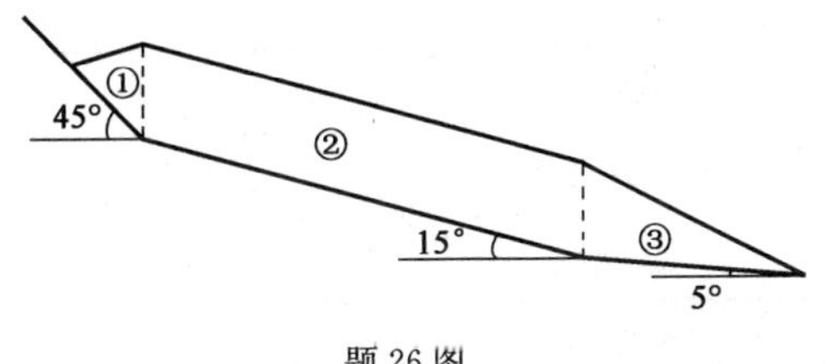

题 26 图

题 26 表

序号	下滑力 T_i(kN/m)	抗滑力 R_i(kN/m)	传递系数 ψ_j
①	3.5×10^4	0.9×10^4	0.756
②	9.3×10^4	8.0×10^4	0.947
③	1.0×10^4	2.8×10^4	

(A)1.36×10^4kN/m　　(B)1.80×10^4kN/m

(C)1.91×10^4kN/m　　(D)2.79×10^4kN/m

27. 根据勘察资料，某滑坡体正好处于极限平衡状态，稳定系数为1.0，其两组具代表性的断面数据如图和表所示。试用反分析法求得滑动面的黏聚力 c、内摩擦角 φ 最接近下列哪一组数值？（计算方法采用下滑力和抗滑力的水平分力平衡法）（　　）

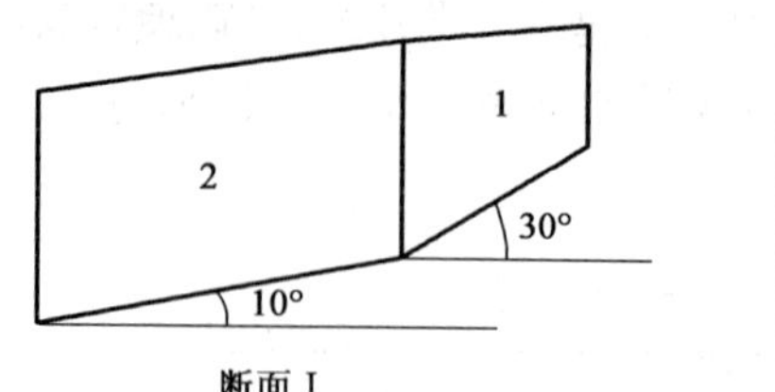

断面 I

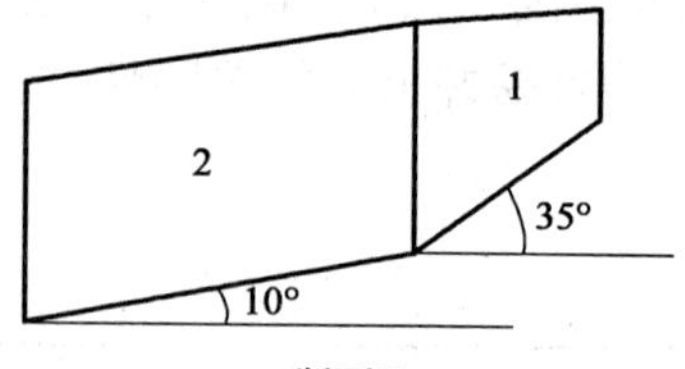

断面 II

题 27 图

题 27 表

断 面	块	β(度)	L(m)	G(kN/m)
I	1	30	11.0	696
	2	10	13.6	950
II	1	35	11.5	645
	2	10	15.8	1095

(A) c=8.0kPa，φ=14°　　(B) c=8.0kPa，φ=11°

(C) c=6.0kPa，φ=11°　　(D) c=6.0kPa，φ=14°

28. 某建筑场地抗震设防烈度为 7 度，地下水位深度 d_w=5.0m，土层柱状分布如下表所示，拟采用天然地基，按照液化初判条件，建筑物基础埋置深度 d_b 最深不能超过下列哪一个临界深度时方可不考虑饱和粉砂的液化影响？（　　）

题 28 表

层 序	土 层 名 称	层 底 深 度(m)
1	Q_4^{al+pl} 粉质黏土	6.0
2	Q_4^{al} 淤泥	9.0
3	Q_4^{al} 粉质黏土	10.0
4	Q_4^{al} 粉砂	

(A) 1.0m　　(B) 2.0m

(C) 3.0m　　(D) 4.0m

29. 某二级公路抢修困难的路基工程，路基边坡高 25m，路基第 i 条土条高度为 22m，宽度为 4m，该条土体重 1800kN/m，条块底面中点切线与水平线的夹角 θ=30°，场地水平向设计基本地震动峰值加速度为 0.20g，水平地震作用力对滑动圆心力臂为 30m，滑动圆弧半径为 40m，路基填料在地震作用下的黏聚力 c=15kPa，内摩擦角 φ=30°。试按《公路工程抗震规范》(JTG B02—2013)计算该条土体的抗震稳定系数。（　　）

(A) 0.85　　(B) 0.90

(C) 0.92　　(D) 0.94

30. 某建筑物按地震作用效应标准组合的基础底面边缘最大压力 p_{max}=380kPa，地基土为中密状态的中砂。问该建筑物基础深宽修正后的地基承载力特征值 f_a 至少应达到下列哪一个数值时，才能满足验算天然地基地震作用下的竖向承载力的要求？（　）

(A)200kPa　　(B)245kPa

(C)290kPa　　(D)325kPa

2005年案例分析试题答案(下午卷)

1.[答案] B

[解析] (1)体积:$V=\frac{m_s}{\rho_s}=7854\text{cm}^3$

(2)试样密度:$\rho=\frac{m_p}{V}=\frac{15315.30}{7854}=1.95\text{g/cm}^3$

(3)试样干密度:$\rho_d=\frac{\rho}{1+0.01w}=\frac{1.95}{1+0.145}=1.70\text{g/cm}^3$

2.[答案] C

[解析] 由《湿陷性黄土地区建筑规范》(GB 50025—2004)第4.3.5条第5款第4项,按插入法,选$\delta_s=\frac{h_p-h'_p}{h_0}=0.015$处压力为$p_{sh}$,即$h_p-h'_p=0.015\times20=0.3\text{mm}$处压力,$p_{sh}=125\text{kPa}$。

3.[答案] C

[解析] 渗透力为水的重度与水力梯度的乘积:

$$J=\gamma_w\times\frac{(h_1-h_2)}{L}=10\times\frac{(3.0-2.5)}{10}=0.50\text{kN/m}^3$$

4.[答案] C

[解析] (1)滞洪前

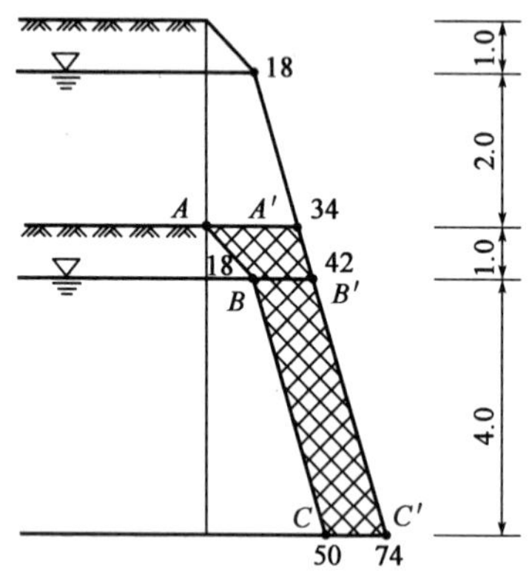

题4解图(尺寸单位:m)

原地下水位深度处 $p_B=18\times1=18\text{kPa}$

压缩层底部 $p_C=18+(18-10)\times4=50\text{kPa}$

(2)滞洪后

原地面 $p_A=18\times1+(18-10)\times2=34\text{kPa}$

原地下水位深度处 $p_B=34+(18-10)\times1=42\text{kPa}$

压缩层底部 $p_C=42+(18-10)\times4=74\text{kPa}$

(3)原地面下压缩层压力增加面积$=\square AA'BB'+\square BB'CC'=\frac{1}{2}(34+42-18)\times1+(42-18)\times4=29+96=125$

(4)原地面下降(压缩层变形)$=125\times2=250\text{mm}$

5.**[答案]** D

[解析]《碾压式土坝设计规范》(DL/T 5395—2007)附录C。

管涌土,$p_c<\frac{1}{4(1-n)}\times100$

(A)$\frac{1}{4(1-n_1)}\times100=\frac{1}{4(1-0.20)}\times100=31.3\%$

(B)$\frac{1}{4(1-n_2)}\times100=\frac{1}{4(1-0.26)}\times100=33.8\%$

(C)$\frac{1}{4(1-n_3)}\times100=\frac{1}{4(1-0.31)}\times100=36.2\%$

(D)$\frac{1}{4(1-n_4)}\times100=\frac{1}{4(1-0.36)}\times100=39.1\%$

因 $p_{c4}(38.0\%)<\frac{1}{4(1-0.36)}\times100(39.1\%)$,故为管涌形式。

6.**[答案]** D

[解析] 最大边缘应力为80+40=120kPa,验算边缘应力时承载力可提高1.2倍,故地基承载力大于100kPa即可。

计算基础结构内力时采用净反力,当反力的最小值为零时,偏心距等于1/6基础宽度,符合小偏心的规定。故A正确。

按地基承载力验算基础底面尺寸时,必须考虑基础及基础台阶上土的自重,故基础底面压力为梯形分布,由上部结构传至基础底面的合力是120kN,作用点距基础中心距离为0.5m;由基础及基础台阶上土的自重产生的合力也是120kPa,作用于基础中点。则合力的总和为240kPa,作用点距离中点的距离0.25m,$e/b=0.83$,大于规范规定的0.033。故答案B和C都是正确的。

7.**[答案]** C

[解析] 地基变形计算值为沉降量加回弹变形,沉降量需要经验系数,回弹量经验系数取$\psi_c=1.0$,则

192+18=210mm

8.**[答案]** B

[解析]《港口工程地基规范》(JTS 147—2010)附录G。

抛石基床底面受压宽度和长度:

$B'_{r1}=B_{r1}+2d_1=10+2\times2=14\text{m}$

$L'_{r1}=L_{r1}+2d_1=170+2\times2=174\text{m}$

抛石基床底面有效受压宽度和长度：

$B'_{re}=B'_{r1}-2e'_B=14-2\times0.5=13m$

$L'_{re}=L'_{r1}-2e'_L=174-2\times0=174m$

9.**[答案]** B

[解析] (1)将地下车库荷载等效为土层超载厚度

$$d_{eq}=\frac{60+0.5\times35}{(3\times20+7\times10)/10}=\frac{77.5}{13}=5.96m$$

(2)计算 f_a

查承载力修正系数表，$\eta_b=0.3$，$\eta_d=1.6$，则

$$f_a=170+0.3\times10\times(6-3)+1.6\times\frac{(3\times20+7\times10)}{10}\times(5.96-0.5)$$

$$=170+9+113.568\approx293kPa$$

10.**[答案]** C

[解析] (1)计算基础底面处的附加应力

$p_0=425-(5\times20+3\times10)=295kPa$

(2)计算基础底面中心点以下深度 18m 处自重力和附加应力

$p_{cz}=5\times20+21\times10=310kPa$

$\frac{L}{B}=\frac{42}{30}=1.4$，$\frac{z}{b}=\frac{18}{15}=1.2$

基础中心点附加应力系数：$\alpha=4\times0.171=0.684$

所以，$p_{0z}=295\times0.684=201.78kPa$

应力比：$\frac{p_{0z}}{p_{cz}}=\frac{201.78}{310}=0.65$

11.**[答案]** D

[解析] 计算过程见下表。

题 11 解表

第 i 层土	基底至第 i 层土底面距离 z_i	z_{i-1} (m)	α_i	α_{i-1}	$A_i=z_i\times\alpha_i-z_{i-1}\times\alpha_{i-1}$	E_{si} (MPa)	p_0 (kPa)	s_i (mm)
1	1.6	0	4×0.2346=0.9384	1	1.50144	16	130	12.20
2	3.2	1.6	4×0.1939=0.7756	0.9384	0.98048	11	130	11.59
3	6.0	3.2	4×0.1369=0.5476	0.7756	0.80368	25	130	4.18
4	30	6.0	—	—	—	60	130	—

所以，$s'=12.20+11.59+4.18=27.97mm$

$\psi_s=0.4$，则 $s=0.4\times27.97=11.19mm$

12.**[答案]** B

[解析] (1)$a_{11}=1.8>h_0=1.0$，则

$$\lambda_{11}=\frac{a_{11}}{h_0}=\frac{1.8}{1.0}=1.8>1.0$$

取 $\lambda_{11}=1.0$，则 $a_{11}=1.0$。

(2) $h=1.1, \beta_{hp}=0.975$

(3) $\beta_{11}=\dfrac{0.56}{\lambda_{11}+0.2}=0.467$

(4) $\beta_{11}(2c_1+a_{11})\beta_{hp}\tan\dfrac{\theta_1}{2}f_t h_0$

$=0.467\times(2\times2.2+1.0)\times0.975\times\tan\dfrac{60^\circ}{2}\times1700\times1.0$

$=2413.26\text{kN}$

注：(1) β_{hp} 用 h_0 计算时，得到 $\beta_{hp}=0.983$，则结果为 2433.06kN。

(2) a_{11} 仍用 1.8 计算时，则结果为 2770.78kN。

(3) $a_{11}=1.8, \beta_{hp}=0.983$ 时，则结果为 2793.5kN。

13.【答案】B

【解析】按《建筑桩基技术规范》(JGJ 94—2008)第 5.4.6 条：

$T_{uk}=\sum\lambda_i q_{sik}u_i l_i$

从桩底起算 $5d=5\times1.0=5\text{m}$ 范围内：

$u=\pi D=3.14\times1.8=5.652\text{m}$

从桩底起算 5m 以上：

$u=\pi d=3.14\times1.0=3.14\text{m}$

查表 5.4.6-2，因 $l/d=1.2/1.0=12<20$，得到粉质黏土 $\lambda=0.7$，砂土 $\lambda=0.5$。

故 $T_{uk}=0.7\times40\times3.14\times2+0.5\times60\times3.14\times5+0.5\times80\times5.625\times5=1777.24\text{kN}$

14.【答案】B

【解析】(1) 已知 $S_a/d=4, l/d=30, L_c/B_c=1$，查《建筑桩基技术规范》(JTG 94—2008)：$C_0=0.055, C_1=1.477, C_2=6.843$

(2) $\psi_e=\dfrac{0.055+(3-1)}{[1.477\times(3-1)+6.843]}=0.2591$

(3) $S=1\times0.2591\times\{(330\times180/20000)+(145\times500/4000)\}=5.47\text{cm}$

15.【答案】B

【解析】考虑承台效应的复合基桩竖向承载力特征值可按下式确定：

$R=R_a+\eta_c f_{ak}A_c$，取 $\eta_c=0$。

$Q_{uk}=Q_{sk}+Q_{pk}=u\sum q_{sik}l_i+q_{pk}A_p=4\times0.4\times(30\times10+80\times1.6)+5000\times0.4^2=1484.8\text{kN}$

$R=R_a+\eta_c f_{ak}A_c=\dfrac{Q_{uk}}{2}+0=\dfrac{1484.8}{2}=742.4\text{kN}$

16.【答案】D

【解析】$\tau_{ft}=\tau_{f0}+\Delta\sigma_t U_t\tan\varphi_{cu}=20+120\times0.75\times\tan15^\circ=44\text{kPa}$

17.[答案] A

[解析] (1)基础底面平均压力：$P_k=\frac{F_k+G_k}{A}=\frac{180}{1.2}=150\text{kPa}$

(2)基础底面处土自重应力：$P_c=1.8\times1.5=27\text{kPa}$

(3)垫层底面处土自重应力：$P_{cz}=18\times1.5+(19-10)\times1.5=40.5\text{kPa}$

(4)因为 $z/b=1.5/1.2=1.25>0.5$，查表得，$\theta=30°$，所以得出，垫层底面处附加应力：$P_z=\frac{(P_k-P_c)}{b+2z\tan\theta}=\frac{1.2\times(150-27)}{1.2+2\times1.5\times\tan30°}=50.4\text{kPa}$

(5)垫层底面处经深度修正后的地基承载力特征值：

$f_{az}=f_{ak}+\eta_d\gamma_m(d+z-0.5)=80+1.0\times40.5/3\times(3-0.5)=113.7\text{kPa}$

(6)$P_z+P_{cz}=50.4+40.5=90.9<f_{az}=113.7\text{kPa}$

18.[答案] B

[解析] (1)$E_{sp}=16.45E_s=16.45\times2.25=37\text{MPa}$

(2)$s_1=\frac{(P_z+P_{zL})L}{2E_{sp}}=\frac{(114+40)\times12}{2\times37}=24.9\text{mm}\approx25\text{cm}$

(3) $s=s_1+s_2=2.5+12.2=14.7\text{cm}$

19.[答案] B

[解析] (1)钢筋锚杆抗拉：

$N_{ak_1}=\frac{1}{K_s}f_yA_S\cdot n=\frac{3}{2.2}\times1000\times\pi\times5^2=107\text{kN}$

(2)锚固体与岩层间：

$N_{ak_2}=\frac{1}{K}f_{rb}\pi D\cdot l_a=\frac{1}{2.6}\times300\times\pi\times0.1\times4=145\text{kN}$

(3)钢筋锚杆与砂浆：

$N_{ak_3}=\frac{1}{K}l_an\pi d\cdot f_b=\frac{1}{2.6}\times4\times3\times\pi\times0.01\times2400=345\text{kN}$

(4)夹具：1000kN

20.[答案] B

[解析] 计算公式为：

$h_i\leqslant\frac{1}{2}H$ 时，$L=(0.3\sim0.35)H$

$h_i>\frac{1}{2}H$ 时，$L=(0.6\sim0.7)(H-h_i)$

因岩体风化破碎严重，取大值：

$h_i\leqslant\frac{1}{2}H$ 时，$L=0.35H$

$h_i>\frac{1}{2}H$ 时，$L=0.7(H-h_i)$

第 2 排：$h_i=10\text{m}>\frac{1}{2}H$， $L_2=0.4(12-10)=1.4\text{m}$，正确。

第 4 排：$h_4=8\text{m}>\frac{1}{2}H$， $L_4=0.4(12-8)=2.8\text{m}$，有误。

第 6 排：$h_6=6\text{m}=\frac{1}{2}H$， $L_6=0.35\times12=4.2\text{m}$，正确。

第 8 排：$h_8=4\text{m}<\frac{1}{2}H$， $L_8=0.35\times12=4.2\text{m}$，正确。

21.**[答案]** D

[解析] 根据《碾压式土石坝设计规范》(DL/T 5395—2007)第 10.2.4 条，用公式(10.2.4-1)：

$$J_{a-x}>\frac{(G_{s1}-1)(1-n_1)}{K},n_1=\frac{e}{(1+e)}$$

允许渗透比降计算成果列于下表：

题 21 解表

坝基土层分段	表层土的比重 G_s	表层土的孔隙率 n_1	实测水力比降 J_i	表层土的允许渗透比降
Ⅰ	2.70	0.524	0.42	0.462
Ⅱ	2.70	0.535	0.43	0.452
Ⅲ	2.72	0.524	0.41	0.468
Ⅳ	2.70	0.545	0.48	0.442

表中Ⅳ段的实测水力比降 J 为 0.48，而Ⅳ段表层土的计算允许渗透比降为 0.442，故为渗透变形土。

22.**[答案]** A

[解析] 计算公式为：

$$Q=1.366k\frac{(2H-S)S}{\lg(1+\frac{R}{r_0})}$$

$$S=8+0.5=8.5\text{m}$$

$$H=18\text{m},R=76\text{m},r_0-10\text{m},k=1.0\text{m/d}$$

$$故,Q=1.366\times1.0\frac{(36-8.5)\times8.5}{\lg(1+7.6)}=1.366\frac{233.75}{0.934}=342\text{m}^3/\text{d}$$

23.**[答案]** B

[解析]《铁路路基支挡结构设计规范》(TB 10025—2006)式(8.2.12)。

$$S_{fi}=2\sigma_v a\,L_b f$$

当 $k_s=1.0$ 时，$S_{fi}=T,a=1.0\text{m}$

$$L_b=\frac{T}{2\sigma_v f}=\frac{130}{2\times155\times0.35}=1.2\text{m}$$

24.**[答案]** B

[解析] 主动土压力系数：$K_a=\tan^2(45°-\frac{30°}{2})=\frac{1}{3}$

被动土压力系数：$K_p=\tan^2(45°+\frac{30°}{2})=3.0$

2005 年案例分析试题答案（下午卷）

$$\frac{M_p}{M_a} \geqslant 1.3, E_p = K_p \cdot \frac{1}{2}\gamma t^2, M_p = \frac{1}{2}K_p\gamma t^2 \cdot \frac{t}{3} = \frac{1}{6}K_p\gamma t^3$$

$$E_a = K_a \cdot \frac{1}{2}\gamma(1.8+t)^2, M_a = \frac{1}{6}K_a\gamma(1.8+t)^3$$

$$3t^3 = \frac{1}{3}(1.8+t)^3 \times 1.3$$

$$t^3 = \frac{1.3}{9}(1.8+t)^3, t = 2.0\text{m}$$

25.［答案］D

［解析］计算公式为：

$\Delta_s = \sum \beta\delta_{si}h_i$

(1)按自重湿陷性黄土场地考虑，非湿陷性黄土层顶面深度为 13.5m。

(2)自基础底面(埋深 1.5m)算起。

(3)基底下 0～5m 深度内，取 β=1.50；基底下 5～10m 深度内，取 β=1。

(4)基底下 10m 处至非湿陷性黄土层顶面，取 β=1.2。

$$\begin{aligned}\Delta_s = &1.50\times(0.076\times100+0.070\times100+0.065\times100+0.060\times100+0.060\times100)+\\ &1\times(0.055\times100+0.050\times100+0.045\times100+0.043\times100+0.042\times100)+\\ &1.20\times(0.040\times100+0.050\times100)\\ = &1.50\times33.1+1\times23.5+1.20\times9.0=84\text{cm}=840\text{mm}\end{aligned}$$

26.［答案］C

［解析］$\Psi_1 = 0.756, \Psi_2 = 0.947$

$F_1 = (1.05\times3.5\times10^4)-(0.9\times10^4) = 2.775\times10^4\text{kN/m}$

$F_2 = (2.775\times10^4\times0.756)+(1.05\times9.3\times10^4)-8.0\times10^4$
$=3.8629\times10^4\text{kN/m}$

$F_3 = (3.8629\times10^4\times0.947)+(1.05\times1.0\times10^4)-2.8\times10^4$
$=1.91\times10^4\text{kN/m}$

27.［答案］B

［解析］要使各条块下滑力与抗滑力的水平之和相等(K=1.0)，才能列出联立方程式，求解 c 和 φ。

下滑的水平分力：$\sum G_i\sin\beta_i\cos\beta_i$

抗滑力的水平分力：$\sum(G_i\cos^2\beta_i\tan\varphi + cl_i\cos\beta_i)$

断面Ⅰ：

$\sum G_i\sin\beta_i\cos\beta_i = 696\times\sin30°\cos30° + 950\times\sin10°\cos10° = 463.84\text{kN/m}$

$\sum(G_i\cos^2\beta_i\tan\varphi + d_i\cos\beta_i) = (696\times\cos^2 30° + 950\times\cos^2 10°)\tan\varphi + (11.0\times\cos30° + 13.6\times\cos10°)c = 1143.35\tan\varphi + 22.92c$

断面Ⅱ：

$\sum G_i\sin\beta_i\cos\beta_i = 645\times\sin35°\cos35° + 1095\times\sin10°\cos10° = 490.31$

$\sum(G_i\cos^2\beta_i + d_i\cos\beta_i) = (645\times\cos^2 35^\circ + 1095\times\cos^2 10^\circ)\tan\varphi + (11.5\times\cos35^\circ +$ $15.8\times\cos10^\circ)c = 1494.78\tan\varphi + 24.98c$

联立方程如下：

$$\begin{cases}1443.35\tan\varphi + 22.92c = 463.84\\ 1494.78\tan\varphi + 24.98c = 490.31\end{cases}$$

解出：$c=8.0\text{kPa}$；　$\tan\varphi=0.1944$，　$\varphi=11.0^\circ$。

28.【答案】C

【解析】已知条件：

地下水位深度 $d_w=5.0\text{m}$

上覆非液化土层厚度(扣除淤泥)$d_u=7.0\text{m}$

液化土特征深度(7 度、粉砂)$d_0=7\text{m}$

按照初判条件，不考虑液化影响的条件为：

$d_u>d_0+d_b-2, d_b<d_u-d_0+2=7-7+2=2\text{m}$

$d_w>d_0+d_b-3, d_b<d_w-d_0+3=5-7+3=1\text{m}$

$d_u+d_w>1.5d_0+2d_b-4.5, d_b<\frac{1}{2}(d_u+d_w-1.5d_0+4.5)=\frac{1}{2}(7+5-1.5\times7+$ $4.5)=3\text{m}$

取上述结果的最大值，得 $d_b<3\text{m}$ 为临界值。

29.【答案】C

【解析】根据《公路工程抗震规范》(JTG B 02—2013)8.2.6 条：

(1)计算水平地震作用 E_{hsi}：

二级公路，抢修困难属抗震重点工程，查表知 $C_i=1.3$，

$H=25\text{m}>20\text{m}, \psi_j=1.0+\frac{0.6}{25-20}\times(22-20)=1.24$

$E_{hsi}=C_iC_zA_h\psi_jG_{si}/g=1.3\times0.25\times0.20g\times1.24\times1800/g=145.1\text{kN/m}$

(2)计算竖向地震作用 E_{vsi}：

根据 $A_h=0.20g$，查表对应 $A_v=0.10g$，

$E_{vsi}=C_iC_zA_vG_{si}/g=1.3\times0.25\times0.10g\times\frac{1800}{g}=58.5\text{kN/m}$

(3)E_{vsi}取正值计算：

$$K_c=\frac{\sum_{i=1}^{n}\{cB\sec\theta+[(G_{si}+E_{vsi})\cos\theta-E_{hsi}\sin\theta]\tan\varphi\}}{\sum_{i=1}^{m}[(G_{si}+E_{vsi})\sin\theta+M_h/r]}$$

$$=\frac{15\times4/\cos30^\circ+[(1800+58.5)\cos30^\circ-145.1\times\sin30^\circ]\times\tan30^\circ}{(1800+58.5)\sin30^\circ+145.1\times3/40}$$

(4)E_{vsi}取负值计算：

$$K_c=\frac{15\times4/\cos30^\circ+[(1800-58.5)\cos30^\circ-145.1\times\sin30^\circ]\tan30^\circ}{(1800-58.5)\sin30^\circ+145.1\times3/40}=0.917$$

取小值，$K_c=0.917$。

30.［答案］B

［解析］(1) $P_{max} \leqslant 1.2f_{aE}$，则

$$f_{aE} \geqslant \frac{P_{max}}{1.2} = \frac{380}{1.2} = 316.7\text{kPa}$$

(2) $f_{aE} = \zeta_a f_a$，且 $\zeta_a = 1.3$，则

$$f_a = \frac{f_{aE}}{\zeta_a} \geqslant \frac{316.7}{1.3} = 243.6\text{kPa}$$

2006 年案例分析试题(上午卷)

1. 某地地层构成如下:第一层为粉土 5m,第二层为黏土 4m,两层土的天然重度均为 $18kN/m^3$,其下为强透水砂层,地下水为承压水,赋存于砂层中,承压水头与地面持平,在该场地开挖基坑不发生突涌的临界开挖深度为下列哪个选项? (　　)

(A)4.0m　　(B)4.5m　　(C)5.0m　　(D)6.0m

2. 用高度为 20mm 的试样做固结试验,各压力作用下的压缩量见下表,用时间平方根法求得固结度达到 90%时的时间为 9min,计算 $p=200kPa$ 压力下的固结系数 C_v 为下列何值? (　　)

题 2 表

压力 p(kPa)	0	50	100	200	400
压缩量 d(mm)	0	0.95	1.25	1.95	2.5

(A)$0.8\times10^{-3}cm^2/s$　　(B)$1.3\times10^{-3}cm^2/s$

(C)$1.6\times10^{-3}cm^2/s$　　(D)$2.6\times10^{-3}cm^2/s$

3. 下图是一组不同成孔质量的预钻式旁压试验曲线,请分析哪条曲线是正常的旁压曲线,并分别说明其他几条曲线不正常的原因。 (　　)

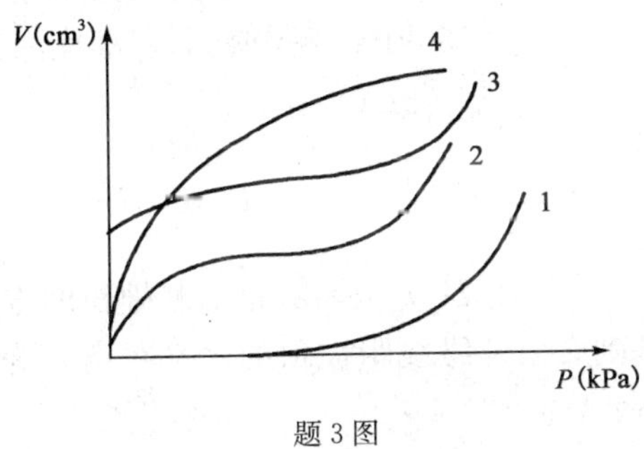

题 3 图

(A)1 线　　(B)2 线　　(C)3 线　　(D)4 线

4. 已知粉质黏土的土粒相对密度为 2.73,含水量为 30%,土的容重为 $1.85g/cm^2$,浸水饱和后,该土的水下有效重度最接近下列哪个选项? (　　)

(A)$7.5kN/m^3$　　(B)$8.0kN/m^3$

(C)$8.5kN/m^3$　　(D)$9.0kN/m^3$

5. 某工程场地有一厚 11.5m 砂土含水层,其下为基岩,为测砂土的渗透系数打一钻孔到基岩顶面，并以 $1.5\times10^3cm^3/s$ 的流量从孔中抽水，距抽水孔 4.5m 和 10.0m 处各打一观测孔，当抽水孔水位降深为 3.0m 时，分别测得观测的降深分别为 0.75m 和 0.45m，用潜水完整井公式计算砂土层渗透系数 K 值，最接近下列哪个选项？（　　）

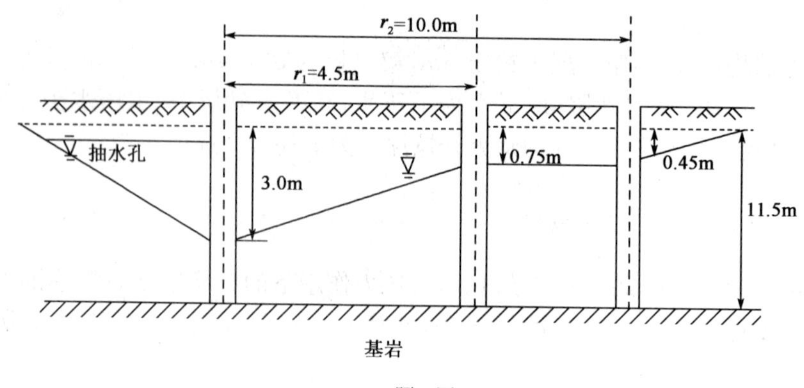

题 5 图

(A)7m/d　　(B)6m/d　　(C)5m/d　　(D)4m/d

6. 条形基础宽度为 3.6m，合力偏心距为 0.8m，基础自重和基础上的土重为 100kN/m，相应于荷载效应标准组合时上部结构传至基础顶面的竖向力值为 260kN/m，修正后的地基承载力特征值至少要达到下列哪个选项中的数值时才能满足承载力验算要求？（　　）

(A)120kPa　　(B)200kPa　　(C)240kPa　　(D)288kPa

7. 季节性冻土地区在城市近郊拟建一开发区，地基土主要为黏性土，冻胀性分类为强冻胀，采用方形基础、基底压力为 130kPa，不采暖，若标准冻深为 2.0m，基础的最小埋深最接近下列哪个数值？（　　）

(A)0.4m　　(B)0.6m　　(C)0.97m　　(D)1.22m

8. 某稳定边坡坡角为 30°，坡高 H 为 7.8m，条形基础长度方向与坡顶边缘线平行，基础宽度 B 为 2.4m，若基础底面外缘线距坡顶的水平距离 a 为 4.0m 时，基础埋置深度 d 最浅不能小于下列哪个数值？（　　）

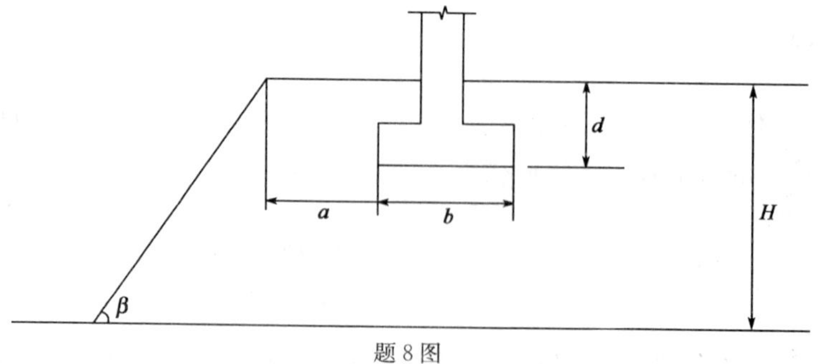

题 8 图

(A)2.54m　　(B)3.04m　　(C)3.54m　　(D)4.04m

9. 有一工业塔高 30m，正方形基础，边长 4.2m，埋置深度 2.0m，在工业塔自身的恒载和可变荷载作用下，基础底面均布压力为 200kPa，在离地面高 18m 处有一根与相邻构筑物连接的杆件，连接处为铰接支点，在相邻建筑物施加的水平力作用下，不计基础埋置范围内的水平土压力，为保持基底面压力分布不出现负值，该水平力最大不能超过下列何值？（　　）

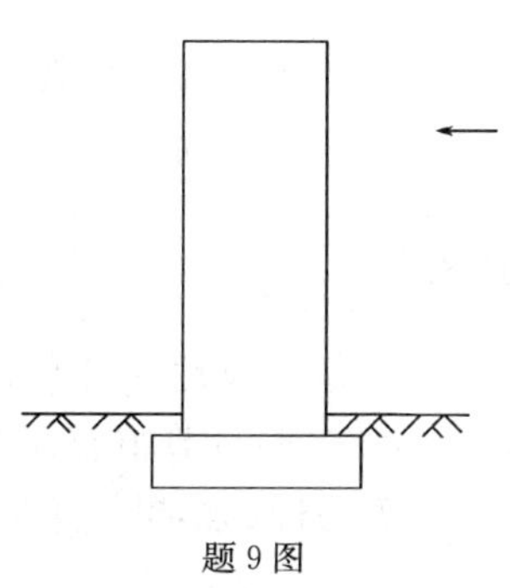
题 9 图

(A)100kN　　(B)112kN　　(C)123kN　　(D)136kN

10. 砌体结构纵墙各个沉降观测点的沉降量见下表，根据沉降量的分布规律，从下列 4 个选项中指出哪个是砌体结构纵墙最可能出现的裂缝形态，并分别说明原因？（　　）

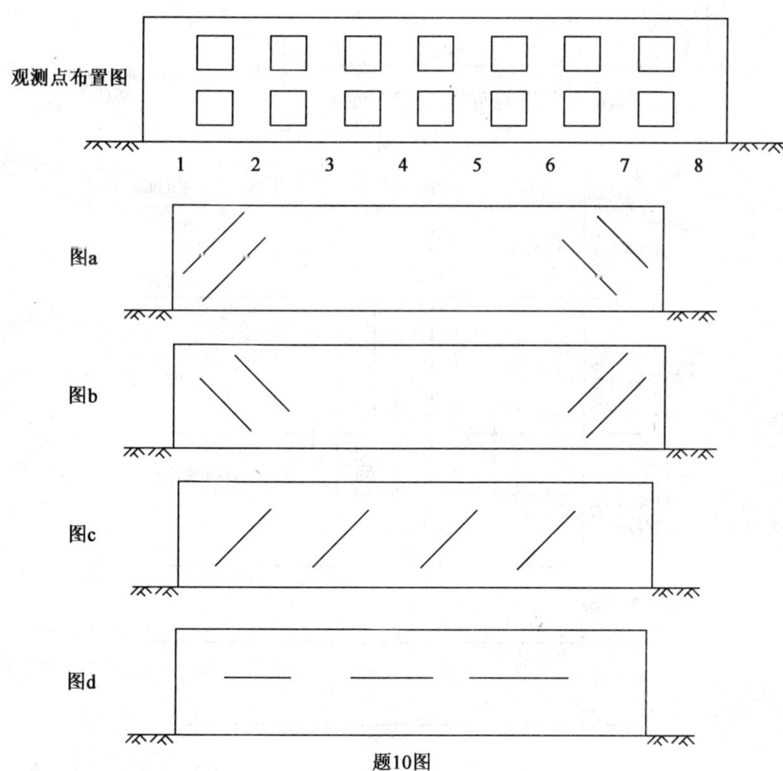

题10图

题 10 表

观测点	1	2	3	4	5	6	7	8
沉降量(mm)	102.23	125.46	144.82	165.39	177.45	180.63	195.88	210.56

(A)如图 a 所示的正八字缝　　(B)如图 b 所示的倒八字缝
(C)如图 c 所示的斜裂缝　　(D)如图 d 所示的水平缝

11. 基础的长边 $l=3.0$m,短边 $b=2.0$m,偏心荷载作用在长边方向,问计算最大边缘压力时所用的基础底面截面抵抗矩 W 为下列哪个选项中的值?　　(　　)

(A)$2m^3$　　(B)$3m^3$　　(C)$4m^3$　　(D)$5m^3$

12. 某桩基工程,其桩型平面布置、剖面及地层分布如图所示,土层物理力学指标见表,按《建筑桩基技术规范》(JGJ 94—2008)计算群桩呈整体破坏与非整体破坏的基桩的抗拉极限承载力标准值比值(T_{gk}/T_{uk})计算结果最接近下列哪个选项?　　(　　)

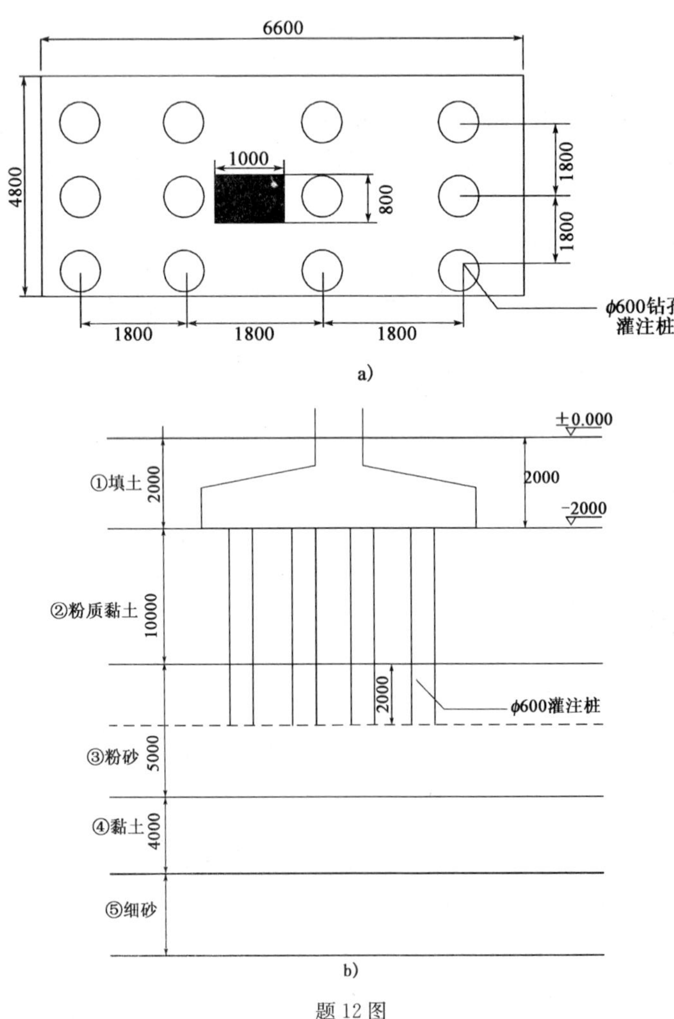

题 12 图

题 12 表

土层名称	极限侧阻力 q_{sik}(kPa)	极限端阻力 q_{pik}(kPa)	抗拔系数 λ
①填土			
②粉质黏土	40		0.7
③粉砂	80	3000	0.6
④黏土	50		
⑤细砂	90	4000	

(A)0.90　(B)1.05　(C)1.20　(D)1.38

13. 某桩基工程，其桩型平面布置、剖面及地层分布如图所示，已知单桩水平承载力设计值为 100kN，按《建筑桩基技术规范》(JGJ 94—2008)计算群桩基础的复合基桩水平承载力设计值，其结果最接近于下列哪个选项中的值？(η_r=2.05，η_L=0.3，η_b=0.2，本题图同第 12 题图)　(　)

(A)108kN　(B)135kN　(C)156kN　(D)176kN

14. 某桩基工程等级为二级，其桩型平面布置、剖面及地层分布如图所示，土层物理力学指标及有关数据见表，已知作用与桩端平面处的平均有效附加压力为 420kPa，沉降计算经验系数中 Ψ=1.1，地基沉降计算深度至第⑤层顶面，按《建筑桩基技术规范》(JGJ 94—2008)验算桩基中心点处最终沉降量，其计算结果接近下列哪个选项中的值？(本题图同第 12 题，C_0=0.09，C_1=1.5，C_2=6.6)　(　)

题 14 表

土层名称	重度 γ (kN/m³)	压缩模量 E_s(MPa)	z (m)	z/b	α_i	$z_i\alpha_i$	$z_i\alpha_i - z_{i-1}\alpha_{i-1}$	E_{si}	$(z_i\alpha_i - z_{i-1}\alpha_{i-1})/E_{si}$
①填土	18								
②粉质黏土	18								
③粉砂	19	30	0	0	0.25	0			
④粘土	18	10	3	1.25	0.22	0.600			
⑤细砂	19	60	7	2.92	0.154	1.0478			

(A)9mm　(B)35mm　(C)52mm　(D)78mm

15. 大面积填海地工程平均海水深约 2.0m，淤泥层平均厚度为 10.0m，重度为 15kN/m³，采用 e-lg$P$ 曲线计算该淤泥层固结沉降，已知该淤泥层属正常固结土，压缩指数 C_c=0.8，天然孔隙比 e_0=2.33，上覆填土在淤泥层中产生的附加压力按 120kPa 计算，该淤泥层固结沉降量取以下哪个选项中的值？　(　)

(A)1.85m　(B)1.95m　(C)2.05m　(D)2.2m

16. 某松散砂土地基 $e_0=0.85$，$e_{max}=0.90$，$e_{min}=0.55$，采用挤密砂桩加固，砂桩采用正三角形布置，间距 $S=1.6$m，孔径 $d=0.6$m，桩孔内填料就地取材，填料相对密度和挤密后场地砂土的相对密度相同，不考虑振动下沉密实和填料充值系数，则每米桩孔内需填入松散砂($e_0=0.85$)多少立方米？（　　）

(A)0.28m³　　(B)0.32m³　　(C)2.05m³　　(D)0.4m³

17. 某建筑基础采用独立桩基，桩基尺寸为 6m×6m，埋深 1.5m，基础顶面的轴心荷载 $F_k=6000$kN，基础和基础上土重 $G_k=1200$kN，场地地层为粉质黏土，$f_{ak}=120$kPa，$\gamma=18$kN/m³，由于承载力不能满足要求，拟采用土换算垫层处理，当垫层厚度为 2.0m 时，采用《建筑地基处理技术规范》(JGJ 79—2012)计算，垫层底面处的附加压力最接近下列哪个选项？（　　）

(A)27kPa　　(B)63kPa　　(C)78kPa　　(D)94kPa

18. 采用水泥土搅拌桩加固地基，桩径取 $d=0.5$m，等边三角形布置。复合地基置换率 $m=0.18$，桩间土承载力特征值 $f_{sk}=70$kPa，桩间土承载力折减系数 $\beta=0.50$，现要求复合地基承载力特征值达到 160kPa，问水泥土抗压强度平均值 f_{cu}(90 天大龄期的折减系数 $\eta=0.3$)达到下述何值才能满足要求？（　　）

(A)2.03MPa　　(B)2.23MPa　　(C)2.43MPa　　(D)2.63MPa

19. 有一滑坡体体积为 10000m³，滑体重度为 20kN/m³，滑面倾角为 20°内摩擦角 $\varphi=30°$，黏聚力 $c=0$，水平地震加速度 a 为 0.1g 时，用拟静力法计算稳定系数 F_S，最接近下列哪一个数值？（　　）

(A)1.4　　(B)1.3　　(C)1.2　　(D)1.1

20. 浅埋洞室半跨 $b=3.0$m，高 $h=8$m，上覆松散体厚度 $H=20$m，容重 $\gamma=18$kN/m³，黏聚力 $c=0$，内摩擦角 $\varphi=30°$，用太沙基理论求 AB 面上的均布压力最接近于下列哪个选项中的值？（　　）

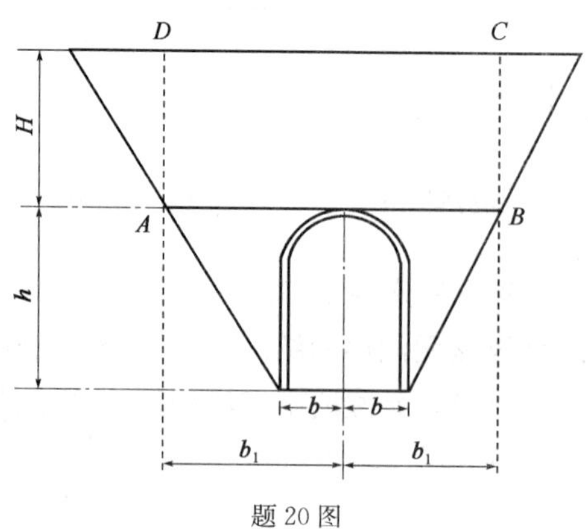

题 20 图

(A)$421kN/m^2$　　(B)$382kN/m^2$　　(C)$315kN/m^2$　　(D)$285kN/m^2$

21. 现需设计一个无黏性土的简单边坡，已知边坡高度为 10m，土的内摩擦角 $\varphi=45°$，黏聚力 $c=0$。当边坡角 β 最接近于下列哪个选项中的值时，其安全系数 $F_s=1.3$？（　　）

(A)45°　　(B)41.4°　　(C)37.6°　　(D)22.8°

22. 某基坑潜水含水层厚度为 20m，含水层渗透系数 $K=4m/d$，平均单井出水量 $q=500m^3/d$，井群的引用影响半径 $R_0=130m$，井群布置如图。试按行业标准《建筑基坑支护技术规程》(JGJ 120—2012)计算该基坑中心点水位降深 s 最接近下列哪个选项中的值？（　　）

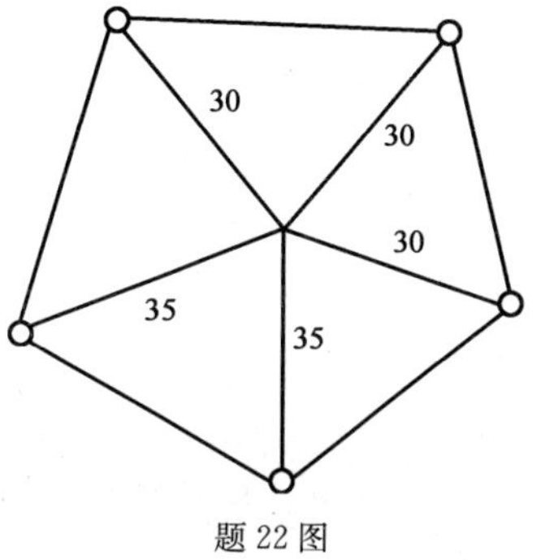

题 22 图

(A)4.4m

(B)9.0m

(C)5.3m

(D)1.5m

23. 在密实砂土地基中进行地下连续墙的开槽施工，地下水位与地面齐平，砂土的饱和重度 $\gamma_{sat}=20.2kN/m^3$，内摩擦角 $\varphi=38°$，黏聚力 $c=0$，采用水下泥浆护壁施工，槽内的泥浆与地面齐平，形成一层不透水的泥皮，为了使泥浆压力能平衡地基砂土的主动土压力，使槽壁保持稳定，泥浆相对密度至少应达到下列哪个选项中的值？（　　）

(A)1.24　　(B)1.35　　(C)1.45　　(D)1.56

24. 一个矩形断面的重力挡土墙，设置在均匀地基土上，墙高 10m，墙前埋深 4m，墙前地下水位在地面以下 2m，如图所示，墙体混凝土重度 $\gamma_{cs}=22kN/m^3$，墙后地下水位在地面以下 4m，墙后的水平方向的主动土压力与水压力的合力为 1550kN/m，作用点距墙底 3.6m，墙前水平方向的被动土压力与水压力的合力为 1237kN/m，作用点距离底 1.7m，在满足抗倾覆稳定安全系数 $F_S=1.2$ 的情况下，墙的宽度 b 最接近于下列哪一个选项？（　　）

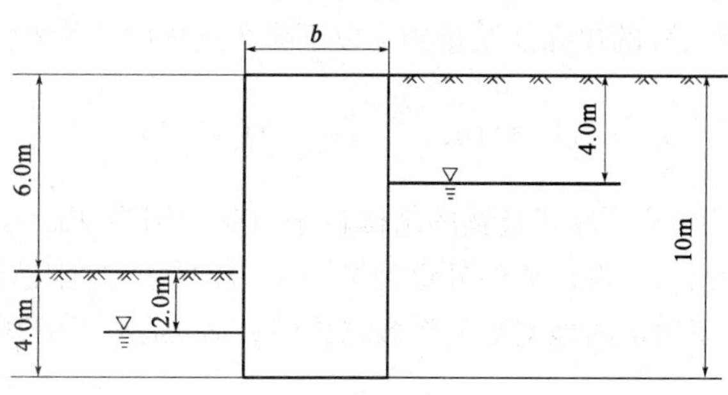

题 24 图

(A)5.62m　　(B)6.16m　　(C)6.94m　　(D)7.13m

25. 如图所示，某山区公路路基宽度 $B=20$m，下伏一溶洞，溶洞跨度 $b=8$m，顶板为近似水平厚层状裂隙不发育坚硬完整的岩层，现设顶板岩体的抗弯强度为 4.2MPa，顶板总荷重 $Q=19000$kN/m，试问在安全系数为 2.0 时，按梁板受力抗弯情况（设最大弯矩为 $M=\frac{1}{12}Qb^2$）估算的溶洞顶板的最小安全厚度最接近下列哪个选项？（　　）

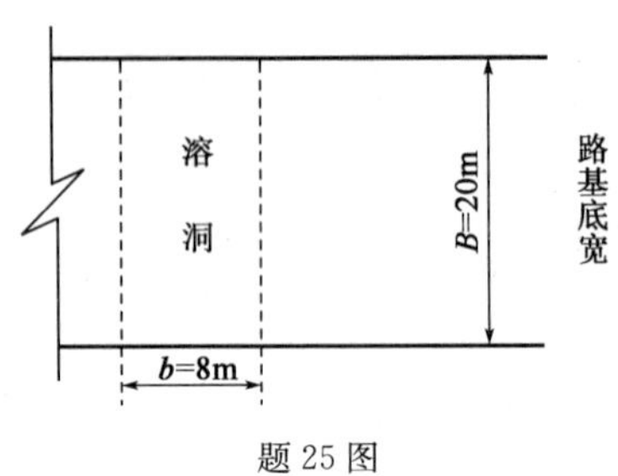

题 25 图

(A)5.4m　　(B)4.5m　　(C)3.3m　　(D)2.7m

26. 存在大面积地面沉降的某市地下水位下降平均值率为 1m/年，现地下水位地面 5m 处，主要地层结构参数见下表，试用分层总和法估算，今后 15 年内地面总沉降量最接近下列哪个选项。（　　）

题 26 表

层　号	地 层 名 称	层 厚 h(m)	层 底 埋 深	压缩模量 E_s(MPa)
粉质黏土	8	8	5.2	
粉土	7	15	6.7	
细砂	18	33	12	
不透水岩石				

(A)613mm　　(B)469mm　　(C)320mm　　(D)291mm

27. 对某路基下岩溶层采用灌浆处理，其灌浆的扩散半径为 $R=1.5$m，灌浆段厚度为 $h=5.4$m，岩溶裂隙率 $\mu=0.24$，有效充填系数 $\beta=0.85$，超灌系数 $\alpha=1.2$，岩溶裂隙充填率 $\gamma=0.1$，试问估算的单孔灌浆量约为以下哪个选项中的值？（　　）

(A)9.3m^3　　(B)8.4m^3　　(C)7.8m^3　　(D)5.4m^3

28. 同一场地上甲、乙两座建筑物的结构自振周期分别为 $T_{甲}=0.25$s，$T_{乙}=0.60$s，已知建筑场地类别为Ⅱ类，设计地震分组为第一组，若两座建筑阻尼比都取 0.05，问在抗震验算时甲、乙两座建筑的地震影响系数之比（$\alpha_{甲}/\alpha_{乙}$）最接近下列哪个选项？（　　）

(A)1.6　　(B)0.6
(C)1.2　　(D)条件不足，无法计算

29. 已知某建筑场地土层分布如表所示，为了按《建筑抗震设计规范》(GB 50011—2010)划分抗震类别，测量土层剪切坡速的钻孔应达到下列哪一选项中的深度即可，并说明理由？（ ）

题 29 表

层 序	岩土名称和性状	层 厚(m)	层底深度(m)
1	填土 f_{ak}=150KPa	5	5
2	粉质黏土 f_{ak}=200KPa	10	15
3	稍密粉细砂	15	30
4	稍密—中密砌砂	30	60
5	坚硬稳定基岩		

(A)15m (B)20m (C)30m (D)60m

30. 在地震基本烈度为 8 度的场区修建一座桥梁，场区地下水位埋深 5m，场地土为：

0～5m：非液化黏性土

5～15m：松散均匀的粉砂

15m 以下为密实中砂

按《公路工程抗震设计规范》(JTG B02—2013)计算判别深度为 5～15m 的粉砂层为液化土层，液化抵抗系数均为 0.7，若采用摩擦桩基础，深度 5～15m 的单桩摩阻力的综合折减系数 α 应为下列哪一个选项？（ ）

(A)1/6 (B)1/3 (C)1/2 (D)2/3

2006年案例分析试题答案(上午卷)

1.［答案］A

［解析］《建筑基坑支护技术规程》(JGJ 120—2012)附录C。

基坑突涌稳定性计算应符合：

$$\frac{D_r}{h_w r_w} \leqslant K_h$$

临界时 $K_h=1.0$

即：$D_r=h_w r_w$

令开挖深度为 d，则有：$(9-d)\times 18=9\times 10$

$d=4\text{m}$

2.［答案］B

［解析］《土工试验方法标准》(GB/T 50123—1999)第14.1.16条。

$$\bar{h}=\frac{1}{2}\times\frac{1}{2}\times[(20-1.25)+(20-1.95)]=9.2\text{mm}(\text{即 }0.92\text{cm})$$

$$C_v=\frac{0.848\bar{h}^2}{T_{90}}=\frac{0.848\times(0.92)^2}{9\times 60}=1.329\times 10^{-3}\text{cm}^2/\text{s}$$

3.［答案］C

［解析］曲线1：旁压器探头体积很小时已产生较大的初始压力，说明钻孔直径偏小，产生了压力增加时旁压器不能膨胀的现象。

曲线2：正常的旁压曲线。

曲线3：旁压器挥头在压力较小已有较大的体积变形，说明钻孔直径偏大，使得较小压力下发生较大的变形，侧土约束很弱。

曲线4：在体积增大到一个较大值后才逐渐移至水平段，说明土体挠动严重，不能发挥土体应有的约束作用。

4.［答案］D

［解析］已知：$G_s=2.73$，$w=30\%$，取 $g=10\text{m/s}^2$，$\rho_w=1.0\text{g/cm}^3$，$\rho=1.85\text{g/cm}^3$

$$\rho=\frac{G_s(1+W)}{1+e}$$

$$e=\frac{G_s(1+W)}{\rho}-1.0=\frac{2.73\times(1+30\%)}{1.85}-1.0=0.918$$

$$\rho_{sat}=\frac{G_s+e}{1+e}\times\rho_w=\frac{2.73+0.918}{1+0.918}\times 1.0=1.902\text{g/cm}^3$$

$$\gamma'=\gamma_{sat}-\gamma_w=1.902\times 10-1.0\times 10=9.02\text{kN/m}^3$$

5.［答案］C

［解析］《土力学》第二版第55页。

$K=2.3\frac{Q}{\pi}\cdot\frac{\lg(r_2/r_1)}{(h_2^2-h_1^2)}$

由题知：$r_2=10.0\text{m}$，$r_1=4.5\text{m}$

$h_2=11.5-0.45=11.05\text{m}$

$h_1=11.5-0.75=10.75\text{m}$

$K=2.3\times\frac{1.5\times10^3}{3.14}\times\frac{\lg(10/4.5)}{1105^2-1075^2}=5.826\times10^{-3}\text{cm/s}$

$5.826\times10^{-3}\times10^{-2}\times24\times60\times60=5.034\text{m/d}$

6.**[答案]** B

[解析] 由题知：$G_k=100\text{kN/m}$

$F_k=260\text{kN/m}$

$e=0.8>\frac{b}{6}=0.6$

$p_{max}=\frac{2(F_k+G_k)}{3la}=\frac{2\times(100+260)}{3\times1.0\times(\frac{3.6}{2}-0.8)}=240$

$p=\frac{F_k+G_k}{b}=\frac{100+260}{3.6}=100\text{kPa}$

$p_{max}\leqslant1.2f_a$，且 $p\leqslant f_a$，得：$f_a\geqslant200\text{kPa}$

7.**[答案]** D

[解析]《建筑地基基础设计规范》(GB 50007—2011)式(5.1.7)。

$Z_d=Z_0\psi_{zs}\psi_{zw}\psi_{ze}$

查表：$\psi_{zs}=1.0$，$\psi_{zw}=0.85$，$\psi_{ze}=0.95$

$Z_d=2.0\times1.0\times0.85\times0.95=1.615\text{m}$

附录 G：$h_{max}=0.6\text{m}$

$h_{min}=z_d-h_{max}=1.615-0.6=1.015\text{m}$

8.**[答案]** A

[解析]《建筑地基基础设计规范》(GB 50007—2011)第 5.4.2 条。

对于条形基础，$a\geqslant3.5b-\frac{d}{\tan\beta}$

$4.0\geqslant3.5\times2.4-\frac{d}{\tan30^\circ}$

$d\geqslant2.54\text{m}$

注：应注意 5.4.2 条中公式的适用条件，当不满足时应按 5.4.1 条进行地基基础稳定性验算。

9.**[答案]** C

[解析] 根据《建筑地基基础设计规范》(GB 50007—2011)，当理论计算基底面出现压应力为负值时，反映到基础计算中即为零应力区。

第 5.2.2 条，当 $e\leqslant\frac{b}{6}$ 时，基底压力分布均为正值。

$$e=\frac{M}{N_{竖}}=\frac{N_{水平}\times(18+2)}{N_{竖}}\leqslant\frac{b}{6}$$

$$N_{竖}=4.2\times4.2\times200=3528\text{kN}$$

$$N_{水平}\leqslant\frac{3528\times\frac{4.2}{6}}{20}\leqslant123.48\text{kN}$$

10.［答案］C

［解析］图 a，正八字裂缝产生的原因是中间沉降大，两端沉降小。

图 b，例八字裂缝产生的原因是中间沉降小，两端沉降大。

图 c，斜裂缝表明从一端到另一端沉降量逐渐变化，沉降大的裂缝发生在上部。

图 d，水平裂缝为水平变形引起。

11.［答案］B

［解析］$W=\frac{bh^2}{6}$

因 $h=l=3.0\text{m}, b=2.0\text{m}$

故 $W=\frac{2.0\times3.0^2}{6}=3.0\text{m}^3$

12.［答案］A

［解析］《建筑桩基技术规范》(JGJ 94—2008)第 5.4.6 条。

$$T_{gk}=\frac{1}{n}u_l\sum\lambda_i q_{sik}l_i$$

$$=\frac{1}{12}\times[2\times(3\times1.8+0.6)+2\times(2\times1.8+0.6)]\times[0.7\times40\times10+0.6\times80\times2]$$

$$=639.2\text{kN}$$

$$T_{uk}=0.7\times40\times10\times3.14\times0.6+0.6\times80\times2\times3.14\times0.6=708.4$$

$$\frac{T_{gk}}{T_{uk}}=\frac{639.2}{708.4}=0.90$$

13.［答案］D

［解析］《建筑桩基技术规范》(JGJ 94—2008)第 5.7.3 条。

已知：$\eta_r=2.05, \eta_l=0.3, \eta_b=0.2$

$$\eta_i=\frac{(s_a/d)^{0.015n_2+0.45}}{0.15n_1+0.10n_2+1.9}=\frac{(1.8/0.6)^{0.015\times4+0.45}}{0.15\times3+0.10\times4+1.9}=0.638$$

$$\eta_h=0.6368\times2.05+0.3+0.2=1.805$$

$$R_h=\eta_h R_{ha}=1.805\times100=180.5\text{kN}$$

14.［答案］B

［解析］《建筑桩基技术规范》(JGJ 94—2008)第 5.5.6～5.5.9 条。

$n_b=3$

$$\psi_e=0.09+\frac{3-1}{1.5\times(3-1)+6.6}=0.298$$

$$s'=4\times420\times\left[\frac{0.66-0}{30}+\frac{1.078-0.66}{10}\right]=107.184$$

$$S=\psi.\psi_e.s'=1.1\times0.298\times107.184=35.13$$

15.［答案］A

［解析］《土力学》(第二版)第 1～42 页。

$$S=C_c\frac{H}{1+e_1}\lg\frac{P_2}{P_1}$$

$e_1=2.33$

$$P_2=(15-10)\times\frac{10}{2}+120=145$$

$$P_1=(15-10)\times\frac{10}{2}=25$$

$$S=0.8\times\frac{10}{1+2.33}\times\lg\frac{145}{25}=1.834\text{m}$$

16.［答案］B

［解析］《建筑地基处理技术规范》(JGJ 79—2012)第 7.2 节。

$$S=0.95\varepsilon d\sqrt{\frac{1+e_0}{e_0-e_1}}$$

不考虑振动下沉密实作用时 $\varepsilon=1.0$

$$1.6=0.95\times1.0\times0.6\times\sqrt{\frac{1+0.85}{0.85-e_1}}$$

$e_1=0.615$

$$\frac{1+e_0}{1+e_1}=\frac{V_0}{V_1}$$

$$V_1=\frac{0.6^2\times3.14}{4}\times1.0=0.2826\text{m}^3$$

$$V_0=0.2826\times\frac{1+0.85}{1+0.615}=0.324\text{m}^3$$

17.［答案］D

［解析］根据《建筑地基处理技术规范》(JGJ 79—2012)表 4.2.2,得 $\theta=28°$

基底附加力大小为：

$$b^2(p_k-p_c)=F_k+G_k-6\times6\times1.5\times18=6000+1200-972=6228\text{kN}$$

垫层底面处附加压力：$p_z=\dfrac{6228}{(6+2\times2\times\tan28°)^2}=94.3\text{kPa}$

18.［答案］C

［解析］《建筑地基处理技术规范》(JGJ 79—2012)7.1.5-2 式。

$$f_{spk}=\lambda m\frac{R_a}{A_p}+\beta(1-m)f_{sk}$$

$$160=1.0\times0.18\times\frac{R_a}{A_p}+0.5\times(1-0.18)\times70$$

$$R_a=729.4\times A_p=143.15$$

$$R_a=\eta f_{cu}.A_p$$

$$f_{cu}=\frac{729.4}{0.3}=2431\text{kPa(即 }2.431\text{MPa)}$$

19.【答案】C

【解析】水平地震引起的水平力：$G_E=10000\times\frac{20}{10}\times0.1\times10=2\times10^4\text{kN}$

自重：$G_v=10000\times20=2\times10^5\text{kN}$

$$R_{抗}=(G_v.\cos\alpha-G_E\cdot\sin\alpha)\tan\varphi=(2\times10^5\times\cos20°-2\times10^4\times\sin20°)\times\tan30°$$
$$=1.0456\times10^5$$

$$T_{滑}=G_v\cdot\sin\alpha+G_E\cdot\cos\alpha=2\times10^5\times\sin20°+2\times10^4\times\cos20°=8.72\times10^4$$

$$F_s=\frac{R_{抗}}{T_{滑}}=\frac{1.0456\times10^5}{8.72\times10^4}=1.02$$

20.【答案】D

【解析】方法一：$b_1=2\times[b+h\times\tan(45°-\frac{\varphi}{2})]=2\times[3.0+8\times\tan35°]=17.2$

$$K=\tan^2(45°-\frac{\varphi}{2})=0.49$$

$$\delta_z=\frac{\gamma b_1-2c}{2k\tan\varphi}\cdot(1-e^{-2k\frac{H}{b_1}\tan\varphi)}+qe^{-2k\frac{H}{b_1}\tan\varphi})$$
$$=\frac{18\times17.2-2\times0}{2\times0.49\times\tan20°}\times(1-e^{-2\times0.49\times\frac{20}{17.2}\times\tan20°}+0)=294.7\text{kPa}$$

方法二：楔体平衡法。

ABCD 作为平衡体，两侧受到侧土摩擦力，有：

$$E_a=\frac{1}{2}\times18\times0.49\times20^2=1764\text{kN}$$

$$q=E_a\tan\varphi=1764\times\tan20°=642$$

$$\delta_z=\frac{\gamma\times b_1\times H-2\times q}{b_1}=\frac{18\times17.2\times20-2\times642}{17.2}=285.34\text{kPa}$$

注：两种方法均可得到正确选项。

21.【答案】C

【解析】《土力学》(第二版)第 258 页。

$$F_s=\frac{W\cdot\cos\beta\cdot\tan\varphi}{W\cdot\sin\beta}=\frac{\tan\varphi}{\tan\beta}$$

$F_s=1.3$ 时，$\frac{\tan45°}{\tan\beta}=1.3$，则：

$\tan\beta=0.7692, \beta=37.56°$

22.【答案】B

【解析】《建筑基坑支护技术规程》(JGJ 120—2012)第7.3.5条。

$$S_i=H-\sqrt{H^2-\sum_{j=1}^{n}\frac{q_j}{\pi\cdot k}\cdot\ln\frac{R}{r_{ij}}}=20-\sqrt{20^2-5\times\frac{500}{3.14\times4}\times\ln\frac{130}{30}}$$
$$=9.6\text{m}$$

23.【答案】A

【解析】饱和砂土主动土压力系数：

$$K_a=\tan^2(45°-\frac{\varphi}{2})=\tan^2(45°-\frac{38°}{2})=0.238$$

水泥浆不同深度处水压力大小为 P_{gh}。

槽壁稳定时，$P_{gh}=\gamma'\cdot h\cdot K_a+\gamma_w\cdot h$

$$\rho=\frac{\gamma'\cdot K_a}{g}+\frac{\gamma_w}{g}=\frac{10.2\times0.238}{10}+\frac{10}{10}=1.243\text{g/cm}^3$$

24.【答案】D

【解析】《建筑基坑支护技术规程》(JGJ 120—2012)第6.1条。

抗倾覆稳定安全系数计算如下：

$$F_s=\frac{10\times b\times\gamma_{cs}\times\frac{b}{2}+1.237\times1.7-p_w.X_w}{1550\times3.6}$$

p_w 为墙底水压力合力，X_w 为水压力合力距支点距离。

$$P_w=P_{w1}+P_{w2}=20b+\frac{1}{2}(60-20)b$$

$$X_{w1}=b/2$$

$$X_{w2}=\frac{2b}{3}$$

$$F_s=\frac{10b\times22\times\frac{b}{2}+2103-10b^2-\frac{40}{3}b^2}{5580}=1.2$$

$$\frac{260}{3}b^2=4593$$

得：$b=7.27\text{m}$

25.【答案】A

【解析】《公路路基设计规范》(JTG D30—2004)。

$$M=\frac{1}{12}Qb^2=\frac{1}{12}\times19000\times8^2=1.013\times10^5$$

$$H=K\cdot\sqrt{\frac{6M}{B[\sigma]}}=2\times\sqrt{\frac{6\times1.013\times10^5}{20\times4.2\times10^3}}=5.38\text{m}$$

26.【答案】D

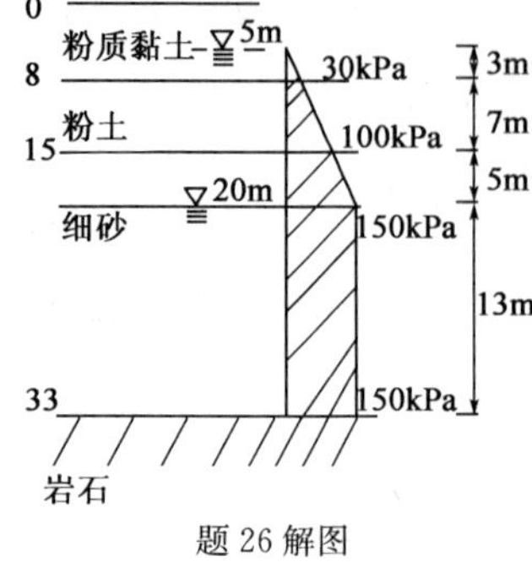

题 26 解图

[解析] $S_1=\frac{\overline{P}_1.h_1}{E_{s1}}=\frac{\frac{1}{2}(0+30)\times(8-5)\times10^3}{5.2\times10^3}$

$=8.65\text{mm}$

$S_2=\frac{\overline{P}_2.h_2}{E_{s2}}=\frac{\frac{1}{2}(30+100)\times7\times10^3}{6.7\times10^3}=67.91\text{mm}$

$S_3=\frac{\overline{P}_3.h_3}{E_{s3}}=\frac{\frac{1}{2}(100+150)\times(20-15)\times10^3}{12\times10^3}$

$=52.08\text{mm}$

$S_4=\frac{\overline{P}_4.h_4}{E_{s3}}=\frac{150\times(18-5)\times10^3}{12\times10^3}=162.5\text{mm}$

$S=S_1+S_2+S_3+S_4=291.14\text{mm}$

27.**[答案]** B

[解析] 岩溶地基桥梁桩基施工技术。

$Q=\pi R^2.h\mu\beta a(1-\gamma)=3.14\times1.5^2\times5.4\times0.24\times0.85\times1.2\times(1-0.1)$

$=8.4\text{m}^3$

28.**[答案]** A

[解析]《建筑抗震设计规范》(GB 50011—2010)Ⅱ类场地,第一组,$T_g=0.35\text{s}$,有:

$0.1<T<T_g$

$\alpha_甲=\eta_2\alpha_{max}=1.0\alpha_{max}$

$T_g<T_乙<5T_g$

$\alpha_乙=(\frac{T_g}{T})^\gamma\cdot\eta_2\cdot\alpha_{max}=(\frac{0.35}{0.6})^{0.9}\times1.0\times\alpha_{max}=0.6162\alpha_{max}$

$\frac{\alpha_甲}{\alpha_乙}=\frac{1.0\alpha_{max}}{0.616\alpha_{max}}=1.624$

29.**[答案]** B

[解析] 等效剪切波速的计算深度应取 20m 和覆盖层厚度中的较小值,由题干可知覆盖层厚度应取 60m,所以等效剪切波速的计算深度可取 20m。

30.**[答案]** C

[解析]《公路工程抗震规范》(JTG B02—2013)第 4.4.2 条。

$C_c=0.7$,查表 4.4.2 得:$d_s\leqslant10,\alpha=1/3,10<d_s\leqslant20,\alpha=2/3$

$\bar{\alpha}=\frac{5\times\frac{1}{3}+5\times\frac{2}{3}}{15-5}=0.5$

2006 年案例分析试题(下午卷)

1. 在钻孔内做波速测试,测得中等风化花岗石,岩体的压缩波速度 $v_p=2777\text{m/s}$,剪切波速度 $v_s=1410\text{m/s}$,已知相应岩石的压缩波速度 $v_p=5067\text{m/s}$,剪切波速度 $v_s=2251\text{m/s}$,质量密度 $\gamma=2.23\text{g/cm}^3$,饱和单轴抗压强度 $R_e=40\text{MPa}$,该岩体基本质量指标(BQ)最接近下列哪个选项? ( )

(A)BQ=285　(B)BQ=336

(C)BQ=710　(D)BQ=761

2. 已知花岗石残积土土样的天然含水量 $w=30.6\%$,粒径小于 0.5mm 细粒土的液限 $w_L=50\%$,塑限 $w_p=30\%$,粒径小于 0.5mm 的颗粒质量占总质量的百分比 $P_{0.5}=40\%$,该土样的液性指数 I_L 最接近以下哪一个数值? ( )

(A)0.03　(B)0.04

(C)0.88　(D)1.00

3. 在湿陷性黄土地区建设场地初勘时,在探井地面下 4.0m 取样,其试验成果为:天然含水量 $w(\%)$ 为 14,天然密度 $\rho(\text{g/cm}^3)$ 为 1.50,相对密度 d_s 为 2.70,孔隙比 e_0 为 1.05,其上覆黄土的物理性质与此土相同,对此土样进行室内自重湿陷系数 δ_{zs} 测定时,应在多大的压力下稳定后浸水(浸水饱和度取为 85%)? ( )

(A)70kPa　(B)75kPa

(C)80kPa　(D)85kPa

4. 在均质厚层软土地基上修筑铁路路堤,当软土的不排水抗剪强度 $c_u=8\text{kPa}$,路堤填料压实后的重度为 18.5kN/m^3 时,如不考虑列车荷载影响和地基处理,路堤可能填筑的临界高度接近下列哪个选项? ( )

(A)1.4m　(B)2.4m

(C)3.4m　(D)4.4m

5. 某 10~18 层的高层建筑场地,抗震设防烈度为 7 度,地形平坦,非岸边和陡坡地段,基岩为粉砂岩和花岗岩,岩面起伏很大,土层等效剪切波速为 180m/s,勘察发现有一走向 NW 的正断层,见有微胶结的断层角砾岩,不属于全新世活动断裂,判别该场地对建筑抗震属于什么类别,简单说明判断依据? ( )

(A)有利地段　(B)不利地段

(C)危险地段　(D)可进行建设的一般场地

6. 已知建筑物基础的宽度 10m，作用于基底的轴心荷载 200MN，为满足偏心距 $e \leqslant 0.1W/A$ 的条件，作用于基底的力矩最大值不能超过下列何值？（注：W 为基础底面的抵抗矩，A 为基础底面面积） （ ）

(A)34kN·m (B)38kN·m

(C)42kN·m (D)46kN·m

7. 已知 P_1 为已包括上部结构恒载、地下室结构永久荷载及可变荷载在内的总荷载传至基础底面的平均压力（已考虑浮力），P_2 为基础底面处的有效自重压力，P_3 为基底处筏形基础底板的自重压力，P_4 为基础底面处的水压力，在验算筏形基础底板的局部弯曲时，作用于基础底板的压力荷载应取下列四个选项中的何值，并说明理由？（ ）

(A)$P_1-P_2-P_3-P_4$ (B)$P_1-P_3-P_4$

(C)P_1-P_3 (D)P_1-P_4

8. 边长为 3m 的正方形基础，荷载作用点由基础形心沿 X 轴向右偏心 0.6m，则基础底面的基底压力分布面积最接近于下列哪个选项？ （ ）

(A)9.0m²

(B)8.1m²

(C)7.5m²

(D)6.8m²

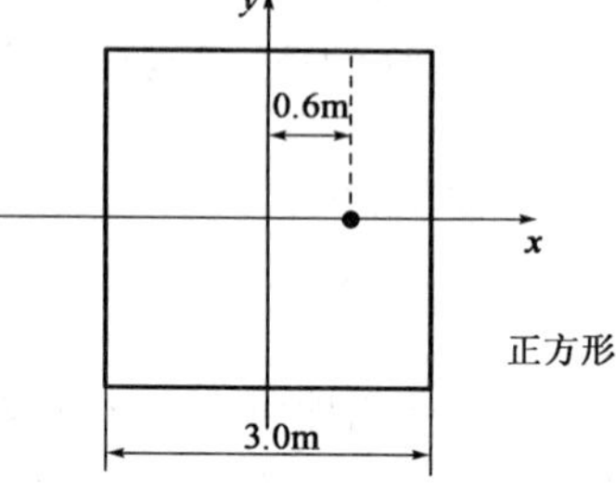

题 8 图

9. 墙下条形基础的剖面见图，基础宽度 $b=3$m，基础底面净压力分布为梯形，最大边缘压力设计值 $P_{max}=150$kPa，最小边缘压力设计值 $P_{min}=60$kPa，已知验算截面 Ⅰ—Ⅰ 距最大边缘压力端的距离 $a_1=1.0$m，则截面 Ⅰ—Ⅰ 处的弯矩设计值为下列何值？ （ ）

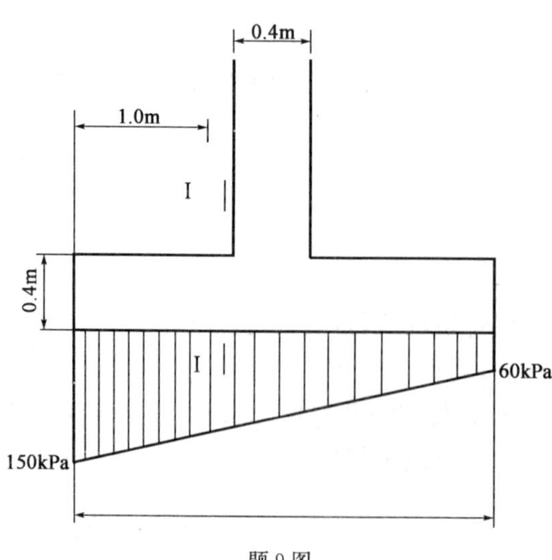

题 9 图

(A)70kN·m (B)80kN·m (C)90kN·m (D)100kN·m

10. 已知基础宽 10m，长 20m，埋深 4m，地下水位距地表 1.5m，基础底面以上土的平均重度为 12kN/m³，在持力层以下有一软弱下卧层，该层顶面距地表 6m，土的重度 18kN/m³。已知软弱下卧层经深度修正的地基承载力为 130kPa，则基底总压力不超过下列何值时才能满足软弱下卧层强度验算要求？ ( )

(A)66kPa (B)88kPa (C)104kPa (D)114kPa

11. 对强风化较破碎的砂岩采取岩块进行了室内饱和单轴抗压强度试验，其试验值为 9MPa、11MPa、13MPa、10MPa、15MPa、7MPa，据《建筑地基基础设计规范》(GB 50007—2011)确定的岩石地基承载力特征值的最大取值，最接近于下列哪一选项？ ( )

(A)0.7MPa (B)1.2MPa (C)1.7MPa (D)2.1MPa

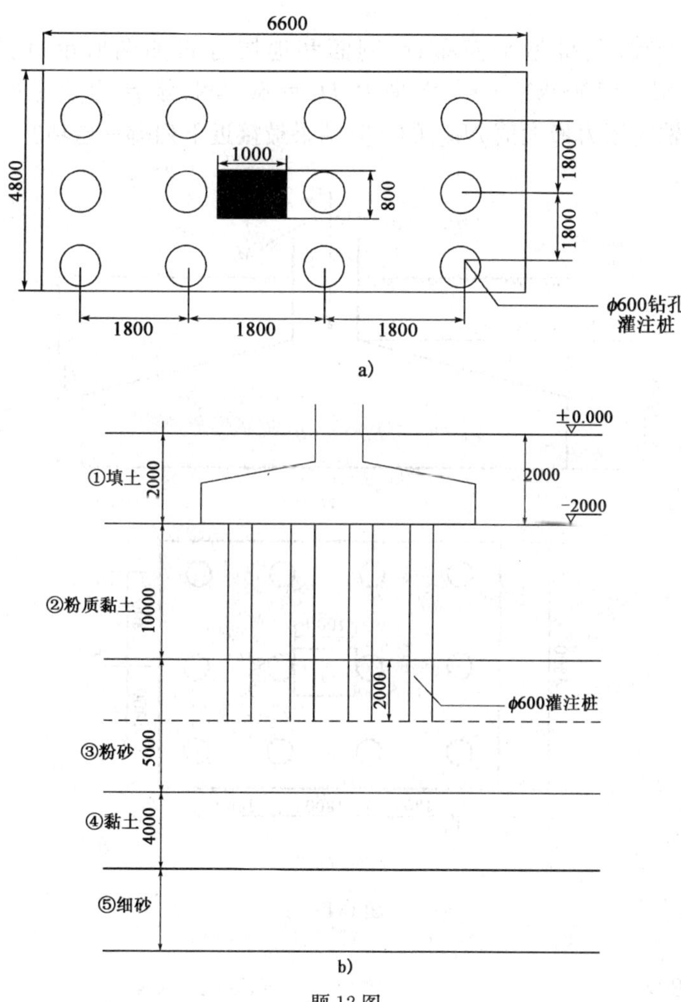

题 12 图

12. 某桩基工程，其桩型平面布置、剖面和地层分布如图所示，土层物理力学指标见表，按《建筑桩基技术规范》(JGJ 94—2008)计算，复合基桩的竖向承载力设计值，其计算结果最接近下列哪个选项？（　　）

题 12 表

土层名称	f_{ak}(kPa)	极限侧阻力 q_{sik}(kPa)	极限端侧阻力 q_{pik}(kPa)
①填土			
②粉质黏土	180	40	
③粉砂	220	80	3000
④粘土	150	50	
⑤细砂	350	90	4000

(A)960kN　　(B)1050kN　　(C)1264kN　　(D)1420kN

13. 某桩基工程，其桩型平面布置、剖面和地层分布如图所示，已知轴力 $F_k=12000kN$，力矩 $M_k=1000kN\cdot m$，水平力 $H_k=600kN$，承台和填土的平均重度为 $20kN/m^3$，桩顶轴向压力最大值 N_{kmax}的计算结果最接近下列哪一选项？（　　）

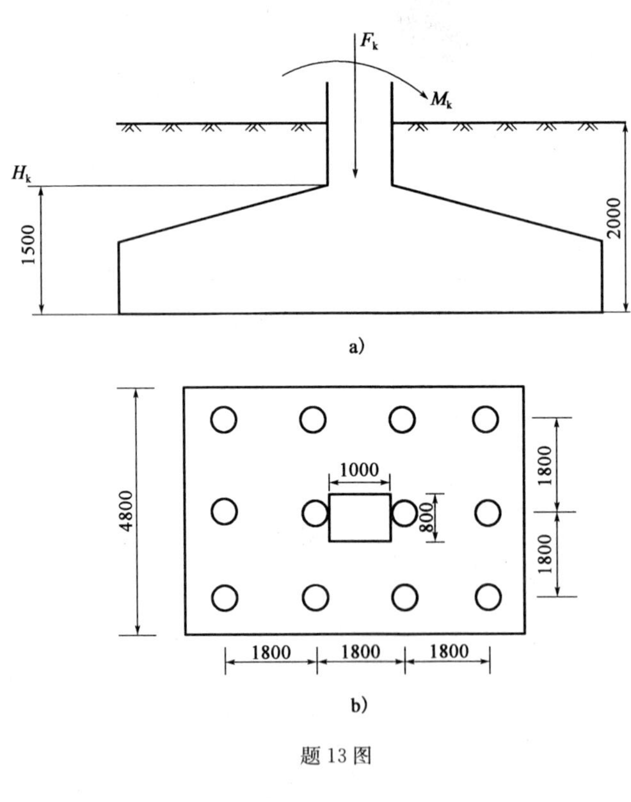

题 13 图

(A)1020kN　　(B)1232kN

(C)1380kN　　(D)1520kN

14. 某砌体墙下条形桩基的多跨条形连续承台梁净跨距均为 7.0m，承台梁受均布荷载 $q=100\text{kN/m}$ 作用，问承台梁中跨支座处弯矩 M 最接近下列哪个选项？（　　）

(A)450kN·m　　(B)498kN·m
(C)530kN·m　　(D)568kN·m

15. 某试验桩桩径 0.4m，水平静载试验所采取每级荷载增量值为 15kN，试桩 H_0-t-X_0 曲线明显陡降点的荷载为 120kN 时对应的水平位移为 3.2mm，其前一级荷载和后一级荷载对应的水平位移分别为 2.6mm 和 4.2mm，则由试验结果计算的地基土水平抗力系数的比例系数 m 最接近下列哪个数值？［为简化计算，假定 $(V_X)^{\frac{5}{3}}=4.425$，$(EI)^{\frac{2}{3}}=877(\text{kN}\cdot\text{m}^2)^{\frac{2}{3}}$］（　　）

(A)242MN/m^4　　(B)228MN/m^4
(C)205MN/m^4　　(D)165MN/m^4

16. 某工程要求地基加固后承载力特征值达到 155kPa，初步设计采用振冲碎石桩复合地基加固，桩径取 $d=0.6\text{m}$，桩长取 $l=10\text{m}$，正方形布桩，桩中心距为 1.5m，桩土应力比 $n=4.7$，复合地基承载力特征值为 140kPa，未达到设计要求，问在桩径、桩长和布桩形式不变的情况下，桩中心距最大为何值时才能达到设计要求？（　　）

(A)$s=1.30\text{m}$　　(B)$s=1.35\text{m}$
(C)$s=1.40\text{m}$　　(D)$s=1.45\text{m}$

17. 某地基软黏土层厚 18m，其下为砂层，土的水平向固结系数为 $C_h=3.0\times10^{-3}\text{cm}^2/\text{s}$，现采用预压法固结，砂井作为竖向排水通道打穿至砂层，砂井直径为 $d_w=0.3\text{m}$，井距 2.8m，等边三角形布置，预压荷载为 120kPa，在大面积预压荷载作用下按《建筑地基处理技术规范》(JGJ 79—2012)计算，预压 150 天时地基达到的固结度（为简化计算，不计竖向固结度），最接近下列何值？（　　）

(A)0.95　　(B)0.90
(C)0.85　　(D)0.80

18. 某软黏土地基天然含水量 $w=50\%$，液限 $w_L=45\%$，采用强夯置换法进行地基处理，夯点采用正三角形布置，间距 2.5m，成墩直径为 1.2m，根据检测结果，单墩承载力特征值为 $P_k=800\text{kN}$，按《建筑地基处理技术规范》(JGJ 79—2012)计算，处理后该地基的承载力特征值最接近下列哪一选项？（　　）

(A)128kPa　　(B)138kPa
(C)148kPa　　(D)158kPa

19. 无限长土坡如图所示，土坡坡角为 30°，砂土与黏土的重度都是 18kN/m^3，砂土 $c_1=0$，$\varphi_1=35°$；黏土 $c_2=30\text{kPa}$，$\varphi_2=20°$；黏土与岩石界面的 $c_3=25\text{kPa}$，$\varphi_3=15°$。如果

假设滑动面都是平行于坡面，问最小安全系数的滑动面位置将相应于下列哪一选项？（　　）

(A)砂土层中部
(B)砂土与黏土界面在砂土一侧
(C)砂土与黏土界面在黏土一侧
(D)黏土与岩石界面上

20. 有一岩石边坡，坡率 1：1，坡高 12m，存在一条夹泥的结构面，如图，已知单位长度滑动土体重量为 740kN/m，结构面倾角 35°，结构面内夹层 c=25kPa，φ=18°，在夹层中存在静水头为 8m 的地下水，问该岩坡的抗滑稳定系数最接近下列哪一选项？（　　）

(A)1.94　(B)1.48
(C)1.27　(D)1.12

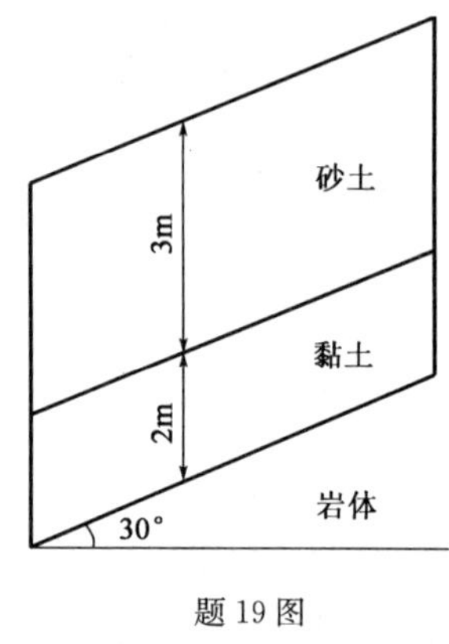

题 19 图

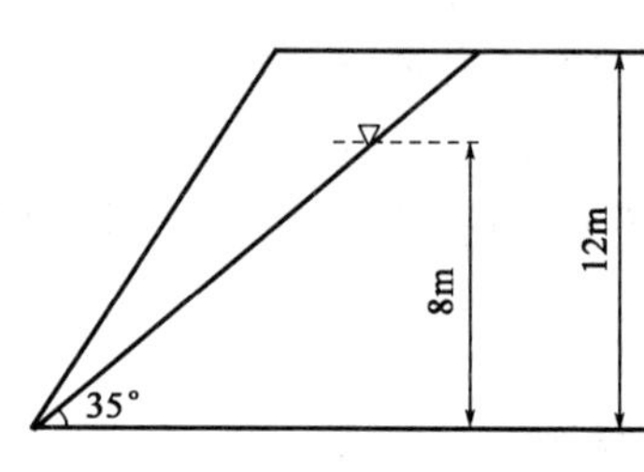

题 20 图

21. 有一重力式挡土墙墙背垂直光滑，无地下水，打算使用两种墙背填土，一种是黏土，c=20kPa，φ=22°；另一种是砂土，c=0，φ=38°，重度都是 20kN/m^3。问墙高 H 等于下列哪一个选项时，采用黏土填料和砂土填料的墙背总主动土压力两者基本相等？（　　）

(A)3.0m　(B)7.8m
(C)10.7m　(D)12.4

22. 重力式挡土墙的断面如图所示，墙基底倾角 6°，墙背面与竖角方向夹角 20°，用库仑土压力理论计算得到单位长度的总主动土压力为 E_a=200kN/m，墙体单位长度自重 300kN/m，墙底与地基土间摩擦系数为 0.33，墙背面与土的摩擦角为 15°，计算该重力式挡土墙的抗滑稳定安全系数最接近下列哪一选项？（　　）

(A)0.50　(B)0.66　(C)1.10　(D)1.20

23. 有一个水闸宽度 10m，闸室基础至上部结构的每延米不考虑浮力的总自重为 2000kN/m，上游水位 H=10m，下游水位 h=2m，地基土为均匀砂质粉土，闸底与地基

土摩擦系数为0.4，不计上下游土的水平土压力，验算其抗滑稳定安全系数最接近下列哪个选项？（　　）

(A)1.67　　(B)1.57
(C)1.27　　(D)1.17

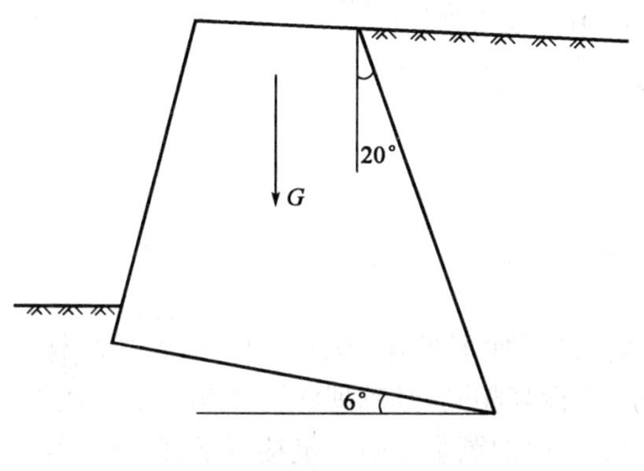

题22图

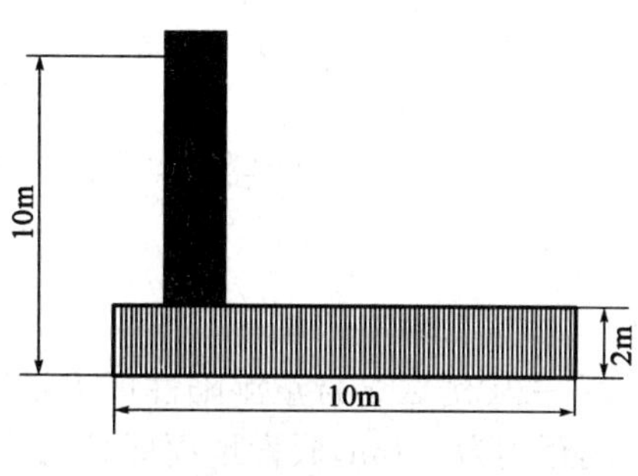

题23图

24. 在饱和软黏土地基中开挖条形基坑，采用8m长的板桩支护，地下水位已降至板桩底部，坑边地面无荷载，地基土重度为$\gamma=19\text{kN/m}^3$，通过十字板现场测试得地基土的抗剪强度为30kPa，按《建筑地基基础设计规范》(GB 50007—2011)规定，为满足基坑抗隆起稳定性要求，此基坑最大开挖深度不能超过下列哪一个选项？（　　）

(A)1.2m
(B)3.3m
(C)6.1m
(D)8.5m

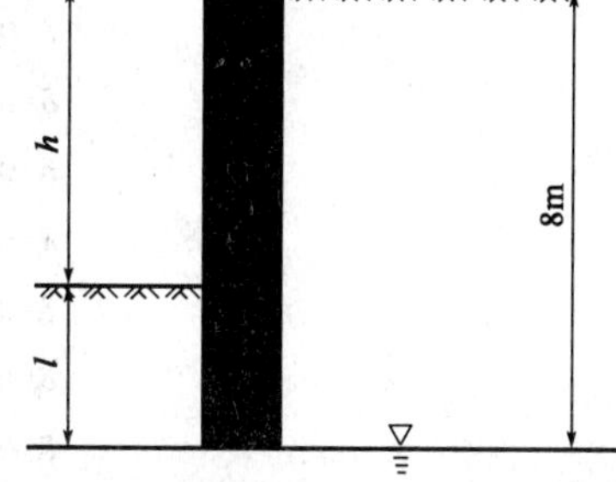

题24图

25. 某Ⅱ类岩石边坡坡高22m，坡顶水平，坡面走向N10°E，倾向SE，坡角65°，发育一组优势硬性结构面，走向为N10°E，倾向SE，倾角58°，岩体的内摩擦角为$\varphi=34°$，试按《建筑边坡工程技术规范》(GB 50330—2013)估算，边坡坡顶塌滑边缘至坡顶边缘的距离L值最接近下列哪一个数值？（　　）

(A)3.5m　　(B)8.3m
(C)11.7m　　(D)13.7m

26. 某岩石滑坡代表性剖面如下图，由于暴雨使其后缘垂直张裂缝瞬间充满水，滑坡处于极限平衡状态（即滑坡稳定系数$K_s=1.0$），经测算滑面长度$L=52\text{m}$，张裂缝深度$d=12\text{m}$，每延长米滑体自重为$G=15000\text{kN/m}$，滑面倾角$\theta=28°$，滑面岩体的内摩擦角$\varphi=25°$，试计算滑面岩体的黏聚力与下面哪个数值最接近？（假定滑动面未充水，水的重度可按10kN/m^3计）（　　）

(A)24kPa　　　　(B)28kPa

(C)32kPa　　　　(D)36kPa

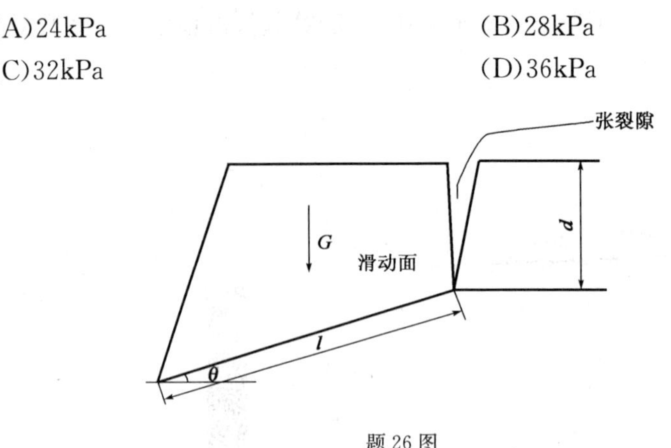

题 26 图

27. 关中地区某自重湿陷性黄土场地的探井资料如下图，从地面下 1.0m 开始取样，取样间距均为 1.0m，假设地面标高与建筑物±0 标高相同，基础埋深为 2.5m，当基底下地基处理厚度为 4.0m 时，下部未处理湿陷性黄土层的剩余湿陷量最接近下列选项中的哪一个值？（　　）

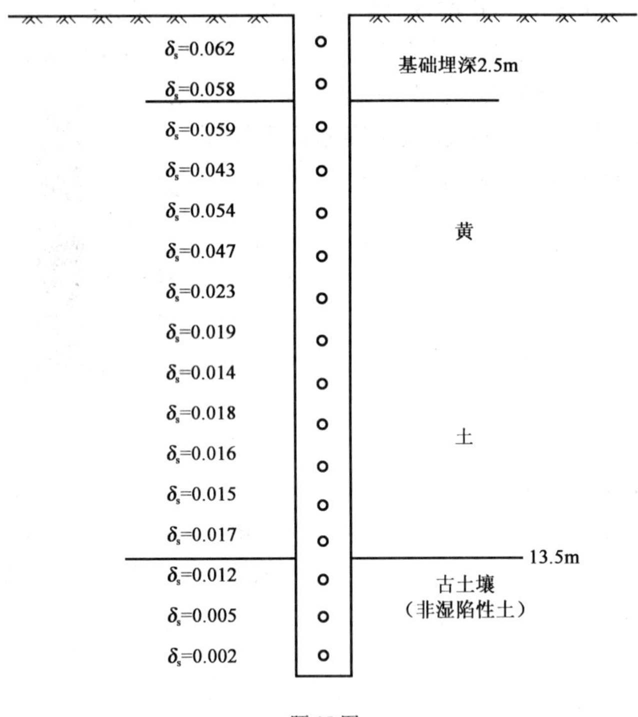

题 27 图

(A)103mm　　(B)118mm　　(C)122mm　　(D)132mm

28. 某膨胀土场地有关资料如下表，若大气影响深度为 4.0m，拟建建筑物为两层，基础埋深为 1.2m，按《膨胀土地区建筑技术规范》(GB 50112—2013)的规定，计算膨胀土地基胀缩变形量最接近下列哪个选项中的值？（　　）

题 28 表

分层号	层底深度 Z_i(m)	天然含水量 w(%)	塑限含水量 w_p(%)	含水量变化值 Δw_i(%)	膨胀率 δ_{epi}	收缩系数 λ_{si}
1	1.8	23	18	0.0298	0.0006	0.50
2	2.5			0.0250	0.0265	0.46
3	3.2			0.0185	0.0200	0.40
4	4.0			0.0125	0.0180	0.30

(A)17mm　(B)20mm　(C)28mm　(D)51mm

29. 高层建筑高 42m，基础宽 10m，深宽修正后的地基承载力特征值 $f_a=300$kPa，地基抗震承载力调整系数 $\xi_a=1.3$，按地震作用效应标准组合进行天然地基基础抗震验算，问下列哪一选项不符合抗震承载力验算的要求，并说明理由？（　）

(A)基础底面平均压力不大于 390kPa
(B)基础边缘最大压力不大于 468kPa
(C)基础底面不宜出现拉应力
(D)基础底面与地基土之间零应力区面积不应超过基础底面面积的 15%

30. 某土石坝坝址区设计烈度为 8 度，土石坝设计高度 30m，根据下面的计算简图，采用瑞典圆弧法计算上游坝坡的抗震稳定性，其中第 i 个滑动条块的宽度 $b=3.2$m，该条块底面中点的切线与水平线夹角 $\theta_i=19.3°$，该条块内水位高出底面中点的距离 $Z=6$m，条块底面中点孔隙水压力值 $u=100$kPa，考虑地震作用影响后，第 i 个滑动条块沿底面的下滑力 $S_i=415$kN/m。当不计入孔隙水压力影响时，该土条底面的平均有效法向作用力为 583kN/m，根据以上条件按照不考虑和考虑孔隙水压力影响两种工况条件分别计算得出第 i 个滑动条块的安全系数 $K_i(=R_i/S_i)$最接近下列哪一选项？（土石坝填料黏聚力 $c=0$，内摩擦角 $\varphi=42°$）（　）

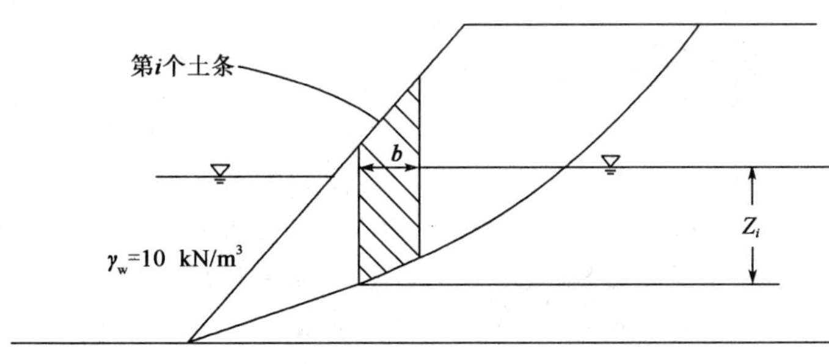

题 30 图

(A)1.27;1.14　(B)1.27;0.97
(C)1.22;1.02　(D)1.22;0.92

2006年案例分析试题答案(下午卷)

1.[答案] A

[解析]《工程岩体分级标准》(GB 50218—1994)。

$$K_v=(\frac{V_{pm}}{V_{pr}})^2=\left(\frac{2777}{5067}\right)^2=0.3$$

$90K_v+30=57>R_c=40MPa$,取 $R_c=40MPa$。

$0.04R_c+0.4=2>K_v=0.3$,取 $K_v=0.3$。

$BQ=90+3R_c+250K_v=90+3\times40+250\times0.3=285$

2.[答案] C

[解析]《岩土工程勘察规范》(GB 50021—2001)(2009年版)第6.9.4条条文说明。

$$W_f=\frac{W-W_A\times0.01P_{0.5}}{1-0.01P_{0.5}}=\frac{30.6-5\times0.01\times40}{1-0.01\times40}=47.7$$

$$I_P=w_L-w_P=50-30=20$$

$$I_L=\frac{w_F-w_P}{I_P}=\frac{47.7-3.0}{20}=0.885$$

3.[答案] A

[解析]《湿陷性黄土地区建筑规范》(GB 50025—2004)4.3.4条,取 $S_r=85\%$ 时土层自重。

$$\gamma_{sat}=\frac{G_s+S_r\cdot e_0}{1+e_0}\cdot g=\frac{2.7+0.85\times1.05}{1+1.05}\times10=17.5kN/m^3$$

$$P=\gamma_{sat}\cdot H=17.5\times4=70kPa$$

4.[答案] B

[解析]《铁路工程特殊岩土勘察规程》(TB 10038—2012)第5.2.3条条文说明。

$$H_c=\frac{5.52C_u}{\gamma}=\frac{5.52\times8}{18.5}=2.4m$$

5.[答案] D

[解析]《建筑抗震设计规范》(GB 50011—2010)表4.1.1。

①基岩起伏大,应属于非稳定的基岩面,不属于有利地段。

②地形平坦,非岸边及陡坡地段,不属于不利地段。

③断层角砾岩有胶结,不属于全新世活动断裂,非危险地段。

所以该场可判定为一般场地。

6.[答案] A

[解析] $W=\frac{bh^2}{6}$

$A=bh$

$$\frac{0.1W}{A}=\frac{\frac{1}{10}\times\frac{bh^2}{6}}{bh}=\frac{h}{60}$$

$$e=\frac{M}{N}\leqslant\frac{h}{60}$$

$$\frac{M}{200}\leqslant\frac{10}{60}$$

$M\leqslant 33.3\text{MN}\cdot\text{m}$

7.**[答案]** C

[解析] 验算基础底板局部弯曲时，荷载应采用基本组合下基底净反力。

P_1 为总压力(考虑水浮力)，P_3 为基础底板自重压力，P_4 为基底面处水压力。

$P_2=P_1-P_3+P_4$

8.**[答案]** B

[解析]《建筑地基基础设计规范》(GB 50007—2011)第5.2.2条。

$e=0.6,\frac{b}{6}=\frac{3}{6}=0.5,e>\frac{b}{6}$

所以基底会出现零应力区。

沿偏心方向的基底应力分布宽度为 $3a$，

$a=\frac{b}{2}-e=1.5-0.6=0.9$

$3a=3\times0.9=2.7$

$A=3a\cdot l=3\times0.9\times3=8.1\text{m}^2$

9.**[答案]** A

[解析] 题目中给出的为基底净反力，由结构力学的概念可知：

Ⅰ—Ⅰ截面处净反力：$P_{\text{I-I}}=60+\frac{2}{3}(150-60)=120\text{kPa}$

Ⅰ—Ⅰ截面处弯矩可分两部分计算：

①$P=120\text{kPa}$ 的均布荷载；

②$P_{\max}=150-120=30\text{kPa}$ 的三角形荷载。

$$M_{①}=\frac{1}{2}P\cdot a_1^2=\frac{1}{2}\times120\times1^2=60$$

$$M_{②}=\frac{1}{2}(0+p_{\max})\times\frac{2}{3}\times a_1=\frac{1}{2}(0+30)\times\frac{2}{3}\times1=10$$

$M_{\text{I-I}}=M_{①}+M_{②}=60+10=70\text{kN}\cdot\text{m}$

10.**[答案]** D

[解析]《建筑地基基础设计规范》(GB 50007—2011)第5.2.7条。

$z=6-4=2\text{m},b=10\text{m}$

查表5.2.7，因 $z/b=\frac{2}{10}=0.2<0.25$，所以 $\theta=0$

设基底总压力为 P，

$$p_z=\frac{(p-4\times12)\times B\times L}{(B+2z\tan\theta)\times(L+2z\tan\theta)}=p-48$$

$$P_{cz}=4\times12+(18-10)\times(6-4)=64$$

$$p_z+p_{cz}\leqslant f_a$$

$$p-48+64\leqslant130$$

$$p\leqslant114\text{kPa}$$

11.[**答案**] C

[**解析**]《建筑地基基础设计规范》(GB 50007—2011)第 5.2.6 条及附录 J。

$$f_{rm}=\frac{1}{6}\times(9+11+13+10+10+15+7)=10.83$$

$$\delta=\sqrt{\frac{\sum\mu_i^2-n\cdot\mu^2}{n-1}}=\sqrt{\frac{(9^2+11^2+13^2+10^2+10^2+15^2+7^2)-6\times10.83^2}{6-1}}$$

$$=2.873$$

$$\delta=\frac{\delta}{\mu}=\frac{2.873}{10.83}=0.265$$

$$\psi=1-(\frac{1.704}{\sqrt{n}}+\frac{4.678}{n^2})\delta=1-(\frac{1.704}{\sqrt{6}}+\frac{4.678}{6^2})\times0.265=0.781$$

$$f_{rk}=\psi\cdot f_{rm}=0.781\times10.83=8.46$$

ψ_r 最大取值为 0.2，

$$f_a=\psi_r f_{rk}=0.2\times8.46=1.692\text{MPa}$$

12.[**答案**] A

[**解析**]《建筑桩基技术规范》(JGJ 94—2008)第 5.2.5 条、5.3.5 条。

$$Q_{uk}=u\sum q_{sik}l_i+q_{pk}A_p=1.884\times(40\times10+80\times2)+3000\times0.2826=1902.8\text{kN}$$

$$R_a=\frac{Q_{uk}}{2}=\frac{1902.8}{2}=951.4\text{kN}$$

$$A_c=\frac{(6.6\times4.8-12\times0.2826)}{12}=2.357$$

$$\frac{S_a}{d}=\frac{1.8}{0.6}=3,\frac{B_c}{l}=\frac{4.8}{12}=0.4$$

查表 5.2.5 可知，$\eta_c=0.06\sim0.08$，取 $\eta_c=0.06$，

$$R=R_a+\eta_c f_{ak}A_c$$

$$=951.4+0.06\times180\times2.357=976.9\text{kN}$$

13.[**答案**] B

[**解析**]《建筑桩基技术规范》(JGJ 94—2008)。

$$F_k=12000$$

$$G_k=4.8\times6.6\times2\times20=1267.2$$

$$M_k=1000+600\times1.5=1900$$

$$N_{kmax}=\frac{F_k+G_k}{n}+\frac{M_k\cdot y_{max}}{\sum_{i=1}^{n}y_i^2}$$

$$=\frac{12000+1267.2}{12}+\frac{1900\times 2.7}{6\times 0.9^2+6\times 2.7^2}=1105.6+105.6=1211.1\text{kN}$$

14.［答案］A

［解析］《建筑桩基技术规范》(JGJ 94—2008)附录 G。

$L_c=1.05L=1.05\times 7=7.35$

$M=\frac{1}{12}ql_c^2=\frac{1}{12}\times 100\times 7.35^2=450.2$

15.［答案］A

［解析］《建筑桩基技术规范》(JGJ 94—2008)第 5.7.5 条条文说明。

$$m=\frac{\left(\frac{H_{cr}.V_x}{X_{cr}}\right)^{\frac{5}{3}}}{b_0(EI)^{\frac{2}{3}}}\quad b_0=0.9\times(1.5d+0.5)=0.9\times(1.5\times 0.4+0.5)=0.99\text{m}$$

$$m=\frac{\left(\frac{120-15}{2.6\times 10^{-3}}\right)^{\frac{5}{3}}\times 4.425}{b_0\times 877}=242.3\times 10^3\text{kN/m}^4=242.3\text{MN/m}^4$$

16.［答案］A

［解析］《建筑地基处理技术规范》(JGJ 79—2012)第 7.1.5 条。

修改间距前：

$m=\frac{0.6^2}{(1.13\times 1.5)^2}=0.125$

$f_{spk}=[1+m(n-1)]f_{sk}$

$140=[1+0.125\times(4.7-1)]\times f_{sk}$

$f_{sk}=95.73\text{kPa}$

修改间距后，按置换率为 m 计算：

$155=[1+m\times(4.7-1)]\times 95.73$

$m=0.1673$

$m=\frac{0.6^2}{(1.2769\times S_a)^2}=\frac{0.6^2}{1.2769\times S_a{}^2}=0.1673$

$S_a^2=1.6852$，即 $S_a=1.298\text{m}$

17.［答案］B

［解析］《建筑地基处理技术规范》(JGJ 79—2012)第 5.2 条。

$d_e=1.05\times 2.8=2.94$

$\frac{d_e}{d_w}=\frac{2.94}{0.3}=9.8$

$F_n=\frac{n^2}{n^2-1}\ln(n)-\frac{3n^2-1}{4n^2}=\frac{9.8^2}{9.8^2-1}\times\ln(9.8)-\frac{3\times 9.8^2-1}{4\times 9.8^2}=1.559$

不计竖向固结：$\alpha=1$

$\beta=\frac{8c_h}{F_n d_e^2}$

$$\overline{U}_r=1-e^{\frac{-8c_h}{Fd_e^2}t}=1-e^{\left(-\frac{8\times3.0\times10^{-3}\times150\times24\times60\times60}{1.559\times294^2}\right)}=0.90$$

18.【答案】C

【解析】《建筑地基处理技术规范》(JGJ 79—2012)第 6.3.5 条及条文说明。

$d_e=1.05\times2.5=2.625$

$A=\frac{\pi}{4}d_e^2=\frac{3.14}{4}\times2.625^2=5.41m^2$

$f_{spk}=\frac{P_K}{A}=\frac{800}{5.41}=147.9kPa$

19.【答案】D

【解析】根据《土力学》(第二版)第 7 章,需验算 3 个位置处平面的滑动安全系数。取单位土体进行分析。

①砂土与黏土交界面,砂土侧:

$F_{s1}=\frac{\tan\varphi}{\tan\theta}=\frac{\tan35^\circ}{\tan30^\circ}=1.21$

②砂土与黏土交界面,黏土一侧:

$F_{s2}=\frac{\gamma\cdot V\cdot\cos\theta\cdot\tan\varphi+C\cdot A}{\gamma\cdot V\cdot\sin\theta}=\frac{18\times3\times A\times\cos30^\circ\times\tan20^\circ+30A}{18\times3\times A\times\sin30^\circ}=1.91$

③黏土与岩体交界面:

$F_{s3}=\frac{\gamma(V_1+V_2)\cos\theta\cdot\tan\varphi+CA}{\gamma(V_1+V_2)\sin\theta}=\frac{18\times(3+2)\times A\times\cos30^\circ\tan20^\circ+30\times A}{18\times(3+2)\times A\times\sin30^\circ}$

$=1.106$

20.【答案】C

【解析】《土力学》相关知识,垂直于夹层面水合力计算:

$P_w=\frac{1}{2}\times(80+0)\times\frac{8}{\sin35^\circ}=558kN/m$

下滑力:$T=740\times\sin35^\circ=424.4$

抗滑力:

$R=(740\times\cos35^\circ-P_w)\times\tan18^\circ+C\cdot L$

$=(740\times\cos35^\circ-558)\times\tan18^\circ+25\times\frac{12}{\sin35^\circ}$

$=15.65+523$

$=538.7$

$F_s=\frac{R}{T}=\frac{538.7}{424.4}=1.27$

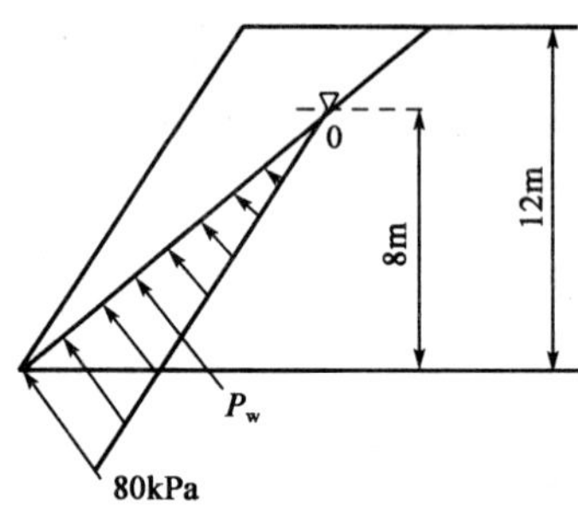

题 20 解图

21.【答案】C

【解析】黏土:$K_a=\tan^2(45^\circ-\frac{22^\circ}{2})=0.455$

$\gamma z_0K_a-2c\cdot\sqrt{K_a}=0$

$Z_0=\frac{2c}{\gamma\sqrt{K_a}}=\frac{2\times20}{20\times\sqrt{0.455}}=2.96\text{m}$

$e_H=\gamma HK_a-2c\sqrt{K_a}=20\times H\times0.455-2\times20\times\sqrt{0.455}=9.1H-27$

$E_a=\frac{1}{2}\times(9.1H-27)\times(H-2.96)=4.55H^2-27H+40$

砂土:$K_a=\tan^2(45°-\frac{38°}{2})=0.238$

$E_a=\frac{1}{2}\gamma H^2K_a=\frac{1}{2}\times20\times H^2\times0.238=2.38H^2$

$2.38H^2=4.55H^2-27H+40$

$2.17H^2-27H+40=0$

$H=10.72\text{m}$

22.**[答案]** D

[解析]《建筑地基基础设计规范》(GB 50007—2011)第 6.7.5 条。

$G_n=G\cdot\cos\alpha_0=300\times\cos6°=298$

$G_t=G\cdot\sin\alpha_0=300\times\sin6°=31.3$

$E_{at}=E_a\cdot\sin(\alpha-\alpha_0-\delta)=200\times\sin(90°-20°-6°-15°)=151$

$E_{an}=E_a\cdot\cos(\alpha-\alpha_0-\delta)=200\times\cos(90°-20°-6°-15°)=131.2$

$F_s=\frac{(G_n+E_{an})\cdot\mu}{E_{at}-G_t}=\frac{(298+131.2)\times0.33}{151-31.3}=1.183$

23.**[答案]** A

[解析] 滑动力即为两侧水压力差值。

$T=\frac{1}{2}\gamma_w\cdot H^2-\frac{1}{2}\gamma_wh^2=\frac{1}{2}\times10\times10^2-\frac{1}{2}\times10\times10^2=480$

基底扬压力大小:$P_w=\frac{1}{2}\times(100+20)\times10=600$

滑动抵抗力:$R=\frac{(G-P_w)\mu}{T}=\frac{(2000-600)\times0.4}{480}=1.167$

24.**[答案]** B

[解析]《建筑地基基础设计规范》(GB 50007—2011)附录 V.0.1。

隆起稳定:$K_D=\frac{N_c\cdot\tau_0+\gamma\cdot t}{\gamma(h+t)+q}=\frac{5.14\times30+19\times t}{19\times8+0}$

$K_D\geqslant1.60, t\geqslant4.68$

开挖深度:$h\leqslant8-4.68=3.31$

25.**[答案]** A

[解析]《建筑边坡工程技术规范》(GB 50330—2013)第 3.2.3 条和 6.3.4 条。

$L=H/\tan\theta$

θ 取处倾结构面倾角:$\theta=58°$

$L=\frac{H}{\tan58°}-\frac{H}{\tan65°}=2.2\times(\frac{1}{\tan58°}-\frac{1}{\tan65°})=3.49\text{m}$

26.［答案］C

［解析］裂隙水压力：$P_w=\frac{1}{2}\gamma_w d^2=\frac{1}{2}\times10\times12^2=720$

滑动力：$T=G\cdot\sin\theta+P_w\cdot\cos\theta=15000\times\sin28^\circ+720\times\cos28^\circ=7678$

抗滑力：$R=(G\cdot\cos\theta-P_w\cdot\sin\theta)\tan\varphi+c\cdot L=(15000\cos28^\circ-720\sin28^\circ)\times\tan25^\circ+52c=6018+52c$

$\frac{R}{T}=1.0$

$\frac{6018+52c}{7678}=1.0$

$c=31.92$

27.［答案］A

［解析］《湿陷性黄土地区建筑规范》(GB 50025—2004)第 4.4.4 条、4.4.5 条。

$\beta=0.9$

$\Delta_s=\sum_{i=1}^{n}\beta\delta_{si}h_i=1.0\times(0.023\times1000+0.019\times1000+0.018\times1000+0.016\times1000)+0.9\times(0.015\times1000+0.016\times1000)=174.4\text{mm}$

28.［答案］B

［解析］《膨胀土地区建筑技术规范》(GB 50112—2013)第 5.2.7 条、5.2.9 条。

$1.2w_p=1.2\times18=21.6$

$w=23>1.2w_p$，可按收缩变形量计算。

$S_s=\psi_s\sum_{i=1}^{n}\lambda_{si}\cdot\Delta w_i\cdot h_i=0.8\times(0.5\times0.0298\times600+0.46\times0.025\times700+0.4\times0.0185\times700+0.3\times0.0125\times800)=20.14\text{mm}$

29.［答案］D

［解析］《建筑抗震设计规范》(GB 50011—2010)第 4.2.4 条。

①$p\leqslant f_{aE}=1.3\times300=390\text{kPa}$

②$p_{max}\leqslant1.2f_{aE}=1.2\times390=468\text{kPa}$

③$H/B=42/10=4.2>4$

基底不宜出现拉应力，所以 D 为不正确选项。

30.［答案］B

［解析］《土力学》相关知识。

不考虑孔隙水压力时：$K=\frac{N\tan\varphi+CL}{T}=\frac{583\times\tan42^\circ+0}{415}=1.265$

考虑孔隙水压力时，条块中心处静水压：6×10=60kPa

孔隙水压力在中点处产生的可折减条块法竖向有效应力的压力：$u'=100-60=40$

$$K=\frac{N\tan\varphi+CL}{T}=\frac{\left(583-40\times\frac{3.2}{\cos19.3^\circ}\right)\times\tan42^\circ+0}{415}=0.97$$

2007年案例分析试题(上午卷)

1. 下表为一土工试验颗粒分析成果表，表中数值为留筛质量，底盘内试样质量为20g。现需要计算该试样的不均匀系数(C_u)和曲率系数(C_c)，按《岩土工程勘察规范》(GB 50021—2001)(2009年版)，下列哪个选项是正确的？（　　）

题1表

筛孔孔径(mm)	2.0	1.0	0.5	0.25	0.075
留筛质量(g)	50	150	150	100	30

(A)C_u=4.0;C_c=1.0;粗砂　　(B)C_u=4.0;C_c=1.0;中砂

(C)C_u=9.3;C_c=1.7;粗砂　　(D)C_u=9.3;C_c=1.7;中砂

2. 某电测十字板试验结果记录如下表所示。试计算土层的灵敏度 S_t 最接近下列哪个选项中的值？（　　）

题2表

原状土	顺序	1	2	3	4	5	6	7	8	9	10	11	12	13
	读数	20	41	65	89	114	178	187	192	185	173	148	135	100
扰动土	顺序	1	2	3	4	5	6	7	8	9	10			
	读数	11	21	33	46	58	69	70	68	63	57			

(A)1.83　　(B)2.54　　(C)2.74　　(D)3.04

3. 某建筑场地位于湿润区，基础埋深2.5m，地基持力层为黏性土，含水量为31%，地下水位埋深1.5m，年变幅1.0m，取地下水样进行化学分析，结果见下表。据《岩土工程勘察规范》(GB 50021—2001)(2009年版)，地下水对基础混凝土的腐蚀性符合下列哪一个选项，并说明理由。（　　）

题3表

离　子	Cl^-	SO_4^{2-}	pH	侵蚀性 CO_2	Mg^{2+}	NH_4^+	OH^-	总矿化度
含量(mg/L)	85	1600	5.5	12	530	510	3000	15000

(A)强腐蚀性　　(B)中等腐蚀性

(C)弱腐蚀性　　(D)无腐蚀性

4. 在某单斜构造地区，剖面方向与岩层走向垂直，煤层倾向与地面坡向相同，剖面上煤头露头的出露宽度为16.5m，煤层倾角45°，地面坡角30°，在煤层露头下方不远处的钻孔中，煤层岩芯的长度为6.04m,(假设岩芯采取率为100%)，下面哪个选项中的说

法最符合露头与钻孔中煤层实际厚度的变化情况？（　　）

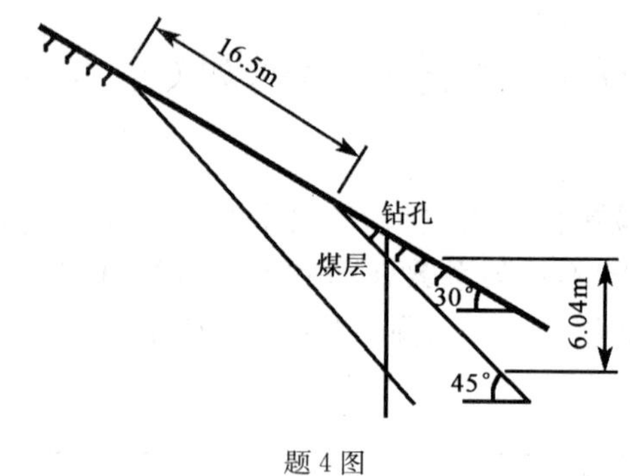

题4图

(A)煤层厚度不同，分别为14.29m和4.27m
(B)煤层厚度相同，为3.02m
(C)煤层厚度相同，为4.27m
(D)煤层厚度不同，为4.27m和1.56m

5.已知载荷试验的荷载板尺寸为1.0m×1.0m，试验坑的剖面如图所示，在均匀的黏性土层中，试验坑的深度为2.0m，黏性土层的抗剪强度指标的标准值为黏聚力C_k=40kPa，内摩擦角$\varphi_k=20°$，土的重度为$18kN/m^3$。据《建筑地基基础设计规范》(GB 50007—2011)计算地基承载力，其结果最接近下列何值？（　　）

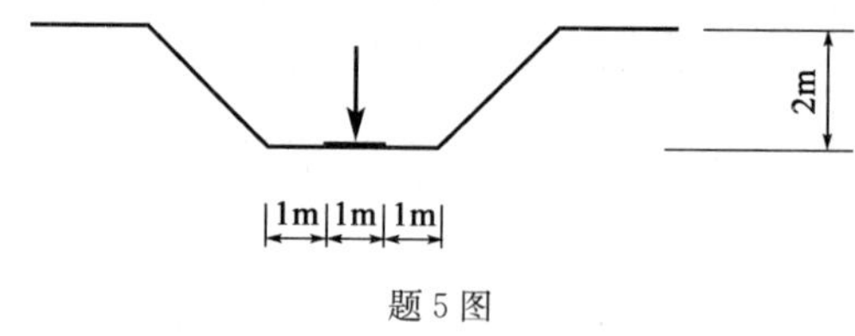

题5图

(A)345.5kPa　(B)235.6kPa　(C)210.5kPa　(D)180.6kPa

6.某山区工程，场地地面以下2m深度内为岩性相同、风化程度一致的基岩，现场实测该岩体纵波速度值为4300m/s，对现场采取的6块岩样进行室内饱和单轴抗压强度试验，得出饱和单轴抗压强度平均值13.6MPa，标准差5.59MPa。据《建筑地基基础设计规范》(GB 50007—2011)，2m深度内的岩石地基承载力特征值的范围值最接近下列哪一选项？（　　）

(A)0.64～1.27MPa　(B)0.83～1.66MPa
(C)0.90～1.80MPa　(D)1.03～2.19MPa

7.某宿舍楼采用墙下C15混凝土条形基础，基础顶面的墙体宽度0.38m，基底平均压力为250kPa，基础底面宽度为1.5m。基础的最小高度应符合下列哪个选项的要求？（　　）

(A)0.70m　(B)1.00m

(C)1.20m　　　　　　　　　　(D)1.40m

8.在条形基础持力层以下有厚度为2m的正常固结黏土层，如下图所示。已知该黏土层中部的自重应力为50kPa，附加应力为100kPa，在此下卧层中取土做固结试验的数据见下表。问该黏土层在附加应力作用下的压缩变形量最接近于下列何值？　(　　)

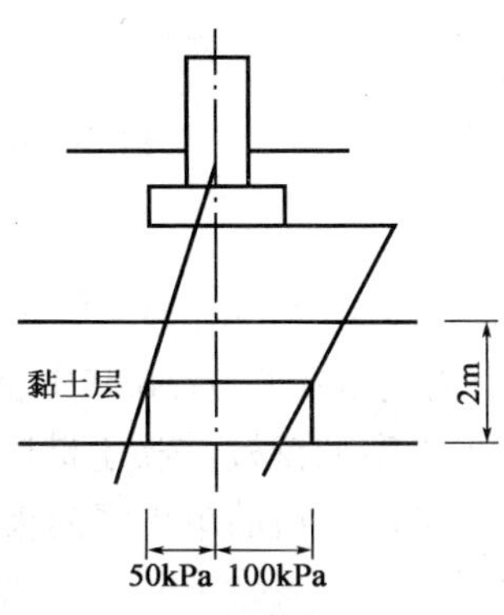

题8图

题8表

P(kPa)	0	50	100	200	300
e	1.04	1.00	0.97	0.93	0.90

(A)35mm　　(B)40mm　　(C)45mm　　(D)50mm

9.已知墙下条形基础的底面宽度2.5m，墙宽0.5m，基底压力在全断面分布为三角形，基底最大边缘压力为200kPa。则作用于每延米基础底面上的轴向力和力矩最接近于下列何值？　(　　)

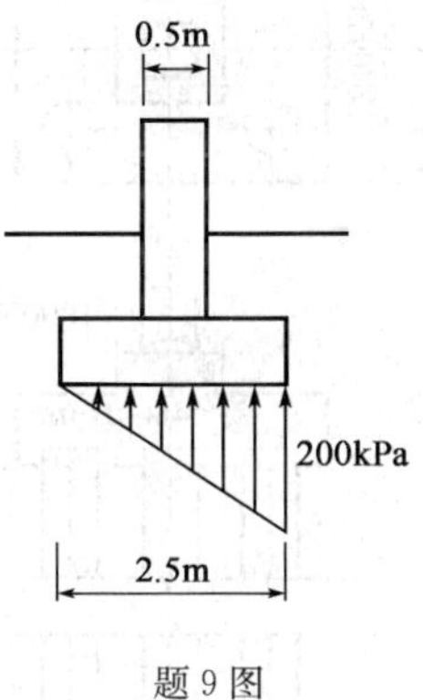

题9图

(A)N=300kN，M=154.2kN·m　　(B)N=300kN，M=134.2kN·m

(C)N=250kN，M=104.2kN·m　　(D)N=250kN，M=94.2kN·m

10.高压缩性土地基上，某厂房框架结构横断面的各柱沉降量见表，根据《建筑地基基础设计规范》(GB 50007—2011)，下列哪个选项的说法是正确的？　(　　)

题10表

测点位置	A轴边柱	B轴边柱	C轴边柱	D轴边柱
沉降量(mm)	80	150	120	100
柱跨距(m)	A-B跨	B-C跨	C-D跨	
	9	12	9	

(A)3跨都不满足规范要求　　(B)3跨都满足规范要求

(C)A-B跨满足规范要求　　(D)C-D、B-C跨满足规范要求

11. 某钢管桩外径为0.90m，壁厚为20mm，桩端进入密实中砂持力层2.5m，桩端开口时单桩竖向极限承载力标准值为$Q_{uk}=8000$kN(其中桩端总极限阻力占30%)，如为进一步发挥桩端承载力，在桩端加十字型钢板，按《建筑桩基技术规范》(JGJ 94—2008)计算，下列哪一个数值最接近其桩端改变后的单桩竖向极限承载力标准值？　　(　　)

(A)10080kN　　(B)12090kN

(C)13700kN　　(D)14500kN

12. 某柱下桩基，采用5根相同的基桩，桩径$d=800$mm，柱作用在承台顶面处的竖向轴力设计值$F=10000$kN，弯矩设计值$M_y=480$kN·m，承台与土自重设计值$G=500$kN，据《建筑桩基技术规范》(JGJ 94—2008)，基桩承载力设计值至少要达到下列何值时，该柱下桩基才能满足承载力要求？(不考虑地震作用)　　(　　)

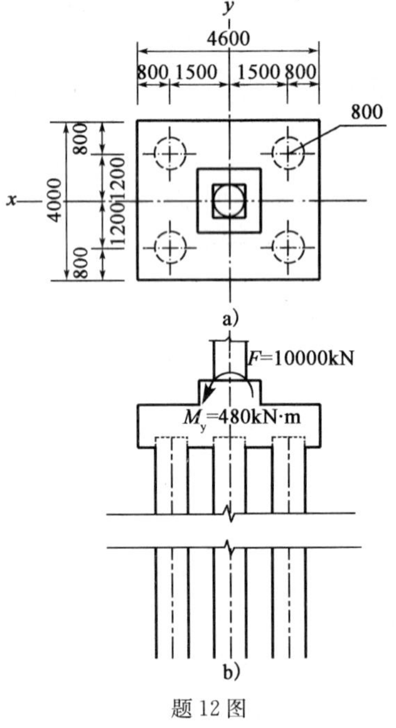

题12图

(A)1800kN　　(B)2000kN

(C)2100kN　　(D)2520kN

13. 某灌注桩基础，桩入土深度为 $h=20\text{m}$，桩径 $d=1000\text{mm}$，配筋率为 $\rho=0.68\%$，桩顶铰接，要求水平承载力设计值为 $H=1000\text{kN}$，桩侧土的水平抗力系数的比例系数 $m=20\text{MN/m}^4$，抗弯刚度 $EI=5\times10^6\text{kN}\cdot\text{m}^2$。按《建筑桩基技术规范》(JGJ 94—2008)，满足水平承载力要求的相应桩顶容许水平位移至少要接近下列哪一个数值？（　　）

(A)7.4mm　　(B)8.4mm
(C)10.4mm　　(D)12.4mm

14. 某场地地基土层为二层，第一层为黏土，厚度为 5.0m，承载力特征值为 100kPa，桩侧阻力为 20kPa，端阻力为 150kPa；第二层为粉质黏土，厚度为 12m，承载力特征值 120kPa，侧阻力 25kPa，端阻力 250kPa，无软弱下卧层，采用低强度混凝土桩复合地基进行加固，桩径为 0.5m，桩长 15m，要求复合地基承载力特征值达到 320kPa，若采用正三角形布桩，试计算桩间距。（桩间土承载力发挥系数 $\beta=0.8$，不考虑单桩承载力折减）（　　）

(A)1.50m　　(B)1.70m
(C)1.90m　　(D)2.10m

15. 某正常固结软黏土地基，软黏土厚度为 8.0m，其下为密实砂层，地下水位与地面平，软黏土的压缩指数 $C_c=0.50$，天然孔隙比 $e_0=1.30$，重度 $\gamma=18\text{kN/m}^3$，采用大面积堆载预压法进行处理，预压荷载为 120kPa，当平均固结度达到 0.85 时，该地基固结沉降量将最接近于下列哪个选项的数值？（　　）

(A)0.90m　　(B)1.00m
(C)1.10m　　(D)1.20m

16. 某小区地基采用深层搅拌桩复合地基进行加固，已知桩截面积 $A_p=0.385\text{m}^2$，单桩承载力特征值 $R_a=200\text{kN}$，桩间土承载力特征值 $f_{slk}=60\text{kPa}$，桩间土承载力折减系数 $\beta=0.6$，要求复合地基承载力特征值 $f_{spk}=150\text{kPa}$，问水泥土搅拌桩置换率 m 的设计值最接近下列何值？（假设单桩承载力发挥系数 $\lambda=1.0$）（　　）

(A)15%　　(B)20%
(C)24%　　(D)30%

17. 某湿陷性黄土地基采用碱液法加固，已知灌注孔长度为 10m，有效加固半径为 0.4m，黄土天然孔隙率为 50%，固体煤碱中 NaOH 含量为 85%，要求配置的碱液度为 100g/L。设充填系数 $\alpha=0.68$，工作条件系数 β 取 1.1，则每孔应灌注固体烧碱量取以下哪个最合适？（　　）

(A)150kg　　(B)230kg
(C)350kg　　(D)400kg

18. 饱和软黏土坡度为1∶2，坡高10m，不排水抗剪强度 $c_u=30$kPa，土的天然容重为 18kN/m^3，水位在坡脚以上 6m，已知单位土坡长度滑坡体水位以下土体体积 $V_B=144.11$m^3/m，与滑动圆弧的圆心距离为 $d_B=4.44$m，在滑坡体上部有 3.33m 的拉裂缝，缝中充满水，水压力为 P_w，滑坡体水位以上的体积为 $V_A=41.92$m^3/m，圆心距为 $d_A=13$m，用整体圆弧法计算土坡沿着该滑裂面滑动的安全系数最接近于下列哪个数值？ （　　）

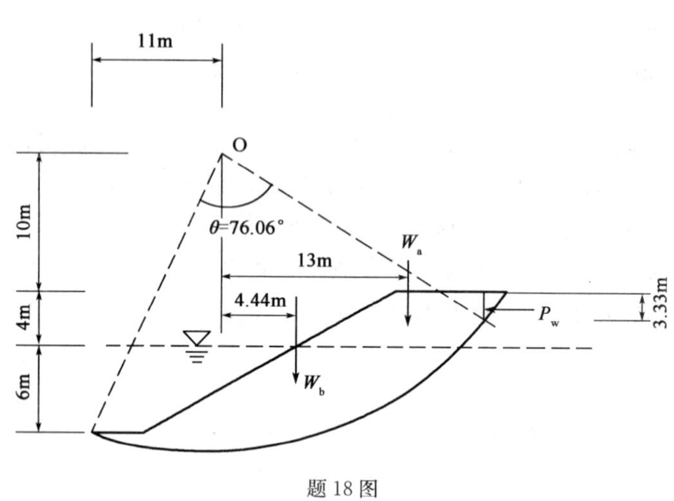

题 18 图

(A)0.94　　(B)1.33

(C)1.39　　(D)1.51

19. 某重力式挡土墙墙高 5.5m，墙体单位长度自重 $W=164.5$kN/m，作用点距墙前趾 $x=1.29$m，底宽 2.0m，墙背垂直光滑，墙后填土表面水平，填土重度为 18kN/m^3，黏聚力 $c=0$，内摩擦角 $\varphi=35°$。设墙基为条形基础，不计墙前埋深段的被动抗力，墙底面最大压力最接近下列哪一个选项？ （　　）

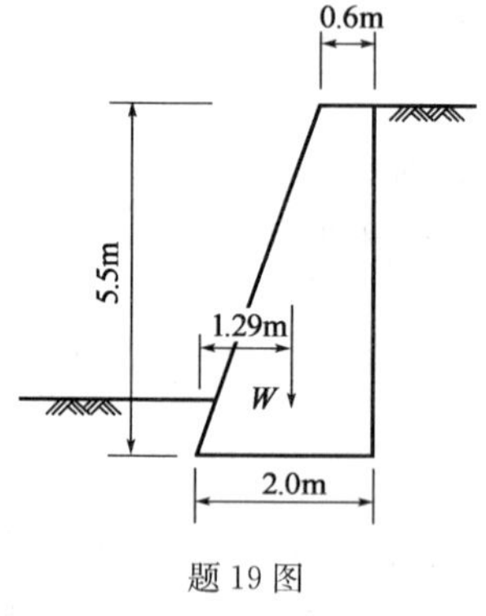

题 19 图

(A)82.25kPa　　(B)165kPa

(C)235kPa　　(D)285kPa

20. 某很长的岩质边坡受一组节理控制，节理走向与边坡走向平行，地表出露线距边坡顶边缘线 20m，坡顶水平，节理面与坡面交线和坡顶的高差为 40m，与坡顶的水平距离 10m，节理面内摩擦角 35°，黏聚力 $c=70$kPa，岩体重度为 23kN/m^3。试验算抗滑稳定安全系数最接近下列哪一项？（　　）

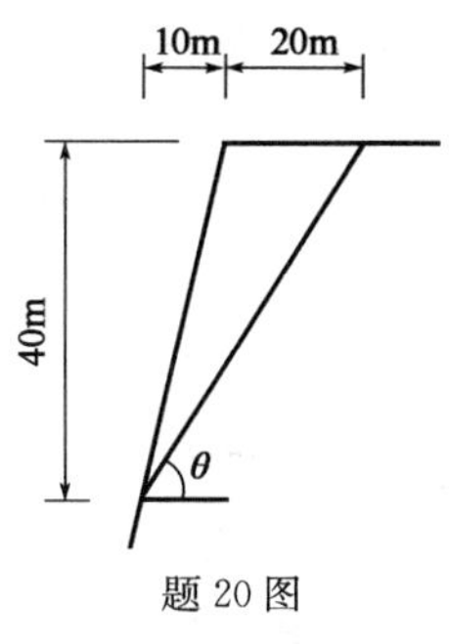

题 20 图

（A）0.8　　（B）1.0　　（C）1.2　　（D）1.3

21. 倾角为 28°的土坡，由于降雨，土坡中地下水发生平行于坡面方向的渗流，利用圆弧条分法进行稳定分析时，其中第 i 条高度为 6m，作用在该条底面上的孔隙水压力最接近于下列哪个数值？（　　）

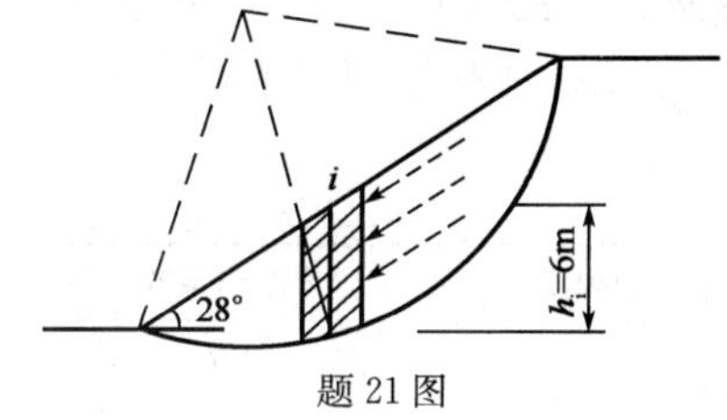

题 21 图

（A）60kPa　　（B）53kPa

（C）47kPa　　（D）30kPa

22. 有一均匀黏性土地基，要求开挖深度为 15m 的基坑，采用桩锚支护，已知该黏性土的重度 $\gamma=19$kN/m^3，黏聚力 $c=15$kPa，内摩擦角 $\varphi=26°$，坑外地面的均布荷载为 48kPa。试计算弯矩零点距基坑底面的距离最接近下列哪一项？（　　）

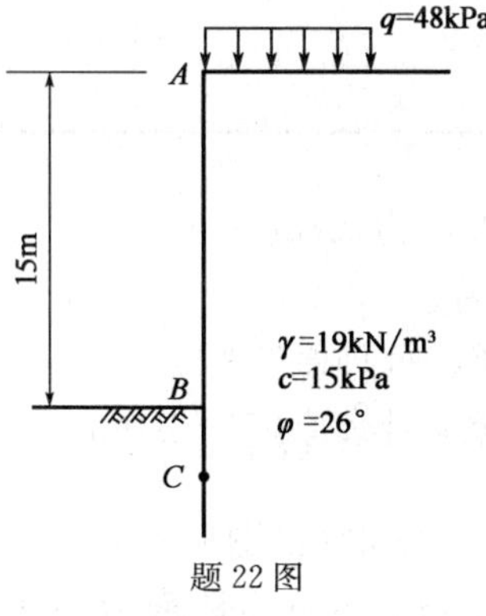

题 22 图

（A）2.30m　　（B）1.53m

（C）1.30m　　（D）0.40m

23. 有一个宽 10m 高 15m 的地下隧道，位于碎散的堆积土中，洞顶距地面深 12m，堆积土的强度指标 $C=0$，$\varphi=30°$，天然重度 $\gamma=19kN/m^3$，地面无荷载，无地下水，用太沙基理论计算作用于隧洞顶部的垂直压力最接近于下列哪一项？（土的侧压力采用朗肯主动土压力系数计算） （　　）

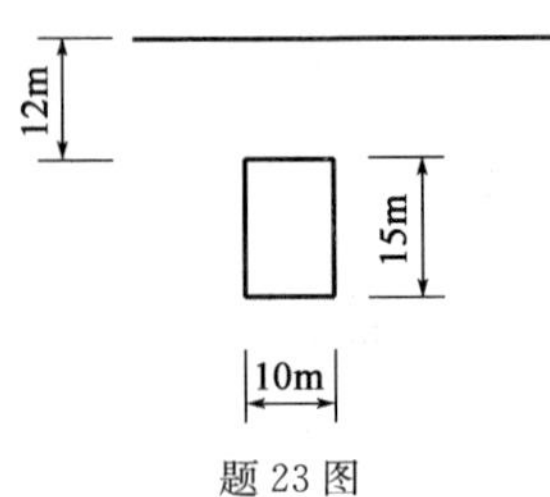

题 23 图

(A)210kPa　　(B)230kPa

(C)250kPa　　(D)270kPa

24. 在关中地区某空旷地带，拟建一多层住宅楼，基础埋深为现地面下 1.50m。勘察后某代表性探井的试验数据如下表所示。经计算黄土地基的湿陷量 Δ_s 为 369.5mm。为消除地基湿陷性，下列哪个选项的地基处理方案最合理？ （　　）

题 24 表

土样编号	取样深度(m)	饱和度(%)	自重湿陷系数	湿陷系数	湿陷起始压力(kPa)
3-1	1.0	42	0.007	0.068	54
3-2	2.0	71	0.011	0.064	62
3-3	3.0	68	0.012	0.049	70
3-4	4.0	70	0.014	0.037	77
3-5	5.0	69	0.013	0.048	101
3-6	6.0	67	0.015	0.025	104
3-7	7.0	74	0.017	0.018	112
3-8	8.0	80	0.013	0.014	—
3-9	9.0	81	0.010	0.017	183
3-10	10.0	95	0.002	0.005	—

(A)强夯法，地基处理厚度为 2.0m

(B)强夯法，地基处理厚度为 3.0m

(C)土或灰土垫层法，地基处理厚度为 2.0m

(D)土或灰土垫层法，地基处理厚度为 3.0m

25. 高速公路附近有一覆盖型溶洞(如图所示)，为防止溶洞坍塌危及路基，按现行公路规范要求，溶洞边缘距路基坡脚的安全距离应不小于下列哪个数值？（灰岩 φ 取 37°，安全系数 K 取 1.25） （　　）

(A)6.5m　　(B)7.0m　　(C)7.5m　　(D)8.0m

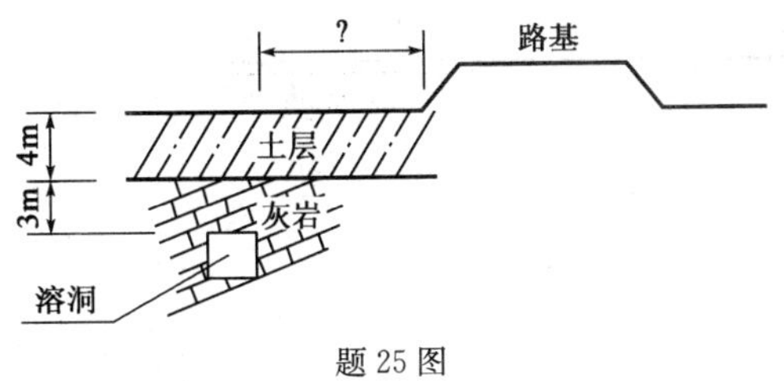

题 25 图

26. 已知预应力锚索的最佳下倾角，对锚固段 $\beta_1=\varphi-\alpha$，对自由段为 $\beta_2=45°+\frac{\varphi}{2}-\alpha$。某滑坡采用预应力锚索治理，其滑动面内摩擦角 $\varphi=18°$，滑动面倾角 $\alpha=27°$，方案设计中锚固段长度为自由段长度的 1/2，问依据现行铁路规范全锚索的最佳下倾角 β 计算值为以下哪一数值？（　　）

(A)9°　　(B)12°

(C)15°　　(D)18°

27. 某场地抗震设防烈度为 8 度，设计基本地震加速度为 0.30g，设计地震分组为第一组。土层等效剪切波速为 150m/s，覆盖层厚度为 60m。相应于建筑结构自振周期 $T=0.40$s，阻尼比 $\zeta=0.05$ 的水平地震影响系数值 α 最接近于下列哪个选项？（　　）

(A)0.12　　(B)0.16

(C)0.20　　(D)0.24

28. 某建筑物场地土层分布如下表所示，拟建 8 层建筑，高 25m。根据《建筑抗震设计规范》(GB 50011—2010)，该建筑抗震设防类别为丙类。现无实测剪切波速，该建筑场地的类别划分可根据经验按下列哪一选项考虑？（　　）

题 28 表

层　序	岩土名称和性状	层　厚(m)	层底深度(m)
1	填土，$f_{ak}=150$kPa	5	5
2	粉质黏土，$f_{ak}=200$kPa	10	15
3	稍密粉细砂	10	25
4	稍密—中密的粗中砂	15	40
5	中密圆砾卵石	20	60
6	坚硬基岩		

(A)Ⅰ类　　(B)Ⅲ类　　(C)Ⅳ类　　(D)无法确定

29. 某公路工程采用桩基础，场地设计基本地震加速度为 0.15g，区划图上特征周期为 0.45s，地下水位深度 2.0m，地层分布和标准贯入点深度及锤击数如表所示。试按《公路工程抗震规范》(JTG B02—2013)确定液化等级。（　　）

题 29 表

土层序号		土层名称	层底深度(m)	标贯深度 d_s(m)	标贯击数 N
①		填土	2.0		
②	②—1	粉土(黏粒含量为 6%)	8.0	4.0	5
	②—2			6.0	6
③	③—1	粉细砂	15.0	9.0	12
	③—2			12.0	18
④		中粗砂	20.0	18.0	24
⑤		卵石			

(A)轻微液化　　(B)中等液化

(C)严重液化　　(D)不液化

30. 某自重湿陷性黄土场地混凝土灌注桩径为 800mm，桩长为 34m，通过浸水载荷试验和应力测试得到桩身轴力在极限荷载下(2800kN)的数据及曲线图如下，此时桩侧平均负摩阻力值最接近下列哪个选项？（　）

题 30 表

深　度(m)	桩身轴力(kN)	深　度(m)	桩身轴力(kN)
2	2900	16	2800
4	3000	18	2150
6	3110	22	1220
8	3160	26	670
10	3200	30	140
12	3265	34	70
14	3270		

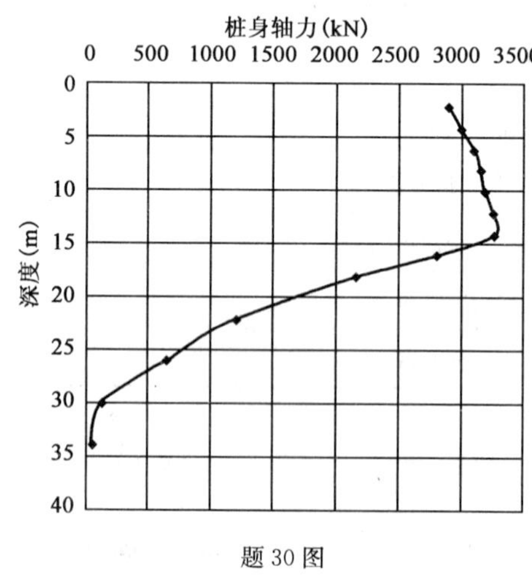

题 30 图

(A)－10.52kPa　　(B)－12.14kPa　　(C)－13.36kPa　　(D)－14.38kPa

2007 年案例分析试题答案(上午卷)

1.［答案］A

［解析］土的总质量=50+150+150+100+30+20=500g

土的颗粒组成见下表。

题 1 解表

<2.0mm	<1.0mm	<0.5mm	<0.25mm	0.075mm
90%	60%	30%	10%	4%

计算不均匀系数(C_u)和曲率系数(C_c)。

由表中数据可知:$d_{10}=0.25mm$;$d_{30}=0.5mm$;$d_{30}=1.0mm$。

$$C_u=\frac{d_{60}}{d_{10}}=\frac{1.0}{0.25}=4$$

$$C_c=\frac{(d_{30})^2}{d_{10}\times d_{60}}=\frac{0.5^2}{0.25\times 1.0}=1$$

定名:

粒径大于 2mm 的颗粒质量占总质量的 10%,非砾砂;

粒径大于 0.5mm 的颗粒质量占总质量的 70%,大于 50%,故该土样为粗砂。

2.［答案］C

［解析］软黏土的灵敏度 S_t:

$$S_t=\frac{\tau_f}{\tau_0}=\frac{192}{70}=2.74$$

3.［答案］B

［解析］根据《岩土工程勘察规范》(GB 50021—2001)(2009 年版)附录 G.0.1 条及表 12.2.1,场地为湿润区,环境类别为Ⅱ类。

查表 12.2.1,SO_4^{2-} 含量为 1600mg/L,中等腐蚀等级;

NH_4^+ 含量为 510mg/L,弱腐蚀等级;

Mg^{2+} 含量为 530mg/L,微腐蚀性;

OH^{-1} 含量为 3000mg/L,微腐蚀性;

总矿化度为 15000mg/L,微腐蚀性;

侵蚀性 CO_2 为 12mg/L,微腐蚀性;

pH 值为 5.5mg/L,弱腐蚀性。

因此综合判定为中等腐蚀性。

4.［答案］C

［解析］①露头处的煤层实际厚度:

$$H=L\sin\gamma=16.5\times\sin(45°-30°)=16.5\times 0.2588=4.27m$$

②钻孔中煤层实际厚度：

$H=6.04\times\sin45°=6.04\times0.7071=4.27\text{m}$

5.［答案］B

［解析］《建筑地基基础设计规范》(GB 5007—2011)。

$f_{ak}=M_b\gamma_b+M_{dm}d+M_c c_k$

查表 5.2.5,得

$M_b=0.51, M_d=3.06, M_c=5.66$

$f_{ak}=0.51\times18\times1.0+0+5.66\times40=235.56\text{kPa}$

6.［答案］C

［解析］(1)岩石完整性系数：$K_v=\frac{v_{pm}^2}{v_{pr}^2}=\left(\frac{2700}{4300}\right)^2=0.39$

(2)岩石饱和单轴抗压强度变异系数：$\delta=\frac{5.59}{13.6}=0.41$

(3)统计修正系数：

$$\psi=1-\left(\frac{1.704}{\sqrt{n}}+\frac{4.678}{n^2}\right)\delta=1-\left(\frac{1.704}{\sqrt{6}}+\frac{4.678}{6^2}\right)\times0.41=0.66$$

(4)$f_{rk}=\psi f_m=0.66\times13.6=8.976\text{kPa}$

(5)$f_a=\psi_r\ f_{rk}$

较破碎岩体：$\psi_r=0.1\sim0.2$

$f_a=(0.1\sim0.2)\times8.976=0.9\sim1.8\text{kPa}$

7.［答案］C

［解析］《建筑地基基础设计规范》(GB 50007—2011)。

(1)墙下条形基础，基础高度 $H_0\geqslant\frac{b-b_0}{2\tan\alpha}$

(2)对 C15 混凝土基础，$200<p_k\leqslant300$ 时，$\frac{b_2}{H_0}=\tan\alpha=\frac{1}{1.25}$

(3)$H_0\geqslant\frac{1.5-0.38}{2\times\frac{1}{1.25}}=0.7\text{m}$

8.［答案］C

［解析］(1)$p_1=50\text{kPa}$ 时，$e_1=1.00$

(2)$p_2=150\text{kPa}$ 时，$e_2=0.95$

(3)2m 厚的土层的压缩变形为：

$$S=\frac{e_1-e_2}{1+e_1}h=\frac{1.00-0.95}{1+1.00}\times2000=50\text{mm}$$

9.［答案］C

［解析］轴向力：$N=\frac{2.5\times200}{2}=250\text{kN}$

力矩：$M=\frac{250\times 2.5}{6}=104.2\text{kN}\cdot\text{m}$

10.［答案］D

［解析］根据《建筑地基基础设计规范》(GB 50007—2011)框架结构地基变形允许值是控制相邻柱基的沉降差，对于高压缩性土，其值为 0.003l，其中 l 为相邻柱基中心距离。

(1)A、B 轴边柱沉降差：150－70＝80mm

$\frac{80}{9000}=0.0089>0.003$，超过允许值。

(2)B、C 轴边柱沉降差：150－120＝30mm

$\frac{30}{12000}=0.0025<0.003$ 满足。

(3)C、D 轴边柱沉降差：120－100＝20mm

$\frac{20}{9000}<0.003$，满足。

11.［答案］A

［解析］①$Q_{uk}=Q_{sk}+Q_{pk}=8000\text{kN}$

$Q_{pk}=0.3\times 8000=2400\text{kN}$

$Q_{uk}=8000-2400=5600\text{kN}$

②$h_b=2.5\text{m}, d=0.9$

$\frac{h_b}{d}=2.78<5$，则 $\lambda_p=0.16\times 2.78=0.44$

③$0.44q_{pk}A_p=2400\Rightarrow q_{pk}A_p=5400\text{kN}$

④加十字钢板后，$d_e=\frac{d}{\sqrt{n}}=\frac{0.9}{2}=0.45$

⑤$\frac{h_b}{d_e}=\frac{2.5}{0.45}=5.56>5$，则 $\lambda_p=0.8$

⑥$Q'_{pk}=0.8q_{pk}A_p=0.8\times 5400=4320\text{kN}$

⑦$Q_{uk}=Q_{sk}+Q_{pk}=5600+4320=9920\text{kN}$

12.［答案］A

［解析］(1)$N_k=\frac{F_k+G_k}{n}=\frac{10000+500}{5}=2100\text{kN}$

(2)$N_{kmax}=\frac{F_k+G_k}{n}+\frac{M_{yk}x_i}{\sum x_j^2}=2100+\frac{480\times 1.5}{4\times 1.5^2}=2180\text{kN}$

(3)$N_k\leqslant R$，有：$R\geqslant 2100\text{kN}$

$N_{kmax}\leqslant 1.2R$，有：$R\geqslant 1816\text{kN}$

故 $R\geqslant 2100\text{kN}$

13.［答案］D

[解析] (1)$b_0=0.9(1.5d+0.5)=0.9\times(1.5\times1.0+0.5)=1.8\text{m}$

(2)$\alpha=\sqrt[5]{\dfrac{mb_0}{EI}}=\sqrt[5]{\dfrac{20\times10^3\times1.8}{5\times10^6}}=\sqrt[5]{0.0072}=0.373$

(3)$\alpha h=0.373\times20=7.46>4$,桩顶铰接,故 $\upsilon_x=2.441$

(4)$R_{ha}=0.75\times\dfrac{\alpha^3EI}{\upsilon_x}x_{oa}$

(5)$x_{oa}=\dfrac{R_{ha}\upsilon_x}{0.75\times\alpha^3EI}=\dfrac{1000\times2.441}{0.75\times0.373^3\times5\times10^6}=12.5\text{mm}$

14.[答案] B

[解析] (1)$R_a=u_p\sum q_{si}l_i+q_pA_p=\pi\times0.5\times(5\times20+10\times25)+250\times\dfrac{1}{4}\pi\times0.5^2=$ 598.87kN

(2)由 $f_{spk}=\lambda m\dfrac{R_a}{A_p}+\beta(1-m)f_{sk}$,得置换率:

$$m=\frac{f_{spk}-\beta f_{sk}}{\lambda\dfrac{R_a}{A_p}-\beta f_{sk}}=\frac{320-0.8\times100}{\dfrac{598.87}{0.196}-0.8\times100}=0.081$$

(3)$d_e=\dfrac{d}{\sqrt{m}}=\dfrac{0.5}{\sqrt{0.081}}=1.76\text{m}$

(4)$s=\dfrac{d_e}{1.05}=\dfrac{1.76}{1.05}=1.68\text{m}$

15.[答案] B

[解析] 软黏土地基土层中点的自重应力为:

$$P_z=\gamma' h=(18-10)\times\frac{8}{2}=32\text{kPa}$$

该土层最终固结沉降量 S_1 为:

$$S_1=\frac{H}{1+e_0}\cdot C_c\lg\left(\frac{P_z+\Delta p}{P_z}\right)=\frac{8}{1+1.30}\times0.5\times\lg\left(\frac{32+120}{32}\right)$$
$$=1.739\times0.6767=1.18\text{m}$$

平均固结度达到 0.85 时该地基固结沉降量为:

$S_{0.85}=1.18\times0.85=1.00\text{m}$

16.[答案] C

[解析] 由《建筑地基处理技术规范》(JGJ 79—2012)7.1.5 条、7.3.3 条得:

$$f_{spk}=\lambda m\frac{R_a}{A_p}+\beta(1-m)f_{sk}$$

$$m=\frac{f_{spk}-\beta f_{sk}}{\dfrac{\lambda R_a}{A_p}-\beta f_{sk}}=\frac{150-0.6\times60}{\dfrac{1.0\times200}{0.385}-0.6\times60}=0.236$$

17.[答案] B

[解析] 由《建筑地基处理技术规范》(JGJ 79—2012)8.2.3 条、8.3.3 条得:

(1)每孔碱液灌注量 V 为：

$$V=\alpha\cdot\beta\pi r^2(l+r)n=0.68\times1.1\times3.14\times0.4^2\times(10+0.4)\times0.5=1.95\text{m}^3$$

(2)每 m^3 碱液的固体烧碱量为：

$$G_s=\frac{1000M}{p}=\frac{1000\times0.1}{0.85}=117.6\text{kg}$$

则每孔应灌注固体烧碱量为：

$1.95\times117.6=229\text{kg}$

18.**[答案]** B

[解析] (1)计算抗力矩

滑弧的半径：$R=\sqrt{11^2+20^2}=22.83\text{m}$

抗滑力矩：$M_R=(3.1415\times76.06/180)\times30\times22.83^2=20757\text{kN}\cdot\text{m/m}$

(2)计算滑动力矩

裂缝水压力：$P_w=10\times3.33^2/2=55.44\text{kN/m}$，$M_1=55.44\times12.22=677\text{kN}\cdot\text{m/m}$

水上：$M_A=41.92\times18\times13=9809\text{kN}\cdot\text{m/m}$

水下：$M_B=144.11\times8\times4.44=5119\text{kN}\cdot\text{m/m}$

$$F_s=\frac{20757}{677+9809+5119}=1.33$$

19.**[答案]**

[解析] (1)$K_a=\tan^2(45°-\frac{\varphi}{2})=\tan^2(45°-\frac{35°}{2})=0.271$

(2)根据《建筑边坡工程技术规范》(GB 50330—2013)第 11.2.1 条，挡墙高度为5.5m，乘以 1.1 的增大系数，故

$$E_a'=\frac{1}{2}\gamma h^2K_a=\frac{1}{2}\times18\times5.5^2\times0.271=73.78\text{kN}$$

$$E_a=1.1\times73.78=81.16\text{kN}$$

(3)对底边中心求力矩

$$e=\frac{M}{N}=\frac{81.16\times1.83-164.5\times(1.29-\frac{1}{2}\times2)}{164.5}=0.613\text{m}$$

$\frac{b}{6}=0.33\text{m}$，属大偏心：$a=\frac{b}{2}-e$

(4)基底压力的分布为三角形分布

$$p_{kmax}=\frac{2(F_K+G_K)}{3la}=\frac{2\times164.5}{3\times1\times(\frac{2}{2}-0.613)}=283.38\text{kPa}$$

20.**[答案]** B

[解析] (1)不稳定岩体体积

$$V=\frac{1}{2}\times20\times40=400\text{m}^3/\text{m}$$

(2)滑面面积

$A=BL=1\times[(10+20)^2+40^2]^{\frac{1}{2}}=50\text{m}^2/\text{m}$

(3)稳定性安全系数

$$F_s=\frac{(\gamma V\cos\theta\tan\varphi+A\cdot c)}{(\gamma V\sin\theta)}=\frac{(23\times400\times0.6\tan35°+50\times70)}{(23\times400\times0.8)}$$

$$=\frac{(3865+3500)}{7360}=1.0$$

21.[**答案**] C

[**解析**] 由于产生沿着坡面的渗流，坡面线为一流线，过该条底部中心的等势线为 ab 线，水头高度为

$h_w=\overline{ad}=\overline{ab}\cdot\cos\theta=h_i\cos^2\theta=6\cos^2 8°=4.68\text{m}$

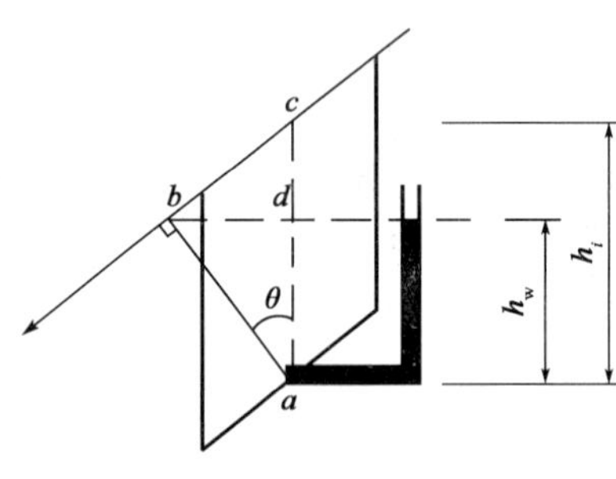

题 21 解图

22.[**答案**] B

[**解析**] (1)弯矩零点与土压强度为 0 的点相同。

(2)计算K_a 和 K_p

$$K_a=\tan^2(45°-\frac{\varphi}{2})=\tan^2(45°-\frac{26°}{2})=0.39$$

$$K_p=\tan^2(45°+\frac{\varphi}{2})=\tan^2(45°+\frac{26°}{2})=2.56$$

(3)设弯矩零点距坑底距离为 z。

z 处主动土压力强度：

$$e_{az}=19\times(\frac{q}{\gamma}+15+z)K_a-2c\sqrt{K_a}=(48+285+19z)\times0.39-18.75=7.41z+111.1$$

z 处被动土压力强度 e_{pz}

$e_{pz}=19\times z\times2.56+2\times15\times1.6=48.64z+48$

(4)$e_{az}=e_{pz}$ 即 $7.41z+111.1=48.64z+48$

计算得：$z=1.53\text{m}$。

23.[**答案**] A

[**解析**] 根据太沙基理论：$q_v=\frac{\gamma b-c}{k\tan\varphi}(1-e^{-k\tan\varphi H/b})$

$c=0,q=0,b=[10+2\times\tan(45°-\varphi/2)]/2=13.66\text{mm}$

$k=\tan^2(45°-\varphi/2)=0.33$

$$q=\frac{\gamma b}{k\tan\varphi}(1-e^{(-kH/b)\tan\varphi})=\frac{19\times13.66}{0.33\times0.577}(1-e^{-(0.33\times12/13.66)\times0.577})$$

$$=\frac{259.5}{0.1904}(1-e^{-0.167})=1362.9\times0.154=210\text{kPa}$$

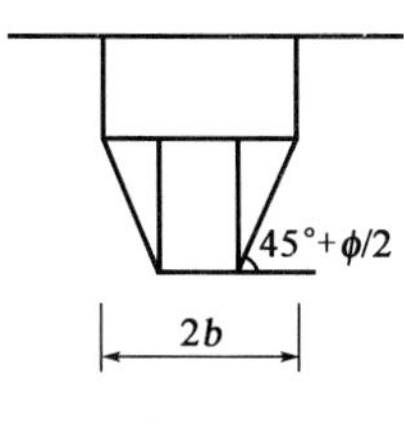

题23解图

24.［答案］D

［解析］(1)从表中可以看出1.0m以下土的饱和度均大于60%，因此强夯法不适宜，应选择土或灰土垫层法。

(2)题干中已给出黄土地基湿陷量计算值Δ_{zs}：

$\Delta_{zs}=0.9\times(1000\times0.015+1000\times0.017)=28.8\text{mm}$

因此该场地为非自重湿陷性黄土场地，黄土地基湿陷等级为Ⅱ级（中等），对多层建筑地基处理厚度不宜小于2.0m。

(3)从表中可以看出，4.0m深度处土样以下的湿陷起始压力值已大于100kPa，因此地基处理的深度至4.5m处即可满足要求，地基处厚度不宜小于3.0m，地基处理宜采用土或灰土垫层法，处理厚度3.0m。

综合分析，地基处理宜采用土或灰土垫层法，处理厚度3.0m，因此选D。

25.［答案］A

［解析］《公路路基设计规范》(JTG D30—2004)第7.5.4条公式。

(1)$\beta=\frac{45°+\frac{\varphi}{2}}{k}=\frac{45°+\frac{37°}{2}}{1.25}=50.8°$

(2)$L'=H\cot\beta=3\cot50.8°=2.45\text{m}$

(3)$L=2.45+4=6.45\text{m}$

26.［答案］C

［解析］《铁路路基支挡结构设计规范》(TB 10025—2006)条文说明12.2.4条。

$$\beta=\frac{45°}{A+1}+\frac{2A+1}{2(A+1)}\varphi-\alpha=\frac{45°}{0.5+1}+\frac{2\times0.5+1}{2\times(0.5+1)}\times18°-27°=15°$$

27.［答案］D

［解析］(1)$\alpha_{\max}=0.24$（8度，多遇地震，$0.30g$）

$T_g=0.45\text{s}$（第一组，Ⅲ类场地）

$\eta_2=1.0(\zeta=0.05)$

(2)$T<T_g$

(3)$\alpha=\eta_2\alpha_{\max}=1.0\times0.24=0.24$

28.［答案］B

［解析］(1)覆盖层厚度应取60m，因此计算深度应取20m。

(2)20m 范围内，土层属中软土，v_{se}介于 150～250m/s 之间。

故为Ⅲ类场地。

29. **[答案]** C

[解析]《公路工程抗震规范》(JTG B02—2013)4.3.3 条、4.3.4 条。

(1)液化判别，计算标贯击数临界值 N_{cr}

采用桩基础，液化判别深度取 20m。

地面下 15m 范围内：$N_{cr}=N_0[0.9+0.1\times(d_s-d_w)]\sqrt{3/\rho_c}$

4m 处：$N_{cr}=10\times[0.9+0.1\times(4-2)]\times\sqrt{3/6}=7.78>5$，液化。

6m 处：$N_{cr}=10\times[0.9+0.1\times(6-2)]\times\sqrt{3/6}=9.19>6$，液化。

9m 处：$N_{cr}=10\times[0.9+0.1\times(9-2)]\times\sqrt{3/3}=16.0>12$，液化。

12m 处：$N_{cr}=10\times[0.9+0.1\times(12-2)]\times\sqrt{3/3}=19.0>18$，液化。

地面下 15～20m 范围内：$N_{cr}=N_0(2.4-0.1d_w)]\sqrt{3/\rho_c}$

18m 处：$N_{cr}=10\times(2.4-0.1\times2)]\times\sqrt{3/3}=22.0<24$，液化。

(2)4m、6m、9m、12m 处为液化点，计算 d_i、d_s、W_i 如下表：

题 29 解表

标贯深度	代表土层厚度 d_i	代表中点深度 d_s	权函数 W_i
4m	$2+1=3.0$	$2+\frac{3}{2}=3.5$	10
6m	$2+1=3.0$	$8-\frac{3}{2}=6.5$	$\frac{2}{3}\times(20-6.5)=9$
9m	$1+\frac{3}{2}=2.5$	$8+\frac{2.5}{2}=9.25$	$\frac{2}{3}\times(20-9.25)=7.17$
12m	$3+\frac{3}{2}=4.5$	$15-\frac{4.5}{2}=12.75$	$\frac{2}{3}\times(20-12.75)=4.83$

(3)$I_{lE}=\sum_{i=1}^{n}(1-\frac{N_i}{N_{cri}})d_iW_i=(1-\frac{5}{7.78})\times3\times10+(1-\frac{6}{9.19})\times3\times9+(1-\frac{12}{16.0})\times$ $2.5\times7.17+(1-\frac{18}{19.0})\times4.5\times4.83=25.7$

故为严重液化。

30. **[答案]** C

[解析] (1)桩身轴力由大变小深度处即为自重湿陷性黄土分布深度处，即自重湿陷性黄土层深度范围为 0～14m。

(2)《建筑基桩监测技术规范》(JGJ 106—2014)式(A.0.13-6)。负摩阻力值；

$$q_{si}=\frac{Q_i-Q_{i+1}}{u\cdot l_i}=\frac{2800-3270}{0.8\times3.14\times14}=-13.36\text{kPa}$$

2007年案例分析试题(下午卷)

1.某饱和软黏土无侧限抗压强度试验的不排水抗剪强度 $c_u=70\text{kPa}$,如果对同一土样进行三轴不固结不排水试验,施加围压 $\sigma_3=150\text{kPa}$。试样在发生破坏时的轴向应力 σ_1 最接近于下列哪个选项的值? ( )

(A)140kPa (B)220kPa
(C)290kPa (D)370kPa

2.现场取环刀试样测定土的干密度。环刀容积为 200cm^3,测得环刀内湿土质量为380g。从环刀内取湿土32g,烘干后干土质量为28g。土的干密度最接近下列哪个选项? ( )

(A)1.90g/cm^3 (B)1.85g/cm^3
(C)1.69g/cm^3 (D)1.66g/cm^3

3.对某高层建筑工程进行深层载荷试验,承压板直径为0.79m,承压板底埋深为15.8m,持力层为砾砂层,泊松比0.3,试验结果见下图。根据《岩土工程勘察规范》(GB 50021—2001)(2009年版),计算该持力层的变形模量最接近下列哪一个选项? ( )

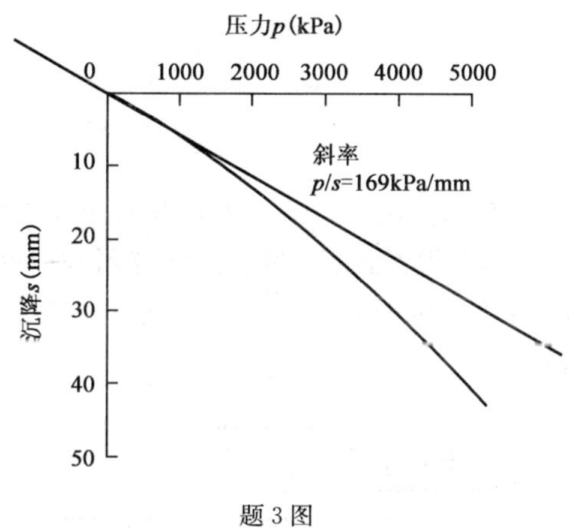

题3图

(A)58.3MPa (B)38.5MPa
(C)25.6MPa (D)18.5MPa

4.某水利工程中存在有可能产生流土破坏的地表土层,经取样试验,该土层的物理性质指标为土粒比重 $G_s=2.7$,天然含水量 $w=22\%$,天然重度 $\gamma=19\text{kN/m}^3$。该土层发生流土破坏的临界水力比降最接近下列何值? ( )

(A)0.88 (B)0.98

(C)1.08　　(D)1.18

5. 某条形基础宽度 2.50m，埋深 2.00m。场区地面以下为厚 1.50m 的填土，$\gamma=17\text{kN/m}^3$；填土层以下为厚 6.00m 的细砂层，$\gamma=19\text{kN/m}^3$，$c_k=0$、$\varphi_k=30°$。地下水位埋深 1.0m。根据土的抗剪强度指标计算的地基承载力特征值最按近于以下哪个选项？（　　）

(A)160kPa　　(B)170kPa

(C)180kPa　　(D)190kPa

6. 某天然稳定土坡，坡角为 35°，坡高 5m，坡体土质均匀，无地下水，土层的孔隙比 e 和液性指数 I_L 均小于 0.85，$\gamma=20\text{kN/m}^3$、$f_{ak}=160\text{kPa}$，坡顶部位拟建工业厂房，采用条形基础，上部结构传至基础顶面的竖向力(F_k)为 350kN/m，基础宽度为 2m。按照厂区整体规划，基础底面边缘距离坡顶为 4m。条形基础的埋深至少应达到以下哪个选项的埋深值才能满足要求？（基础结构及其上土的平均重度按 20kN/m^3 考虑）（　　）

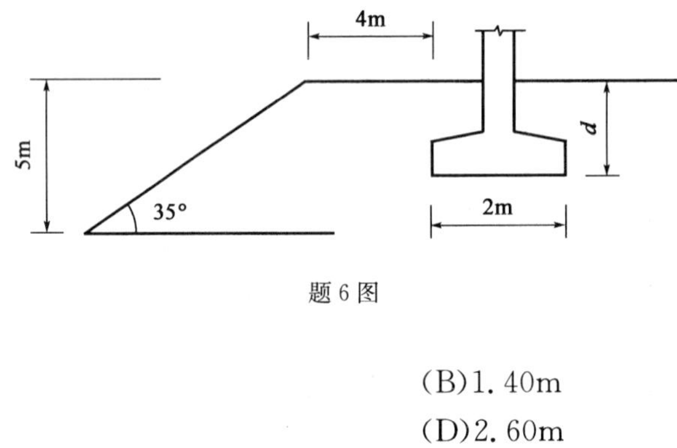

题 6 图

(A)0.80m　　(B)1.40m

(C)2.10m　　(D)2.60m

7. 在 100kPa 大面积荷载的作用下，3m 厚的饱和软土层排水固结，排水条件如下图所示，从此土层中取样进行常规固结试验，测读试样变形与时间的关系，已知在 100kPa 试验压力下，达到固结度为 90%的时间为 0.5h，预估 3m 厚的土层达到 90%固结度的时间最接近于下列何值？（　　）

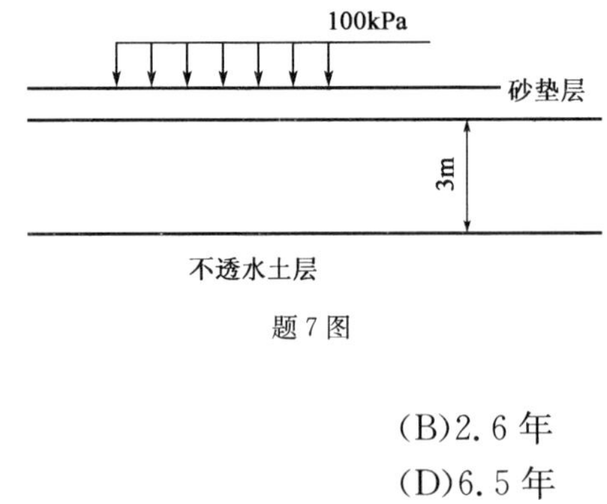

题 7 图

(A)1.3 年　　(B)2.6 年

(C)5.2 年　　(D)6.5 年

8. 某高低层一体的办公楼，采用整体筏形基础，基础埋深 7.00m，高层部分的基础尺寸为 40m×40m，基底总压力 $p=430\text{kPa}$，多层部分的基础尺寸为 40m×16m，场区土层的重度为 20kN/m^3，地下水位埋深 3m。高层部分的荷载在多层建筑基底中心以下深度 12m 处所引起的附加应力最接近以下何值？（水的重度按 10kN/m^3 考虑）（　　）

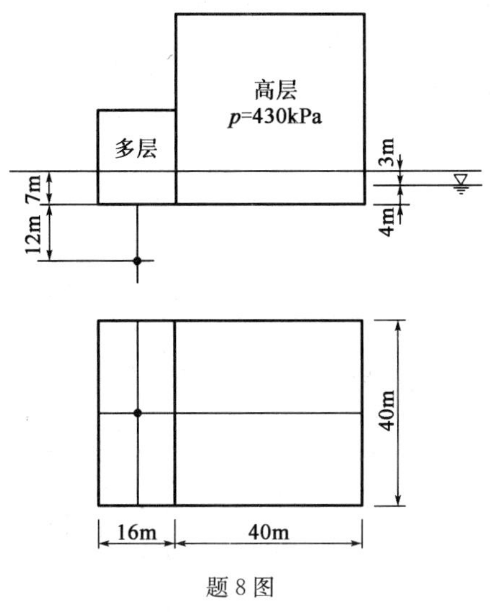

题 8 图

(A)48kPa　　(B)65kPa　　(C)80kPa　　(D)95kPa

9. 位于季节性冻土地区的某城市市区内建设住宅楼。地基土为黏性土，标准冻深为 1.60m。冻前地基土的天然含水量 $w=21\%$，塑限含水率为 $w_p=17\%$，冻结期间地下水位埋深 $h_w=3\text{m}$，该场区的设计冻深应取以下哪个选项的数值？（　　）

(A)1.22m　　(B)1.30m

(C)1.40m　　(D)1.80m

10. 某条形基础的原设计基础宽度为 2m，上部结构传至基础顶面的竖向力（F_k）为 320kN/m。后发现在持力层以下有厚度 2m 的淤泥质土层。地下水水位埋深在室外地面以下 2m，淤泥质土层顶面处的地基压力扩散角为 23°，基础结构及其上土的平均重度按 20kN/m^3 计算。根据软弱下卧层验算结果重新调整后的基础宽度最接近以下哪个选项才能满足要求？（基础结构及土的重度都按 19kN/m^3 考虑）（　　）

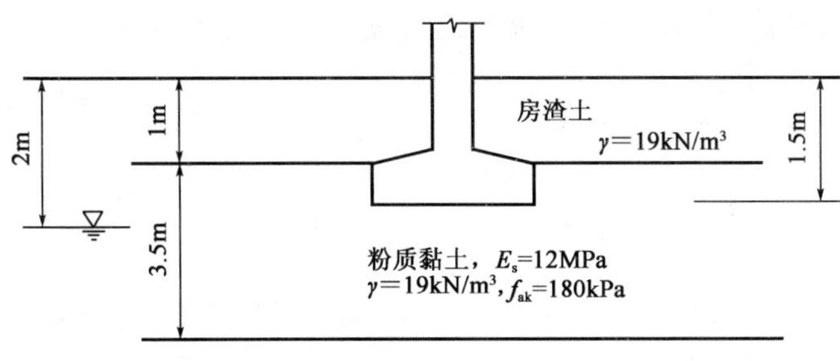

题 10 图

(A)2.0m　　(B)2.5m　　(C)3.5m　　(D)4.0m

11. 某构筑物桩基安全等级为二级，柱下桩基础采用16根钢筋混凝土预制桩，桩径d=0.5m，桩长15m，其承台平面布置、剖面、地层以及桩端下的有效附加应力（假定按直线分布）如图所示。按《建筑桩基技术规范》（JGJ 94—2008）估算桩基沉降量最接近下列哪个选项？（沉降经验系数取1.0）　　（　　）

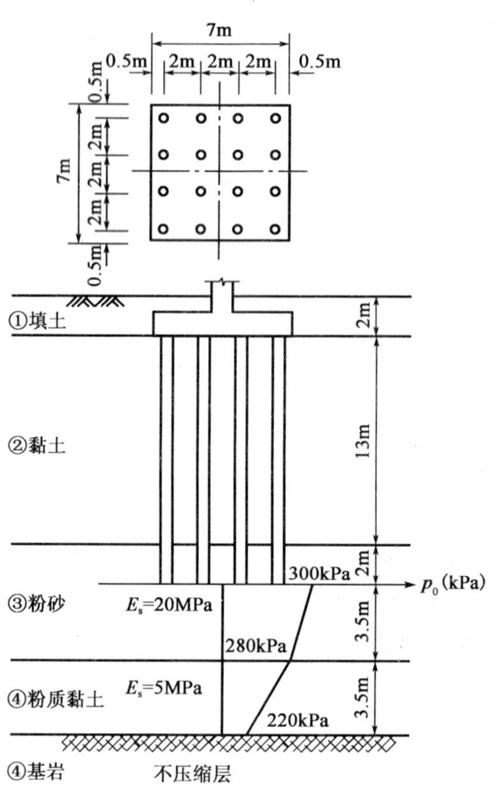

题11图

(A)7.3m　　(B)9.5m

(C)11.8m　　(D)13.2m

12. 如图所示四桩承台，采用截面0.4m×0.4m的钢筋混凝土预制方桩，承台混凝土强度等级为C35（f_t=1.57MPa）。按《建筑桩基技术规范》（JGJ 94—2008）验算承台受角桩冲切的承载力最接近下列哪一个数值？　　（　　）

(A)780kN　　(B)900kN

(C)1100kN　　(D)1290kN

13. 一处于悬浮状态的浮式沉井（落入河床前），其所受外力矩M=48kN·m，排水体积V=40m^3，浮体排水截面的惯性矩I=50m^4，重心至浮心的距离a=0.4m（重心在浮心之上）。按《铁路桥涵地基和基础设计规范》（TB 10002.5—2005）或《公路桥涵地基与基础设计规范》（JTG D63—2007）计算，沉井浮体稳定的倾斜角最接近下列何值？

（水重度 $\gamma_w = 10\text{kN/m}^3$） （ ）

(A)5° (B)6°

(C)7° (D)8°

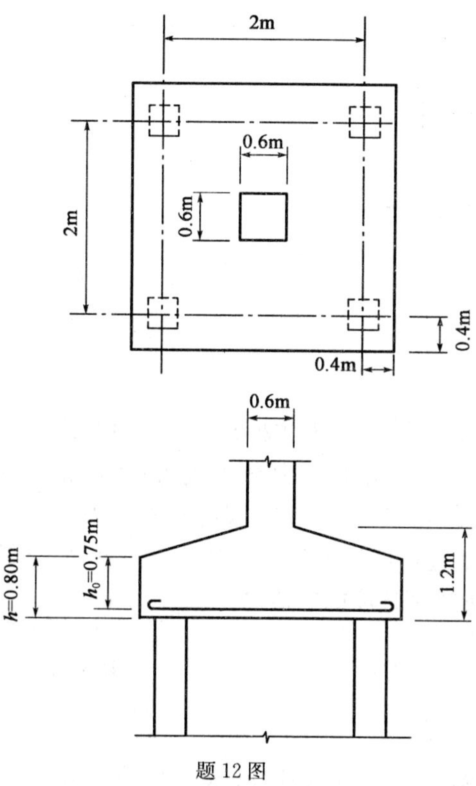

题 12 图

14. 某砂土地基，土体天然孔隙比 $e_0 = 0.902$，最大孔隙比 $e_{max} = 0.978$，最小孔隙比 $e_{min} = 0.742$，该地基拟采用挤密碎石桩加固，按等边三角形布桩，挤压后要求砂土相对密实度 $D_{r1} = 0.886$。为满足此要求，碎石桩距离接近下列哪个数值？（修正系数 ξ 取 1.0，碎石桩直径取 0.40m） （ ）

(A)1.2m (B)1.4m

(C)1.6m (D)1.8m

15. 某软黏土地基采用预压排水固结法处理，根据设计，瞬时加载条件下不同时间的平均固结度见下表。加载计划如下：第一次加载量为 30kPa，预压 30 天后第二天再加载 30kPa，再预压 30 天后第三次再加载 60kPa，如图所示。自第一次加载后到 120 天时的平均固结度最接近下列哪个选项的数值？ （ ）

题 15 表

t(天)	10	20	30	40	50	60	70	80	90	100	110	120
U(%)	37.7	51.5	62.2	70.6	77.1	82.1	86.1	89.2	91.6	93.4	94.9	96.0

(A)0.800　　(B)0.840

(C)0.880　　(D)0.920

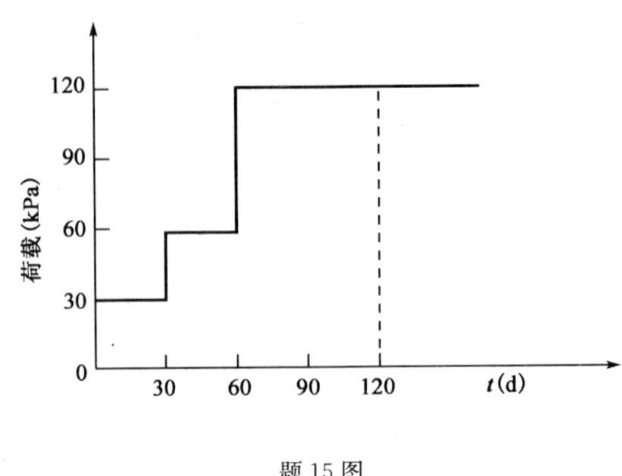

题 15 图

16. 某厂房地基为淤泥土，采用搅拌桩复合地基加固，桩长 15.0m，穿越该淤泥土。搅拌桩复合土层顶面和底面附加压力分别为 80kPa 和 15kPa，桩间土压缩模量为 2.5MPa，搅拌桩桩体压缩模量为 90MPa，搅拌桩直径为 500mm，桩间距为 1.2m，等边三角形布置。按《建筑地基处理技术规范》(JGJ 79—2012)计算，该搅拌桩复合土层的压缩变形 s_1 最接近以下哪个选项的数值？（　　）

(A)25mm　　(B)45mm

(C)65mm　　(D)85mm

17. 某土坝坝基由两层土组成，如图所示。上层土为粉土，孔隙比 0.667，比重为 2.67，层厚 3.0m，第二层土为中砂，土石坝上下游水头差为 3.0m，为保证坝基的渗透稳定，下游拟采用排水盖重层措施，如安全系数取 2.0。根据《碾压土石坝设计规范》(DLT 5395—2007)排水盖重层(其重度为 18.5kN/m^3)的厚度最接近下列哪一个数值？（　　）

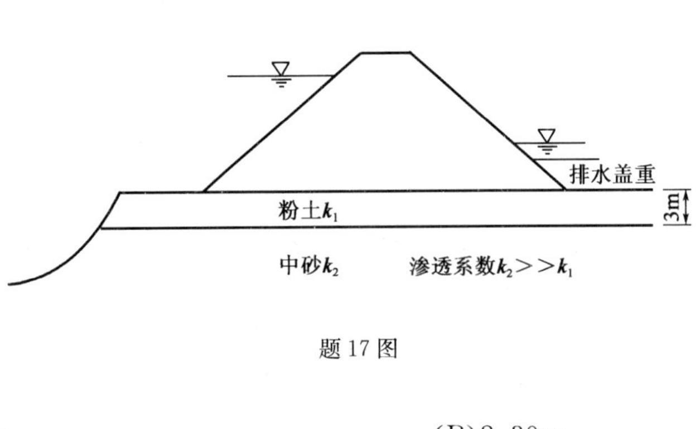

题 17 图

(A)1.62m　　(B)2.30m

(C)3.50m　　(D)3.80m

18. 重力式梯形档土墙，墙高 4.0m，顶宽 1.0m，底宽 2.0m，墙背垂直光滑，墙底水平，基底与岩层间摩擦系数 f 取为 0.6，抗滑稳定性满足设计要求，开挖后发现岩层风化较严重，将 f 值降低为 0.5 进行变更设计，拟采用墙体墙厚的变更原则，若要达到原设计的抗滑稳定性，墙厚需增加下列哪个选项的数值？（　）

(A)0.2m　　(B)0.3m

(C)0.4m　　(D)0.5m

19. 在图示的铁路工程岩石边坡中，上部岩体沿着滑动面下滑，剩余下滑力为 F＝1220kN，为了加固此岩坡，采用预应力锚索，滑动面倾角及锚索的方向如图所示。滑动面处的摩擦角为 18°，则此锚索的最小锚固力最接近于下列哪一个数值？（　）

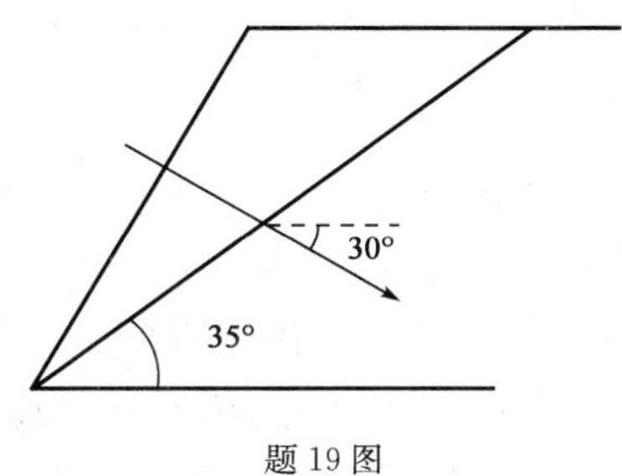

题 19 图

(A)1200kN　　(B)1400kN

(C)1600kN　　(D)1700kN

20. 重力式挡土墙墙高 8m，墙背垂直、光滑，填土与墙顶齐平，填土为砂土，γ＝20kN/m^3，内摩擦角 φ＝36°，该挡土墙建在岩石边坡前，岩石边坡坡脚与水平方向夹角为 70°，岩石与砂填土间摩擦角为 18°，计算作用于挡土墙上的主动土压力最接近于下列哪个数值？（　）

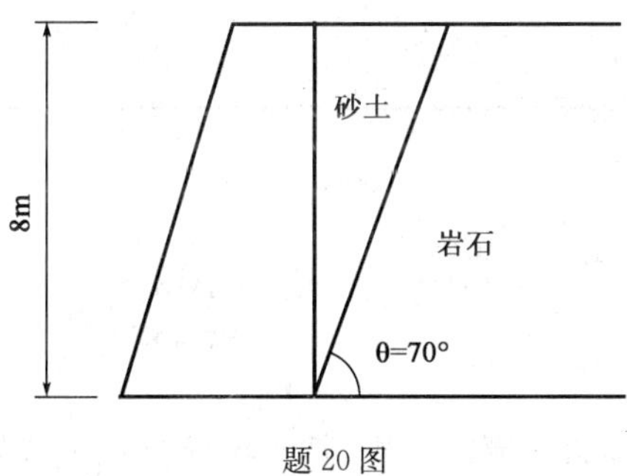

题 20 图

(A)166kN/m　　(B)298kN/m

(C)357kN/m　　(D)213kN/m

21. 一个采用地下连续墙支护的基坑的土层分布情况如图所示：砂土与黏土的天然重度都是 20kN/m^3。砂层厚 10m，黏土隔水层厚 1m，在黏土隔水层以下砾石层中有承压水，承压水头 8m。没有采用降水措施，为了保证抗突涌的渗透稳定安全系数不小于 1.1，该基坑的最大开挖深度 H 不能超过下列哪一选项？（　）

(A)2.2m　　(B)5.6m

(C)6.6m　　(D)7.0m

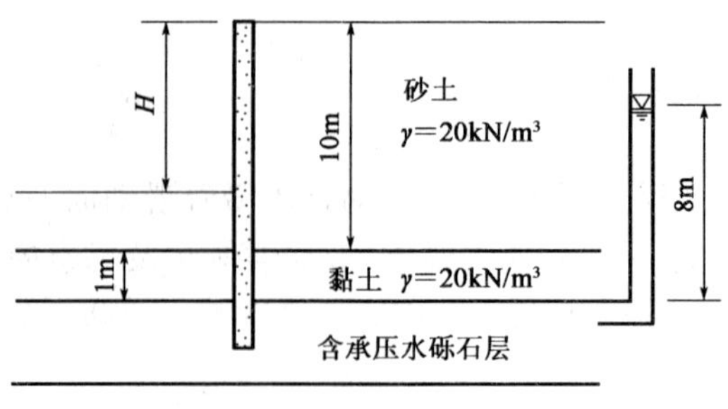

题 21 图

22. 10m 厚的黏土层下为含承压水的砂土层，承压水头高 4m，拟开挖 5m 深的基坑，重要性系数 $\gamma_0=1.0$。使用水泥土墙支护，水泥土重度为 20kN/m^3，墙总高 10m。已知每延米墙后的总主动土压力为 800kN/m，作用点距墙底 4m；墙前总被动土压力为 1200kN/m，作用点距墙底 2m。如果将水泥土墙受到的扬压力从自重中扣除，计算满足抗倾覆安全系数为 1.2 条件下的水泥土墙最小墙厚最接近下列哪一个选项？（　　）

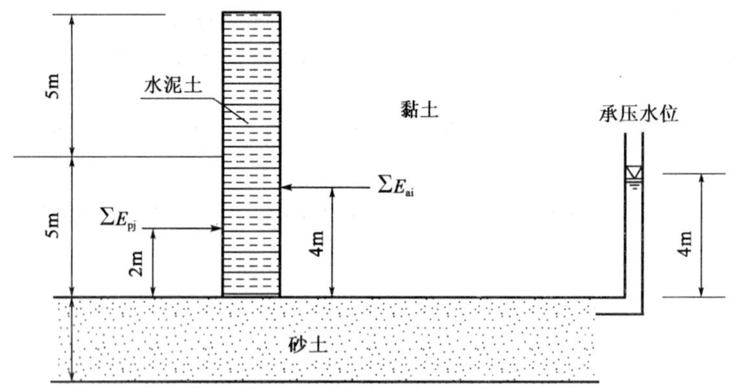

题 22 图

(A)3.5m　　(B)3.8m

(C)4.0m　　(D)4.2m

23. 某电站引水隧洞，围岩为流纹斑岩，其各项评分见下表，实测岩体纵波波速平均值为 3320m/s，岩块的波速为 4176m/s。岩石的饱和单轴抗压强度 $R_b=55.8\text{MPa}$。围岩最大主应力 $\sigma_m=11.5\text{MPa}$。试按《水利水电工程地质勘察规范》(GB 50287—2008)的要求进行的围岩分类是下列哪一选项？（　　）

题 23 表

项目	岩石强度	岩体完整程度	结构面状态	地下水状态	主要结构面产状
评分	20 分	28 分	24 分	−3 分	−2 分

(A)Ⅳ类　　(B)Ⅲ类

(C)Ⅱ类　　(D)Ⅰ类

24. 某场地同一层软黏土采用不同的测试方法得出的抗剪强度，按其大小排序列出4个选项，问下列哪个选项是符合实际情况的？并简要说明理由。

设①原位十字板试验得出的抗剪强度；②薄壁取土器取样做三轴不排水剪试验得出的抗剪强度；③厚壁取土器取样做三轴不排水剪试验得出的抗剪强度。（　　）

(A)①>②>③　　(B)②>①>③

(C)③>②>①　　(D)②>③>①

25. 某拟建砖混结构房屋，位于平坦场地上，为膨胀土地基，根据该地区气象观测资料算得：当地膨胀土湿度系数 $\psi_w=0.9$。问当以基础埋深为主要防治措施时，一般基础埋深至少应达到以下哪一深度值？（　　）

(A)0.50m　　(B)1.15m

(C)1.35m　　(D)3.00m

26. 某场地属煤矿采空区范围，煤层倾角为15°，开采深度 $H=110$m，移动角（主要影响角）$\beta=60°$，地面最大下沉值 $\eta_{max}=1250$mm，如拟作为一级建筑物建筑场地，问按《岩土工程勘察规范》(GB 50021—2001)判定该场地的适宜性属于下列哪一选项？并通过计算说明理由。（　　）

(A)不宜作为建筑场地　　(B)可作为建筑场地

(C)对建筑物采取专门保护措施后兴建　　(D)条件不足，无法判断

27. 陡坡上岩体被一组平行坡面、垂直层面的张裂缝切割成长方形岩块（见示意图）。岩块的重度 $\gamma=25\text{kN/m}^3$。问在暴雨水充满裂缝时，靠近坡面的岩块最小稳定系数（包括抗滑动和抗倾覆两种情况，稳定系数取其小值）最接近下列哪个选项？（不考虑岩块两侧阻力和层面水压力）（　　）

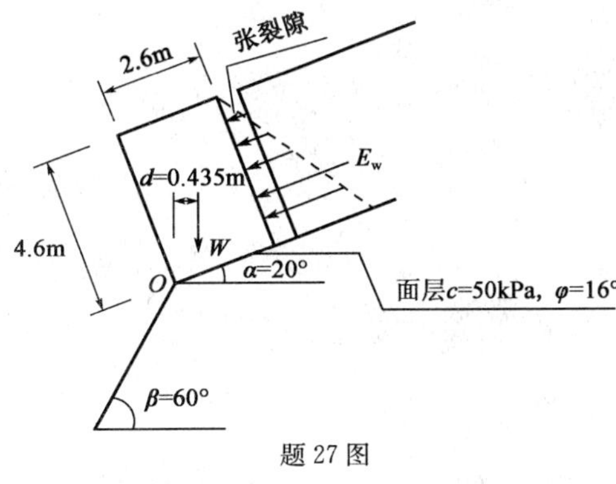

题27图

(A)0.75　　(B)0.85

(C)0.95　　(D)1.05

28. 土层分布及实测剪切波速如表所示，问该场地覆盖层厚度及等效剪切波速符合下列哪个选项的数值？（　　）

题 28 表

层 序	岩 土 名 称	层 厚 d_i(m)	层底深度(m)	实测剪切波速 V_{sj}(m/s)
1	填土	2.0	2.0	150
2	粉质黏土	3.0	5.0	200
3	淤泥质粉质黏土	5.0	10.0	100
4	残积粉质黏土	5.0	15.0	300
5	花岗岩孤石	2.0	17.0	600
6	残积粉质黏土	8.0	25.0	300
7	风化花岗石			>500

(A)10m，128m/s　　(B)15m，158m/s
(C)20m，185m/s　　(D)25m，179m/s

29. 采用拟静力法进行坝高 38m 土石坝的抗震稳定性验算。在滑动条分法的计算过程中，某滑动体条块的重力标准值为 4000kN/m。场区为地震烈度 8 度区。作用在该土条重心处的水平向地震惯性力代表值 F_h 最接近下列哪个数值？（　　）

(A)300kN/m　　(B)350kN/m
(C)400kN/m　　(D)450kN/m

30. 采用声波法对钻孔灌注桩孔底沉渣进行检测，桩直径为 1.2m，桩长 35m，声波反射明显。测头从发射到接受到第一次反射波的相隔时间为 8.7ms，从发射到接受到第二次反射波的相隔时间为 9.3ms，若孔低沉渣声波波速按 1000m/s 考虑，孔底沉渣的厚度最接近下列哪一个选项？（　　）

(A)0.30m　　(B)0.50m
(C)0.70m　　(D)0.90m

2007年案例分析试题答案(下午卷)

1.[答案] C

[解析] 饱和软土的无侧限抗压强度试验相当于在三轴仪中进行$\sigma_3=0$的不排水剪切试验,$\varphi=0$。

$$c_u=\frac{\sigma_1-\sigma_3}{2}$$

$$\sigma_1=2c_u+\sigma_3=2\times70+150=290\text{kPa}$$

2.[答案] D

[解析] 计算如下:

(1)$\rho=\frac{m}{V}=\frac{380}{200}=1.90\text{g/cm}^3$

(2)$w=\frac{m_w}{m_s}=\frac{(32-28)}{28}=0.143$

(3)$\rho_d=\frac{\rho}{1+w}=\frac{1.90}{(1+0.143)}=1.66\text{g/cm}^3$

3.[答案] A

[解析] (1)查表得:$\omega=0.437$

(2)$E_0=\omega\frac{pd}{s}=0.437\times169\times0.79=58.3\text{MPa}$

4.[答案] B

[解析] 当渗流力j等于土的浮重量γ'时,土处于流土的临界状态。

(1)$j=i_{cr}\cdot\gamma_w=\gamma'=\frac{G_s-1}{1+e}\gamma_w$

(2)$e=\frac{G_s(1+\omega)\rho_w}{\rho}-1=\frac{2.7\times(1+0.22)\times1000}{1900}-1=0.73$

(3)$i_{cr}=\frac{G_s-1}{1+e}=\frac{2.7-1}{1+0.73}=0.983$

5.[答案] D

[解析] 根据《建筑地基基础设计规范》(GB 50007—2011)由土的抗剪强度指标确定地基承载力特征值。

$f_a=M_b\gamma_b b+M_d\gamma_m d+M_c c_k$

$\varphi=30°, M_b=1.9, M_d=5.59, M_c=7.95$

$\gamma=(19-10)=9\text{kN/m}^3$

$\gamma_m=[1.0\times17+0.5\times(17-10)+0.5\times(19-10)]/2=12.5\text{kN/m}^3$

$f_a=1.90\times9\times3+5.59\times12.5\times2+7.95\times0=51.3+139.75=191.05\text{kPa}$

6.［答案］D

［解析］计算如下：

$d \geqslant (3.5b-a)\tan\beta=(3.5\times2-4)\tan35°=2.10\text{m}$

对于条形基础

$[160+1.6\times20\times(d-0.5)]\times2\geqslant350+2\times20d$

故：$d\geqslant2.58\approx2.6\text{m}$

7.［答案］C

［解析］计算如下：

$$\frac{t_1}{h_1^2}=\frac{t_2}{h_2^2}$$

$$t_1=\frac{h_1^2}{h_2^2}t_2=\frac{90000}{1}\times0.5=45000\text{h}=5.13\text{ 年}$$

8.［答案］A

［解析］高层基底附加压力：

$p_0=p_k-\gamma h=430-(3\times20+4\times10)=330\text{kPa}$

面积 $acoe$：

$\frac{l}{b}=\frac{48}{20}=2.4$，$\frac{z}{b}=\frac{12}{20}=0.6$，$\alpha_1=0.2334$

面积 $bcod$：

$\frac{l}{b}=\frac{20}{8}=2.5$，$\frac{z}{b}=\frac{12}{8}=1.5$，$\alpha_2=0.16$

$p=p_0(2\alpha_1-2\alpha_2)=330\times(2\times0.2334-2\times0.16)=48.4\text{kPa}$

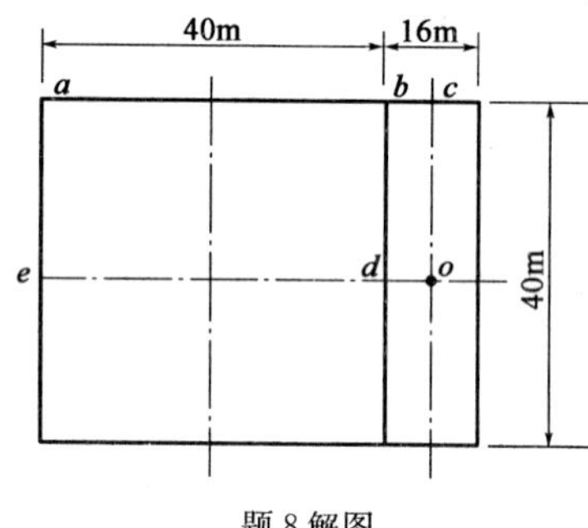

题 8 解图

9.［答案］B

［解析］(1)黏性土 $\varphi_{zs}=1.0$

(2)$w_p+2=19<w<=17+5=22$

水位埋深 3m，标准冻深 1.6m，得：$m_v=3-1.6=1.4\text{m}$

查表为冻胀，$\varphi_{zw}=0.90$

(3)$z_d=1.6\times1.0\times0.90\times0.90=1.3\text{m}$

10.［答案］C

［解析］(1)$p_{cz}=2\times19+2.5\times9=60.5\text{kPa}$

(2)$f_{az}=f_{ak}+\eta_d\gamma_m(d-0.5)=60+1.0\times\frac{(2\times19+2.5\times9)}{4.5}\times(4.5-0.5)$

$=60+53.8=113.8\text{kPa}$

(3)根据已知压力扩散角23°，按原设计基础宽度2m验算下卧层为：

$$p_z+p_{cz}=\frac{2\times(320/2+1.5\times19-1.5\times19)}{2+2\times3\times\tan23^\circ}+60.5$$

$$=70.38+60.5=130.88\text{kPa}\geqslant f_{az}$$

(4)$p_z=f_{az}-p_{cz}=113.8-60.5=\dfrac{b\times(320/b+1.5\times19-1.5\times19)}{b+2\times3\times\tan23^\circ}=53.3\text{kPa}$

计算得：$b=3.46\text{m}$

11.[答案] A

[解析] (1)$\dfrac{L_c}{B_c}=1$，$\dfrac{s_a}{d}=\dfrac{2}{0.5}=4$，$\dfrac{L}{d}=\dfrac{15}{0.5}=30$

(2)查《建筑桩基技术规范》(JGJ 94—2008)附表：$C_0=0.055$，$C_1=1.477$，$C_2=6.843$

(3)$\Psi_e=C_0+\dfrac{n_b-1}{C_1(n_b-1)+C_2}=0.055+\dfrac{4-1}{1.477\times3+6.843}=0.321$

(4)$s=1\times0.321\times\left(\dfrac{290}{20000}\times350+\dfrac{250}{5000}\times350\right)=7.25\text{cm}$

12.[答案] D

[解析] $N_l\leqslant\left[\beta_{1x}\left(c_2+\dfrac{a_{1y}}{2}\right)+\beta_{1y}\left(c_1+\dfrac{a_{1x}}{2}\right)\right]\times\beta_{hp}f_th_0$

$\beta_{1x}=\dfrac{0.56}{\lambda_{1x}+0.2}$，$\beta_{1y}=\dfrac{0.56}{\lambda_{1y}+0.2}$

$\lambda_{1x}=\dfrac{a_{1x}}{h_0}$，$\lambda_{1y}=\dfrac{a_{1y}}{h_0}$

$a_{1x}=a_{1y}=0.5\text{m}$

$\lambda_{1x}=\lambda_{1y}=\dfrac{0.5}{0.75}=0.67$

$\beta_{1x}=\beta_{1y}=\dfrac{0.56}{0.67+0.2}=0.646$

$c_1=c_2=0.6\text{m}$，$h\leqslant0.8\text{m}$，$\beta_{hp}=1.0$

$N_l=[0.646\times(0.6+0.5/2)+0.646\times(0.6+0.5/2)]\times1.0\times1570\times0.75$

$=1293\text{kN}$

13.[答案] D

[解析] $\varphi=\arctan\dfrac{M}{\gamma_wV(\rho-a)}$

$\rho=\dfrac{I}{V}=\dfrac{50}{40}=1.25\text{m}$

$\rho-a=1.25-0.4=0.85\text{m}$

$\varphi=\arctan\dfrac{48}{10\times40\times0.85}=8^\circ2'$

14.［答案］B

［解析］

(1)$e_1=e_{max}-D_{rl}(e_{max}-e_{min})=0.978-0.886(0.978-0.742)=0.769$

(2)$S=0.95\xi d\times\sqrt{\frac{1+e_0}{e_0-e_1}}=0.95\times1.0\times0.4\times\sqrt{\frac{1+0.902}{0.902-0.769}}$

$=0.95\times1.0\times0.4\times3.780=1.44$

(3)取 $S\approx1.40$m。

15.［答案］C

［解析］$\overline{U}_{120}=\frac{30}{120}\overline{U}_{120}+\frac{30}{120}\overline{U}_{90}+\frac{60}{120}\overline{U}_{60}$

$=0.25\times0.960\times0.25\times0.916+0.5\times0.821$

$=0.880$

16.［答案］B

［解析］$m=\frac{d^2}{d_e^2}=\frac{0.5^2}{(1.05\times1.2)^2}=0.157$

$E_{sp}=mE_p+(1-m)E_s=0.157\times90\times10^3+(1-0.157)\times2.5\times10^3=16237.5\text{kPa}$

$s_1=\frac{(p_z+p_{zl})\times l}{2E_{sp}}=\frac{(80+15)\times15}{2\times16237.5}=0.044\text{m}=44\text{mm}$

17.［答案］C

［解析］(1)$J_{a-x}=3/3=1$

(2)$n_1=\frac{e}{1+e}=\frac{0.667}{1+0.667}=0.4$

(3)$\frac{(G_s-1)(1-n_1)}{k}=\frac{(2.67-1)\times(1-0.4)}{2}=0.501<1=J_{a-x}$

(4)$t=\frac{Kj_{a-x}t_1\gamma_w-(G_s-1)(1-n_1)t_1\gamma_w}{\gamma}=\frac{2\times3\times10-(2.67-1)(1-0.4)\times3\times10}{18.5-10}$

$=3.52\text{m}$

18.［答案］B

［解析］原设计挡墙抗滑力：

$F=\frac{1.0+2.0}{2}\times4\gamma\times0.6=3.6\gamma$

变更设计净挡墙增厚 b 且抗滑力与原墙相同，故

$\left(\frac{1.0+2.0}{2}+b\right)\times4\gamma\times0.5=F=3.6\gamma$

$3+2b=3.6$

$b=\frac{0.6}{2}=0.3\text{m}$

19.［答案］D

［解析］ $p_t=\frac{F}{[\sin(\alpha+\beta)\tan\varphi+\cos(\varphi+\beta)]}=\frac{1220}{(\sin65^\circ\tan18^\circ+\cos65^\circ)}=1701\text{kN}$

20.［答案］ C

［解析］ 自重：$W=\frac{20\times8\times8}{2\tan70^\circ}=233\text{kN}$

$E_a=W\tan52^\circ=298\text{kN}$

根据《建筑边坡工程技术规范》(GB 50330—2013)第 11.2.1 条，挡墙高度为 8m，乘以 1.2 的增大系数，故：

$E=298\times1.2=357.6\text{kN}$

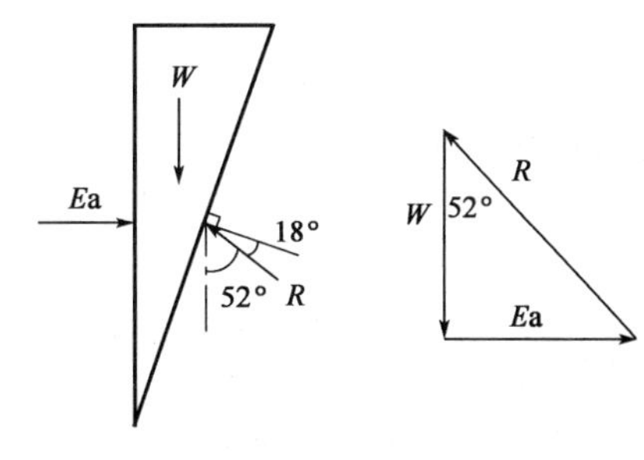

题 20 解图

21.［答案］ C

［解析］ $\frac{(10+1-H)\times20}{8\times10}=1.1$

得：$H=6.6\text{m}$

22.［答案］ D

［解析］ (1)墙重(扣除承压水扬压力)：$(20-4)\times10\times b^2/2=80b^2$

(2)墙前被动土压力的力矩：$1200\times2=2400\text{kN}\cdot\text{m/m}$

(3)墙后主动土压力的力矩：$800\times4=3200\text{kN}\cdot\text{m/m}$

(4)$k=\frac{\text{抗倾覆力矩}}{\text{倾覆力矩}}=\frac{80b^2+2400}{3200}=1.2$

(5)$80b^2=1.2\times3200-2400=1440$

$b^2=18, b=4.24\text{m}$

23.［答案］ B

［解析］ $T=20+28+24-3-2=67<85$

$S=\frac{R_b\cdot k_v}{\sigma_m}, k_v=\left(\frac{3320}{4176}\right)^2=0.63$

$S=\frac{55.8\times0.63}{11.5}=3.1<4$

故判断为Ⅲ类围岩。

24.［答案］ A

［解析］ 原位十字板试验具有不改变土的应力状态和对土的扰动较小的优势，故试验结果最接近软土的真实情况；薄壁取土器取样质量较好，而厚壁取土器取样已明显扰动，故试验结果最差。

25.［答案］ C

［解析］ (1)根据《膨胀土地区建筑技术规范》(GB 50112—2013)表 5.2.12 知，大气影响深度为 3.0m。

(2)据第 5.2.13 条，大气急剧影响深度为 $0.45\times3.0=1.35$m。

(3)据第 5.2.3 条，平坦场地上的多层建筑物，基础最小埋深不应小于大气影响急剧层深度，故至少应达到 1.35m。

26. **[答案]** A

[解析] 地表影响半径 r：

$$r=\frac{H}{\tan\beta}=\frac{110}{\tan60^\circ}=\frac{110}{1.73}=63.58\text{m}$$

倾斜率：$i=\dfrac{\eta_{max}}{r}=\dfrac{1250}{63.58}=19.7\text{mm/m}$

根据《岩土工程勘察规范》(GB 500201—2001)第 5.5.5 条，地表倾斜大于 10mm/m，不宜作为建筑场地。$i=19.7\text{mm/m}>10\text{mm/m}$，该场地不宜作为建筑场地。

27. **[答案]** B

[解析] 岩块重量：$W=2.6\times4.6\times25=299\text{kN/m}$

平行坡面的静水压力：$E_N=\dfrac{1}{2}\times10\times4.6^2\times\cos20^\circ=99\text{kN/m}$

$$k_1=\frac{\text{抗滑移作用力}}{\text{下滑作用力}}=\frac{299\times\cos20^\circ\times\tan16^\circ+50\times2.6}{299\times\sin20^\circ+99}=\frac{210.57}{201.26}=1.05$$

$$k_2=\frac{\text{抗倾覆力矩}}{\text{倾覆力矩}}=\frac{299\times0.435}{99\times4.6/3}=\frac{130.07}{151.8}=0.86$$

由于 $k_2<k_1$，选其小者 $k_2=0.86$。

28. **[答案]** D

[解析] 覆盖层厚度应取 25mm，则

$$v_{se}=\frac{20}{\dfrac{2}{150}+\dfrac{3}{200}+\dfrac{5}{100}+\dfrac{10}{300}}=179.1\text{m/s}$$

29. **[答案]** B

[解析] $F_h=\text{条块重力}\times a_h\xi a_i/g=4000\times0.20g\times0.25\times1.75/g=350\text{kN/m}$

30. **[答案]** A

[解析] $H=\dfrac{t_2-t_1}{2}c=\dfrac{0.0093-0.0087}{2}\times1000=0.3\text{m}$

2008 年案例分析试题(上午卷)

1. 某黄土试样进行室内双线法压缩试验,一个试样在天然湿度下压缩至 200kPa,压力稳定后浸水饱和,另一个试样在浸水饱和状态下加荷至 200kPa,试验数据如下表。若该土样上覆土的自重压力为 150kPa,其湿陷系数与自重湿陷系数最接近下列哪个选项的数据组合? ( )

题 1 表

压力(kPa)	0	50	100	150	200	200 浸水饱和
天然湿度下试样高度 h_p(mm)	20.00	19.79	19.50	19.21	18.92	18.50
浸水饱和状态下试样高度 h'_p(mm)	20.00	19.55	19.19	18.83	18.50	

(A)0.015,0.015 (B)0.019,0.017 (C)0.021,0.019 (D)0.075,0.058

2. 下图为某地质图的一部分,图中虚线为地形等高线,粗实线为一倾斜岩面的出露界线。a、b、c、d 为岩面界线和等高线的交点,直线 ab 平行于 cd,和正北方向的夹角为 15°,两线在水平面上的投影距离为 100m。下列关于岩面产状的选项哪个是正确的? ( )

题 2 图

(A)NE75°∠27° (B)NE75°∠63° (C)SW75°∠27° (D)SW75°∠63°

3. 为求取有关水文地质参数,采用带两个观察孔的潜水完整井进行三次降深抽水试验。其地层和井壁结构如图所示,已知:$H=15.8$m,$r_1=10.6$m,$r_2=20.5$m。抽水试验成果见下表。渗透系数 K 值最接近下列哪个选项? ( )

题 3 表

降 深 S(m)	流 量 Q(m^3/d)	观 1 孔水位降(m)	观 2 孔水位降(m)
5.6	1490	2.2	1.8
4.1	1218	1.8	1.5
2.0	817	0.9	0.7

(A)25.6m/d　　(B)28.9m/d

(C)31.7m/d　　(D)35.2m/d

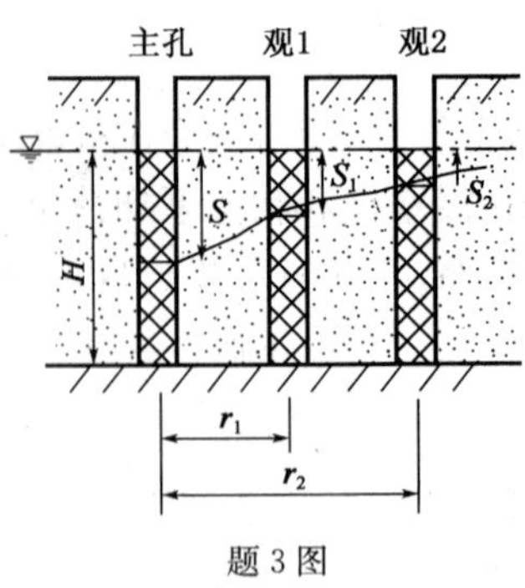

题3图

4. 某预钻式旁压试验所得压力 p 和体积 V 的数据和据此绘制的 p-V 曲线如下表和图所示。图中 ab 段为直线段。采用旁压试验临塑荷载法确定该试验土层的承载力 f_{ak} 值与下列哪个选项最为接近?(需要时,表中数值可内插)　（　）

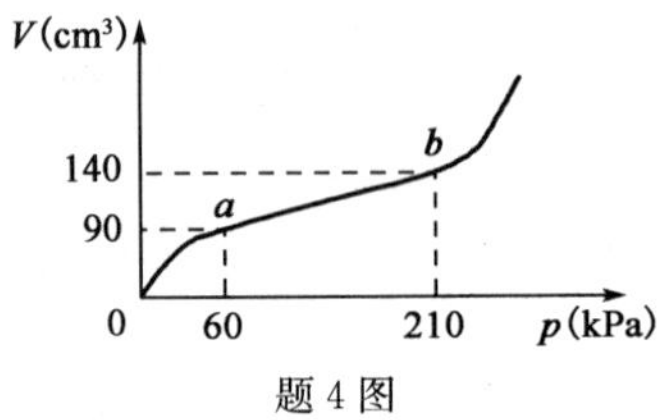

题4图

题4表

压力 p(kPa)	30	60	90	120	150	180	210	240	270
体积 V(cm^3)	70	90	100	110	120	130	140	170	240

(A)105kPa　　(B)150kPa

(C)180kPa　　(D)210kPa

5. 如图所示,某砖混住宅,条形基础,地层为黏粒含量小于10%的均质粉土,重度为19kN/m^3。施工前用深层载荷试验实测基底标高处的地基承载力特征值为350kPa,已知上部结构传至基础顶面的竖向力为260kN/m,基础和台阶上的土重平均重度为20kN/m^3。按照现行《建筑地基基础设计规范》(GB 50007—2011)要求,基础宽度的设计结果最接近下列哪一个选项?　（　）

(A)0.84m　　(B)1.04m

(C)1.33m　　(D)2.17m

6. 高速公路在桥头段软土地基上采用高填方路基,路基平均宽度30m,路基自重及路面荷载传至路基底面的均布荷载为120kPa,地基土均匀,平均压缩模量为6MPa,沉降计算压缩厚度按24m考虑,沉降计算修正系数取1.2,桥头路基的最终沉降量最接近下列哪个选项?　（　）

(A)124mm　　(B)206mm

(C)248mm　　(D)495mm

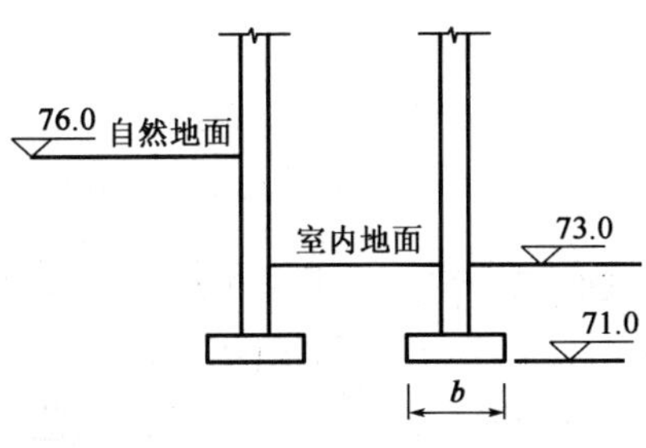

题 5 图

7. 山前冲洪积场地，粉质黏土①层中潜水水位埋深 1.0m，黏土②层下卧砾砂③层，③层内存在承压水，水头高度和地面平齐。问地表下 7.0m 处地基上的有效自重应力最接近下列哪个选项的数值？（　　）

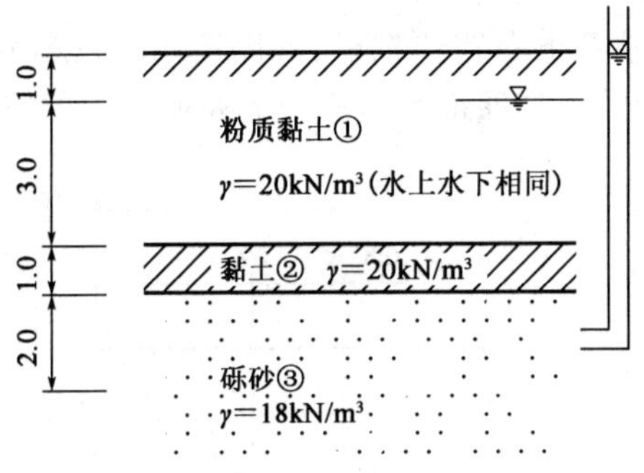

题 7 图(尺寸单位:m)

(A)66kPa　　(B)76kPa

(C)86kPa　　(D)136kPa

8. 天然地基上的独立基础，基础平面尺寸 5m×5m，基底附加压力 180kPa，基础下地基土的性质和平均附加应力系数见下表。问地基压缩层的压缩模量当量值最接近下列哪个选项的数值？（　　）

题 8 表

土 名 称	厚　度(m)	压缩模量(MPa)	平均附加应力系数
粉土	2.0	10	0.9385
粉质黏土	2.5	18	0.5737
基岩	>5		

(A)10MPa　　(B)12MPa

(C)15MPa　　(D)17MPa

9. 条形基础底面处的平均压力为 170kPa，基础宽度 $B=3\text{m}$，在偏心荷载作用下，基底边缘处的最大压力值为 280kPa，该基础合力偏心距最接近下列哪个选项的数值？（　　）

(A)0.50m　　(B)0.33m

(C)0.25m　　(D)0.20m

10. 柱下素混凝土方形基础顶面的竖向力(F_k)为 570kN，基础宽度取为 2.0m，柱脚宽度 0.40m。室内地面以下 6m 深度为均质粉土层，$\gamma=\gamma_m=20\text{kN/m}^3$、$f_{ak}=150\text{kPa}$、黏粒含量 $\rho_c=7\%$。根据以上条件和《建筑地基基础设计规范》(GB 50007—2011)，柱基础埋深应不小于下列哪个选项的数值？（基础与基础上土的平均重度 γ 取为 20kN/m^3）（　　）

(A)0.50m　　(B)0.70m

(C)0.80m　　(D)1.00m

11. 作用于桩基承台顶面的竖向力设计值为 5000kN，x 方向的偏心距为 0.1m，不计承台及承台上土自重，承台下布置 4 根桩，如图所示，根据《建筑桩基技术规范》(JGJ 94—2008)计算，承台承受的正截面最大弯矩与下列哪个选项的数值最为接近？（　　）

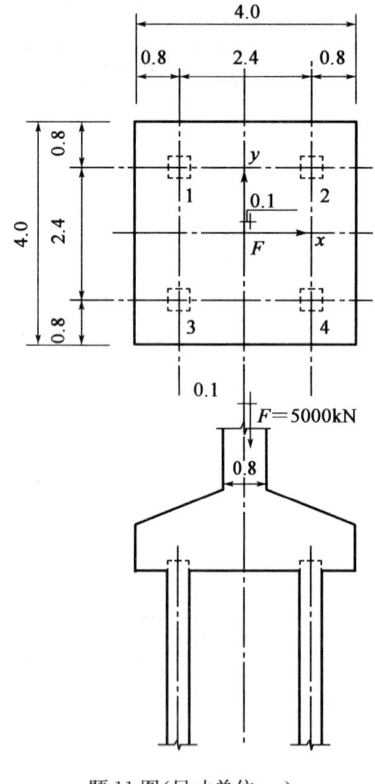

题 11 图(尺寸单位：m)

(A)1999.8kN·m　　(B)2166.4kN·m

(C)2999.8kN·m　　(D)3179.8kN·m

12. 一圆形等截面沉井排水挖土下沉过程中处于如图所示状态，刃脚完全掏空，井体仍然悬在土中，假设井壁外侧摩阻力呈倒三角形分布，沉井自重 $G_0=1800\text{kN}$，问地表下 5m 处井壁所受拉力最接近下列何值？（假定沉井自重沿深度均匀分布）（　　）

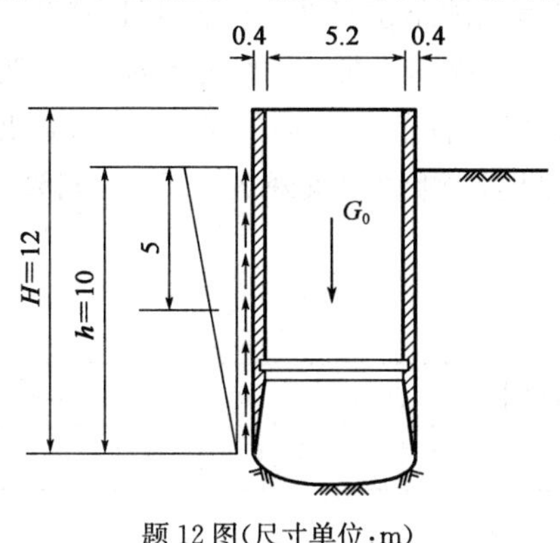

题 12 图（尺寸单位：m）

(A)300kN　　(B)450kN

(C)600kN　　(D)800kN

13. 某铁路桥梁桩基如图所示，作用于承台顶面的竖向力和承台底面处的力矩分别为 6000kN 和 2000kN·m。桩长 40m，桩径 0.8m，承台高度 2m，地下水位与地表齐平，桩基所穿过土层的厚度加权平均内摩擦角为 $\bar{\varphi}=24°$，假定实体深基础范围内承台、桩和土的混合平均重度取 20kN/m^3，根据《铁路桥涵地基和基础设计规范》(TB 10002.5—2005)按实体基础验算，桩端底面处地基容许承载力至少应接近下列哪个选项的数值才能满足要求？（　　）

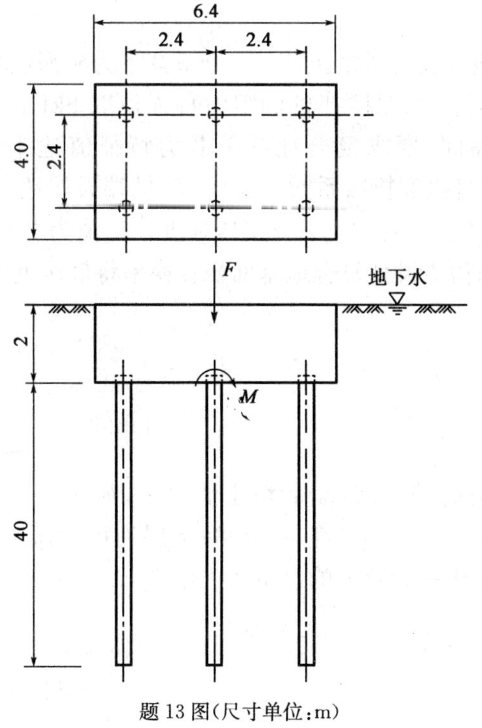

题 13 图（尺寸单位：m）

(A)465kPa　　(B)890kPa

(C)1100kPa　　(D)1300kPa

14. 某软黏土地基采用排水固结法处理，根据设计，瞬时加载条件下加载后不同时间的平均固结度见下表(表中数据可内插)。加载计划如下：第一次加载(可视为瞬时加载，下同)量为 30kPa，预压 20d 后第二次再加载 30kPa，再预压 20d 后第三次再加载 60kPa，第一次加载后到 80d 时观测到的沉降为 120cm，问到 120d 时，沉降量最接近下列哪一选项？　（　　）

题 14 表

t(d)	10	20	30	40	50	60	70	80	90	100	110	120
U(%)	37.7	51.5	62.2	70.6	77.1	82.1	86.1	89.2	91.6	93.4	94.9	96.0

(A)130cm　　(B)140cm

(C)150cm　　(D)160cm

15. 在一正常固结软黏土地基上建设堆场。软黏土层厚 10.0m，其下为密实砂层。采用堆载预压法加固，砂井长 10.0m，直径长 0.30m。预压荷载为 120kPa，固结度达 0.80时卸除堆载。堆载预压过程中地基沉降 1.20m，卸载后回弹 0.12m。堆场面层结构荷载为 20kPa，堆料荷载为 100kPa。预计该堆场工后沉降最大值将最接近下列哪个选项的数值？(不计次固结沉降)　（　　）

(A)20cm　　(B)30cm

(C)40cm　　(D)50cm

16. 某工业厂房场地浅表为耕植土，厚 0.50m；其下为淤泥质粉质黏土，厚约 18.0m，承载力特征值 $f_{ak}=70$kPa，水泥搅拌桩侧阻力特征值取 9kPa。下伏厚层密实粉细砂层。采用水泥搅拌桩加固，要求复合地基承载力特征值达 150kPa。假设有效桩长 12.00m，桩径为 500，桩身强度折减系数 η 取 0.25，桩端天然地基土承载力折减系数 α_p 取 0.50，水泥加固土试块 90d 龄期立方体抗压强度平均值为 2.0MPa，桩间土承载力折减系数 β 取 0.40。试问初步设计复合地基面积置换率将最接近下列哪个选项的数值？　（　　）

(A)13%　　(B)18%

(C)21%　　(D)26%

17. 一墙背垂直光滑的挡土墙，墙后填土面水平，如图所示。上层填土为中砂，厚 $h_1=2$m，重度 $\gamma_1=18$kN/m^3，内摩擦角 $\varphi_1=28°$；下层为粗砂，$h_2=4$m，$\gamma_2=19$kN/m^3，$\varphi_2=31°$。问下层粗砂层作用在墙背上的总主动土压力 E_{a2} 最接近下列哪个选项？　（　　）

(A)65kN/m　　(B)87kN/m

(C)95kN/m　　(D)106kN/m

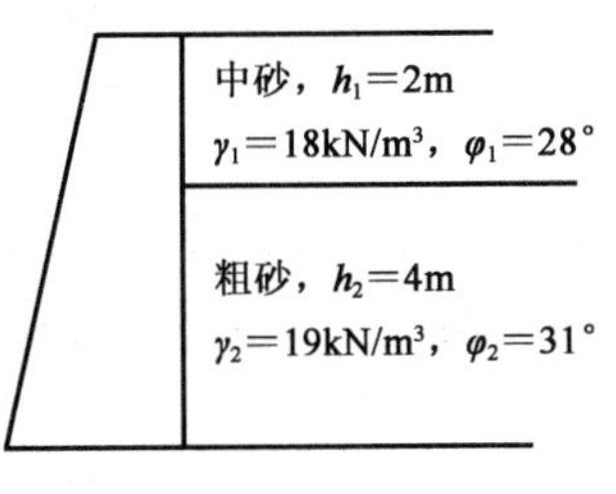

题 17 图

18. 透水地基上的重力式挡土墙，如图所示。墙后砂填土的 $c=0$，$\varphi=30°$，$\gamma=18\text{kN/m}^3$。墙高 7m，上顶宽 1m，下底宽 4m，混凝土重度为 25kN/m^3。墙底与地基土摩擦系数为 $f=0.58$，当墙前后均浸水时，水位在墙底以上 3m，除砂土饱和重度变为 $\gamma_{sat}=20\ \text{kN/m}^3$ 外，其他参数在浸水后假定都不变。水位升高后该挡土墙的抗滑移稳定安全系数最接近于下列哪个选项？（　　）

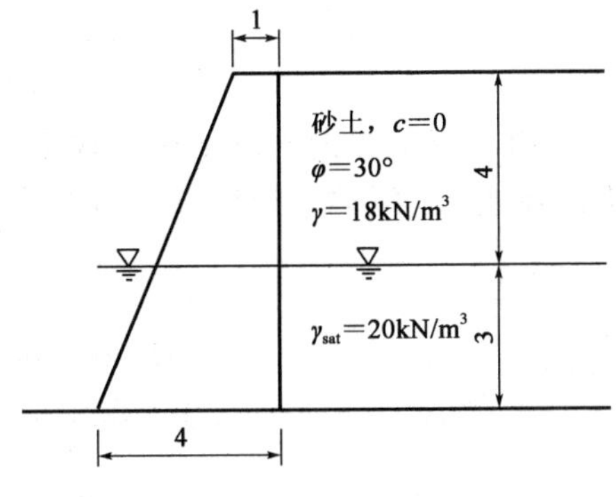

题 18 图(尺寸单位:m)

(A)1.08　　(B)1.40

(C)1.45　　(D)1.88

19. 一填方土坡相应于下图的圆弧滑裂面时，每延米滑动土体的总重量 $W=250$ kN/m，重心距滑弧圆心水平距离为 6.5m，计算的安全系数为 $F_{su}=0.8$，不能满足抗滑稳定而需要采取加筋处理，要求安全系数达到 $F_{sr}=1.3$。按照《土工合成材料应用技术规范》(GB 50290—1998)，采用设计容许抗拉强度为 19kN/m 的土工格栅以等间距布置时，土工格栅的最少层数接近下列哪个选项？（　　）

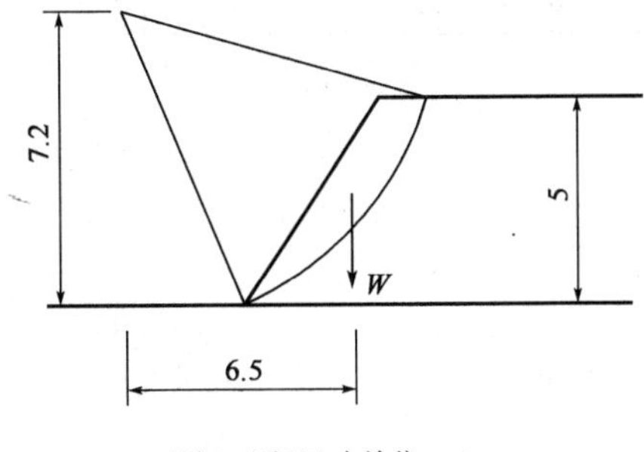

题 19 图(尺寸单位:m)

(A)5　　(B)6
(C)7　　(D)8

20. 高速公路排水沟呈梯形断面，设计沟内水深1.0m，过水断面积$W=2.0\text{m}^2$，湿周$P=4.10\text{m}$，沟底纵坡0.005，排水沟粗糙系数$n=0.025$，问该排水沟的最大流速最接近下列哪个选项？（　　）

(A)1.67m/s　　(B)3.34m/s
(C)4.55m/s　　(D)20.5m/s

21. 墙面垂直的土钉墙边坡，土钉与水平面夹角为15°，土钉的水平与竖直间距都是1.2m。墙后地基土的$c=15\text{kPa}$，$\varphi=20°$，$\gamma=19\text{kN/m}^3$，无地面超载。在9.6m深度处的每根土钉的轴向受拉荷载最接近于下列哪个选项？（$\eta_i=1.0$）（　　）

(A)98kN　　(B)102kN
(C)139kN　　(D)208kN

22. 在基坑的地下连续墙后有一5m厚的含承压水的砂层，承压水头高于砂层顶面3m，在该砂层厚度范围内作用在地下连续墙上单位长度的水压力合力最接近于下列哪个选项？（　　）

(A)125kN/m　　(B)150kN/m
(C)275kN/m　　(D)400kN/m

23. 基坑开挖深度为6m，土层依次为人工填土、黏土和砾砂，如图所示。黏土层，$\gamma=19\text{kN/m}$，$c=20\text{kPa}$，$\varphi=12°$。砂层中承压水水头高度为9m。基坑底至含砾粗砂层顶面的距离为4m。抗突涌安全系数取1.20，为满足抗承压水突涌稳定性要求，场地承压水最小降深最接近于下列哪个选项？（　　）

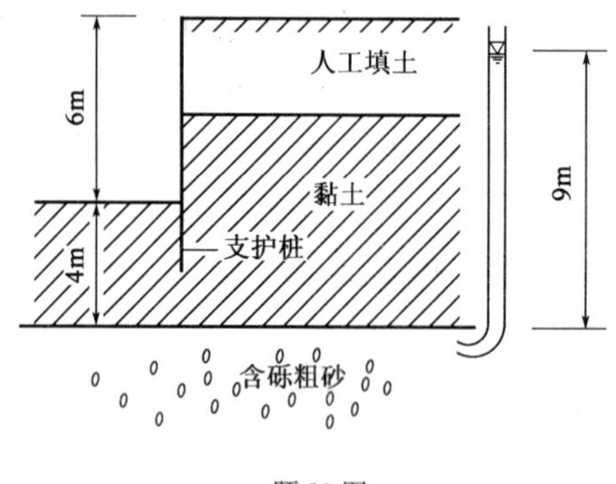

题23图

(A)1.4m　　(B)2.1m
(C)2.7m　　(D)4.0m

24. 以厚层黏性土组成的冲积相地层，由于大量抽汲地下水引起大面积地面沉降。经

20年观测，地面总沉降量达1250mm，从地面下深度65m处以下沉降观测标未发生沉降。在此期间，地下水位深度由5m下降到35m。问该黏性土地层的平均压缩模量最接近下列哪个选项？（　　）

(A)10.8MPa　　(B)12.5MPa

(C)15.8MPa　　(D)18.1MPa

25. 某场地基础底面以下分布的湿陷性砂厚度为7.5m，按厚度平均分3层，采用0.50m² 的承压板进行了浸水载荷试验，其附加湿陷量分别为6.4cm、8.8cm、和5.4cm。该地基的湿陷等级为下列哪个选项？（　　）

(A)Ⅰ(较微)　　(B)Ⅱ(中等)

(C)Ⅲ(严重)　　(D)Ⅳ(很严重)

26. 在某裂隙岩体中，存在一直线滑动面，其倾角为30°。已知岩体重力为1500kN/m，当后缘垂直裂隙充水高度为8m时，试根据《铁路工程不良地质勘察规程》(TB 10027—2012)计算下滑力，其值最接近下列哪个选项？（　　）

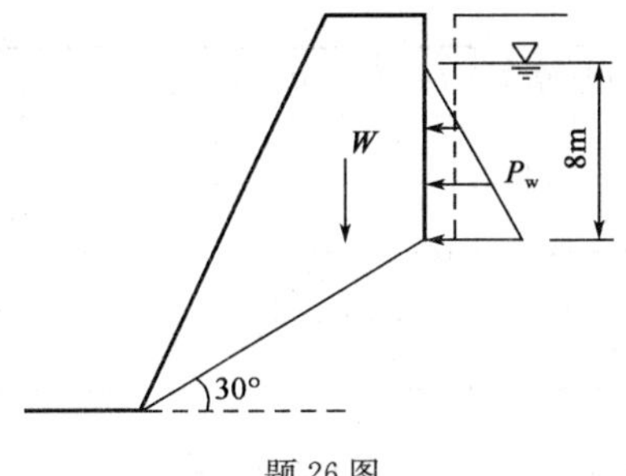

题26图

(A)1027kN/m　　(B)1238kN/m

(C)1330kN/m　　(D)1430kN/m

27. 已知场地地震烈度7度，设计基本地震加速度为0.15g，设计地震分组为第一组。对建造于Ⅱ类场地上，结构自振周期为0.40s，阻尼比为0.05的建筑结构进行截面抗震验算时，相应的水平地震影响系数最接近下列哪个选项的数值？（　　）

(A)0.08　　(B)0.10

(C)0.12　　(D)0.16

28. 某8层民用住宅高22m。已知场地地基土层的埋深及性状如下表所示。问该建筑的场地类别可划分为下列哪个选项的结果？请说明理由。（　　）

题28表

层　序	岩土名称	层底深度(m)	性　状	f_{ak}(kPa)
①	填土	1.0		120
②	黄土	7.0	可塑	160

续上表

层 序	岩 土 名 称	层底深度(m)	性 状	f_{ak}(kPa)
③	黄土	8.0	流塑	100
④	粉土	12.0	中密	150
⑤	细砂	18.0	中密—密实	200
⑥	中砂	30.0	密实	250
⑦	卵石	40.0	密实	500
⑧	基岩			

注:f_{ak}为地基承载力特征值。

(A)Ⅱ类　　(B)Ⅲ类

(C)Ⅳ类　　(D)无法确定

29. 某建筑拟采用天然地基。场地地基土由上覆的非液化土层和下伏的饱和粉土组成。地震烈度为8度。按《建筑抗震设计规范》(GB 50011—2010)进行液化初步判别时,下列选项中只有哪个选项需要考虑液化影响? (　　)

题29表

选项	上覆非液化土层厚度 d_u(m)	地下水位深度 d_w(m)	基础埋置深度 d_b(m)
(A)	6.0	5.0	1.0
(B)	5.0	5.5	2.0
(C)	4.0	5.5	1.5
(D)	6.5	6.0	3.0

30. 某钻孔灌注桩,桩长15m,采用钻芯法对桩身混凝土强度进行检测。共采取3组芯样,试件抗压强度(单位MPa)分别为:第一组,45.4、44.9、46.1;第二组,42.8、43.1、41.8;第三组,40.9、41.2、42.8。问该桩身混凝土强度代表值最接近下列哪一个选项? (　　)

(A)41.6MPa　　(B)42.6MPa

(C)43.2MPa　　(D)45.5MPa

2008年案例分析试题答案(上午卷)

1.[答案] C

[解析]《湿陷性黄土地区建筑规范》(GB 50025—2004)第4.3.3条,4.3.4条。

(1)湿陷系数:$\delta_s=\frac{h_p-h'_p}{h_0}=\frac{18.92-18.50}{20}\approx0.021$

(2)自重湿陷系数:$\delta_{zs}=\frac{h_z-h'_z}{h_0}=\frac{19.21-18.83}{20}\approx0.019$

2.[答案] A

[解析] 首先根据已知条件可以判断,所给两条直线的方向即为岩面的走向,岩面的倾向垂直于这两条线,再看ab高于cd,可知岩面的倾向为NE75°。

计算倾角:ab和cd的高度差为50m,水平距离为100m

故倾角:$\alpha=\arctan\left(\frac{50}{100}\right)=27°$

该岩面的产状为:NE75°∠27°

3.[答案] B

[解析] 按题意,选用潜水完整井计算:

$$K=\frac{0.732Q}{(2H-S_1-S_2)(S_1-S_2)}\lg\frac{r_2}{r_1}$$

$$K_1=\frac{0.732\times1490}{(2\times15.8-2.2-1.8)(2.2-1.8)}\lg\frac{20.5}{10.6}=28.3\text{m/d}$$

$$K_2=\frac{0.732\times1218}{(2\times15.8-1.8-1.5)(1.8-1.5)}\lg\frac{20.5}{10.6}=30.1\text{m/d}$$

$$K_3=\frac{0.732\times817}{(2\times15.8-0.9-0.7)(0.9-0.7)}\lg\frac{20.5}{10.6}=28.5\text{m/d}$$

$$K=\frac{K_1+K_2+K_3}{3}=28.9\text{m/d}$$

4.[答案] C

[解析]《岩土工程勘察规范》(GB 50021—2001)第10.7.4条、10.7.5条及条文说明。

临塑荷载法承载力计算公式:$f_{ak}=p_f-p_0$,关键点是初始压力p_0的确定。

式中:p_f——临塑压力,为试验曲线直线段的终点;由图表可知$p_0=210$kPa;

p_0——初始压力,为直线段延长与V轴的交点V_0所对应的试验曲线上的压力值。

如图所示,可以根据ab段的压力和体积数据求得$V_0=70\text{cm}^3$,由数据表可知$p_0=30$kPa

$f_{ak}=210-30=180$kPa

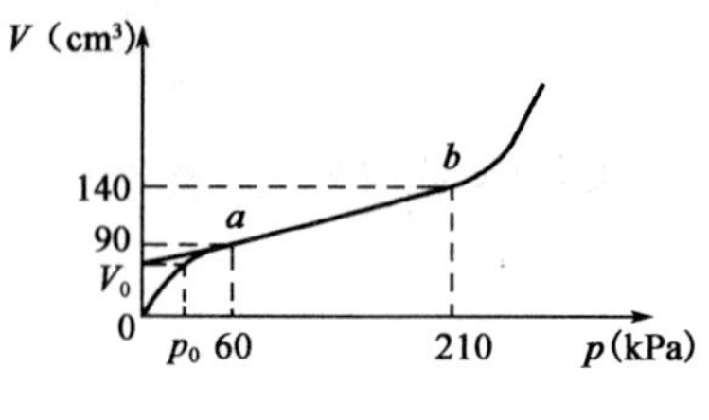

题 4 解图

5.[答案] C

[解析]《建筑地基基础设计规范》(GB 50007—2011)第 5.2.4 条、5.2.1 条。

(1)反算实际埋深条件下的地基承载力特征值:

$f_a=350-2.0\times(76-73)\times19=236\text{kPa}$

(2)基础宽度:$b=\dfrac{F}{f_a-\gamma d}=\dfrac{260}{236-20\times(73-71)}=1.33\text{m}$

6.[答案] C

[解析] 查表条形荷载短边角点下的平均附加应力系数:

$z=24, z/b=24/15=1.6, \bar{\alpha}=0.2152\times2=0.4304$

$s=1.2\times\dfrac{0.4304\times120}{6}\times24=247.9\text{mm}$

7.[答案] A

[解析] (1)总应力:$\sigma_z=4.0\times20+1.0\times20+2.0\times18=136\text{kPa}$

(2)有效自重应力:$\sigma'_z=136-7\times10=66\text{kPa}$

8.[答案] B

[解析]《建筑地基基础设计规范》(GB 50007—2011)第 5.3.6 条。

$$\bar{E}_s=\frac{\sum A_i}{\sum\dfrac{A_i}{E_{si}}}=\frac{4.5\times0.5737}{\dfrac{2\times0.9385}{10}+\dfrac{4.5\times0.5737-2\times0.9385}{18}}$$

$$=\frac{2.582}{0.227}=11.4\text{MPa}$$

9.[答案] B

[解析] $p_{max}=p\left(1+\dfrac{6e}{B}\right)$

偏心矩:$e=\left(\dfrac{p_{max}-p}{6p}\right)B=\dfrac{280-170}{6\times170}\times3=0.32\text{m}$

10.[答案] C

[解析]《建筑地基基础设计规范》(GB 50007—2011)第 5.2.2 条、5.2.4 条、8.1.1 条。

第一步,在满足承载力设计要求时的基础埋深:

$f_a=150+2.0\times20\times(d-0.50)\geqslant\frac{570+2\times2\times d\times20}{2\times2}$

因此，$d\geqslant0.625\approx0.7$m

第二步，满足基础台阶高度设计要求时的基础高度：

按 $d=0.70$m 得出的基底压力 $p_k=(570+4\times20\times0.70)/4=156.50$kPa，根据《建筑地基基础设计规范》(GB 50007—2011)第 8.1.1 条，得出 $\tan\alpha=1$，所以

$H_0\geqslant\frac{b-b_0}{2\tan\alpha}=\frac{2-0.40}{2\times1}=0.8$m

第三步，根据以上结果，基础埋深应大于 0.80m。

11.［答案］B

［解析］《建筑桩基技术规范》(JGJ 94—2008)第 5.1.1 条、5.9.2 条。

(1)求 4 根桩净反力设计值

1、3 号桩：$N_1=N_3=\frac{F}{n}-\frac{M_yX_{max}}{\sum X_i^2}=\frac{5000}{4}-\frac{0.1\times5000\times1.2}{4\times1.2^2}=1145.8$kN

2、4 号桩：$N_2=N_4=\frac{F}{n}+\frac{M_yX_{max}}{\sum X_i^2}=\frac{5000}{4}+\frac{0.1\times5000\times1.2}{4\times1.2^2}=1354$kN

(2)求承台弯矩

$M_x=(N_1+N_2)y_i=(1145.8+1354)\times0.8=1999.8$kN·m

$M_y=(N_2+N_4)x_i=(1354+1354)\times0.8=2166.4$kN·m，取大值。

12.［答案］A

［解析］沉井处于平衡状态，U 为沉井外壁周长，f_m 为地面处井壁与土摩阻力，f_x 为沉井入土 1/2 处井壁与土摩阻力。

故，$\frac{1}{2}f_mh\cdot U=G_0$，　所以 $f_m=\frac{2G_0}{hU}$，　$f_x=\frac{1}{2}f_m=\frac{G_0}{hG}$

$$拉力：S=\frac{\frac{1}{2}h}{H}G_0-\frac{1}{2}f_x\cdot\frac{1}{2}h\cdot U=\frac{10}{2\times12}G_0-\frac{1}{2}\cdot\frac{G_0}{hU}\cdot\frac{hU}{2}$$

$$=\frac{5}{12}G_0-\frac{G_0}{4}=\frac{2}{12}G_0=\frac{1}{6}G_0=\frac{1}{6}\times1800=300\text{kN}$$

13.［答案］A

［解析］《铁路桥涵地基和基础设计规范》(TB 10002.5—2005)附录 E。

$\frac{N}{A}+\frac{M}{W}\leqslant[\sigma]$

$A=(5.6+2\times40\times\tan6°)\times(3.2+2\times40\times\tan6°)=(5.6+8.4)\times(3.2+8.4)$
$=162.4\text{m}^2$

$N=F+G=6000+162.4\times42\times10=74208$kN

$W=\frac{1}{6}\times11.6\times14^2=378.9\text{m}^3$

$[\sigma]\geqslant\frac{74208}{162.4}+\frac{2000}{378.9}=462$kPa

14.［答案］B

［解析］三级加载：第一级瞬时加载 $\Delta p_1=30$kPa；第二级瞬时加载 $\Delta p_2=30$kPa；第三级瞬时加载 $\Delta p_3=60$kPa。总荷载 $\Sigma\Delta p=120$kPa。

根据太沙基修正法：

$$\overline{U}_{80}=\frac{30}{120}U_{80}+\frac{30}{120}U_{60}+\frac{60}{120}U_{40}=0.25\times0.892+0.25\times0.821+0.5\times0.706=0.781$$

$$\overline{U}_{120}=\frac{30}{120}U_{120}+\frac{30}{120}U_{100}+\frac{60}{120}U_{80}=0.25\times0.960+0.25\times0.934+0.5\times0.892=0.920$$

$$S_{120}=\frac{\overline{U}_{120}}{\overline{U}_{80}}S_{80}=120\times\frac{0.9201}{0.7891}=141\text{cm}$$

15.［答案］C

［解析］地基在120kPa荷载作用下的总沉降为 $s=120/0.8=150$cm；

堆载预压阶段已完成沉降120cm；

回弹再压缩沉降约12cm；

工后沉降应：$s=150-120+12=42$cm

16.［答案］D

［解析］《建筑地基处理技术规范》(JGJ 79—2012)第7.1.5条、7.3.3条。

(1)求单桩承载力特征值

$$R_a=u_p\sum_{i=1}^{n}q_{si}l_{pi}+\alpha_p q_p A_p=0.5\pi\times12\times9+0.5\times70\times0.25\times0.25\times\pi=176.5\text{kN}$$

$$R_a=\eta f_{cu}A_p=0.25\times2000\times0.25\times0.25\times\pi=98.1\text{kN}$$

则 R_a 应取98.1kN。(取小值)

(2)求面积置换率 m

$$f_{spk}=m\frac{\lambda R_a}{A_p}+\beta(1-m)f_{ak}$$

$$150=m\times\frac{1.0\times98.1}{0.25\times0.25\times\pi}+0.4(1-m)\times70$$

$m=26\%$

17.［答案］C

［解析］粗砂层顶部土压力：

$$p_{a2}^{上}=h_1\gamma_1k_{a2}=18\times2\times\tan^2\left(45°-\frac{31°}{2}\right)=36\times0.32=11.5\text{kN/m}^2$$

粗砂层底部土压力：

$$p_{a2}^{下}=(\gamma_1h_1+\gamma_2h_2)k_{a2}=(18\times2+19\times4)\times0.32=35.84\text{kN/m}^2$$

粗砂层作用于墙背的主动土压力：

$$E_{a2}=\frac{1}{2}(p_{a2}^{上}+p_{a2}^{下})h_2=\frac{1}{2}\times(11.5+35.84)\times4=94.68\approx95\text{kN/m}$$

18.［答案］C

[解析] 主动土压力系数：$K_a=1/3$。

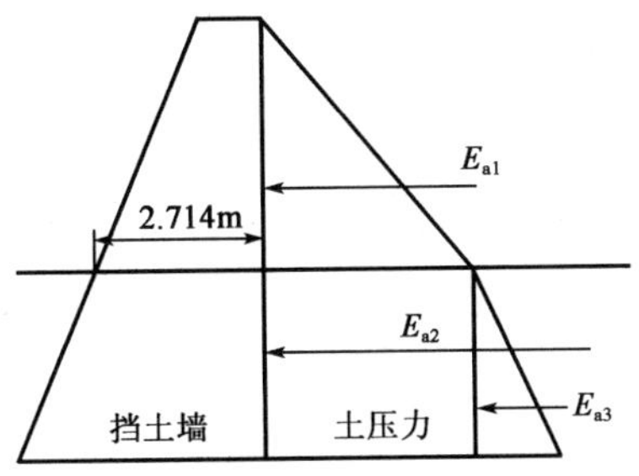

题18解图

土压力：

$E_{a1}=0.5\times18\times4\times\frac{4}{3}=48kN/m, E_{a2}=18\times4\times\frac{3}{3}=72kN/m, E_{a3}=0.5\times10\times3\times\frac{3}{3}=48kN/m$

总水平土压力：$E_a=48+72+15=135kN/m$

墙重：$W=0.5[(1+2.714)\times4\times25+(2.714+4)\times3\times15]=337kN$

安全系数：$K=337\times\frac{0.58}{135}=1.45$

19.[答案] D

[解析]《土工合成材料应用技术规范》(GB 50290—1998)公式6.4.2-1。

$T_s=(F_{sr}-F_{su})\frac{M_0}{D}$

$F_{sr}-F_{su}=1.3-0.8=0.5$

$D=7.2-5/3=5.533m$

$M_0=250\times6.5=1625kN\cdot m/m$

$T_s=0.5\times1625/5.533=147kN/m$

$n=147/19=7.7\approx8$

20.[答案] A

[解析] 水力半径：$R=W/P=2.0/4.10=0.488m<1.0m$

流速系数：$c=\frac{1}{n}R^{1.5\sqrt{n}}=\frac{1}{0.025}\times0.488^{1.5\sqrt{0.025}}=33.8$

流速：$v=c\sqrt{Ri}=33.8\times\sqrt{0.488\times0.005}=1.67m/s$

21.[答案] B

[解析]《建筑基坑支护技术规程》(JGJ 120—2012)第5.2.2条、5.2.3条。

单根土钉轴向受抗荷载 N_{kj}：

$$\xi=\left(\tan\frac{90°-20°}{2}\right)\times\frac{\frac{1}{\tan\frac{90°+20°}{2}}-\frac{1}{\tan90°}}{\tan^2\left(45°-\frac{20°}{2}\right)}=\frac{0.7\times0.7}{0.49}=1.0$$

$K_a = \tan^2(45° - \frac{\varphi}{2}) = \tan^2(45° - \frac{20°}{2}) = 0.49$

9.6m 处边坡主动土压力强度：

$p_{ak} = \gamma z K_a - 2c\sqrt{K_a}$

$= 19 \times 9.6 \times 0.49 - 2 \times 15 \times \sqrt{0.49} = 89.4 - 21 = 68.4\text{kPa}$

$N_{kj} = \frac{1}{\cos\alpha j}\xi\eta_j p_{ak} s_{xj} s_{zj} = \frac{1}{\cos 15°} \times 1.0 \times 1.0 \times 68.4 \times 1.2 \times 1.2 = 101.97\text{kN}$

22.[答案] C

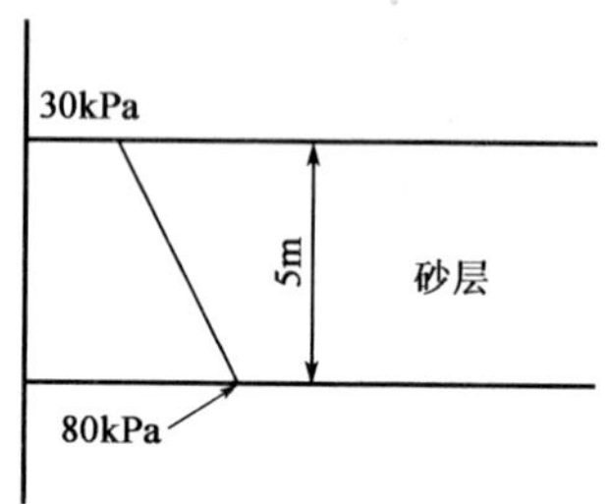

题 22 解图

[解析] $E_w = \frac{1}{2}\gamma_w(3+8) \times 5 = \frac{1}{2} \times 10 \times 11 \times 5 = 275\text{kN/m}$

23.[答案] C

[解析] 当基坑底之下某深度处有承压含水层时，应按下式验算抗承压水突涌稳定性：

$H_w \cdot \gamma_w \leqslant \frac{1}{K_{ty}} \cdot D \cdot \gamma$

$H_w \times 10 \leqslant \frac{1}{1.2} \times 4 \times 19$

$H_w \leqslant 6.3\text{m}$

至少应降低 9－6.3＝2.7m

24.[答案] A

[解析] (1)采用分层综合计算，公式为 $s = \sum_{i=1}^{n} \frac{\Delta P_i}{E_i} H_i$。

(2)将地层分为 3 层，即 0～5m 为第一层，厚度 5m；

5～35m 为第二层，厚度 30m；

35～65m 为第三层，厚度 30m。

(3)计算由于水位下降产生的附加压力平均值：

地面处 $p = 0\text{MPa}$，第一层 $\Delta p_1 = \frac{0+0}{2} = 0\text{MPa}$；

地面下 5m 处 $p = 0\text{MPa}$；

地面下 35m 处 $p = 0.3\text{MPa}$，第二层 $\Delta p_2 = \frac{0+0.3}{2} = 0.15\text{MPa}$；

地面下 65m 处 $p=0.3\text{MPa}$，第三层 $\Delta p_3=\frac{0.3+0.3}{2}=0.30\text{MPa}$。

(4)用实测的地面沉降量反算压缩模量：

$$1250=\frac{0}{E}\times5000+\frac{0.15}{E}\times30000+\frac{0.30}{E}\times30000=\frac{13500}{E}$$

$E=10.8\text{MPa}$

25.**[答案]** C

[解析] (1)按《岩土工程勘察规范》(GB 50021—2001)第 6.1.5 条计算地基的总湿陷量 Δs。由于 $\frac{\Delta F_{si}}{b}>0.023$，所以应全深度计算。$\Delta s=\sum_{i=1}^{n}\beta\Delta F_{si}h_i$（承压板面积为 0.50m^2，β 取 0.014）。

$$\Delta s=\sum_{i=1}^{n}\beta\Delta F_{si}h_i=0.014\times(6.4\times250+8.8\times250+5.6\times250)=72.1\text{cm}$$

(2)按《岩土工程勘察规范》(GB 50021—2001)的表 6.1.6 进行判定。$\Delta s=72.1\text{cm}>60\text{cm}$，湿陷性土层总厚度 >3m，故湿陷性土地基的湿陷等级为Ⅲ级，答案为 C。

26.**[答案]** A

[解析]《铁路工程不良地质勘察规程》(TB 10027—2012)附录 A 第 A.0.2 条。

后缘垂直裂隙的静水压力：$V=\frac{1}{2}\gamma_w z_w^2=\frac{1}{2}\times10\times8^2=320\text{kN/m}$

下滑力：$T=W\sin\beta+V\cos\beta=1500\times\sin30°+320\times\cos30°=1027\text{kN/m}$

27.**[答案]** B

[解析]《建筑抗震设计规范》(GB 50011—2010)第 5.1.4 条、5.1.6 条。

截面抗震验算应考虑多遇地震：

从表 5.1.4-1，可得 $\alpha_{max}=0.12$；

从表 5.1.4-2，可得 $T_g=0.35\text{s}$；

阻尼比 $\zeta=0.05$ 时，$\gamma=0.9$，$\eta_2=1.0$；

从图 5.1.5 可知，当 $T>T_g$ 时，

$$\alpha=\left(\frac{T_g}{T}\right)\eta_2\alpha_{max}=\left(\frac{0.35}{0.40}\right)^{0.9}\times1.0\times0.12=0.106$$

28.**[答案]** A

[解析] (1)覆盖层厚度大于 20cm，故等效剪切波速的计算深度可取 20cm。

(2)根据《建筑抗震设计规范》(GB 50011—2010)第 4.1.3 条，该类建筑当无实测剪切波速时可根据表 4.1.3 估计。本题所列地基土层中除①、③两层土属于软弱土，⑥层属于中硬土外，深度 20m 以内其余各层都属于中软土，可估计土层的等效剪切波速应在 150～250m/s 之间。

(3)覆盖层厚度也不可能超过 50m。

(4)根据 4.1.6，场地类别可定为Ⅱ类。

29.［答案］C

［解析］(1)根据《建筑抗震设计规范》(GB 50011—2010)第4.3.3条第3款：

①"符合下列条件之一时，可不考虑液化影响"，也就是说，只有同时都不符合该条款的三个条件时才需要考虑液化影响。

②基础埋深度不超过2m时，应采用2m，所以A、B、C、D三个选项在不等式右边的计算结果是相同的。

③液化土特征深度 $d_0=7$m。

(2)判别如下：

题29解表

选项	d_u	d_0+d_b-2	d_w	d_0+d_b-3	d_u+d_w	$1.5d_0+2d_b-4.5$	初判结果
(A)	6.0	$\not>7.0$	5.0	$\not>6.0$	11.0	>10.0	不液化
(B)	5.0	$\not>7.0$	5.5	$\not>6.0$	10.5	>10.0	不液化
(C)	4.0	$\not>7.0$	5.5	$\not>6.0$	9.5	$\not>10.0$	液化
(D)	6.5	$\not>8.0$	6.0	$\not>7.0$	12.5	>12.0	不液化

从表可见，A、B、D选项都符合条件，可不考虑液化影响，只有C选项要考虑液化影响。

30.［答案］A

［解析］《建筑基桩检测技术规范》(JGJ 106—2014)第7.6.1条。

第一组平均值：1/3×(45.4+44.9+46.1)=45.5

第二组平均值：1/3×(42.8+43.1+41.8)=42.6

第二组平均值：1/3×(40.9+41.2+42.8)=41.6

取最小值：41.6MPa。

2008 年案例分析试题(下午卷)

1. 在地面下 8.0m 处进行扁铲侧胀试验,地下水位 2.0m,水位以上土的重度为18.5 kN/m³。试验前率定时膨胀至 0.05mm 及 1.10mm 的气压实测分别为 ΔA=10kPa 及 ΔB=65kPa,试验时膜片膨胀至 0.05mm 及 1.10mm 和回到 0.05mm 的压力分别为 A=70kPa,及 B=220kPa 和 C=65kPa。压力表初读数 Z_m=5kPa,计算该试验点的侧胀水平应力指数与下列哪个选项最为接近? ( )

(A)0.07 (B)0.09 (C)0.11 (D)0.13

2. 下表为某建筑地基中细粒土层的部分物理性质指标,据此请对该层土进行定名和状态描述,并指出下列哪一选项是正确的? ( )

题 2 表

密度 ρ(g/cm³)	相对密度 d_s(比重)	含水量 w(%)	液限 w_L(%)	塑限 w_P(%)
1.95	2.70	23	21	12

(A)粉质黏土,流塑 (B)粉质黏土,硬塑
(C)粉土,稍湿,中密 (D)粉土,湿,密实

3. 进行海上标贯试验时共用钻杆 9 根,其中 1 根钻杆长 3.20m,其余 8 根钻杆,每根长 4.1m,标贯器长 0.55m。实测水深 6.5m,标贯试验结束时水面以上钻杆余尺2.45m。标贯试验结果为:预击 15cm 6 击;后 30cm 每 10cm 击数分别为 7、8、9 击。问标贯试验段深度(从水底算起)及标贯击数应为下列哪个选项? ( )

(A)20.8~21.1m,24 击 (B)20.65~21.1m,30 击
(C)27.3~27.6m,24 击 (D)27.15~21.1m,30 击

4. 某铁路工程勘察时要求采用 K_{30} 方法测定地基系数,下表为采用直径 30cm 的荷载进行竖向载荷试验获得的一组数据。问试验所得 K_{30} 值与下列哪个选项的数据最为接近? ( )

题 4 表

分级	1	2	3	4	5	6	7	8	9	10
荷载强度 P(MPa)	0.01	0.02	0.03	0.04	0.05	0.06	0.07	0.08	0.09	0.10
下沉 S(mm)	0.2675	0.5450	0.8550	1.0985	1.3695	1.6500	2.0700	2.4125	2.8375	3.3125

(A)12MPa/m (B)36MPa/m
(C)46MPa/m (D)108MPa/m

5. 如图所示，条形基础宽度 2.0m，埋深 2.5m，基底总压力 200kPa，按照现行《建筑地基基础设计规范》(GB 50007—2011)，基底下淤泥质黏土层顶面的附加应力值最接近下列哪个选项的数值？ (　　)

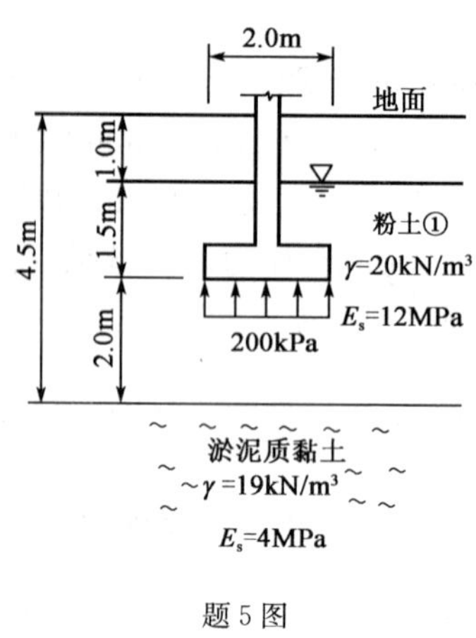

题 5 图

(A)89kPa　　(B)108kPa　　(C)81kPa　　(D)200kPa

6. 某仓库楼采用条形砖基础，墙厚 240mm，基础埋深 2.0m，已知作用于基础顶面标高处的上部结构荷载标准组合值为 240kN/m。地基为人工压实填土，承载力特征值为 160kPa，重度 19kN/m³。按照《建筑地基基础设计规范》(GB 50007—2011)，基础最小高度最接近下列哪个选项？ (　　)

(A)0.5m　　(B)0.6m

(C)0.7m　　(D)1.0m

7. 高速公路连接线路平均宽度 25m，硬壳层厚 5.0m，f_{ak}=180kPa，E_s=12MPa，重度 19kN/m³；下卧淤泥质土，f_{ak}=80kPa，E_s=4MPa，路基重度 20kN/m³，在充分利用硬壳层，满足强度条件下的路基填筑最大高度最接近下列哪个选项？ (　　)

(A)4.0m　　(B)8.7m

(C)9.0m　　(D)11.0m

8. 某住宅楼采用长宽 40m×40m 的筏形基础，埋深 10m，基础底面平均总压力值为 300kPa。室外地面以下土层重度 γ 为 20kN/m³，地下水位在室外地面以下 4m。根据下表计算基底下深度 7～8m 土层的变形值 $\Delta s'_{7\text{-}8}$ 最接近下列哪个选项的数值？ (　　)

题 8 表

第 i 层 土	基底至第 i 层土底面距离 z_i(m)	E_{si}(MPa)
1	4.0	20
2	8.0	16

(A)7.0mm (B)8.0mm

(C)9.0mm (D)10.0mm

9. 某框架结构，1层地下室，室外与地下室室内地面标高分别为16.2m和14.0m。拟采用柱下方形基础，基础宽度2.5m，基础埋深在室外地面以下3.0m。室外地面以下为厚1.2m人工填土，$\gamma=17\text{kN/m}^3$；填土以下为厚7.5m的第四纪粉土，$\gamma=19\text{kN/m}^3$、$c_k=18\text{kPa}$、$\varphi_k=24°$；场区未见地下水。根据土的抗剪强度指标确定的地基承载力特征值最接近下列哪个选项的数值？（ ）

(A)170kPa (B)190kPa

(C)210kPa (D)230kPa

10. 某铁路涵洞基础位于深厚淤泥质黏土地基上，基础埋深度1.0m，地基土不排水抗剪强度c_u为35kPa，地基土天然重度18kN/m^3，地下水位在地面下0.5m处。按照《铁路桥涵地基和基础设计规范》(TB 10002.5—2005)，安全系数m'取2.5，涵洞基础地基容许承载力$[\sigma]$的最小值接近于下列哪个选项？（ ）

(A)60kPa (B)70kPa

(C)80kPa (D)90kPa

11. 某公路桥梁嵌岩钻孔灌注桩基础，清孔良好，岩石较完整，河床岩层有冲刷，桩径$D=1000\text{mm}$，在基岩顶面处，桩承受的弯矩$M_H=500\text{kN}\cdot\text{m}$，基岩的天然湿度单轴极限抗压强度$f_{rk}=40\text{MPa}$。按《公路桥涵地基与基础设计规范》(JTG D63—2007)计算，单桩轴向受压容许承载力$[R_a]$与下列哪个选项的数值最为接近？(取$\beta=0.6$，系数c_1、c_2不需考虑降低采用)（ ）

(A)12350kN (B)16350kN

(C)19350kN (D)22350kN

12. 如图所示，竖向荷载设计值$F=24000\text{kN}$，承台混凝土为C40($f_t=1.71\text{MPa}$)，按《建筑桩基技术规范》(JGJ 94—2008)验算柱边A—A至桩边连线形成的斜截面的抗剪承载力与剪切力设计值之比(抗力/V)最接近下列哪个选项？（ ）

(A)1.02 (B)1.22

(C)1.33 (D)1.46

13. 某一柱一桩(端承灌注桩)基础，桩径1.0m，桩长20m，承受轴心竖向荷载设计值$N=5000\text{kN}$，地面大面积堆载$p=60\text{kPa}$，桩周土层分布如图所示，不同混凝土强度等级对应的轴心抗压强度设计值见下表。根据《建筑桩基技术规范》(JGJ 94—2008)计算，桩身混凝土强度等级选用下列哪一数值最为经济合理？(不考虑地震作用，灌注桩施工工艺系数$\psi_c=0.7$，ζ_n取0.20)（ ）

(A)C20 (B)C25 (C)C30 (D)C35

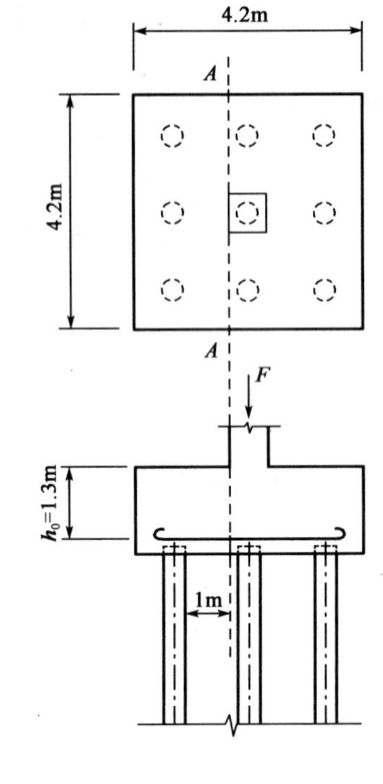

题 12 图

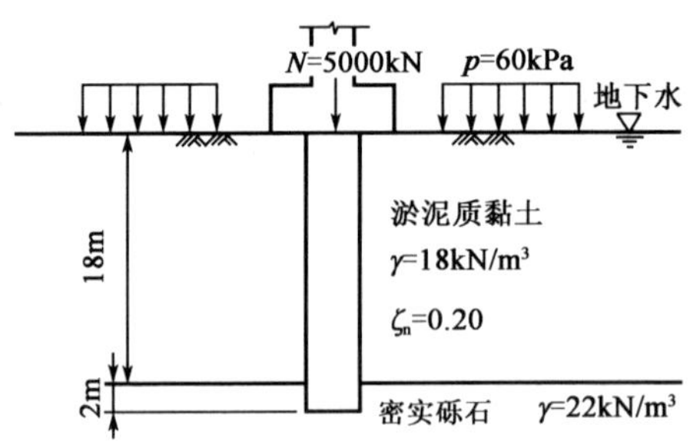

题 13 图

题 13 表

混凝土强度等级	C20	C25	C30	C35
轴心抗压强度设计值 f_c(N/mm²)	9.6	11.9	14.3	16.7

14. 采用单液硅化法加固拟建设备基础的地基，设备基础的平面尺寸为 3m×4m，需加固的自重湿陷性黄土层厚 6m，土体初始孔隙比为 1.0，假设硅酸钠溶液的相对密度为 1.00，溶液的填充系数为 0.70，问所需硅酸钠溶液用量（m^3）最接近下列哪个选项的数值？（　　）

(A)30　　(B)50

(C)65　　(D)100

15. 场地为饱和淤泥黏性土，厚 5.0m，压缩模量 E_s 为 2.0MPa，重度为 17.0kN/m³，淤泥质黏性土下为良好的地基土。地下水位埋深 0.50m。现拟打设塑料排水板至淤泥质黏性土层底，然后分层铺设砂垫层，砂垫层厚度 0.80m，重度 20kN/m³，采用 80kPa 大面积真空预压 3 个月(预压时地下水位不变)。问固结度达 85%时沉降量最接近下列哪一选项？（ ）

(A)15cm　　(B)2cm

(C)25cm　　(D)10cm

16. 某软土地基土层分布和各土层参数如图所示。已知基础埋深为 2.0m，采用搅拌桩复合地基，搅拌桩长 14.0m，桩径 600mm，桩身强度平均值 $f_{cu}=1.5$MPa，强度折减系数 $\eta=0.25$。按《建筑地基处理技术规范》(JGJ 79—2012)计算，该搅拌单桩承载力特征值取下列哪个选项的数值较合适？（ ）

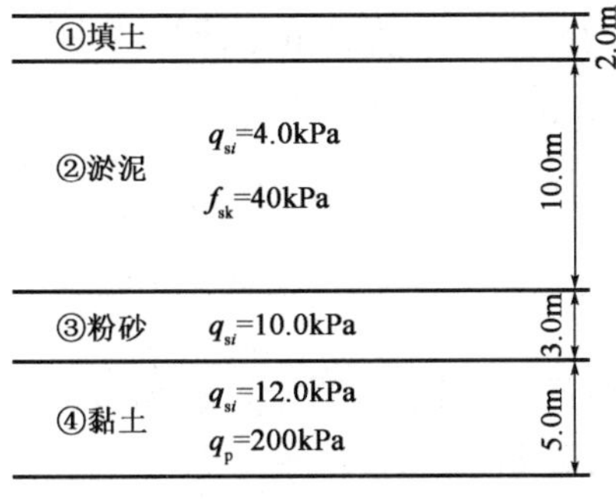

题 16 图

(A)106kN　　(B)140kN

(C)160kN　　(D)180kN

17. 某软土地基土层分布和各土层参数如图所示。已知基础埋深为 2.0m，采用搅拌桩复合地基，搅拌桩长 10.0m，桩直径 500mm，单桩承载力特征值为 120kN，要使复合地基承载力特征值达到 180kPa，按正方形布桩，问桩间距取下列哪个选项的数值较为合适？(假设桩间土地基承载力发挥系数 $\beta=0.5$)（ ）

①填土 2.0m

②淤泥 q_{si}=4.0kPa f_{sk}=40kPa 10.0m

③粉砂 q_{si}=10.0kPa 3.0m

④黏土 q_{si}=12.0kPa q_p=200kPa 5.0m

题 17 图

(A)0.85m　　(B)0.95m

(C)1.05m　　(D)1.1m

18. 土坝因坝基渗漏严重，拟在坝顶采用旋喷桩技术做一道沿坝轴方向的垂直防渗心墙，墙身伸到坝基下伏的不透水层中。已知坝基基底为砂土层，厚度为10m，沿坝轴长度为100m，旋喷桩墙体的渗透系数为1×10^{-7}cm/s，墙宽2m，问当上游水位高度40m、下游水位高度10m时，加固后该土石坝坝基的渗漏量最接近下列哪个数值？（不考虑土坝坝身的渗漏量）　（　）

(A)0.9m^3/d　　(B)1.1m^3/d

(C)1.3m^3/d　　(D)1.5m^3/d

19. 有黏质粉性土和砂土两种土料，其重度都等于18kN/m^3。砂土$c_1=0$kPa，$\varphi_1=35$；黏质粉性土$c_2=20$kPa，$\varphi_2=20°$。对于墙背垂直光滑和填土表面水平的挡土墙，对应于下列哪个选项的墙高，用两种土料作墙后填土计算的作用于墙背的总主动土压力值正好是相同的？　（　）

(A)6.6m　　(B)7.0m

(C)9.8m　　(D)12.4m

20. 在饱和软黏土地基中开槽建造地下连续墙，槽深8.0m，槽中采用泥浆护壁，已知软黏土的饱和重度为16.8kN/m^3，$c_u=12$kPa，$\varphi_u=0°$。对于图示的滑裂面，问保证槽壁稳定的最小泥浆密度最接近于下列的哪个选项？　（　）

(A)1.00g/cm^3

(B)1.08g/cm^3

(C)1.12g/cm^3

(D)1.22g/cm^3

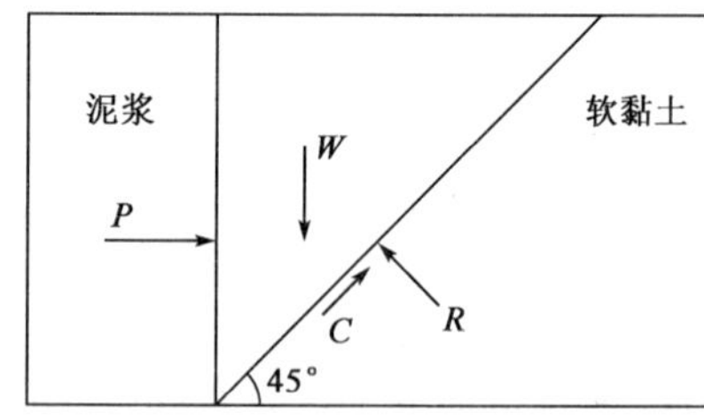

题20图

21. 图示的加筋土挡土墙，拉筋间水平及垂直间距$S_x=S_y=0.4$m，填料重度$\gamma=19$kN/m^3，综合内摩擦角$\varphi=35°$。按《铁路路基支挡结构设计规范》(TB 10025—2006)，深度4m处的拉筋拉力最接近于下列哪一选项？（拉筋拉力峰值附加系数取$k=1.5$）　（　）

(A)3.9kN

(B)4.9kN

(C)5.9kN

(D)6.9kN

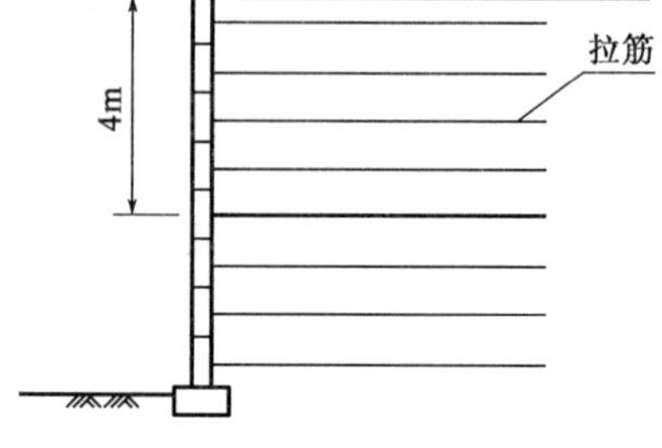

题21图

22. 某二级基坑深度为 6m，地面作用 10kPa 的均布荷载，采用双排桩支护，土为中砂，黏聚力为 0，内摩擦角为 30°，重度为 18kN/m³，无地下水。支护桩直径为 600mm，桩间距为 1.2m，排距为 2.4m，嵌固深度 4m。双排桩结构和桩间土的平均重度为 20kN/m³，试计算双排桩的嵌固稳定安全系数最接近下列哪个选项？（　　）

(A)1.10　　(B)1.27
(C)1.37　　(D)1.55

23. 某基坑位于均匀软弱黏性土场地，土层主要参数如下：$\gamma=18\text{kN/m}^3$，固结不排水强度指标 $c_k=8\text{kPa}$，$\varphi_k=17°$，基坑开挖深度为 4m，地面超载为 20kPa。拟采用水泥土墙支护，水泥土重度为 19kN/m³，挡土墙宽度为 2m。根据《建筑基坑支护技术规程》(JGJ 120—2012)，满足抗倾覆稳定性的水泥土墙嵌固深度设计值最接近下列哪个选项的数值？（注：抗倾覆稳定安全系数取 1.3）（　　）

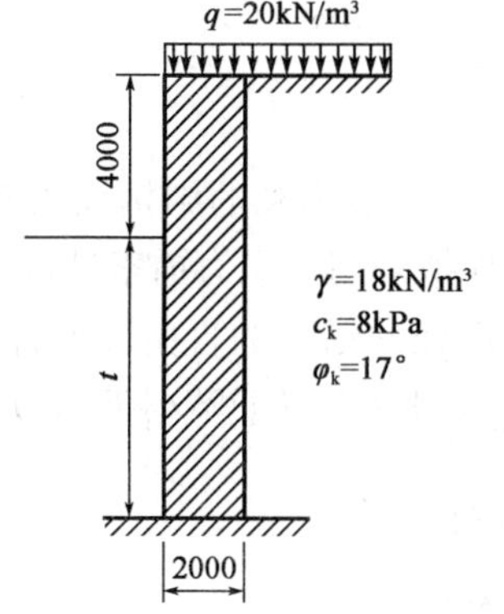

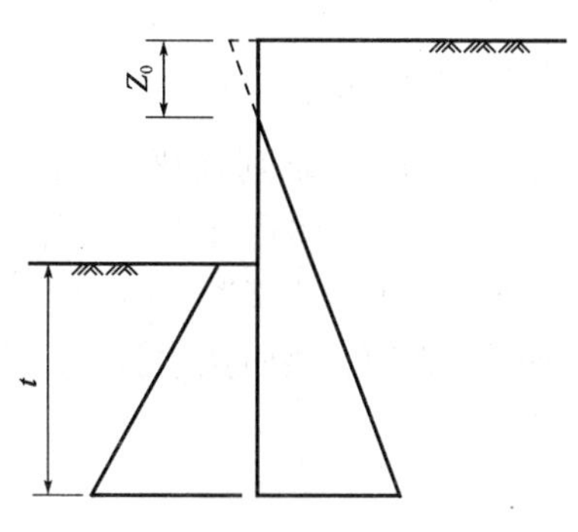

题 23 图（尺寸单位：mm）

(A)5.6m　　(B)6.8m
(C)7.5m　　(D)8.3m

24. 刚性桩穿过厚 20m 的未充分固结新填土层，并以填土层的下卧层为桩端持力层。在其他条件相同情况下，下列哪个选项作为桩端持力层时，基桩承受的下拉荷载最大？并简述理由。（　　）

(A)可塑状黏土　　(B)红黏土
(C)残积土　　(D)微风化砂岩

25. 某不扰动膨胀土试样在室内试验后得到含水量 w 与竖向线缩率 δ_s 的一组数据，见下表。按《膨胀土地区建筑技术规范》(GB 50112—2013)，该试样的收缩系数 λ_s 最接近下列哪个数值？（　　）

(A)0.05　　(B)0.13
(C)0.20　　(D)0.40

题25表

试验次序	含水量 w(%)	竖向线缩率 δ_s(%)
1	7.2	6.4
2	12.0	5.8
3	16.1	5.0
4	18.6	4.0
5	22.1	2.6
6	25.1	1.4

26. 根据泥石流痕迹调查测绘结果，在一弯道处的外侧泥位标高为1028m，内侧泥位标高为1025m，泥面宽度为22m，弯道中心线曲率半径为30m。按《铁路工程不良地质勘察规程》(TB 10027—2012)公式计算，该弯道处近似的泥石流流速最接近下列哪一个选项的数值？（　　）

(A)8.2m/s　　(B)7.3m/s

(C)6.4m/s　　(D)5.5m/s

27. 有一岩体边坡，要求垂直开挖。已知岩体有一个最不利的结构面为顺坡方向，与水平方向夹角为55°，岩体有可能沿此向下滑动。现拟采用预应力锚索进行加固，锚索与水平方向的下倾角夹角为20°。问在距坡底10m高处的锚索的自由段设计长度应考虑不小于下列哪个选项？(注：锚索自由段应超深伸入滑动面以下不小于1m)（　　）

(A)5m　　(B)7m

(C)8m　　(D)9m

28. 某8层建筑物高24m，筏板基础宽12m，长50m。地基土为中密—密实细砂，深宽修正后的地基承载力特征值 $f_a=250$kPa。按《建筑抗震设计规范》(GB 50011—2010)验算天然地基抗震竖向承载力。问在容许最大偏心距(短边方向)的情况下，按地震作用效应标准组合的建筑总竖向作用力应不大于下列哪个选项的数值？（　　）

(A)76500kN　　(B)99450kN

(C)117000kN　　(D)195000kN

29. 某公路桥梁场地地面以下2m，深度内为亚黏土，重度18kN/m^3；深度2～9m为粉砂、细砂，重度20kN/m^3；深度9m以下为卵石。实测7m深度处砂层的标贯值为10。设计基本地震峰值加速度为0.15g，地下水位埋深2m。已知特征周期为0.35s，砂土黏粒含量 $\rho_c=3\%$。按《公路工程抗震规范》(JTG B02—2013)，7m深度处砂层的修正液化临界标准贯入锤击数 N_{cr} 最接近的结果和正确的判别结论应是下列哪个选项？

（　　）

(A)N_{cr}为8.4，不液化　　(B)N_{cr}为8.4，液化

(C)N_{cr}为11.2，液化　　(D)N_{cr}为11.2，不液化

30. 某人工挖孔嵌岩灌注桩桩长为 8m，其低应变反射波动力测试曲线如下图所示。问该桩桩身完整性类别及桩身波速值符合下列哪个选项的组合？（　　）

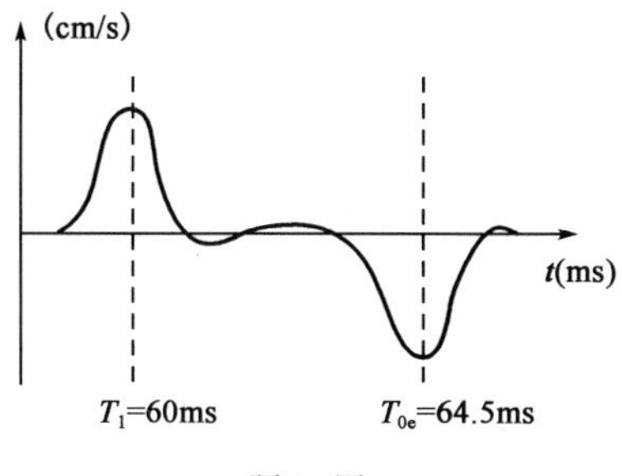

题 30 图

(A) Ⅰ类桩，C=1777.8m/s　　(B) Ⅱ类桩，C=1777.8m/s

(C) Ⅰ类桩，C=3555.6m/s　　(D) Ⅱ类桩，C=3555.6m/s

2008 年案例分析试题答案(下午卷)

1.**[答案]** D

[解析]《岩土工程勘察规范》(GB 50021—2001)第 10.8.3 条。

$p_0=1.05(A-z_m+\Delta A)-0.05(B-z_m-\Delta B)=1.05\times(70-5+10)-0.05(220-5-65)=78.75-7.5=71.25\text{kPa}$

静水压力:$U_0=60\text{kPa}$

有效上覆压力:$\sigma_{vo}=18.5\times2+(18.5-10)\times6=88\text{kPa}$

$$K_D=\frac{(p_0-U_0)}{\sigma_{vo}}=\frac{(71.25-60)}{88}=0.13$$

2.**[答案]** D

[解析]《岩土工程勘察规范》(GB 50021—2011)第 3.3.4 条、3.3.10 条。

塑性指数:$I_P=w_L-w_P=21-12=9<10$, 应定名为粉土,可排除(A)、(B);

含水量:$\omega=23\%$,介于 20 和 30 之间,该土湿度为湿;

计算孔隙比:$e=\frac{d_s\rho_w(1+1.01w)}{\rho}-1=\frac{2.7\times1\times(1+0.230)}{1.95}-1=0.70<0.75$

该土的密实度为密实。

3.**[答案]** C

[解析] 孔深$=3.20+8\times4.1+0.55-6.5-2.45=27.6\text{m}$

标贯试验深度应为 27.3~27.6m。

标贯击数:$7+8+9=24$ 击

4.**[答案]** B

[解析]《铁路路基设计规范》(TB 10001—2005)第 2.0.7 条。

(1)K_{30}是指直径 30cm 荷载板下沉 1.25mm 时对应的荷载强度 p(MPa)与其下沉量1.25mm的比值。

(2)用内插法求变形为 1.25mm 时的 p 值:

$$\frac{0.05-0.04}{1.3695-1.0985}=\frac{p_{0.125}-0.04}{1.2500-1.0985}$$

$p_{0.125}=0.0456\text{MPa}$

(3)$K_{30}=\frac{0.0456\times1000}{1.25}=36.48\text{MPa/m}$,因此答案为 B。

(4)也可采用作图法等得出。

5.**[答案]** A

[解析]《建筑地基基础设计规范》(GB 50007—2011)第 5.2.7 条。

(1)基底附加压力:

$p_k-p_c=200-1.0\times20-1.5\times(20-10)=165\text{kPa}$

(2)软弱下卧层层顶附加压力：

$$p_z=\frac{b(p_k-p_c)}{b+2z\tan\theta}=\frac{2.0\times165}{2.0+2\times2.0\times\tan23°}=89\text{kPa}$$

6.［答案］D

［解析］《建筑地基基础设计规范》(GB 50007—2011)第5.2.4条、5.2.1条、8.1.1条。

(1)地基承载力特征值：

$f_a=f_{ak}+\eta_d\gamma(d-0.5)=160+1.0\times19\times(2.0-0.5)=188.5\text{kPa}$

(2)基础宽度：

$$b=\frac{F_k}{f_a-\bar{\gamma}H}=\frac{240}{188.5-20\times2.0}=1.62$$

(3)基础高度：

$$H_0\geqslant\frac{b-b_0}{2\tan\alpha}=\frac{1.62-0.24}{2\times\left(\frac{1}{5}\right)}=1.04$$

7.［答案］A

［解析］《公路桥涵地基与基础设计规范》(JTG D63—2007)第3.3.5条。

(1)对下卧淤泥质土层顶面，进行承载力修正：

$[f_a]=[f_{a0}]+\gamma_2h=80+1.0\times19\times5.0=175\text{kPa}$

(2)应力扩散角为0°。

(3)假定填土高度为H：

$20\times H+19\times5.0=175$，得$H=4.0\text{m}$

8.［答案］D

［解析］第一步，计算地基平均附加压力：

$p_0=300-(4\times20+6\times10)=160\text{kPa}$

第二步，计算基底以下深度7～8m范围内的ΔS_{7-8}：

题8解表

i	z_i	$\bar{\alpha}_i$	$z_i\bar{\alpha}_i-z_{i-1}\bar{\alpha}_{i-1}$
1	7.0	$4\times0.2479=0.9916$	
2	8.0	$4\times0.2474=0.9896$	0.9756

$$\Delta S_{7-8}=\frac{160}{16}\times0.9756=9.76\text{mm}$$

9.［答案］C

［解析］《建筑地基基础设计规范》(GB 50007—2011)第5.2.5条。

$b=2.5\text{m}, d=3.0-2.2=0.8\text{m}, c_k=18\text{kPa}, \varphi_k=24°, \gamma=\gamma_m=19\text{kN/m}^3$

查表得出承载力系数：

$M_b=0.80, M_d=3.87, M_c=6.45$

$f_a=0.80\times19\times2.5+3.87\times19\times0.8+6.45\times18$

$=38+58.824+116.1=212.924\text{kPa}$

10.[答案] D

[解析]《铁路桥涵地基和基础设计规范》(TB 10002.5—2005)第 4.1.4 条。

$[\sigma]=5.14c_u\dfrac{1}{m'}+\gamma_2 h$

加权平均重度：$\gamma_2=18\text{kN/m}^3$

代入计算公式，得出：

$[\sigma]=5.14\times35/2.5+18\times1.0=71.96+18=90\text{kPa}$

11.[答案] D

[解析]《公路桥涵地基与基础设计规范》(JTG D63—2007)第 5.3.4 条、5.3.5 条。

$$h=\sqrt{\frac{M_H}{0.0655\beta f_{rk}d}}=\sqrt{\frac{500}{0.0655\times0.6\times40\times10^3\times1}}=0.56\text{m}$$

$$[R_a]=c_1A_pf_{rk}+u\sum_{i=1}^{m}c_{2i}h_if_{rki}+\frac{1}{2}\xi_s u\sum_{i=1}^{n}l_iq_{ik}$$

$$=0.6\times0.785\times40\times10^3+3.14\times0.05\times0.057\times40\times10^3=22400\text{kN}$$

12.[答案] A

[解析]《建筑桩基技术规范》(JGJ 94—2008)第 5.9.10 条。

剪跨比：$\lambda_x=a_x/h_0=1.0/1.3=0.77$

$$\beta_{hs}=\left(\frac{800}{h_0}\right)^{1/4}=\left(\frac{800}{1300}\right)^{1/4}=0.886$$

$$\alpha=\frac{1.75}{\lambda+1}=\frac{1.75}{0.77+1}=0.989$$

$\beta_{hs}\alpha f_t b_0 h_0=0.886\times0.989\times1.71\times10^3\times4.2\times1.3=8181\text{kN}$

剪切力：$V=\dfrac{24000}{9}\times3=8000\text{kN}$

两者之比为$\dfrac{8181}{8000}=1.02$

13.[答案] B

[解析]《建筑桩基技术规范》(JGJ 94—2008)第 5.4.4 条、5.8 条。

桩负摩阻力计算 $l_0=18\text{m}$，$l_n/l_0=0.9$，中性点深度 $l_n=18\times0.9=16.2\text{m}$

$$\sigma_{ri}'=\sum_{e=1}^{i-1}\gamma_e\Delta z_e+\frac{1}{2}\gamma_i\Delta z_i=\frac{1}{2}\times(18-10)\times16.2=64.8\text{kPa}$$

$\sigma_i'=p+\sigma_{ri}'=60+64.8=124.8\text{kPa}$

负摩阻力标准值：$q_{si}^n=\zeta_n\sigma'_i=0.2\times124.8=24.96\text{kPa}$

下拉荷载：$Q_k^n=\eta_n u\sum_{i=1}^{n}q_{si}^n l_i=1.0\times3.14\times1.0\times24.96\times16.2=1270\text{kN}$

$N+Q_g^n=5000+1270=6270\text{kN}$

$N\leqslant\psi_c f_c A_{ps}$

$$f_c\geqslant\frac{N}{\psi_c A_{ps}}=\frac{6270}{0.7\times3.14\times0.5^2}=11410\text{kPa}=11.4\text{MPa}$$

选混凝土强度等级 C25。

14.［答案］C

［解析］《建筑地基处理技术规范》(JGJ 79—2012)第 8.2.2 条。

$V=6\times(3+2)\times(4+2)=180\mathrm{m}^3$

$n=\dfrac{1}{1+e_0}=\dfrac{1}{1+1}=0.50$

$Q=Vnd_{N1}\alpha=180\times0.50\times0.7=63\mathrm{m}^3$

15.［答案］B

［解析］$S=\dfrac{\gamma h+p_0}{E_s}\times HU=\dfrac{20\times0.8+80}{2}\times5\times0.85=204\mathrm{mm}\approx20\mathrm{cm}$

16.［答案］A

［解析］《建筑地基处理技术规范》(JGJ 79—2012)第 7.3.3 条。

$R_a=\eta\cdot f_{cu}\cdot A_p=0.25\times1.5\times10^3\times\pi\times0.3^2=106\mathrm{kN}$

或 $R_a=\pi\times0.6\times(4.0\times10+10.0\times3.0+12.0\times1.0)+(0.4\sim0.6)\times200\times\pi\times0.3^2$

$=177\sim188\mathrm{kN}$,取其小值 106kN。

17.［答案］A

［解析］《建筑地基处理技术规范》(JGJ 79—2012)第 7.1.5 条、7.3.3 条。

$m=\dfrac{f_{spk}-\beta f_{sk}}{\dfrac{\lambda R_a}{A_p}-\beta f_{sk}}=\dfrac{180-0.5\times40}{\dfrac{1.0\times120}{\pi\times0.25^2}-0.5\times40}\approx0.271$

$d_e=\sqrt{\dfrac{d^2}{m}}=\sqrt{\dfrac{0.5^2}{0.271}}\approx0.96\mathrm{m}$

$s=\dfrac{d_e}{1.13}=0.85\mathrm{m}$

18.［答案］C

［解析］防渗心墙水力比降:$i=(40-10)/2=15$

渗透速度:$v=k\cdot i=1\times10^{-7}\times15=1.5\times10^{-6}\mathrm{cm/s}$

渗漏量:$Q=vA=1.5\times10^{-6}\times10\times10^2\times100\times10^2=15\mathrm{cm}^3/\mathrm{s}=1.3\mathrm{m}^3/\mathrm{d}$

19.［答案］D

［解析］当墙高为 H 时,二者相等:$E_{a1}=E_{a2}$

$\dfrac{1}{2}K_{a1}\gamma H^2=\dfrac{1}{2}K_{a2}\gamma(H-z_0)^2$

$z_0=\dfrac{2c_2}{\gamma\sqrt{K_{a2}}}=\dfrac{40}{18\tan(45°-20°/2)}=3.17\mathrm{m}$

$0.271H^2=0.49(H-3.17)^2$

$H^2=1.81(H-3.17)$

$H=12.4\mathrm{m}$

20.［答案］B

［解析］根据三角形楔体的静力平衡来计算泥浆压力 p。

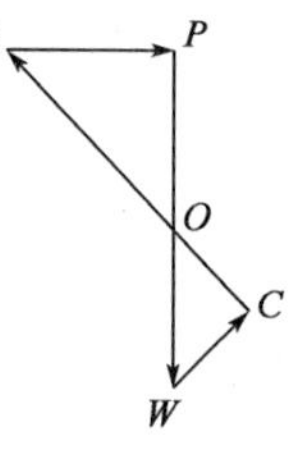

题 20 解图

$$W=\frac{1}{2}\times16.8\times8^2=537.6\text{kN/m}$$

$$C=12\times8\sqrt{2}=135.7\text{kN/m}$$

下三角形的斜边：$W_2=\sqrt{2}C=192\text{kN/m}$

上三角形直角边：$W_1=537.6-192=345.6\text{kN/m}$

$$P=W_1=345.8\text{kN/m},P=\frac{1}{2}\rho\times10\times8^2=345.6,\rho=1.08\text{g/cm}^3$$

21.［答案］C

［解析］《铁路路基支护结构设计规范》(TB 10025—2006)第 8.2.8 条、8.2.10条。

(1)计算挡墙 4m 处的土压力系数 λ_i

$$\lambda_0=1-\sin35°=0.4264,\lambda_a=\tan^2\left(45°-\frac{35°}{2}\right)=0.2710$$

$$\lambda_i=\lambda_0\left(1-\frac{4}{6}\right)+\lambda_a\times\frac{4}{6}=0.4264\times\frac{1}{3}+0.2710\times\frac{2}{3}=0.323$$

(2)填料在墙面板上产生的水平压应力：$\sigma_{\text{h1}i}=\lambda_i\gamma h_i=0.323\times19\times4=24.55\text{kN/m}^2$

拉筋拉力：$T_i=1.5\times24.55\times0.4\times0.4=5.9\text{kN}$

22.［答案］B

［解析］《建筑基坑支护技术规程》(JGJ 120—2012)第 4.12.5 条。

$$K_a=\tan^2\left(45°-\frac{\varphi}{2}\right)=\tan^2\left(45°-\frac{30°}{2}\right)=0.333$$

$$K_p=\tan^2\left(45°+\frac{\varphi}{2}\right)=\tan^2\left(45°+\frac{30°}{2}\right)=3.0$$

$$p_{a1}=qK_a=10\times0.333=3.3\text{kPa}$$

$$p_{a2}=(q+\gamma H)K_a=(10+18\times10)\times0.333=63.3\text{kPa}$$

$$E_a=\frac{1}{2}(p_{a1}+p_{a2})H=\frac{1}{2}\times(3.3+63.3)\times10=333\text{kN}$$

$$p_p=\gamma HK_p=18\times4\times3.0=216\text{kPa}$$

$$E_p=\frac{1}{2}p_pl_d=\frac{1}{2}\times216\times4=432\text{kN}$$

$$G=\gamma V=20\times(2.4+0.6)\times10=600\text{kN}$$

$$\frac{E_{pk}a_p+Gz_G}{E_{ak}z_a}=\frac{432\times\frac{1}{3}\times4+600\times\frac{1}{2}\times(2.4+0.6)}{3.3\times10\times\frac{1}{2}\times10+\frac{1}{2}\times(63.3-3.3)\times10\times\frac{1}{3}\times10}=1.27$$

23.［答案］B

［解析］$K_a=\tan^2\left(45°-\frac{\varphi}{2}\right)=\tan^2\left(45°-\frac{17°}{2}\right)=0.548$

$$K_p=\tan^2\left(45°+\frac{\varphi}{2}\right)=\tan^2\left(45°+\frac{17°}{2}\right)=1.826$$

$$z_0=\frac{\frac{2c}{\sqrt{K_a}}-q}{\gamma}=\frac{\frac{2\times8}{\sqrt{0.548}}-20}{18}=0.09$$

$$e_a=(\gamma H+q)K_a-2c\sqrt{K_a}=[18(4+t)+20]\times0.548-2\times8\times\sqrt{0.548}$$
$$=9.864t+38.572$$

$$e_{p1}=2c\sqrt{K_p}=2\times8\times\sqrt{1.826}=21.623$$

$$e_{p2}=\gamma tK_p+2c\sqrt{K_p}=18\times t\times1.826+21.623=32.868t+21.623$$

$$G=(4+t)\times2\times19=38t+152$$

$$K_{ov}=\frac{E_{pk}a_p+(G-\mu_m\beta)a_G}{E_a a_a}=\frac{21.613\times\frac{1}{2}t^2+32.868\times\frac{1}{6}t^2+(38t+152)\times1}{(9.864t+38.572)\times\frac{1}{6}\times(4-0.09+t)^2}$$

$$=\frac{5.478t^3+10.812t^2+38t+152}{1.644t^3+19.285t^2+75.406t+98.281}=1.3$$

整理得：$3.341t^2-14.259t^2-60.028t+24.235=0$

解此一元三次方程得 $t=6.77$m，取 6.8m。

24.**[答案]** D

[解析] 以微风化砂岩为桩端持力层的基桩为端承桩，不考虑其沉降，中性点在岩土界面处(即深 20m)产生的负摩阻力最大，而其他土质持力层的基桩为摩擦型桩，中性点都在填土层中(小于 20m 深)。关键理由：中性点深度随桩端持力层的强度和刚度增大而增加。

25.**[答案]** D

[解析] (1)根据《膨胀土地区建筑技术规范》(GB 50112—2013)第 4.2.4 条及附录 G，收缩系数指在直线收缩阶段，含水量减少 1%时的竖向线缩率。计算公式为$\lambda_s=\frac{\Delta\delta_s}{\Delta w}$。

(2)求每两个试验次序间的 Δw_i、$\Delta\delta_{si}$ 和 $\Delta\lambda_{si}$。

题 25 解表

两个次序间	$\Delta\omega_i=\omega_{i+1}-\omega_i$	$\Delta\delta_{si}=\delta_{si+1}-\delta_{si}$	λ_{si}
2-1	4.8	0.6	0.13
3-2	4.1	0.8	0.20
4-3	2.5	1.0	0.40
5-4	3.5	1.4	0.40
6-5	3.0	1.2	0.40

(3)从上表可看出，后三个次序间的 λ_{si} 相同，即 $\Delta\delta_i/\Delta w_i$ 为直线段，所以 λ_s 为0.40，答案为 D。

(4)可用作图法、内插法等多种方法得出。

26.**[答案]** C

[解析]《铁路工程不良地质勘察规程》(TB 10027—2012)第 7.3.3 条及条文说明。

$$v_c=\sqrt{\frac{R_0\sigma g}{B}}=\sqrt{\frac{30\times(1028-1025)\times10}{22}}=6.4\text{m/s}$$

27.**[答案]** B

[解析] 首先要计算该处锚索穿越滑动面的长度 AB。

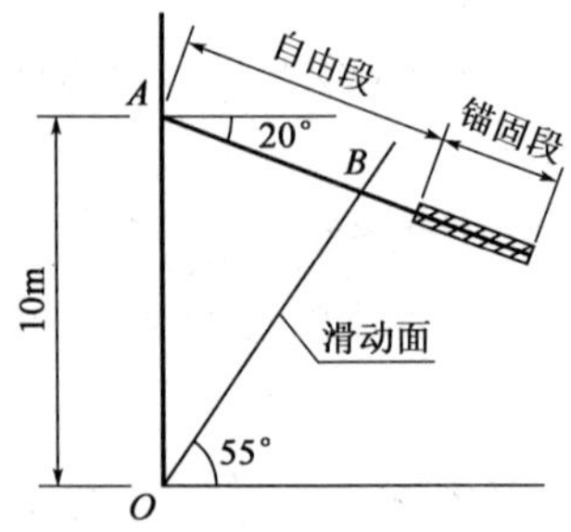

题 27 解图

在 ΔOAB 中 $\angle AOB=90°-55°=35°$

$\angle ABO=20°+55°=75°$

$$AB=\frac{10\times\sin35°}{\sin75°}=5.94\text{m}$$

自由段设计长度$=5.94+1.0\approx7\text{m}$

28.**[答案]** B

[解析] (1)建筑物高宽比=24/12=2.0

按《建筑抗震设计规范》(GB 50011—2010)第 4.2.4 条，最大偏心距意味着基础底面与地基土之间零应力区面积等于基础底面面积的 15%。

零应力区宽度=0.15×12=1.8m；

基础底面压力作用宽度=12−1.8=10.2m；

(2)基础边缘可以达到的最大压力：$p_{max}=1.2f_{aE}$

$f_{aE}=\zeta_a f_a$，根据《建筑抗震设计规范》(GB 50011—2010)中表 4.2.3，$\zeta_a=1.3$，$p_{max}=1.2\times1.3\times250=390\text{kPa}$

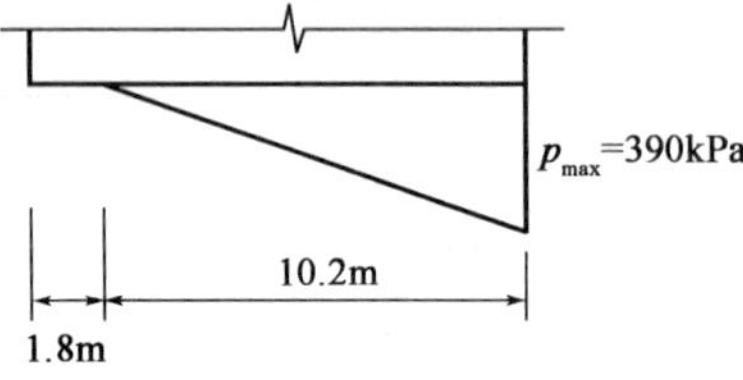

题 28 解图

(3)建筑物总竖向作用力最大值$=\frac{1}{2}\times10.2\times50\times390=99450\text{kN}$

29.**[答案]** C

[解析] 《公路工程抗震规范》(JTG B02—2013)第 4.3.3 条。

$$N_{cr}=N_0[0.9+0.1(d_s-d_w)]\sqrt{3/\rho_c}=8\times[0.9+0.1\times(7-2)]\times\sqrt{3/3}=11.2$$

$N=10<N_{cr}=11.2$，故液化。

30.**[答案]** C

[解析] (1)由于是嵌岩桩,故桩底反射为反相位。根据低应变曲线判断该桩为Ⅰ类桩,即完整桩。

(2)按《建筑基桩检测技术规范》(JGJ 106—2014)中式 8.4.1-2 计算桩身波速值:

$$C=\frac{2000L}{\Delta T}=\frac{2000\times 8}{64.5-60}=3555.6\text{m/s}$$

2009 年案例分析试题(上午卷)

1. 某水利工程需填方,要求填土干重度为 $\gamma_d = 17.8\text{kN/m}^3$,需填方量为 40 万 m^3。对某料场的勘察结果为:其土粒比重 $G_s = 2.7$,含水量 $w = 15.2\%$,孔隙比 $e = 0.823$,问该料场储量至少要达到下列哪个选项(以万 m^3 计)才能满足要求? ( )

(A)48　　(B)72

(C)96　　(D)144

2. 某场地地下水位如图所示,已知黏土层饱和重度 $\gamma_s = 19.2\text{kN/m}^3$,砂层中承压水头 $h_w = 15\text{m}$(由砂层顶面起算),$h_1 = 4\text{m}$,$h_2 = 8\text{m}$,砂层顶面处的有效应力及黏土中的单位渗流力最接近下列哪个选项? ( )

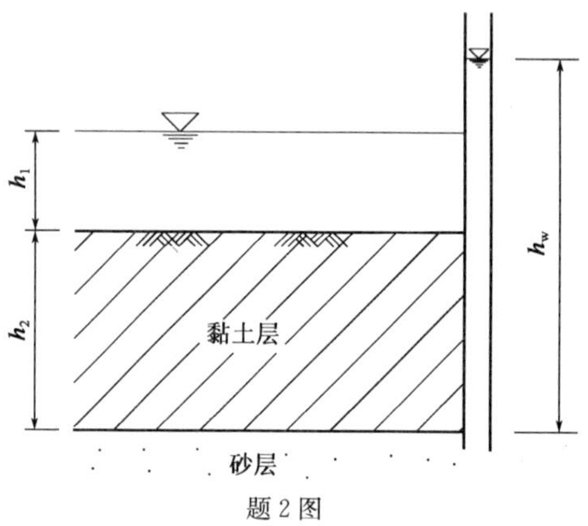

题 2 图

(A)43.6kPa,3.75kN/m³　　(B)88.2kPa,7.6kN/m³

(C)150kPa,10.1kN/m³　　(D)193.6kPa,15.5kN/m³

3. 对饱和软黏土进行开口钢环式十字板剪切试验,十字板常数为 129.41m^{-2},钢环系数为 0.00386kN/0.01mm。某一试验点的测试钢环读数记录如下表所示。该试验点处土的灵敏度最接近下列哪个选项? ( )

题 3 表

原状土读数(0.01mm)	2.5	7.6	12.6	17.8	23.0	27.6	31.2	32.5	35.4	36.5	34.0	30.8	30.0
重塑土读数(0.01mm)	1.0	3.6	6.2	8.7	11.2	13.5	14.5	14.8	14.6	13.8	13.2	13.0	—
轴杆读数(0.01mm)	0.2	0.8	1.3	1.8	2.3	2.6	2.8	2.6	2.5	2.5	2.5	—	—

(A)2.5　　(B)2.8　　(C)3.3　　(D)3.8

4. 用内径为 79.8mm、高 20mm 的环刀切取未扰动饱和黏性土试样,比重 $G_s = 2.70$,

含水量 $w=40.3\%$，湿土质量 184g。现作侧限压缩试验，在压力 100kPa 和 200kPa 作用下，试样总压缩量分别为 $S_1=1.4$mm 和 $S=2.0$mm，其压缩系数 $a_{1\text{-}2}$（MPa^{-1}）最接近下列哪个选项？（　　）

(A)0.40　　(B)0.50

(C)0.60　　(D)0.70

5. 箱涵的外部尺寸为宽 6m，高 8m，四周壁厚均为 0.4m，顶面距原地面 1.0m，抗浮设计地下水位埋深 1.0m，混凝土重度 25kN/m³，地基土及填土的重度均为 18kN/m³。若要满足抗浮安全系数 1.05 的要求，地面以上覆土的最小厚度应接近于下列哪个选项？（　　）

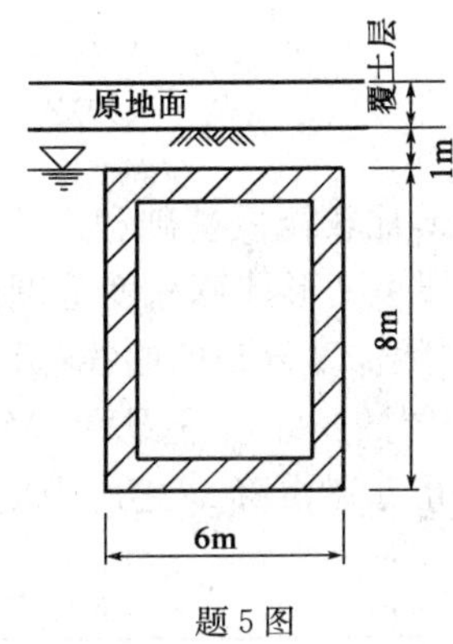

题 5 图

(A)1.2m　　(B)1.4m

(C)1.6m　　(D)1.8m

6. 如图所示的条形基础宽度 $b=2$m，$b_1=0.88$m，$h_0=260$mm，$p_{\max}=217$kPa，$p_{\min}=133$kPa，按 $A_s=\dfrac{M}{0.9f_yh_0}$ 计算每延米基础的受力钢筋截面面积最接近于下列哪个选项？（钢筋抗拉强度设计值 $f_y=300$MPa）（　　）

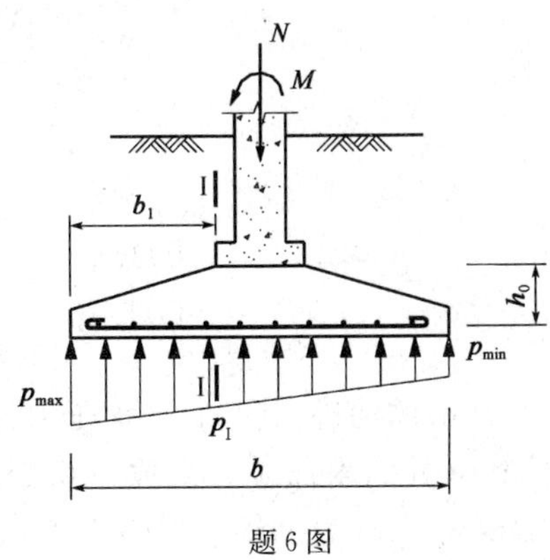

题 6 图

(A)1030mm²/m　　(B)1130mm²/m

(C)1230mm²/m　　(D)1330mm²/m

7. 某建筑物筏形基础，宽度 15m，埋深 10m，基底压力 400kPa。地基土层见下表。

题 7 表

序号	岩土名称	层底埋深(m)	压缩模量(MPa)	基底至该层底的平均附加应力系数 $\bar{\alpha}$(基础中心点)
1	粉质黏土	10	12.0	—
2	粉土	20	15.0	0.8974
3	粉土	30	20.0	0.7281
4	基岩	—	—	—

按照《建筑地基基础设计规范》(GB 50007—2011)的规定，该建筑地基的压缩模量当量值最接近下列哪个选项？ (　　)

(A)15.0MPa　　(B)16.6MPa

(C)17.5MPa　　(D)20.0MPa

8. 建筑物长度 50m，宽度 10m，比较筏板基础和 1.5m 的条形基础两种方案。已分别求得筏板基础和条形基础中轴线上变形计算深度范围内(为简化计算，假定两种基础的变形计算深度相同)的附加应力随深度分布的曲线(近似为折线)，如图所示。已知持力层的压缩模量 E_s=4MPa，下卧层的压缩模量 E_s=2MPa。估算由于这两层土的压缩变形引起的筏板基础沉降 s_f 与条形基础沉降 s_t 之比最接近于下列哪个选项？ (　　)

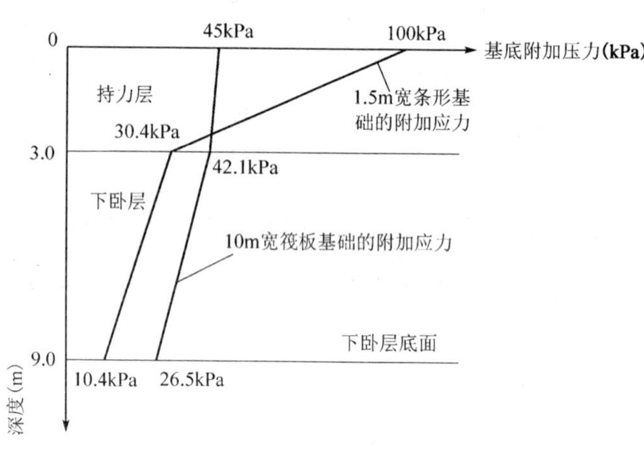

题 8 图

(A)1.23　　(B)1.44

(C)1.65　　(D)1.86

9. 均匀土层上有一直径为 10m 的油罐，其基底平均压力为 100kPa。已知油罐中心轴线上，在油罐基础底面以下 10m 处的附加应力系数为 0.285。通过沉降观测得到油罐中心的底板沉降为 200mm，深度 10m 处的深层沉降为 40mm，则 10m 范围内土层用近似方法估算的反算压缩模量最接近于下列哪个选项？ (　　)

(A)2.5MPa　　(B)4.0MPa

(C)3.5MPa (D)5.0MPa

10. 条形基础宽度 3m，基础埋深 2.0m，基础底面作用有偏心荷载，偏心距 0.6m。已知深度修正后的地基承载力特征值为 200kPa，传至基础底面的最大允许总竖向压力最接近下列哪个选项？ ( )

(A)200kN/m (B)270kN/m
(C)324kN/m (D)600kN/m

11. 某工程采用泥浆护壁钻孔灌注桩，桩径 1200mm，桩端进入中等风化岩 1.0m，中等风化岩岩体较完整，饱和单轴抗压强度标准值为 41.5MPa，桩顶以下土层参数依次列表如下。按《建筑桩基技术规范》(JGJ 94—2008)，估算单桩极限承载力最接近下列哪个选项的数值？(取桩嵌岩段侧阻和端阻综合系数 ζ_r=0.76) ( )

题 11 表

岩土层编号	岩土层名称	桩顶以下岩土层厚度(m)	q_{sik}(kPa)	q_{pk}(kPa)
①	黏土	13.70	32	—
②	粉质黏土	2.30	40	—
③	粗砂	2.00	75	—
④	强风化岩	8.85	180	2500
⑤	中等风化岩	8.00	—	—

(A)32200kN (B)36800kN
(C)40800kN (D)44200kN

12. 某地下车库作用有 141MN 浮力，基础及上部结构和土重为 108MN。拟设置直径 600mm、长 10m 的抗拔桩，桩身重度为 25kN/m³。水的重度取 10kN/m³。基础底面以下 10m 内为粉质黏土，其桩侧极限摩阻力为 36kPa，车库结构侧面与土的摩擦力忽略不计。按《建筑桩基技术规范》(JGJ 94—2008)，按群桩呈非整体破坏，估算需设置抗拔桩的数量至少应大于下列哪个选项？(取粉质黏土抗拔系数 λ=0.70) ( )

(A)83 根 (B)89 根
(C)108 根 (D)118 根

13. 某柱下桩基采用等边三桩独立承台，承台等厚三向均匀配筋。在荷载效应基本组合下，作用于承台顶面的轴心竖向力为 2100kN，承台及其上土重标准值为 300kN。按《建筑桩基础技术规范》(JGJ 94—2008)计算，该承台正截面最大弯矩最接近下列哪个选项的数值？ ( )

(A)531kN·m (B)670kN·m
(C)743kN·m (D)814kN·m

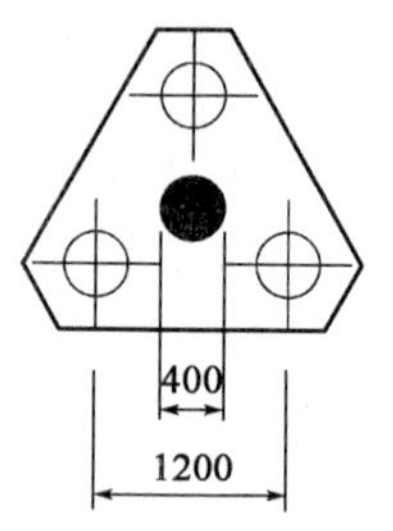

题 13 图(尺寸单位:mm)

14. 某高层住宅筏形基础,基底埋深 7m,基底以上土的天然重度为 $20kN/m^3$,天然地基承载力特征值为 180kPa。采用水泥粉煤灰碎石(CFG)桩复合地基,现场试验测得单桩承载力特征值为 600kN。正方形布桩,桩径 400mm,桩间距为 1.5m×1.5m,桩间土承载力折减系数 β 取 0.95,单桩承载力发挥系数取 0.9,试问该建筑物的基底压力不应超过下列哪个选项的数值? ( )

(A)428kPa (B)530kPa
(C)558kPa (D)641kPa

15. 灰土挤密桩复合地基,桩径 400mm,等边三角形布桩,中心距为 1.0m,桩间土在地基处理前的平均干密度为 $1.38t/m^3$。根据《建筑地基处理技术规范》(JGJ 79—2012),在正常施工条件下,挤密深度内桩间土的平均干密度预计可以达到下列哪个选项的数值? ( )

(A)$1.48t/m^3$ (B)$1.54t/m^3$
(C)$1.61t/m^3$ (D)$1.68t/m^3$

16. 某工程采用旋喷桩复合地基,桩长 10m,桩直径 600mm,桩身 28d 强度为 3MPa,单桩承载力发挥系数为 0.85,基底以下相关地层埋深及桩侧阻力特征值、桩端阻力特征值如图。单桩竖向承载力特征值与下列哪个选项的数值最接近? ( )

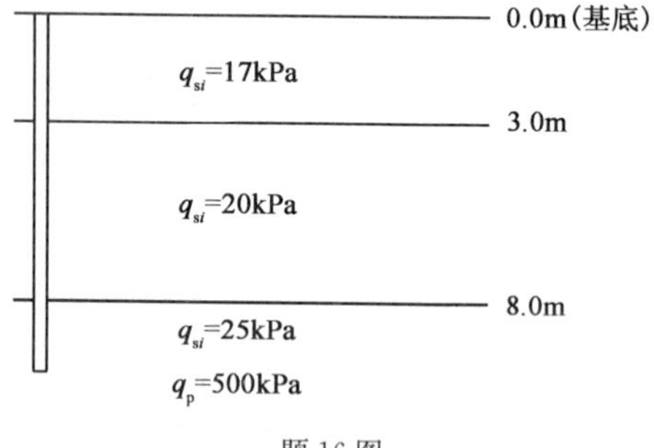

题 16 图

(A)250kN (B)280kN
(C)378kN (D)520kN

17. 有一码头的挡土墙,墙高 5m,墙背垂直、光滑;墙后为冲填的松砂(孔隙比 e=0.9)。填土表面水平,地下水位与填土表面齐平。已知砂的饱和重度 γ=$18.7kN/m^3$,

内摩擦角 $\varphi=30°$。当发生强烈地震时，饱和松砂完全液化，如不计地震惯性力，液化时每延长米墙后的总水平压力最接近于下列哪个选项？（　）

(A)78kN　(B)161kN
(C)203kN　(D)234kN

18. 有一码头的挡土墙，墙高 5m，墙背垂直、光滑，墙后为冲填的松砂。填土表面水平，地下水位与墙顶齐平。已知砂的孔隙比 $e=0.9$，饱和重度 $\gamma_{sat}=18.7\text{kN/m}^3$，内摩擦角 $\varphi=30°$。强震使饱和松砂完全液化，震后松砂沉积变密实，孔隙比变为 $e=0.65$，内摩擦角变为 $\varphi=35°$。震后墙后水位不变。试问墙后每延长米上的主动土压力和水压力之总和最接近于下列哪个选项的数值？（　）

(A)68kN　(B)120kN
(C)150kN　(D)160kN

19. 用简单圆弧条分法作黏土边坡稳定分析时，滑弧的半径 $R=30\text{m}$，第 i 土条的宽度为 2m，过滑弧的中心点切线、渗流水面和土条顶部与水平线的夹角均为 30°。土条的水下高度为 7m，水上高度为 3m。已知黏土在水上、下的天然重度均为 $\gamma=20\text{kN/m}^3$，黏聚力 $c=22\text{kPa}$，内摩擦角 $\varphi=25°$，试问计算得出该条的抗滑力矩最接近于下列哪个选项的数值？（　）

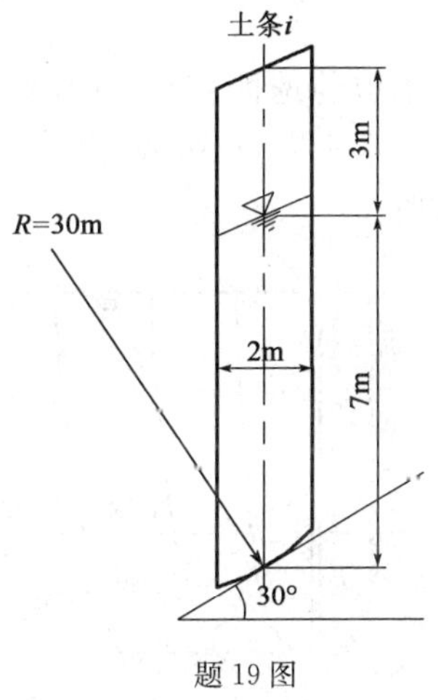

题 19 图

(A)3000kN・m　(B)4110kN・m
(C)4680kN・m　(D)6360kN・m

20. 某填方高度为 8m 的公路路基垂直通过一作废的混凝土预制场，在地面标高原建有 30 个钢筋混凝土地梁，梁下有 53m 深的灌注桩，为了避免路面的不均匀沉降，在地梁上铺设聚苯乙烯（泡沫）板块（EPS）。路基填土重度为 18.4kN/m^3，据计算，地基土在 8m 填方的荷载下，沉降量为 15cm，忽略地梁本身的沉降，已知 EPS 的平均压缩模量为 $E_s=500\text{kPa}$，为消除地基不均匀沉降，在地梁上铺设聚苯乙烯（泡沫）厚度应最接近于下列哪个选项的数值？（　）

(A)150mm　　(B)350mm

(C)550mm　　(D)750mm

21. 某基坑的地基土层分布如图所示，地下水位在地表以下 0.5m。其中第①、②层的天然重度 $\gamma=19\text{kN/m}^3$，第③层淤泥质土的天然重度为 17.1kN/m^3，三轴固结不排水强度指标为：$c_{cu}=17.8\text{kPa}$，$\varphi_{cu}=13.2°$，如在第③层上部取土样，在其有效自重压力下固结（固结时各向等压的主应力 $\sigma_3=68\text{kPa}$）以后进行不固结不排水三轴试验（UU），试问其 c_u 值最接近于下列哪个选项的数值？（　　）

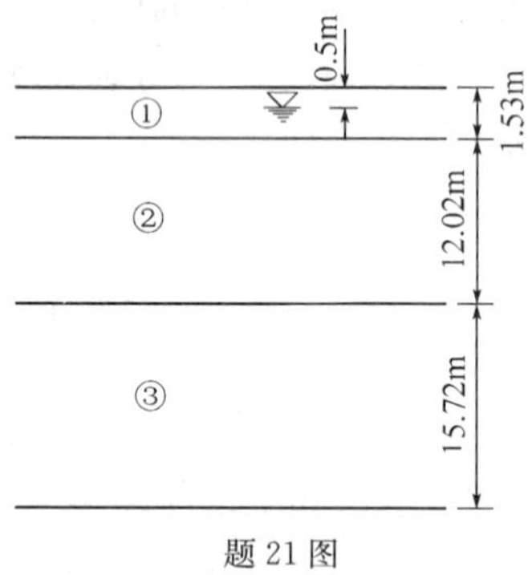

题 21 图

(A)18kPa　　(B)29kPa

(C)42kPa　　(D)77kPa

22. 均匀砂土地基基坑，地下水位与地面齐平，开挖深 12m，采用坑内排水，渗流流网如图所示。如相邻等势线之间的水头损失 Δh 都相等，试问基底处的最大平均水力梯度最接近于下面哪一个选项的数值？（　　）

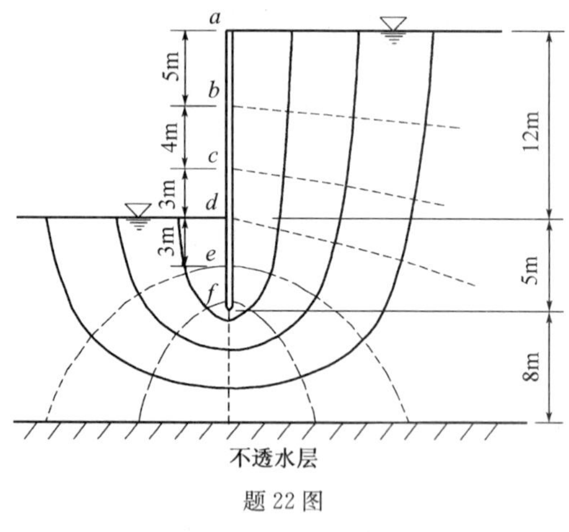

题 22 图

(A)0.44　　(B)0.55

(C)0.80　　(D)1.00

23. 如图所示基坑，基坑深度 5m，插入深度 5m，地层为砂土，地层参数为：$\gamma=20\text{kN/m}^3$，$c=0$，$\varphi=30°$。地下水位埋深 6m，排桩支护形式，桩长 10m，根据《建筑基坑支护技术规程》（JGJ 120—2012），作用在每延米支护体系上的总的水平荷载标准值的合力最接

近下列哪个选项的数值？（　　）

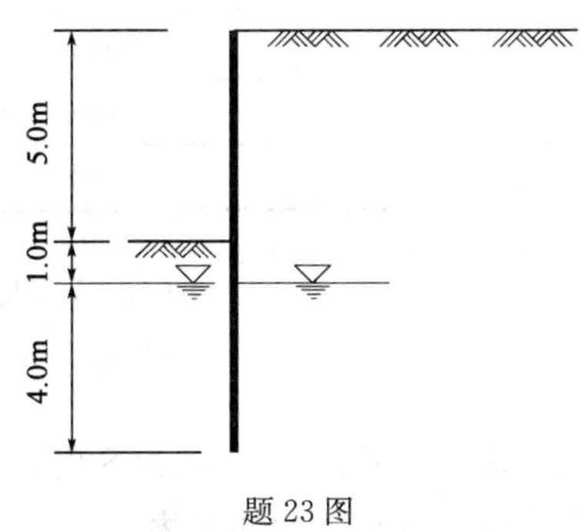

题 23 图

(A)210kN　　(B)280kN

(C)307kN　　(D)330kN

24. 陇西地区某湿陷性黄土场地的地层情况为：0～12.5m 为湿陷性黄土，12.5m 以下为非湿陷性土。探井资料如下表。假设场地地层水平均匀，地面标高与建筑物±0.00标高相同，基础埋深 1.5m。根据《湿陷性黄土地区建筑规范》(GB 50025—2004)规定，试判定该湿陷性黄土地基的湿陷等级应为下列哪个选项？（　　）

题 24 表

取样深度(m)	δ_s	δ_{zs}	取样深度(m)	δ_s	δ_{zs}
1.0	0.076	0.011	8.0	0.037	0.022
2.0	0.070	0.013	9.0	0.011	0.010
3.0	0.065	0.016	10.0	0.036	0.025
4.0	0.055	0.017	11.0	0.018	0.027
5.0	0.050	0.018	12.0	0.014	0.016
6.0	0.045	0.019	13.0	0.006	0.010
7.0	0.043	0.020	14.0	0.002	0.005

(A)Ⅰ级(轻微)　　(B)Ⅱ级(中等)

(C)Ⅲ级(严重)　　(D)Ⅳ级(很严重)

25. 某季节性冻土地基实测冻土层厚度为 2.0m。冻前原地面标高为 186.128m，冻后实测地面标高为 186.288m。试问该土层的平均冻胀率最接近下列哪个选项的数值？(注：平均冻胀率为地表冻胀量与设计冻深的比值)（　　）

(A)7.1%　　(B)8.0%

(C)8.7%　　(D)9.5%

26. 某一滑动面为折线的均质滑坡，其计算参数如表所示。取滑坡推力安全系数为1.05。试问滑坡③条块的剩余下滑力最接近下列哪个选项的数值？（　　）

题 26 表

滑块编号	下滑力(kN/m)	抗滑力(kN/m)	传递系数
①	3600	1100	0.76
②	8700	7000	0.90
③	1500	2600	—

(A)2140kN/m (B)2730kN/m

(C)3220kN/m (D)3790kN/m

27. 某混凝土水工重力坝场地的设计地震烈度为 8 度，在初步设计的建基面标高以下深度 15m 范围内分布的地层和剪切波速列如下表。

题 27 表

层序	地层名称	层底深度(m)	剪切波速 v_s(m/s)
①	中砂	6	235
②	圆砾	9	336
③	卵石	12	495
④	基岩	>15	720

已知该重力坝的基本自振周期为 0.9s，在考虑设计反应谱时，下列特征周期 T_s 和设计反应谱最大值的代表值 β_{max} 的不同组合中，哪个选项的取值是正确的？ ( )

(A) $T_g=0.20s, \beta_{max}=2.50$ (B) $T_g=0.20s, \beta_{max}=2.00$

(C) $T_g=0.30s, \beta_{max}=2.50$ (D) $T_g=0.30s, \beta_{max}=2.00$

28. 在地震烈度为 8 度的场地修建采用天然地基的住宅楼，设计时需要对埋藏于非液化土层之下的厚层砂土进行液化判别。下列哪个选项的组合条件可初步判别为不考虑液化影响？ ( )

(A)上覆非液化土层厚 5m，地下水位深度 3m，基础埋深 2.0m

(B)上覆非液化土层厚 5m，地下水位深度 5m，基础埋深 1.0m

(C)上覆非液化土层厚 7m，地下水位深度 3m，基础埋深 1.5m

(D)上覆非液化土层厚 7m，地下水位深度 5m，基础埋深 1.5m

29. 某水利工程位于 8 度地震区，抗震设计按近震考虑。勘察时地下水位在当时地面以下的深度为 2.0m，标准贯入点在当时地面以下的深度为 6.0m。实测砂土(黏粒含量 $\rho_c<3\%$)的标准贯入锤击数为 20 击。工程正常运行后下列四种情况中哪个选项在地震液化复判中应将该砂土判为液化土？ ( )

(A)场地普遍填方 3.0m (B)场地普遍挖方 3.0m

(C)地下水位普遍上升 3.0m (D)地下水位普遍下降 3.0m

30. 某场地钻孔灌注桩桩身平均波速值为 3555.6m/s，其中某根桩低应变反射波动力测试曲线如下图所示，对应图中时间 t_1、t_2 和 t_3 的数值分别为 60.0、66.0 和 73.5ms，

试问在混凝土强度变化不大的情况下，该桩桩长最接近下列哪个选项的数值？　（　　）

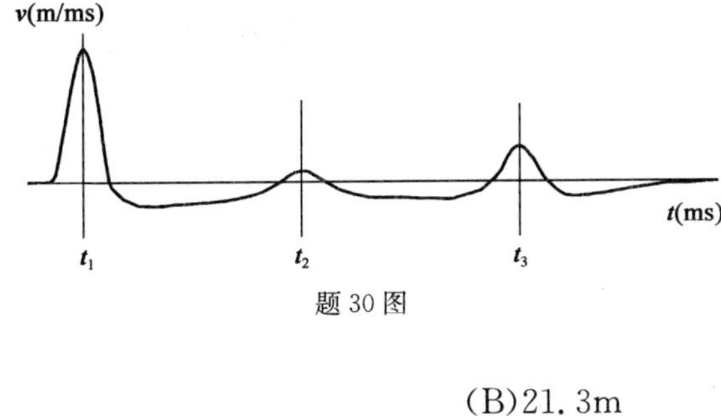

题30图

(A)10.7m　　(B)21.3m

(C)24.0m　　(D)48.0m

2009年案例分析试题答案(上午卷)

1.[**答案**] C

[**解析**] (1)先求料场土的干重度 γ_d'。

已知 $G_s=2.70, e=0.617$

$$\gamma_d'=\frac{G_s \cdot \rho_w}{1+e}=\frac{2.7\times10}{1+0.823}=14.8\text{kN/m}^3$$

(2)两者之比 $\frac{\gamma_d}{\gamma_d'}=\frac{17.8}{14.8}=1.2$

(3)需要实际(设计)方量为 1.2×40 万 $\text{m}^3=48$ 万 m^3

(4)根据《水利水电工程地质勘察规范》(GB 50487—2008)第6.20.3条,储量要达到设计量的2倍,即

$48\times2=96$ 万 m^3

2.[**答案**] A

[**解析**] (1)总应力:$\sigma=h_1\cdot\gamma_w+h_2\gamma_s=4\times10+8\times19.2=193.6\text{kPa}$

(2)孔隙水压力:$u=h_w\times10=150\text{kPa}$

(3)有效应力:$\sigma'=193.6-150=43.6\text{kPa}$

渗流力:$j=\gamma_w\cdot i=10\times\frac{15-(4+8)}{8}=3.75\text{kN/m}^3$

3.[**答案**] B

[**解析**] $S_t=\frac{C_u}{C'_u}=\frac{kC(R_y-R_g)}{kC(R_c-R_g)}=\frac{36.5-2.8}{14.8-2.8}=2.81$

4.[**答案**] C

[**解析**] (1)求初始空隙比

$$\rho=\frac{m}{v}=\frac{184}{(2.0\times3.14\times3.99\times3.99)}=1.84\text{g/cm}^3$$

$$\rho_d=\frac{\rho}{(1+w)}=\frac{1.84}{(1+0.403)}=1.31\text{g/cm}^3$$

$$e_0=\frac{G_s\times\rho_w}{\rho_d-1}=\frac{2.7\times1}{1.31-1}=1.061$$

(2)求各级压力下的孔隙比

$$e_1=e_0-(1+e_0)\frac{S_1}{h}$$

$$e_2=e_0-(1+e_0)\frac{S_2}{h}$$

(3)$a_{1\text{-}2}=(e_1-e_2)/(p_2-p_1)=(1+e_0)\frac{\frac{S_2-S_1}{h}}{(p_2-p_1)}$

$$=(1+1.061)\times\frac{2.0-1.4}{20(200-100)}\times1000=0.62(\text{MPa}^{-1})$$

5.［答案］A

［解析］(1)每延米箱涵的自重：25×(6×8−5.2×7.2)=264kN/m

(2)每延米箱涵所承受的浮力：6×8×10=480kN/m

(3)土层自重：18×6×1=108kN/m

(4)设覆土厚度为 H_m，$\frac{264+108+108H_m}{480}=1.05$

则 $H_m=\frac{1.05\times480-264-108}{108}=1.22\text{m}$

6.［答案］B

［解析］①计算断面Ⅰ-Ⅰ处的基底压力强度

$$p_{\rm I}=p_{\min}+\frac{(b-b_1)(p_{\max}-p_{\min})}{b}=133+\frac{(2-0.88)(217-133)}{2}=180\text{kPa}$$

②计算断面Ⅰ-Ⅰ的弯矩

$$M=\frac{p_{\rm I}\times b_1^2}{2}+\frac{(p_{\max}-p_{\rm I})b_1^2}{3}=\frac{180\times0.88^2}{2}+\frac{(217-180)0.88^2}{3}=79.3\text{kN}\cdot\text{m/m}$$

③计算钢筋截面积

$$A_s=\frac{M}{0.9f_yh_0}=\frac{79.3}{0.9\times300\times260}\times10^6=1130\text{mm}^2/\text{m}$$

7.［答案］A

［解析］$\overline{E}_s=\dfrac{0.7281\times20}{\dfrac{0.8974\times10}{15}+\dfrac{0.7281\times20-0.8974\times10}{20}}=16.59\text{MPa}$

8.［答案］A

［解析］

	持力层	下卧层
筏板基础：	$s=\frac{(45+42.1)\times3}{2\times4}=32.7$	$s=\frac{(42.1+26.5)\times6}{2\times2}=102.9$
条形基础：	$s=\frac{(100+30.4)\times3}{2\times4}=48.9$	$s=\frac{(30.4+10.4)\times6}{2\times2}=61.2$
沉降比例：	$\frac{s_f}{s_t}=\frac{32.7+102.9}{48.9+61.2}=\frac{135.6}{110.1}=1.23$	

9.［答案］A

［解析］10m范围内的应力面积$=\frac{(1+0.285)\times100\times10}{2}=642.5\text{kPa}\cdot\text{m}$

平均反算压缩模量：$E_s=\frac{642.5}{200-40}=4.02\text{MPa}$

10.[答案] C

[解析] (1)根据《建筑地基基础设计规范》(GB 50007—2011)第5.2.1条,偏心荷载承载力验算公式为:

$p_{kmax} \leqslant 1.2 f_a$

(2)判别大小偏心:0.6/3=0.2=1/5>1/6,属于大偏心。

(3)大偏心基础底面边缘的最大压力值计算公式为

$$p_{kmax}=\frac{2(F_k+G_k)}{3l \cdot a}$$

则 $F_k+G_k \leqslant \frac{3}{2}\times la\times(1.2f_a)=\frac{3}{2}\times 1\times\left(\frac{3}{2}-0.6\right)\times 1.2\times 200=324\text{kN/m}$

11.[答案] D

[解析]《建筑桩基技术规范》(JGJ 94—2008)第5.3.9条。

$u=3.14\times 1.2=3.77\text{m}, A_p=3.14\times 0.6^2=1.13\text{m}^2$

$$\begin{aligned} Q_{sk}=u\sum q_{sjk}\cdot l_j &=3.77\times(32\times 13.7+40\times 2.3+75\times 2.0+180\times 8.85) \\ &=3.77\times(438.4+92.0+150.0+1593.0) \\ &=8570.7\text{kN} \end{aligned}$$

$Q_{rk}=\zeta_r\cdot f_{rk}\cdot A_p=0.76\times 41500\times 1.13=35640.2\text{kN}$

$Q_{uk}=Q_{sk}+Q_{rk}=8570.7+35640.2=44210.9\text{kN}$

12.[答案] D

[解析] 抗拔桩承受的总上拔力:141000−108000=33000kN

抗拔桩自重:$G_p=\gamma' l\pi d^2/4=(25-10)\times 10\times 3.14\times 0.6^2/4=42.4\text{kN}$

$u=\pi d=1.885\text{m}$

根据《建筑桩基技术规范》(JGJ 94—2008)第5.4.5条:

$T_{uk}=\sum\lambda_i q_{sik} u_i l_i=0.70\times 36\times 1.885\times 10=475.0\text{kN}$

$$N_k\leqslant\frac{T_{uk}}{2}+G_p$$

$$\frac{33000}{n}\leqslant\frac{475.0}{2}+42.4$$

$n\geqslant 117.9$ 根

13.[答案] C

[解析]《建筑桩基技术规范》(JGJ 94—2008)第5.9.2条。

等边三桩承台的柱下独立桩基承台的正截面弯矩计算公式为:

$$M=\frac{N_{max}}{3}\left(S_a-\frac{\sqrt{3}}{4}c\right)=\frac{2100}{3}\times(1.2-3^{1/2}/4\times 0.8\times 0.4)=743\text{kN}\cdot\text{m}$$

14.[答案] B

[解析]《建筑地基处理技术规范》(JGJ 79—2012)。

$$m=\frac{A_p}{A}=\frac{0.2^2\times 3.14}{1.5\times 1.5}=0.0558$$

$$f_{spk}=\lambda m\frac{R_a}{A_p}+\beta(1-m)f_{sk}$$

$$=0.9\times0.0558\times\frac{600}{0.1256}+0.95(1-0.0558)\times180=401.5\text{kPa}$$

深度修正：$f_a=f_{spk}+\eta_d\gamma_m(d-0.5)=401.5+1\times20\times(7-0.5)=531.5\text{kPa}$

15. **[答案]** C

[解析]《建筑地基处理技术规范》(JGJ 79—2012)第7.5.2条。

$$\bar{\rho}_{dl}=\bar{\eta}_c\rho_{dmax}$$

$$S=0.95d\sqrt{\frac{\bar{\eta}_c\rho_{dmax}}{\bar{\eta}_c\rho_{dmax}-\bar{\rho}_d}}=0.95d\sqrt{\frac{\bar{\rho}_{dl}}{\bar{\rho}_{dl}-\bar{\rho}_d}}$$

$$1.0=0.95\times0.4\sqrt{\frac{\bar{\rho}_{dl}}{\bar{\rho}_{dl}-13.8}}$$

求解得：$\bar{\rho}_{dl}=1.61$

16. **[答案]** B

[解析] (1)$A_p=3.14\times0.3^2=0.283\text{m}^3$

(2)根据《建筑地基处理技术规范》(JGJ 79—2012)第7.1.6条：

$$R_a=\frac{1}{4\lambda}f_{cu}A_p=\frac{1}{4\times0.85}\times3000\times0.283=250\text{kN}$$

(3)根据公式(7.1.5-3)：

$$R_a=u_p\sum q_sL+q_pA_p=3.14\times0.6\times(3.0\times17+5\times20+2\times25)+500\times0.283$$

$$=520.4\text{kN}$$

(4)二者取小值，$R_a=250\text{kN}$

17. **[答案]** D

[解析] $E_w=\frac{1}{2}\gamma_{sat}H^2=\frac{1}{2}\times18.7\times5^2=234\text{kN}$

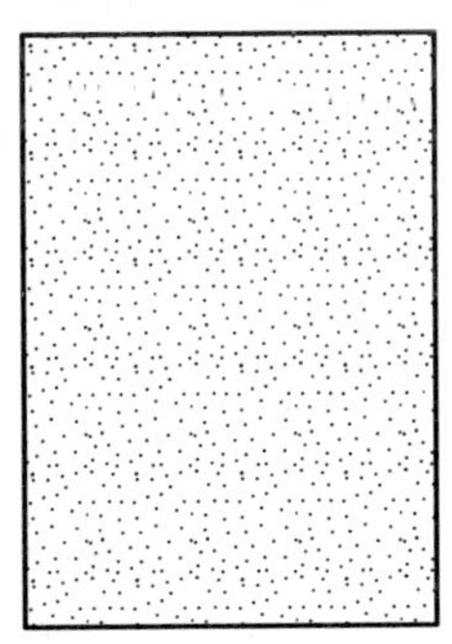

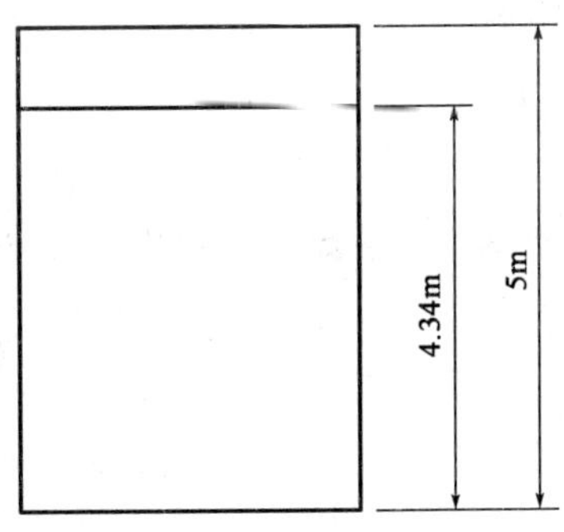

题17解图

18. **[答案]** C

[解析] (1)计算震后的砂填土厚度

竖向应变：$\varepsilon_z=\frac{\Delta e}{1+e_1}=\frac{0.9-0.65}{1+0.90}=0.1316$

$\Delta H=5\times0.1316=0.66\text{m}, H_2=4.34\text{m}$

(2)计算震后砂土的饱和重度

$5\times18.7=4.34\times\gamma_2+0.66\times10$

$\gamma_2=20\text{kN/m}^3$

$K_a=\tan^2(45°-35°/2)=0.271$

(3)计算水土总压力

土压力:$E_a=\frac{1}{2}\times0.271\times10\times4.34^2=25.5\text{kN}$

水压力:$E_w=\frac{1}{2}\times10\times5^2=125\text{kN}$

总压力:$E_a+E_w=125+25.5=150.5\text{kN}$

19.**[答案]** C

[解析] 有两种解答方式。

解法一:

$W_i=(3\times20+7\times10)\times2=260\text{kN},l=\frac{2}{\cos30°}=2.31\text{m}$

$W_i\cos\theta\tan\varphi+l_ic=260\times0.866\times0.466+2.31\times22=156\text{kN}$

$M_{Ri}=4680\text{kN}\cdot\text{m}$

解法二:

$W_i=10\times20\times2=400\text{kN},l=\frac{2}{\cos30°}=2.31\text{m}$

$u=7\cos^2 30°\times10=52.5\text{kPa}$

$p_w=ul_i=52.5\times2.31=121.3\text{kN}$

$(W_i\cos\theta-121.3)\tan\varphi+l_ic=(400\times0.866-121.3)\times0.466+2.31\times22=156\text{kN}$

$M_{Ri}=4680\text{kN}\cdot\text{m}$

20.**[答案]** C

[解析] $\sigma_z=18.4\times8=147.2\text{kPa}$

$\varepsilon_z=\sigma/E_s=147.2/500=0.294$

$h=s/\varepsilon_z=51\text{cm}=510\text{mm}$

注:此题更严格的解法如下:(忽略 EPS 自重)。

$\sigma_z=18.4(8-h)$

$\varepsilon_z=\sigma_z/E_s=18.4(8-h)/500$

$s=0.15=\varepsilon_z h$

$18.4(8-h)=500\times0.15$

$h^2-8h+4.08=0$

$h=0.546\text{m}$

两种作法都算对。

21.**[答案]** C

[解析] $\sigma_c=\sigma_3=68\text{kPa}$

$\sigma_1=2c\tan(45°+\varphi/2)+\sigma_3\tan^2(45°+\varphi/2)=2\times17.8\times\tan(51.6°)+68\times\tan^2(51.6°)$

$=44.9+108.2=153\text{kPa}$

$c_u=(\sigma_1-\sigma_3)/2=42.5\text{kPa}$

22.[答案] A

[解析] $N=9$

$\Delta h=12/9=1.33\text{m}$——等势线之间的 Δh 都相等。

$i_{max}=1.33/3=0.444$

23.[答案] C

[解析] (1)$K_a=\frac{1}{3}$

(2)6m 处:$e_{a1}=\gamma HK_a=20\times6\times\frac{1}{3}=40$

底部:$e_{a2}=40+\gamma'H'K_a=40+10\times4\times\frac{1}{3}=53.3$

(3)$E_a=\frac{1}{2}\times6\times40+\frac{1}{2}\times4\times(53.3+40)=306.6\text{kPa}$

24.[答案] B

[解析] 自重湿陷量的计算值:$\Delta_{zs}=\beta_0\sum_{i=1}^{n}\delta_{zsi}h_i$

陇西地区 $\beta_0=1.5$

$\Delta_{zs}=1.5\times(0.016+0.071+0.018+0.019+0.020+0.022+0.025+0.027+0.016)\times1000=270\text{mm}$

湿陷量的计算值:$\Delta_s=\sum_{i=1}^{n}\beta\delta_{si}h_i$

基底下0～5m 深度内(即深度 1.5～6.5m),$\beta=1.5$

5～10m 深度内(即深度 6.5～11.5m),$\beta=1.0$

10m 以下(即深度 11.5～12.5m),$\beta=1.5$

$\Delta_s=1.5\times(0.070+0.065+0.055+0.050+0.045)\times1000+1.0\times(0.043+0.037+0.036+0.018)\times1000=561.5\text{mm}$

查表 4.4.7,表中为Ⅱ或Ⅲ,但因 $\Delta_s<600\text{mm}$,故判定为Ⅱ级(中等)。

25.[答案] C

[解析]《建筑地基基础设计规范》(GB 50007—2002)第 5.1.7 条。

设计冻深:$z_d=h'-\Delta z=2.0-(186.288-186.128)=2.0-0.6=1.84\text{m}$

h'为实测冻土层厚度,Δz 为地表冻胀量。

平均冻胀率:$\eta=\frac{\Delta z}{z_d}=\frac{0.16}{1.84}\times100\%=8.7\%$

可见上述规范条文说明附录 G 附图 1 注①。

26.[答案] B

[解析] 第①块推力：3600×1.05－1100＝2680kN/m

第②块推力：3680×0.76＋8700×1.05－7000＝4171.8kN/m

第③块推力：4171.8×0.90＋1500×1.05－2600＝2730kN/m

27.[答案] D

[解析]《水工建筑物抗震设计规范》(DL 5073—2000)第4.3.3条和第4.3.4条。

(1)根据题意，可知场地覆盖层厚度为12m，计算可得平均剪切波速 $v_{sm}=325m/s$。中硬场地土②场地类别为Ⅱ类，特征周期 $T_g=0.30s$

(2)重力坝的 $\beta_{max}=2.00$

28.[答案] D

[解析] (1)8度区、砂土、液化土特征深度 $d_0=8m$

(2)基础埋深 d_b 都采用2.0m。

(3)各选项的初判临界值都相同，不考虑液化影响的条件都是 $d_u>8$，$d_w>7$，$d_u+d_w>11.5$。

(4)只有选项D的 $d_u+d_w=7+5=12>11.5$，符合初判不考虑液化影响的条件。

29.[答案] B

[解析] (1)首先根据液化机理，填方和水位下降可以使液化可能性减小，故可排除A、D两项。

(2)按照公式(N.0.4-1)、公式(N.0.4-2)、公式(N.0.4-3)：

选项B，挖方3m，$d'_s=6$，$d'_w=2$，$d_s=3$，$d_w=0$(地面淹没)

$N_{63.5}=20\times0.435=8.7$ 击，$N_{cr}=10\times1.2=12$ 击，$N_{63.5}<N_{cr}$，液化。

选项C，地下水位上升3m，$d'_s=6$，$d'_w=2$，$d_s=6$，$d_w=0$(地面淹没)

$N_{63.5}=20\times0.788=15.8$ 击，$N_{cr}=10\times1.5=15$ 击，$N_{63.5}>N_{cr}$，不液化。

30.[答案] C

[解析] (1)从低应变反射波动力测试曲线可看出，该桩存在缺陷，即时间 t_2 处为缺陷反射波，时间 t_3 处才为桩底反射波。

(2)按《建筑基桩监测技术规范》(JGJ 106—2014)式(8.4.1-2)：

桩长：$c=\dfrac{2000L}{\Delta T}=\dfrac{2000\times L}{73.5-60}=3555.6m/s$，$L=24.0m$

(3)10.7m为缺陷位置，计算缺陷位置和桩长未除2其结果分别为21.3m和48.0m。

2009年案例分析试题(下午卷)

1.某工程水质分析试验成果见下表(mg/L):

题1表

Na^+	K^+	Ca^{2+}	Mg^{2+}	NH_4^+	Cl^-	SO_4^{2-}	HCO_3^-	游离 CO_2	侵蚀性 CO_2
51.39	28.78	75.43	20.23	10.80	83.47	27.19	366.00	22.75	1.48

试问其总矿化度最接近下列哪个选项的数值? ( )

(A)480mg/L (B)585mg/L
(C)660mg/L (D)690mg/L

2.某常水头渗透试验装置如图所示,土样Ⅰ的渗透系数 $k_1=0.2$cm/s,土样Ⅱ的渗透系数 $k_2=0.1$cm/s,土样横截面积 $A=200$cm²。如果保持图中水位恒定,则该试验的流量 Q 应保持为下列哪个选项? ( )

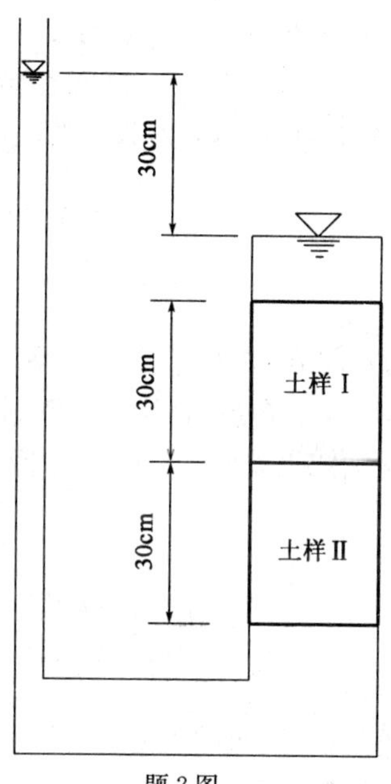

题2图

(A)10.0cm³/s (B)11.1cm³/s (C)13.3cm³/s (D)15.0cm³/s

3.取直径为50mm、长度为70mm的标准岩石试件,进行径向点荷载强度试验,测得破坏时的极限荷载为4000N,破坏瞬间加荷点未发生贯入现象。试分析判断该岩石的坚硬程度属于下列哪个选项? ( )

(A)软岩 (B)较软岩

(C)较坚硬岩　　(D)坚硬岩

4. 某湿陷性黄土试样取样深度为8.0m，此深度以上土的天然含水量为19.8%，天然密度为1.57g/cm³，土粒比重为2.70。在测定该土样的自重湿陷系数时施加的最大压力最接近下列哪个选项的数值？(其中水的密度 ρ_w 取1g/cm³，重力加速度 g 取10m/s²)　　(　　)

(A)105kPa　　(B)126kPa

(C)140kPa　　(D)216kPa

5. 筏板基础宽度10m，埋置深度5m，地基土为厚层均质粉土层，地下水位在地面下20m处。在基底标高上用深层平板载荷试验得到的地基承载力特征值 $f_{ak}=200$kPa，地基土的重度为19kN/m³(查表可得地基承载力修正系数为：$\eta_b=0.3$，$\eta_d=1.5$)，试问筏板基础基底均布压力为下列何项数值时刚好满足地基承载力的设计要求？　　(　　)

(A)345kPa　　(B)284kPa

(C)217kPa　　(D)167kPa

6. 某柱下独立基础底面尺寸为3m×4m，传至基础底面的平均压力为300kPa，基础埋深3.0m，地下水位埋深4m，地基土的天然重度为20kN/m³，压缩模量 E_{s1} 为15MPa，软弱下卧层顶埋深6m，压缩模量 E_{s2} 为5MPa。试问在验算下卧层强度时，软弱下卧层层顶处附加应力与自重压力之和最接近于下列哪个选项的数值？　　(　　)

(A)199kPa　　(B)179kPa

(C)159kPa　　(D)79kPa

7. 某场地建筑地基岩石为花岗岩，块状结构。勘察时取试样6组，试验测得饱和单轴抗压强度的平均值为29.1MPa，变异系数为0.022。按照《建筑地基基础设计规范》(GB 50007—2011)的有关规定，该建筑地基的承载力特征值最大取值最接近于下列哪个选项的数值？　　(　　)

(A)21.1MPa　　(B)28.6MPa

(C)14.3MPa　　(D)10.0MPa

8. 某场地三个浅层平板载荷试验。试验数据见下表。试问按照《建筑地基基础设计规范》(GB 50007—2011)确定的该土层的地基承载力特征值最接近于下列哪个选项的数值？　　(　　)

题8表

试验点号	1	2	3
比例界限对应的荷载值(kPa)	160	165	173
极限荷载(kPa)	300	340	330

(A)170kPa　　(B)165kPa

(C)160kPa　　(D)150kPa

9. 某25万人口的城市，市区内某四层框架结构建筑物，有采暖，采用方形基础，基底平均压力为130kPa。地面下5m范围内的黏性土为弱冻胀土。该地区的标准冻深为2.2m。试问在考虑冻胀性情况下，按照《建筑地基基础设计规范》(GB 50007—2011)，该建筑基础的最小埋深最接近于下列哪个选项？　　(　　)

(A)0.8m　　(B)1.0m

(C)1.2m　　(D)1.4m

10. 某稳定边坡，坡角β为30°。矩形基础垂直于坡顶边缘线的底面边长b为2.8m，基础埋置深度d为3m。试问按照《建筑地基基础设计规范》(GB 50007—2011)，基础底面外边缘线至坡顶的水平距离a应大于下列哪个选项的数值？　　(　　)

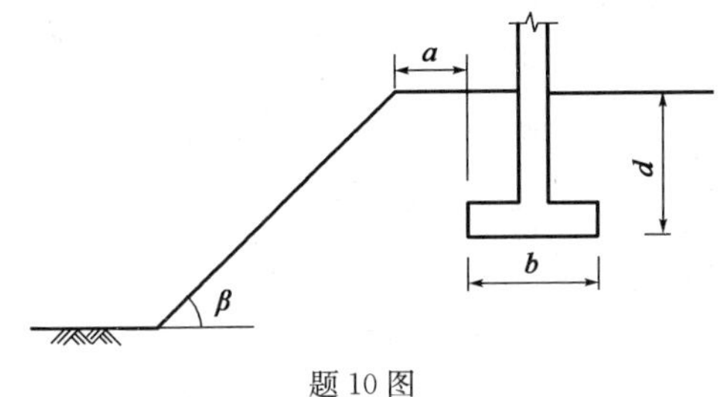

题10图

(A)1.8m　　(B)2.5m　　(C)3.2m　　(D)4.6m

11. 某公路桥梁钻孔灌注桩为摩擦桩，桩径1.0m，桩长35m。土层分布及桩侧摩阻力标准值q_{ik}、桩端处的承载力基本容许值$[f_{a0}]$如图所示。桩端以上各土层的加权平均重度$\gamma_2=20\text{kN/m}^3$，桩端处土的容许承载力随深度的修正系数$k_2=5.0$。根据《公路桥涵地基与基础设计规范》(JTG D63—2007)计算，试问单桩轴向受压承载力容许值最接近下列哪个选项的数值？(取修正系数$\lambda=0.8$，清底系数$m_0=0.8$)　　(　　)

(A)5620kN　　(B)5780kN

(C)5940kN　　(D)6280kN

12. 某桩下单桩独立基础采用混凝土灌注桩，桩径800mm，桩长30m。在荷载效应准永久组合作用下，作用在桩顶的附加荷载$Q=6000\text{kN}$。桩身混凝土弹性模量$E_c=3.15\times10^4\text{N/mm}^2$。在该桩桩端以下的附加应力(假定按分段线性分布)及土层压缩模量如图所示，不考虑承台分担荷载作用。根据《建筑桩基技术规范》(JGJ 94—2008)计算，该单桩基础最终沉降量最接近于下列哪个选项的数值？(取沉降计算经验系数$\psi=1.0$，桩身压缩系数$\xi_e=0.6$)　　(　　)

(A)55mm　　(B)60mm

(C)67mm　　(D)72mm

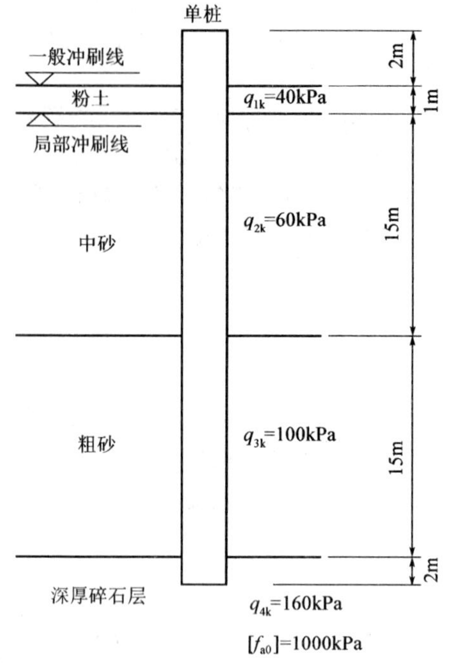

题 11 图

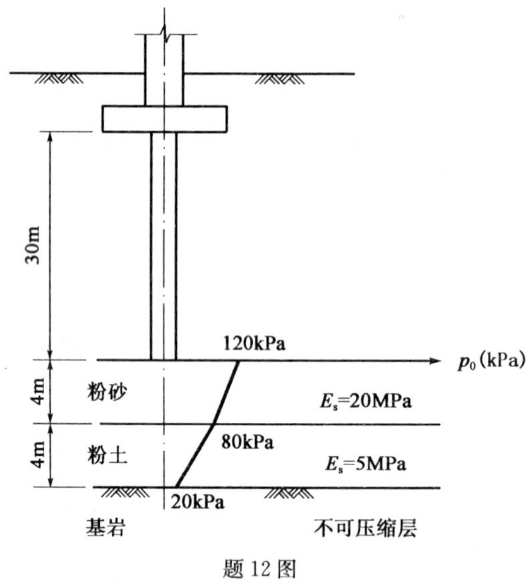

题 12 图

13. 某柱下六桩独立桩基，承台埋深 3.0m，承台面积取 2.4m×4.0m，采用直径 0.4m的灌注桩，桩长 12m，距径比 $s_a/d=4$，桩顶以下土层参数如表所示。根据《建筑桩基技术规范》(JGJ 94—2008)，考虑承台效应(取承台效应系数 $\eta_c=0.14$)，试确定考虑地震作用时的复合基桩竖向承载力特征值与单桩承载力特征值之比最接近于下列哪个选项的数值？(取地基抗震承载力调整系数 $\zeta_a=1.5$)　(　　)

(A)1.05　　(B)1.11

(C)1.16　　(D)1.20

题 13 表

层序	土名	层底埋深(m)	q_{sik}(kPa)	q_{pk}(kPa)
①	填土	3.0	—	—
②	粉质黏土	13.0	25	(地基承载力特征值 f_{ak}=300kPa)
③	粉砂	17.0	100	6000
④	粉土	25.0	45	800

14. 某松散砂土地基，拟采用直径 400mm 的振冲桩进行加固。如果取处理后桩间土承载力特征值 f_{sk}=90kPa，桩土应力比取 3.0，采用等边三角形布桩。要使加固后地基承载力特征值达到 120kPa，根据《建筑地基处理技术规范》(JGJ 79—2012)，振冲砂石桩的间距(m)应为下列哪个选项的数值？ (　　)

(A)0.85　　(B)0.93

(C)1.00　　(D)1.10

15. 某建筑场地地层如图所示，拟采用水泥粉煤灰碎石桩(CFG 桩)进行加固。已知基础埋深为 2.0m，CFG 桩长 14.0m，桩径 500mm，桩身强度 f_{cu}=20MPa，桩间土承载力折减系数取 0.9，单桩承载力发挥系数取 0.85。按《建筑地基处理技术规范》(JGJ 79—2012)计算，如果复合地基承载力特征值要达到 180kPa，则 CFG 桩面积置换率 m 应取下列哪个选项的数值？ (　　)

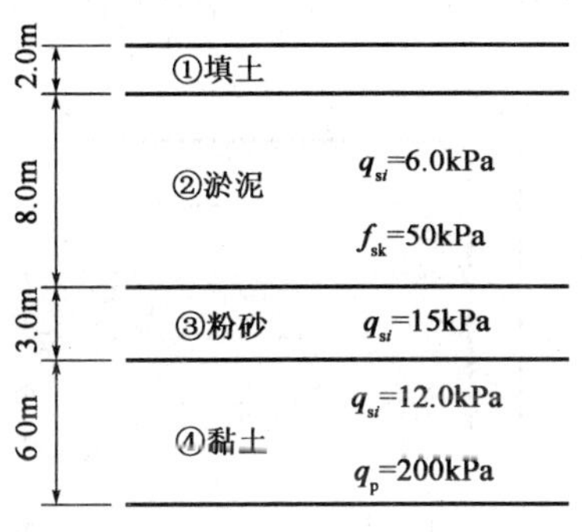

题 15 图

(A)10%　　(B)12%　　(C)14%　　(D)18%

16. 某场地地层如图所示。拟采用水泥搅拌桩进行加固。已知基础埋深为 2.0m，搅拌桩桩径 600mm，桩长 14.0m，桩身强度 f_{cu}=0.8MPa，单桩承载力发挥系数 λ=0.85，桩间土承载力折减系数 β=0.6，桩端土承载力折减系数 α=0.4，搅拌桩中心距为 1.0m，等边三角形布置。试问搅拌桩复合地基承载力特征值取下列哪个选项的数值合适？ (　　)

(A)85kPa　　(B)90kPa

(C)100kPa　　(D)110kPa

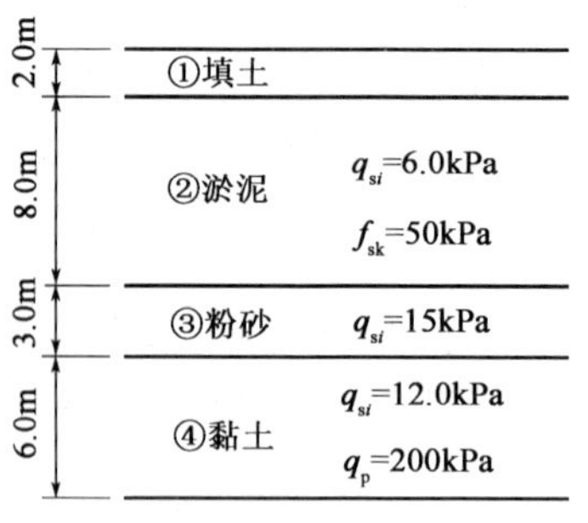

题 16 图

17. 采用砂石桩法处理松散的细砂。已知处理前细砂的孔隙比 $e_0=0.95$，砂石桩桩径 500mm。如果要求砂石桩挤密后的孔隙比 e_1 达到 0.60，按《建筑地基处理技术规范》(JGJ 79—2012)计算(考虑振动下沉密实作用修正系数 $\xi=1.1$)，采用等边三角形布置时，砂石桩间距采取以下哪个选项的数值比较合适？ ( )

(A)1.0　　(B)1.2

(C)1.4　　(D)1.6

18. 有一分离式墙面的加筋土挡土墙(墙面只起装饰与保护作用，不直接固定筋材)，墙高 5m，其剖面如图所示。整体式钢筋混凝土墙面距包裹式加筋墙体的平均距离为 10cm，其间充填孔隙率 $n=0.4$ 的砂土。由于排水设施失效，10cm 间隙充满了水，此时作用于每延米墙面上的总水压力最接近于下列哪个选项的数值？ ( )

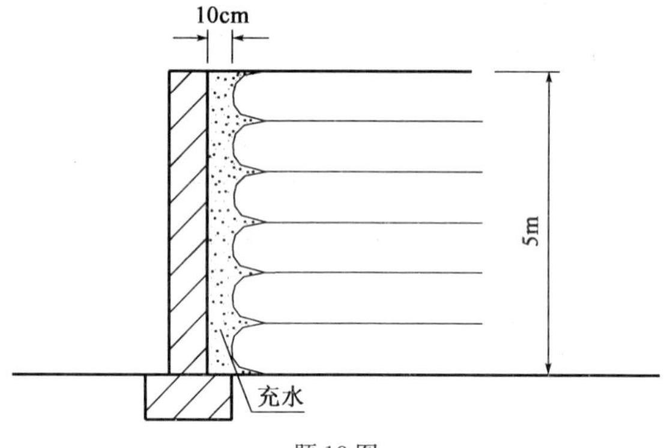

题 18 图

(A)125kN　　(B)5kN

(C)2.5kN　　(D)50kN

19. 小型均质土坝的蓄水高度为 16m，流网如图所示。流网中水头梯度等势线间隔数均分为 $m=22$(从下游算起的等势线编号如图所示)。土坝中 G 点处于第 20 条等势线上，其位置在地面以上 11.5m。试问 G 的孔隙水压力最接近于下列哪个选项的数值？ ( )

(A)30kPa　　(B)45kPa

(C)115kPa　　(D)145kPa

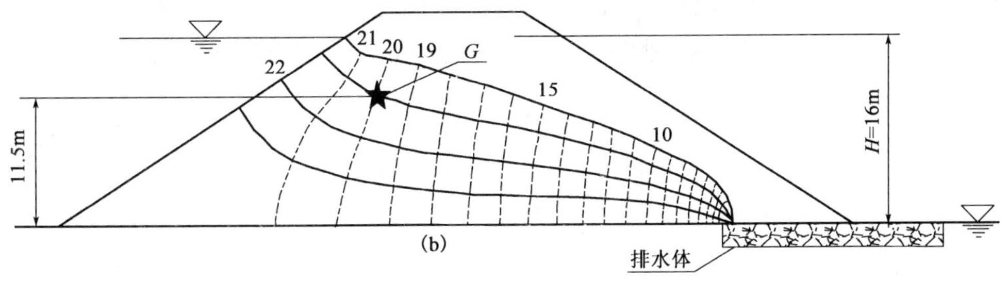

题 19 图

20. 山区重力式挡土墙自重 200kN/m，经计算，墙背主动压力水平分为 E_x = 200kN/m，竖向分力 E_y = 80kN/m，挡土墙基底倾角 15°，基底摩擦系数 0.65，问该墙的抗滑移稳定安全系数最接近于下列哪个选项的数值？（不计墙前土压力） （　　）

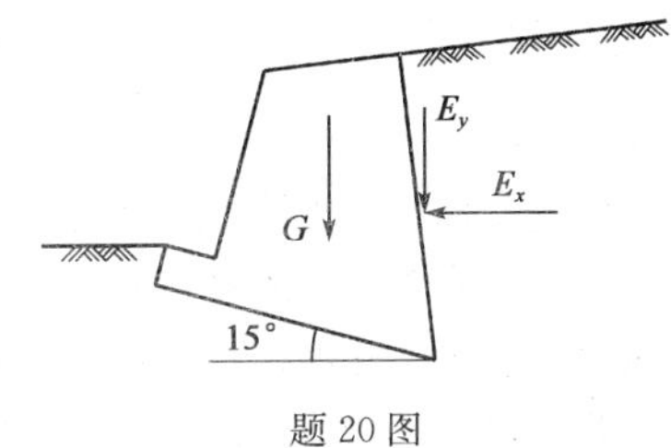

题 20 图

(A)0.9　　(B)1.3

(C)1.7　　(D)2.2

21. 图示挡土墙，墙高 H=6m。墙后砂土厚度 h=1.6m，已知砂土的重度为 17.5kN/m³，内摩擦角为 30°，黏聚力为零。墙后黏性土的重度为 18.5kN/m³，内摩擦角为 18°，黏聚力为 10kPa。按朗肯主动土压理论，试问作用于每延米墙背的总主动土压力 E_a 最接近下列哪个选项的数值？ （　　）

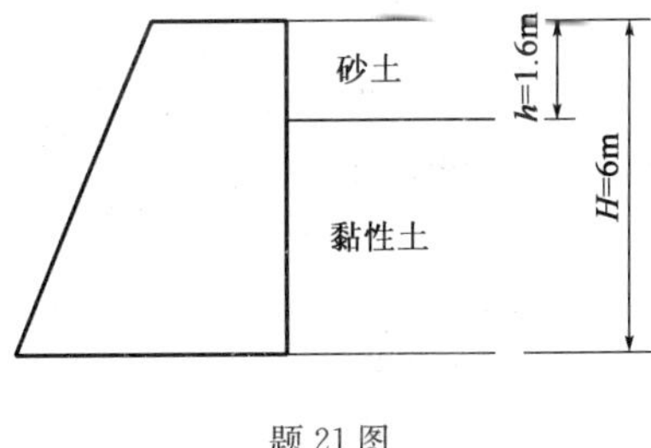

题 21 图

(A)82kN　　(B)92kN

(C)102kN　　(D)112kN

22. 在饱和软黏土中基坑开挖采用地下连续墙支护，已知软土的十字板剪切试验的抗剪强度 τ=34kPa；基坑开挖深度 16.3m，墙底插入坑底以下的深度 17.3m，设有两道水平支撑，第一道支撑位于地面标高，第二道水平支撑距坑底 3.5m，每延米支撑的轴向力均为 2970kN。沿着图示的以墙顶为圆心，以墙长为半径的圆弧整体滑动，若每延米的滑动力矩为 154230kN·m，则其安全系数最接近于下面哪个选项的数值？（　）

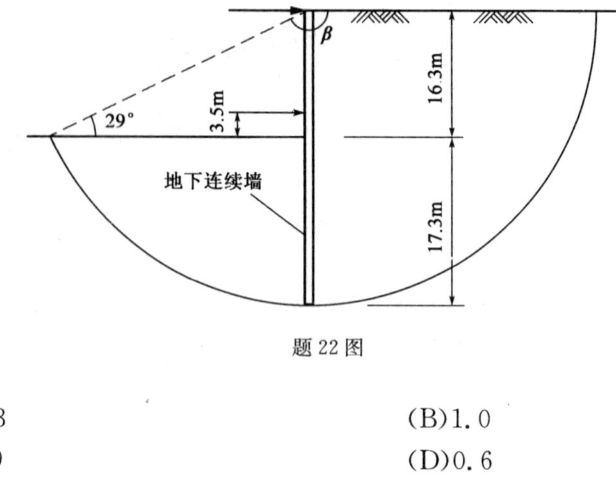

题 22 图

(A)1.3　　(B)1.0

(C)0.9　　(D)0.6

23. 某场地地层情况如下图所示，场地第②层中承压水头在地面下 6.0m。现需在该场地进行沉井施工，沉井直径 20m，深 13.0m（深度自地面算起）。拟采用设计单井出水量为 $50m^3/h$ 的完整井沿沉井外侧均匀布置，降水影响半径为 160m，将承压水水位降低至沉井底面下 1.0m。试问合理的降水井数量最接近下列哪个选项的数值？（　）

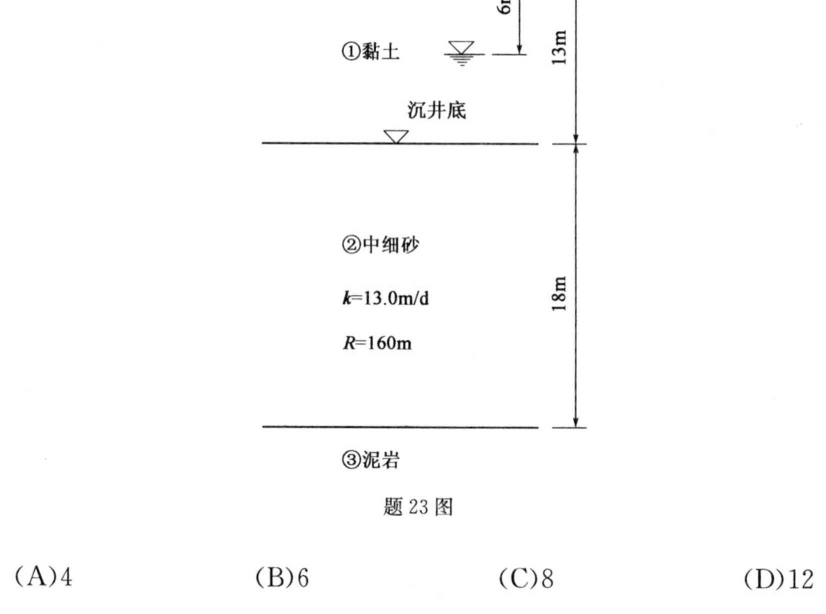

题 23 图

(A)4　　(B)6　　(C)8　　(D)12

24. 某采空区场地倾向主断面上每隔 20m 间距顺序排列 A、B、C 三点，地表移动前测量的标高相同。地表移动后垂直移动分量，B 点较 A 点多 42mm，较 C 点少 30mm；水平移动分量，B 点较 A 点少 30mm，较 C 点多 20mm。试根据《岩土工程勘察规范》(GB 50021—2001)判定该场地的适宜性为下列哪个选项所述？（　）

(A)不宜建筑的场地　　(B)相对稳定的场地

(C)作为建筑场地时，应评价其适宜性　　(D)无法判定

25. 土层剖面及计算参数如下图所示。由于大面积抽取地下水，地下水位深度自抽水前的距地面 10m，以 2m/年的速率逐年下降。忽略卵石层及以下岩土层的沉降，问 10 年后地面沉降总量最接近于下列哪个选项的数值？（　　）

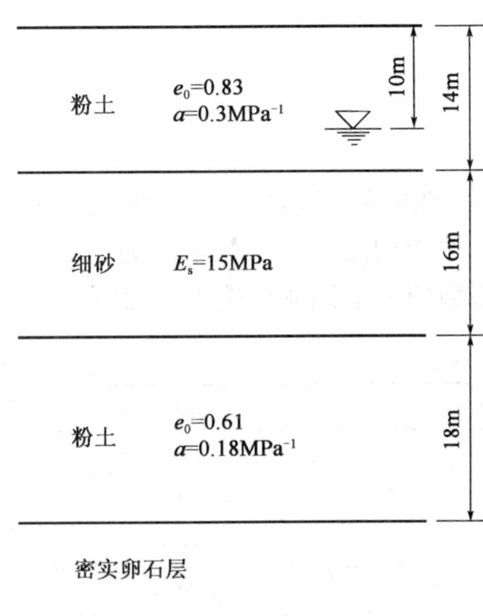

题 25 图

(A)415mm　　(B)544mm

(C)670mm　　(D)810mm

26. 某一薄层状裂隙发育的石灰岩出露场地，在距地面 17m 深处以下有一溶洞，洞高 H_0＝2.0m。若按溶洞顶板坍塌自行填塞法对此溶洞的影响进行估算，地面下不受溶洞坍塌影响的岩层安全厚度最接近于下列哪个选项的数值？（石灰岩松散系数 k 取 1.2）（　　）

(A)5m　　(B)7m

(C)10m　　(D)12m

27. 某饱和软黏土边坡已出现明显变形迹象（可以认为在 φ_u＝0 的整体圆弧法计算中，其稳定系数 K_1＝1.0）。假设有关参数如下：下滑部分 W_1 的截面面积为 30.2m^2，力臂 d_1＝3.2m，滑体平均重度为 17kN/m^3。为确保边坡安全，在坡脚进行了反正，反压体 W_3 的截面面积为 9.0m^2，力臂 d_3＝3.0，重度为 20kN/m^3。在其他参数都不变的情况下，反压后边坡的稳定系数 K_2 最接近于下列哪一选项？（　　）

(A)1.15　　(B)1.26

(C)1.33　　(D)1.59

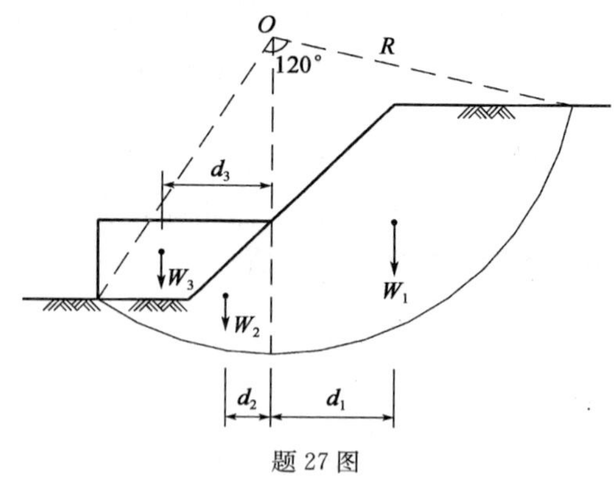

题 27 图

28. 某建筑场地抗震设防烈度为 8 度，设计地震分组为第一组。场地土层及其剪切波速列见下表。已知结构自振周期为 0.40s，阻尼比为 0.05。按 50 年超越概率 63%考虑。建筑结构的地震影响系数应取下列哪个选项的数值？（　　）

题 28 表

层　序	土 层 名 称	层底深度(m)	剪切波速 v_{si}(m/s)
①	填土	5.0	120
②	淤泥	10.0	90
③	粉土	16.0	180
④	卵石	20.0	460
⑤	基岩	—	800

(A)0.14　　(B)0.15　　(C)0.16　　(D)0.17

29. 下图所示为某工程场地钻孔剪切波速测试的结果。据此计算确定场地土层的等效剪切波速和该场地的类别。试问下列哪个选项的组合是正确的？（　　）

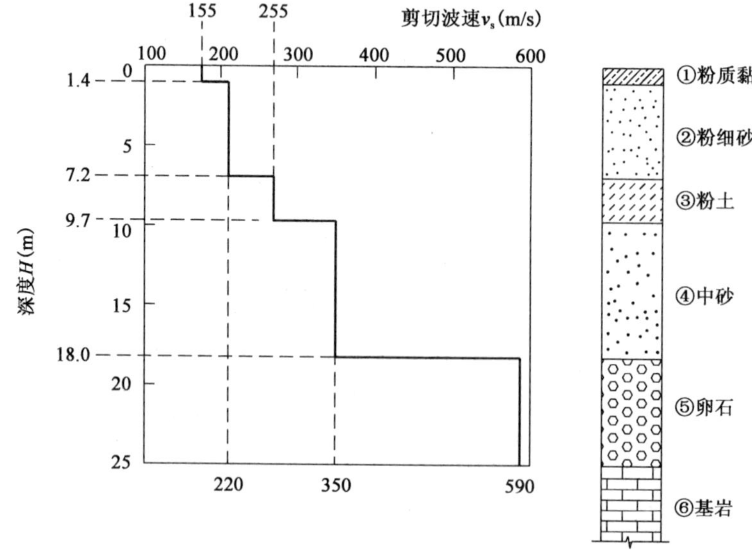

题 29 图

(A)173m/s，Ⅰ类 (B)261m/s，Ⅱ类

(C)192m/s，Ⅲ类 (D)290m/s，Ⅳ类

30. 某灌注桩，桩径 1.5m，桩长 43m，桩顶下 25.2m 处扩颈 2.5m，桩端扩顶直径 2.5m，土层分布依次为填土、粉质黏土、粉土、粉质黏土、粉砂和粉质黏土，对该桩进行竖向静载荷试验，单桩极限承载力 $Q_{uk}=22000$kN，其中端阻力占 17%，之后又进行抗拔试验，上拔荷载和上拔量关系曲线（v-δ）如图所示，试确定抗拔系数。 ( )

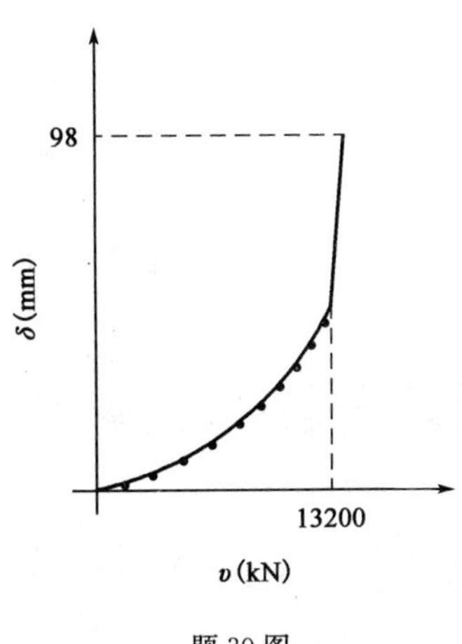

题 30 图

(A)0.68 (B)0.72

(C)0.74 (D)0.80

2009 年案例分析试题答案(下午卷)

1.[答案] A

[解析] 总矿化度不包含气体，且 HCO_3^- 只计其含量一半，所以，总矿化度(mg/L)为：

$51.39+28.78+75.43+20.23+10.8+83.47+27.19+366.00/2=480.29$

2.[答案] C

[解析] 假设土样Ⅰ、土样Ⅱ各自的水头损失分别为 Δh_1、Δh_2，则：

$$\Delta h_1+\Delta h_2=30\text{cm} \tag{1}$$

根据渗流连续原理，流经两土样的渗流流量相等，根据达西定律可得式(2)

$$k_1\frac{\Delta h_1}{l_1}=k_2\frac{\Delta h_2}{l_2} \tag{2}$$

土样长度 $l_1=l_2=30\text{cm}$，求解方程式(1)、(2)，得

$\Delta h_1=10\text{cm}$，$\Delta h_2=20\text{cm}$

流量 $Q=kiA=k_1\frac{\Delta h_1}{l_1}A=k_2\frac{\Delta h_2}{l_2}A$，将已知数代入，得

$Q=13.3\text{cm}^3/\text{s}$

3.[答案] C

[解析] (1)首先计算岩石的点荷载强度指数：

$$I_{s(50)}=\frac{P}{D^2}=\frac{4000}{50^2}=1.6\text{MPa}$$

(2)计算单轴饱和抗压强度：

$R_c=22.82I_{s(50)}^{0.75}=22.82\times1.6^{0.75}=32.46\text{MPa}$

查《工程岩体分级标准》(GB 50218—1994)表 3.4.2，该岩石属于较坚硬岩。

4.[答案] C

[解析] (1)上覆土的干密度：$\rho_d=\frac{\rho}{1+0.01w}=\frac{1.57}{1+0.198}=1.31\text{g/cm}^3$

(2)上覆土的孔隙比：$e=\frac{G_s\rho_w}{\rho_d}-1=\frac{2.7\times1}{1.31}-1=1.061$

(3)上覆土的饱和密度：$\rho_s=\rho_d\left(1+\frac{S_r e}{G_s}\right)=1.31\times\left(1+\frac{0.85\times1.061}{2.70}\right)=1.75\text{g/cm}^3$

(4)上覆土的饱和自重压力：$p_z=\rho_s\cdot g\cdot h=1.75\times10\times8=140\text{kPa}$

5.[答案] C

[解析] 对于深层平板载荷试验，$\eta_d=0$

修正后的地基承载力特征值：$f_a=f_{ak}+\eta_d\gamma(b-3)+\eta_d\gamma_m(d-0.5)=200+0.3\times19\times(6-3)=200+17.1=217.1\text{kPa}$

如错误采用了 1.5 的深度修正系数，则计算结果为(A)选项。

6.[答案] B

[解析] (1)根据《建筑地基基础设计规范》(GB 50007—2011)表 5.2.7,地基压力扩散角为 23°,软层层顶的附加应力总应力为:

$$p_z=\frac{lb(p_k-p_c)}{(b+2z\tan\theta)(l+2z\tan\theta)}=\frac{3\times4\times(300-3\times20)}{(3+2\times3\times\tan23°)(4+2\times3\times\tan23°)}=79\text{kPa}$$

(2)软层层顶的自重应力与附加应力之和的总应力为 79+6×20=199kPa

(3)软层层顶的自重应力与附加应力之和的有效应力为 199-(6-4)×10=179kPa

地下水位以下土重取浮重度,计算结果相同。

7.[答案] C

[解析] (1)平均值:$f_{rm}=29.1\text{MPa}$

(2)变异系数:$\delta=0.022$

(3)统计修正系数:$\psi=1-\left(\frac{1.704}{\sqrt{n}}+\frac{4.678}{n^2}\right)\delta=1-\left(\frac{1.704}{\sqrt{6}}+\frac{4.678}{6^2}\right)\times0.022=0.9817$

(4)标准值:$f_{rk}=\psi\cdot f_{rm}=0.9817\times29.1=28.6$

(5)根据《建筑地基基础设计规范》(GB 50007—2011)附录 A 规定,碎裂结构判定为较完整。根据第 5.2.6 条规定,较完整岩体折减系数取 0.20~0.5。

(6)地基承载力特征值最大取值为 0.5×28.6=14.3MPa

8.[答案] C

[解析]《建筑地基基础设计规范》(GB 50007—2011)附录 C。

点 1:取极限承载力的一半,为 150kPa;

点 2:取比例界限,为 165kPa;

点 3:取极限承载力的一半,为 165kPa;

极差小于 30%,取三点平均值,$\frac{(150+165+165)}{3}=160\text{kPa}$

9.[答案] B

[解析] 黏性土$\psi_{zs}=1.00$;弱冻胀:$\psi_{zw}=0.95$;城市近郊:$\psi_{ze}-0.95$

$z_d=z_0\psi_{zs}\psi_{zw}\psi_{ze}=2.2\times1.0\times0.95\times0.95=1.99\text{m}$

允许残留冻土层最大厚度:$h_{max}=0.99\text{m}$

最小埋深:$d_{min}=z_d-h_{max}=1.99-0.99=1.0\text{m}$

10.[答案] B

[解析]《建筑地基基础设计规范》(GB 50007—2011)第 5.4.2 条。

矩形基础 $a=2.5b-\frac{d}{\tan\beta}=2.5\times2.8-\frac{3}{\tan30°}=1.8\text{m}$

但需 $a\geqslant2.5\text{m}$,所以 a 取 2.5m。

11.[答案] D

[解析]《公路桥涵地基与基础设计规范》(JTG D63—2007)第 5.3.3.条。

$q_r=m_0\lambda[[f_{a0}]+k_2\gamma_2(h-3)]=0.8\times0.8\times[1000+5.0\times20\times(33-3)]$

$=2560\text{kPa}$

$$[R_a]=\frac{1}{2}u\sum_{i=1}^{n}q_{ik}l_i+A_pq_r$$

$=0.5\times3.14\times1.0\times(60\times15+100\times15+160\times2)+\times3.14\times0.5^2\times2560$
$=4270.4+2009.6=6280\text{kN}$

12.［答案］C

［解析］ $s=\psi\sum_{i=1}^{n}\frac{\sigma_{zi}}{E_{si}}\Delta z_i+s_e$ $s_e=\xi_e\frac{Ql}{E_cA_{ps}}$

$A_{ps}=3.14\times0.4^2=0.5\text{m}^2$

$s_e=0.6\times6000\times30\div(3.15\times10^4\times10^3\times0.5)=0.0069\text{m}=6.9\text{mm}$

$s=1.0\times(100\div20000+50\div5000)\times4\times10^3+6.9=60+6.9=66.9\text{mm}$

13.［答案］B

［解析］《建筑桩基技术规范》(JGJ 94—2008)第5.2.5条。

$Q_{uk}=(10\times25+2\times100)\times\pi\times0.4+\pi\times0.2^2\times6000=1318.8\text{kN}$

$$R_a=\frac{Q_{uk}}{K}=\frac{1318.8}{2}=659.4\text{kN}$$

$$A_c=\frac{(A-nA_{ps})}{n}=(2.4\times4.0-6\times\pi\times0.2^2)/6=1.47\text{m}^2$$

考虑地震作用时

$$R=R_a+\frac{\zeta_a}{1.25}\eta_c f_{ak}A_c=659.4+\frac{1.5}{1.25}\times0.14\times300\times1.47=733.5\text{kN}$$

$R/R_a=733.5/659.4=1.11$

14.［答案］B

［解析］ $f_{spk}=[1+m(n-1)]f_{sk}$

$$m=\frac{(\frac{f_{spk}}{f_{sk}}-1)}{(n-1)}=\frac{(\frac{120}{90}-1)}{(3-1)}=0.167$$

$d_e=\sqrt{d^2/m}=\sqrt{0.4^2/0.167}=0.98$

$S=d_e/1.05\approx0.93$

15.［答案］B

［解析］ (1) $R_a\leqslant\frac{1}{4\lambda}f_{cu}A_p=\frac{1}{4\times0.85}\times20\times10^3\times3.14\times0.25^2=1154\text{kN}$

$R_a=\pi d\sum q_{si}l+q_p+A_p$

$=3.14\times0.5\times(6.0\times8.0+15.0\times3.0+12.0\times3.0)+200\times3.14\times0.25^2$

$=241.78\text{kN}$

R_a 取小值，取 $R_a=241.78\text{kN}$

$$(2)\ m=\frac{f_{spk}-\beta f_{sk}}{\lambda\frac{R_a}{A_p}-\beta f_{sk}}=\frac{180-0.9\times50}{0.85\times\frac{241.78}{3.14\times0.25^2}-0.9\times50}=13.47\%$$

16.**[答案]** A

[解析] (1)$R_a=256.6\text{kN}$

$R_a\leqslant\frac{1}{4\lambda}f_{cu}A_p=66.5$

(2)$m=\frac{d^2}{d_e^2}=\frac{0.6^2}{1.05^2\times1^2}=0.327$

$f_{spk}=\lambda m\frac{R_a}{A_p}+\beta(1-m)f_{sk}$

$=0.85\times0.327\times\frac{66.5}{3.14\times0.3^2}+0.6\times(1-0.327)\times50=85.6\text{kPa}$

17.**[答案]** B

[解析] $S=0.95\xi d\sqrt{\frac{1+e_0}{e_0-e_1}}=0.95\times1.1\times0.5\times\sqrt{\frac{1+0.95}{0.95-0.6}}=1.233\text{m}$

18.**[答案]** A

[解析] $E_w=\frac{1}{2}\gamma_w H^2=25\times10/2=125\text{kN}$

19.**[答案]** A

[解析] 每个等势线间的水头差：$\Delta h=16/22=0.73\text{m}$

G 点的总水头：$h_G=16-2\times0.73=14.55\text{m}$，位置水头为 11.5m

压力水头：$h_w=14.55-11.5=3\text{m}$

孔隙水压力：$p_w=3\times10=30\text{kPa}$

20.**[答案]** C

[解析]《建筑地基基础设计规范》(GB 50007—2011)第 6.7.5 条列出的公式原理。

$K_s=\frac{(G_n+E_{an})\mu}{E_{at}-G_t}\geqslant1.3$

列出新的表达式：

$K_s=\frac{[(G+E_y)\cdot\cos\alpha+E_x\sin\alpha]\mu}{E_x\cdot\cos\alpha-(G+E_y)\cdot\sin\alpha}$

代入得到 $K_s=\frac{[(200+80)\cos15^\circ+200\sin15^\circ]\times0.65}{200\cos15^\circ-(200+80)\sin15^\circ}=\frac{209.4}{120.7}=1.73$

21.**[答案]** C

[解析] $K_{a砂}=\tan^2(45^\circ-\frac{\varphi_{砂}}{2})=\tan^2(45^\circ-\frac{30^\circ}{2})=1/3$

$K_{a黏}=\tan^2(45^\circ-\frac{\varphi_{黏}}{2})=\tan^2(45^\circ-\frac{18^\circ}{2})=0.528$

$z_0=\frac{2c_{黏}}{\gamma_{砂}\sqrt{K_{a黏}}}=\frac{2\times10}{17.5\times\sqrt{0.528}}=1.527\text{m}\approx1.6\text{m}$

取近似解：$E_{a砂}=\frac{1}{2}\gamma_{砂}K_{a砂}h^2=\frac{1}{2}\times17.5\times\frac{1}{3}\times1.6^2=7.5\text{kN}$

$$E_{a黏}=\frac{1}{2}\gamma_{黏}K_{a黏}(H-h)^2=\frac{1}{2}\times 18.5\times 0.528\times(6-1.6)=94.6\text{kN}$$

$$E_a=E_{a砂}+E_{a黏}=7.5+94.6=102\text{kN}$$

22.**[答案]** C

[解析] 抗滑力矩由两部分组成，即土的抗滑力矩和第二道支撑的抗滑力矩。分别计算如下。

半径：$R=16.3+17.3=33.6\text{m}$

弧的夹角：$\beta=180-29=151°$

弧长：$l=2\times 33.6\times\pi\times 151/360=88.55\text{m}$

$M_{R1}=88.55\times 34\times 33.6=101160\text{kN}\cdot\text{m}$

$M_{R2}=2970\times 12.8=38016\text{kN}\cdot\text{m}$

$M_R=101160+37897=139176\text{kN}\cdot\text{m}$

$K=139176/154230=0.9$

23.**[答案]** A

[解析] (1)首先确定承压水水位需要的降幅 S：

$S=13.0+1.0-6.0=8.0\text{m}$

(2)确定沉井降水涌水量 Q：

本场地为均质含水层完整井降水，为达到降水设计目标，涌水量 Q 为：

$$Q=2.73K\frac{MS}{\lg(1+\frac{R}{r_0})}=2.73\times 13\times\frac{18.0\times 8.0}{\lg(1+\frac{160}{10})}=4153\text{m}^3/\text{d}$$

(3)确定所需要的降水井数目 n：

$$n=1.1\frac{Q}{q}=1.1\times\frac{4053}{50\times 24}=3.8(\text{口})$$，降水井取 4 口

24.**[答案]** B

[解析] (1)AB 两点间(即中点处)倾斜：$i_{AB}=\frac{42\text{mm}}{20\text{m}}=2.1\text{mm/m}<3\text{mm/m}$

BC 两点间(即中点处)倾斜：$i_{BC}=\frac{30\text{mm}}{20\text{m}}=1.5\text{mm/m}<3\text{mm/m}$

(2)ABC 平均曲率：$k=\frac{2.1-1.5}{(20+20)\times 0.5}=0.03\text{mm/m}^2<0.2\text{mm/m}$

(3)水平变形：$\varepsilon_{AB}=\frac{30\text{mm}}{20\text{m}}=1.5\text{mm/m}<2\text{mm/m}$

$\varepsilon_{BC}=\frac{20\text{mm}}{20\text{m}}=1.0\text{mm/m}<2\text{mm/m}$

(4)判定：地表倾斜、曲率、水平变形值都小于《岩土工程勘察规范》(GB 50021—2001)第 5.5.5 条的限值，故选 B。

25.**[答案]** B

[解析]

(1)10 年后因地下水位下降，有效应力增大，施加于各土层的平均附加应力 Δp 见

下表(地下水每降 1m 产生的水压力 0.01MPa,卵石层不沉降)。

题 25 解表

序号	土层	埋深(m)	层厚(m)	地下水降幅(m)	水压力(MPa)	Δp(MPa)
1	黏土	10	10	0	0	0
		14	4	4	0.01×4=0.04	(0.04+0)/2=0.02
2	细砂	30	16	20	0.01×20=0.2	(0.2+0.04)/2=0.12
3	粉土	48	18	20	0.2	0.2

(2)计算各土层 10 年后的沉降量。

黏土及粉土计算公式:$S=\frac{a}{1+e_0}\Delta p\cdot H$;砂土计算公式:$S=\frac{\Delta p\cdot H}{E}$

代入各土层计算参数后得出:$S_1=13.1\text{mm}$,$S_2=128\text{mm}$,$S_3=402.5\text{mm}$

(3)10 年地面总沉降量:$S=S_1+S_2+S_3=543.6\text{mm}$

26.【答案】B

【解析】受坍塌影响的岩层厚度:$H'=\frac{H_0}{k-1}=\frac{2}{1.2-1}=10\text{m}$

不受坍塌影响的岩层安全厚度:$H=17-H'=7\text{m}$

27.【答案】C

【解析】进行反压后,增加了阻碍力矩 W_3d_3

反压后稳定系数:$K_2=K_1+\frac{W_3d_3}{W_1d_1}=1+\frac{9.0\times20\times3.0}{30.2\times17\times3.2}=1.33$

28.【答案】C

【解析】(1)确定建筑场地类别

①覆盖层厚度:由于$\frac{v_4}{v_3}=\frac{460}{180}=2.56>2.5$,$v_4>400\text{m/s}$,故覆盖层厚度可取 16m。

②等效剪切波速,计算深度 d_0 取 16m。

$v_{se}=\frac{16}{(5/120+5/90+6/180)}=122.6\text{m/s}$

③场地类别为Ⅲ类。

(2)确定地震影响系数

特征周期:$T_g=0.45T=0.40\text{s}<T_g$

多遇地震 8 度地震影响系数最大值 $\alpha_{max}=0.16$,阻尼比 0.05,$\eta_2=1.0$

$\alpha=\eta_2\alpha_{max}=0.16$

29.【答案】B

【解析】有两种解答方式。

解法一:

(1)场地等效剪切波速计算公式：$v_{se}=\frac{d_0}{t}=\frac{18}{0.0689}\approx 261\text{m/s}$

其中：$d_0=18\text{m}$；$t=\frac{1.4}{155}+\frac{5.8}{220}+\frac{2.5}{255}+\frac{8.3}{350}=0.0689\text{s}$

(2)查 GB 50011—2001 中表 4.1.6，场地土层等效剪切波速 $v_{se}=261\text{m/s}$，在 $500\geqslant v_{se}>250$ 范围内，场地覆盖层厚度大于 5m。场地类别Ⅱ类。

解法二：

此题可以不经过计算，目测分析即可。

(1)覆盖层厚度为 18.0m，不可能是Ⅰ Ⅳ类场地。

(2)土层剪切波速都大于 140m/s，所以不可能是Ⅲ类场地。

(3)只可能是Ⅱ类场地。

30.**[答案]** B

[解析] (1)对于陡变型 v-δ 曲线，取陡升起始点对应荷载值为单桩竖向抗拔极限承载力：$v_k=13200\text{kN}$

(2)极限侧阻力：$Q_{sk}=(1-0.17)Q_{\mu k}=0.83\times 22000=18260\text{kN}$

(3)抗拔系数：$\lambda=\frac{v_k}{Q_{sk}}=\frac{13200}{18260}=0.72$

2010年案例分析试题(上午卷)

1. 某压水试验地面进水管的压力表读数 p_3=0.90MPa,压力表中心高于孔口0.5m,压入流量 Q=80L/min,试验段长度 L=5.1m,钻杆及接头的压力总损失为0.04MPa,钻孔为斜孔,其倾角 α=60°,地下水位位于试验段之上,自孔口至地下水位沿钻孔的实际长度 H=24.8m,试问试验段地层的透水率(Lu)最接近于下列何项数值? (　　)

(A)14.0　　(B)14.5

(C)15.6　　(D)16.1

2. 某公路工程,承载比(CBR)三次平行试验成果如下:

题2表

贯入量(0.01mm)		100	150	200	250	300	400	500	750
荷载强度(kPa)	试件1	164	224	273	308	338	393	442	496
	试件2	136	182	236	280	307	362	410	460
	试件3	183	245	313	357	384	449	493	532

上述三次平行试验土的干密度满足规范要求,则据上述资料确定的CBR值应为下列何项数值? (　　)

(A)4.0%　　(B)4.2%

(C)4.4%　　(D)4.5%

3. 某工程测得中等风化岩体压缩波波速 V_{pm}=3185m/s,剪切波波速 V_s=1603m/s,相应岩块的压缩波波速 V_{pt}=5067m/s,剪切波波速 V_s=2438m/s;岩石质量密度 ρ=2.64g/cm^3,饱和单轴抗压强度 R_c=40MPa。则该岩体基本质量指标BQ为下列何项数值? (　　)

(A)255　　(B)310

(C)491　　(D)714

4. 已知某地区淤泥土标准固结试验 e-log$p$ 曲线上直线段起点在50~100kPa之间,该地区某淤泥土样测得100~200kPa压力段压缩系数 $a_{1\text{-}2}$ 为1.66MPa^{-1},试问其压缩指数 C_c 值最接近于下列何项数值? (　　)

(A)0.40　　(B)0.45

(C)0.50　　(D)0.55

5. 如图所示(图中单位为mm),某建筑采用柱下独立方形基础,基础底面尺寸为2.4m×2.4m,柱截面尺寸为0.4m×0.4m。基础顶面中心处作用的柱轴竖向力为 F=

700kN，力矩 $M=0$，根据《建筑地基基础设计规范》(GB 50007—2011)，试问基础的柱边截面处的弯矩设计值最接近于下列何项数值？ ( )

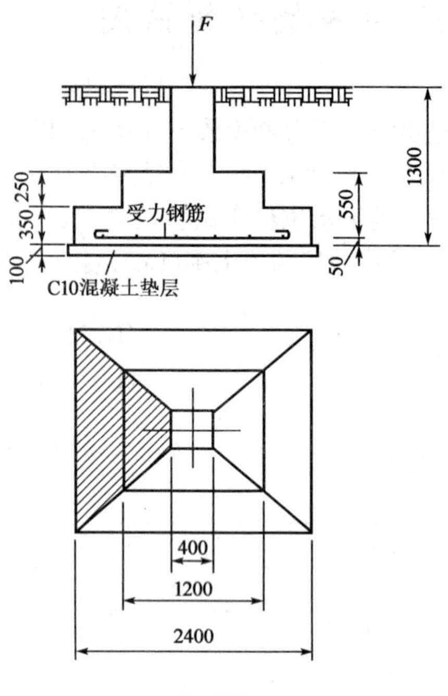

题5图

(A)105kN·m (B)145kN·m

(C)185kN·m (D)225kN·m

6. 某毛石基础如图所示，荷载效应标准组合时基础底面处的平均压力值为110kPa，基础中砂浆强度等级为M5，根据《建筑地基基础设计规范》(GB 50007—2011)设计，试问基础高度 H_0 至少应取下列何项数值？ ( )

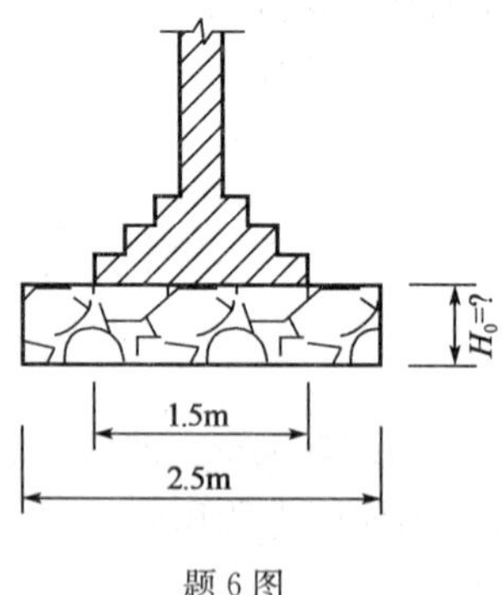

题6图

(A)0.5m (B)0.75m

(C)1.0m (D)1.5m

7. 某条形基础，上部结构传至基础顶面的竖向荷载 $F_k=320\text{kN/m}$，基础密度 $b=4\text{m}$，基础埋置深度 $d=2\text{m}$，基础底面以上土层的天然重度 $\gamma=18\text{kN/m}^3$，基础及其上土的平均重度为 20kN/m^3，基础底面至软弱下卧层顶面距离 $z=2$m，已知扩散角 $\theta=25°$。试问，扩散到软弱下卧层顶面处的附加压力最接近于下列何项数值？（　　）

(A)35kPa　　(B)45kPa
(C)57kPa　　(D)66kPa

8. 某建筑方形基础，作用于基础底面的竖向力为 9200kN，基础底面尺寸为 6m×6m，基础埋深 2.5m，基础底面上下土层为均质粉质黏土，重度为 19kN/m^3，综合 e-p 关系试验数据见下表，基础中心点的附加应力系数 α 见下图，已知沉降计算经验系数为 0.4，将粉质黏土按一层计算，问该基础中心点的最终沉降量最接近于下列哪个选项？（　　）

题 8 表

压力 p_i(kPa)	0	50	100	200	300	400
孔隙比 e	0.544	0.534	0.526	0.512	0.508	0.506

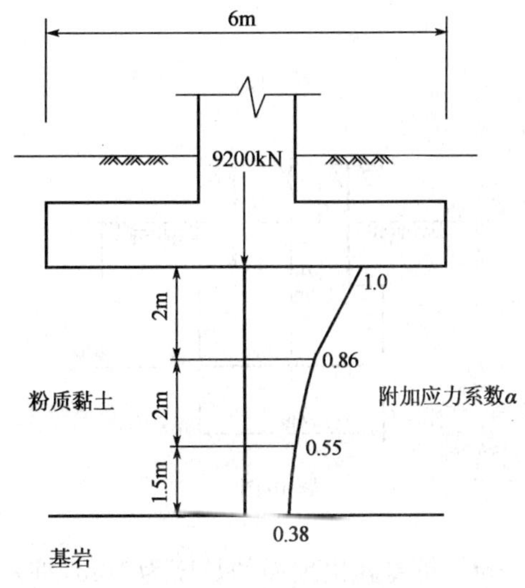

题 8 图

(A)10mm　　(B)23mm　　(C)35mm　　(D)57mm

9. 某建筑物基础承受轴向压力，其矩形基础剖面及土层的指标如图所示，基础底面尺寸为 1.5m×2.5m。根据《建筑地基基础设计规范》(GB 50007—2011)由土的抗剪强度指标确定的地基承载力特征值 f_a，应与下列何项数值最为接近？（　　）

(A)138kPa　　(B)143kPa　　(C)148kPa　　(D)153kPa

10. 某构筑物其基础底面尺寸为 3m×4m，埋深为 3m，基础及其上土的平均重度为 20kN/m^3，构筑物传至基础顶面的偏心荷载 $F_k=1200$kN，距基底中心 1.2m，水平荷载

$H_k=200$kN,作用位置如图所示。试问,基础底面边缘的最大压力值 p_{kmax},与下列何项数值最为接近? ( )

(A)265kPa (B)341kPa

(C)415kPa (D)454kPa

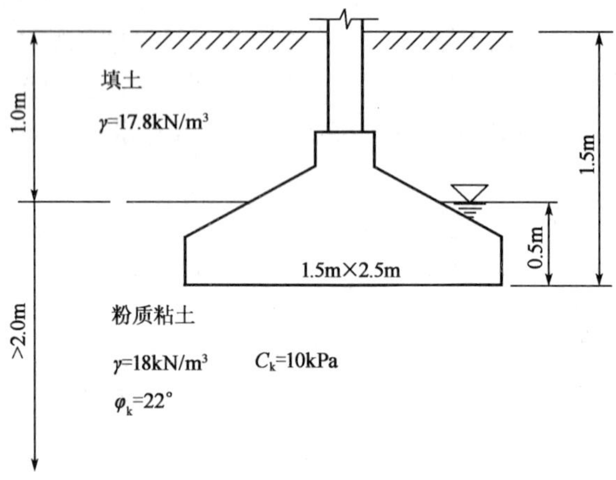

题 9 图

题 10 图

11. 某灌注桩直径 800mm,桩身露出地面的长度为 10m,桩入土长度为 20m,桩端嵌入较完整的坚硬岩石,桩的水平变形系数 α 为 0.520(1/m),桩顶铰接,桩顶以下 5m 范围内箍筋间距为 200mm,该桩轴心受压,桩顶轴向压力设计值为 6800kN。成桩工艺系数 ψ_c 取 0.8,按《建筑桩基技术规范》(JGJ 94—2008),试问桩身混凝土轴心抗压强度设计值应不小于下列何项数值? ( )

(A)15MPa (B)17MPa

(C)19MPa (D)21MPa

12. 群桩基础中的某灌注桩基桩,桩身直径 700mm,入土深度 25m,配筋率为 0.60%,桩身抗弯刚度 EI 为 $2.83\times10^5\text{kN}\cdot\text{m}^2$,桩侧土水平抗力系数的比例系数 m 为 2.5MN/m^4,桩顶为铰接,按《建筑桩基技术规范》(JGJ 94—2008),试问当桩顶水平荷载为 50kN 时,其水平位移值最接近下列何项数值? ( )

(A)6mm　　(B)9mm
(C)12mm　　(D)15mm

13.某软土地基上多层建筑,采用减沉复合疏桩基础,筏板平面尺寸为35m×10m,承台底设置钢筋混凝土预制方桩共计102根,桩截面尺寸为200mm×200mm,间距2m,桩长15m,正三角形布置,地层分布及土层参数如图所示,试问按《建筑桩基技术规范》(JGJ 94—2008)计算的基础中心点由桩土相互作用产生的沉降 s_{sp},其值与下列何项数值最为接近? (　　)

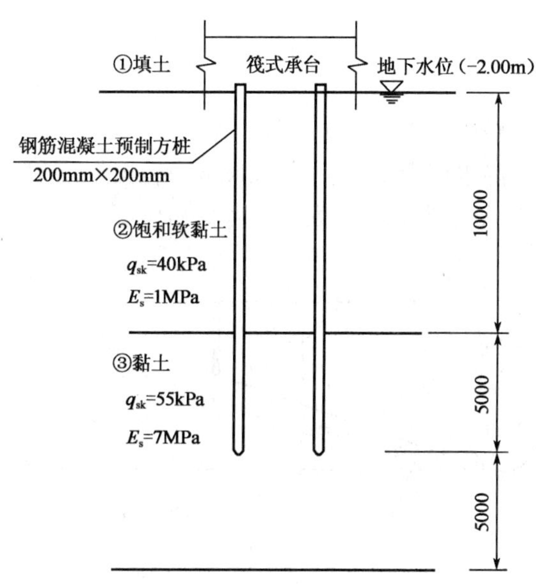

题13图
注:图中尺寸以mm计。

(A)6.4mm　　(B)8.4mm
(C)11.9mm　　(D)15.8mm

14.为确定水泥土搅拌桩复合地基承载力,进行多桩复合地基静载试验,桩径500mm,正三角形布置,桩中心距1.20m。试问进行三桩复合地基载荷试验的圆形承压板直径,应取下列何项数值? (　　)

(A)2.00m　　(B)2.20m
(C)2.40m　　(D)2.65m

15.某软土地基拟采用堆载预压法进行加固,已知淤泥的水平向排水固结系数 c_h=$3.5\times10^{-4}cm^2/s$,塑料排水板宽度为100mm,厚度为4mm,间距为1.0m,等边三角形布置,预压荷载一次施加,如果不计竖向排水固结和排水板的井阻及涂抹的影响,按《建筑地基处理技术规范》(JGJ 79—2012)计算,试问当淤泥固结度达到90%时,所需的预压时间与下列何项最为接近? (　　)

(A)5 个月　　(B)7 个月

(C)8 个月　　(D)10 个月

16. 对于某新近堆积的自重湿陷性黄土地基，拟采用灰土挤密桩对柱下独立基础的地基进行加固。已知基础为 1.0m×1.0m 的方形，该层黄土平均含水量为 10%，最优含水量为 18%，平均干密度为 1.50t/m³。根据《建筑地基处理技术规范》(JGJ 79—2012)，为达到最好加固效果，拟对该基础 5.0m 深度范围内的黄土进行增湿，试问最少加水量取下列何项数值合适？（　　）

(A)0.65t　　(B)2.6t

(C)3.8t　　(D)5.8t

17. 岩质边坡由泥质粉砂岩与泥岩互层组成为不透水边坡，边坡后部有一充满水的竖直拉裂带，如图所示。静水压力 p_w 为 1125kN/m，可能滑动的层面上部岩体重量 W 为 22000kN/m，层面摩擦角 φ 为 22°，黏聚力 c 为 20kPa，试问其安全系数最接近于下列何项数值？（　　）

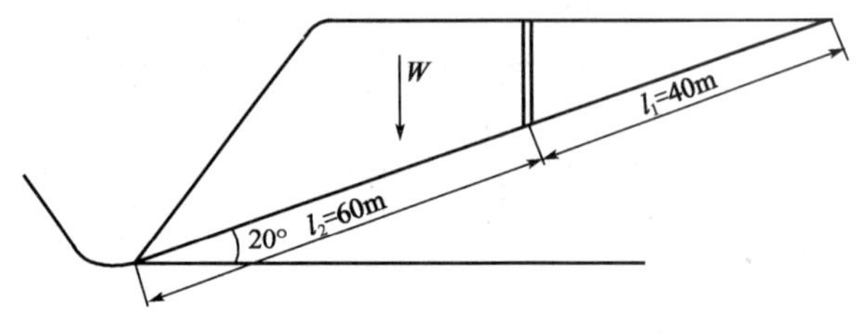

题 17 图

(A)K=1.09　　(B)K=1.17

(C)K=1.27　　(D)K=1.37

18. 水电站的地下厂房围岩为白云质灰岩，饱和单轴抗压强度为 50MPa，围岩岩体完整性系数 K_v=0.50。结构面宽度 3mm，充填物为岩屑，裂隙面平直光滑，结构面延伸长度 7m。岩壁渗水。围岩的最大主应力为 8MPa。根据《水利水电工程地质勘察规范》(GB 50487—2008)，该厂房围岩的工程地质类别应为下列何项所述？（　　）

(A)Ⅰ类　　(B)Ⅱ类

(C)Ⅲ类　　(D)Ⅳ类

19. 有一部分浸水的砂土坡，坡率为 1∶1.5，坡高 4m，水位在 2m 处；水上、水下的砂土的内摩擦角均为 φ=38°；水上砂土重度 γ=18kN/m³，水下砂土饱和重度 γ_{sik}=20kN/m³。用传递系数法计算沿图示的折线滑动面滑动的安全系数最接近于下列何项数值？(已知 W_2=1000kN，P_1=560kN，α_1=38.7°，α_2=15.0°，P_1 为第一块传递到第二块上的推力，W_2 为第二块已扣除浮力的自重)（　　）

(A)1.17　　(B)1.04

(C)1.21　　(D)1.52

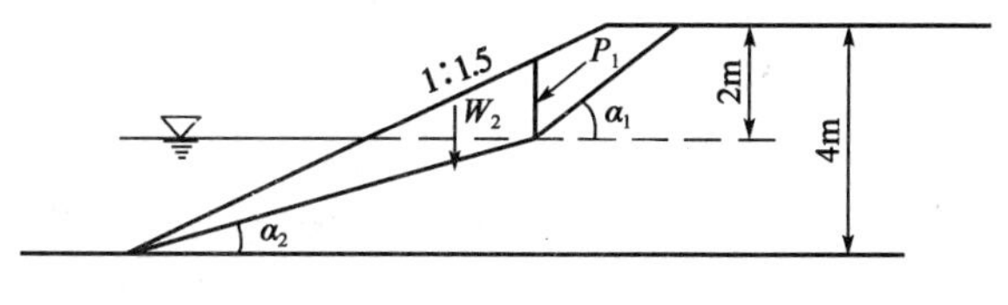

题 19 图

20. 图示重力式挡土墙和墙后岩石陡坡之间填砂土，墙高 6m，墙背倾角 60°，岩石陡坡倾角 60°，砂土 $\gamma=17\text{kN/m}^3$，$\varphi=30°$；砂土与墙背及岩坡间的摩擦角均为 15°，试问该挡土墙上的主动土压力合力 E_a 与下列何项数值最为接近？（　　）

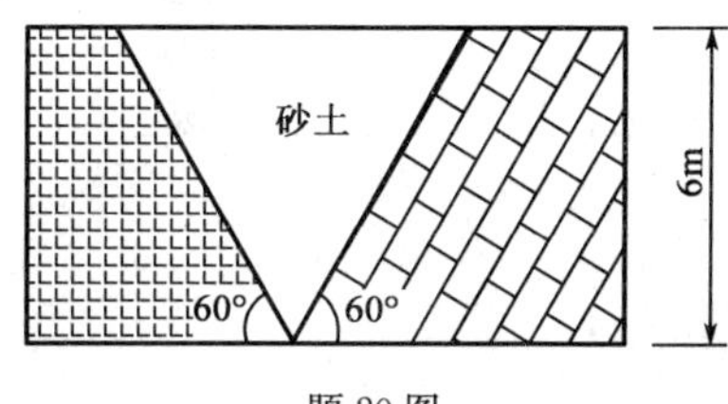

题 20 图

(A)250kN/m　　(B)217kN/m

(C)187kN/m　　(D)83kN/m

21. 某基坑侧壁安全等级为三级，垂直开挖，采用复合土钉墙支护，设一排预应力锚索，自由段长度为 5.0m。已知锚索水平拉力设计值为 250kN，水平倾角 20°，锚孔直径为 150mm，土层与砂浆锚固体的极限摩阻力标准值 $q_{sik}=46\text{kPa}$，锚杆轴向受拉抗力分项系数取 1.25。试问锚索的设计长度至少应取下列何项数值时才能满足要求？（　　）

(A)16.0m　　(B)18.0m

(C)21.0m　　(D)24.0m

22. 一个饱和软黏土中的重力式水泥土挡土墙如图所示，土的不排水抗剪强度 $c_u=30\text{kPa}$，基坑深度 5m，墙的埋深 4m，滑动圆心在墙顶内侧 O 点，滑动圆弧半径 $R=10\text{m}$。沿着图示的圆弧滑动面滑动，试问每米宽度上的整体稳定抗滑力矩最接近于下列何项数值？（　　）

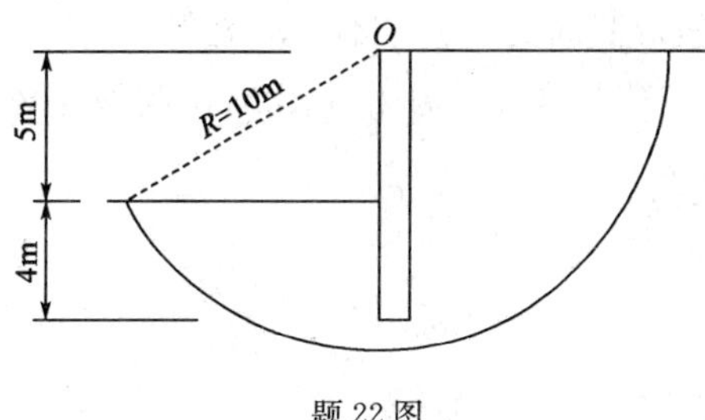

题 22 图

(A)1570kN·m/m　　(B)4710kN·m/m

(C)7850kN·m/m　　(D)9420kN·m/m

23. 拟在砂卵石地基中开挖 10m 深的基坑，地下水与地面齐平，坑底为基岩。拟用旋喷法形成厚度 2m 的截水墙，在墙内放坡开挖基坑，坡度为 1∶1.5。截水墙外侧砂卵石的饱和重度为 19kN/m^3，截水墙内侧砂卵石重度为 17kN/m^3，内摩擦角 $\varphi=35°$(水上下相同)，截水墙水泥土重度为 $\gamma=20\text{kN/m}^3$，墙底及砂卵石土坑滑体与基岩的摩擦系数 $\mu=0.4$。试问该挡土体的抗滑稳定安全系数最接近于下列何项数值？　（　　）

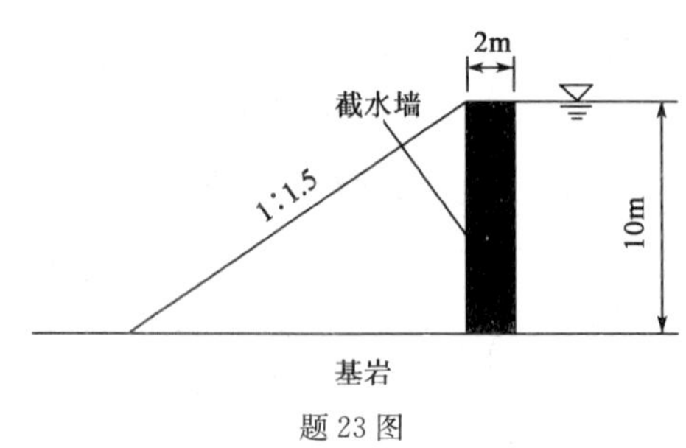

题 23 图

(A)1.00　　(B)1.08

(C)1.32　　(D)1.55

24. 有一个岩石边坡，要求垂直开挖，采用预应力锚索加固，如图所示。已知岩体的一个最不利结构面为顺坡方向，与水平方向夹角 55°。锚索与水平方向夹角 20°，要求锚索自由段伸入该潜在滑动面的长度不小于 1m。试问在 10m 高处的该锚索的自由段总长度至少应达到下列何项数值？　（　　）

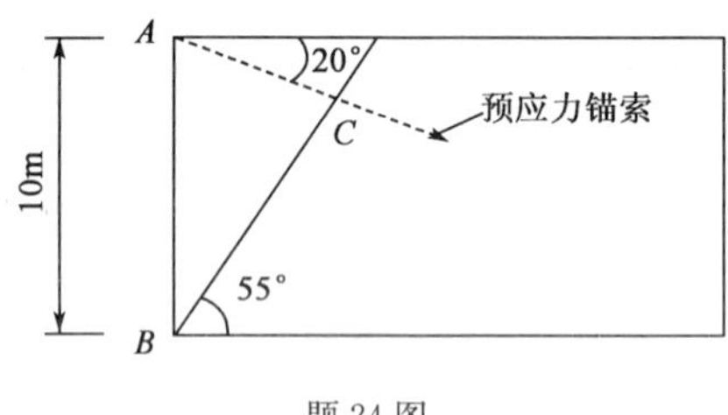

题 24 图

(A)5.0m　　(B)7.0m

(C)8.0m　　(D)10.0m

25. 一悬崖上突出一矩形截面的完整岩体，如图所示，长 L 为 8m，厚(高)h 为 6m，重度 γ 为 22kN/m^3，允许抗拉强度$[\sigma_t]$为 1.5MPa，试问该岩体拉裂崩塌的稳定系数最接近于下列何项数值？　（　　）

(A)2.2　　(B)1.8

(C)1.4　　(D)1.1

26. 一无黏性土均质斜坡，处于饱和状态，地下水平行坡面渗流，土体饱和重度 γ_{sat} 为 20kN/m^3，$c=0$，$\varphi=30°$，假设滑动面为直线形，试问该斜坡稳定的临界坡角最接近于下列何项数值？　（　　）

(A)14°　　(B)16°

(C)22°　　(D)30°

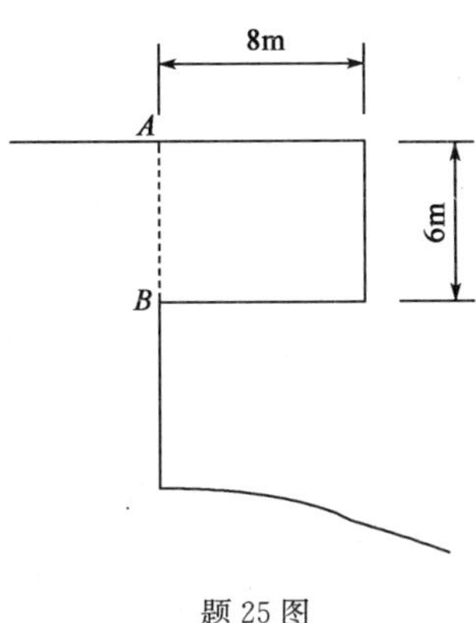

题 25 图

27. 某场地抗震设防烈度为 8 度，场地类别为Ⅱ类，设计地震分组为第一组，建筑物 A 和建筑物 B 的结构基本自振周期分别为：$T_A=0.2s$ 和 $T_B=0.4s$，阻尼比均为 $\zeta=0.05$。根据《建筑抗震设计规范》(GB 50011—2010)，如果建筑物 A 和 B 的相应于结构基本自振周期的水平地震影响系数分别以 α_A 和 α_B 表示，试问两者的比值 (α_A/α_B) 最接近于下列何项数值？（　　）

(A)0.83　　(B)1.23

(C)1.13　　(D)2.13

28. 某建筑场地抗震设防烈度为 7°，设计地震分组为第一组，设计基本地震加速度为 0.10g，场地类别Ⅲ类，拟建 10 层钢筋混凝土框架结构住宅。结构等效总重力荷载为 137062kN，结构基本自振周期为 0.9s(已考虑周期折减系数)，阻尼比为 0.05。试问当采用底部剪力法时，基础顶面处的结构总水平地震作用标准值与下列何项数值最为接近？（　　）

(A)5875kN　　(B)6375kN

(C)6910kN　　(D)7500kN

29. 在存在液化土层的地基中的低承台群桩基础，若打桩前该液化土层的标准贯入锤击数为 10 击，打入式预制桩的面积置换率为 3.3%，按照《建筑抗震设计规范》(GB 50011—2010)计算，试问打桩后桩间土的标准贯入试验锤击数最接近于下列何项数值？（　　）

(A)10 击　　(B)18 击

(C)13 击　　(D)30 击

30. 某 PHC 管桩，桩径 500mm，壁厚 125mm，桩长 30m，桩身混凝土弹性模量为 36×10^6kPa(视为常量)，桩底用钢板封口，对其进行单桩静载试验并进行桩身内力测试。根据实测资料，在极限荷载作用下，桩端阻力为 1835kPa，桩侧阻力如下图所示。试问该 PHC 管桩在极限荷载条件下，桩顶面下 10m 处的桩身应变最接近于下列何项数值？

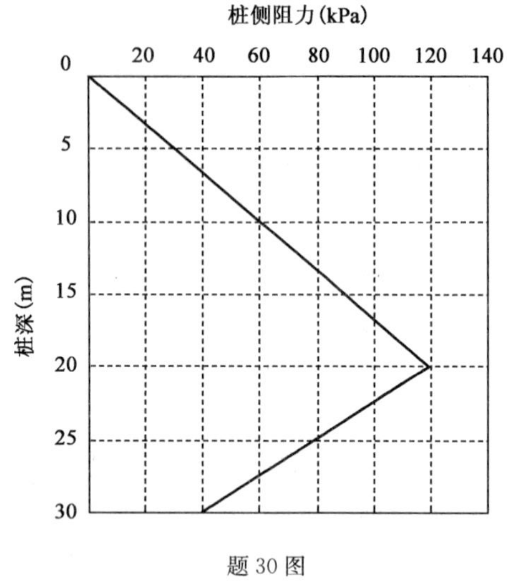

题 30 图

(A)4.16×10^{-4}　　(B)4.29×10^{-4}

(C)5.55×10^{-4}　　(D)5.72×10^{-4}

2010年案例分析试题答案(上午卷)

1.［答案］B

［解析］《工程地质手册》(第四版)第1003页。

水柱压力：$p_z=\frac{(0.5+24.8\times\sin60^\circ)\times10}{1000}=0.22\text{MPa}$

管路损失：$p_s=0.04\text{MPa}$

$p=p_p+p_z-p_s=0.9+0.22-0.04=1.08$

透水率：$q=\frac{Q}{L\cdot p}=\frac{80}{5.1\times1.08}=14.5(\text{Lu})$

2.［答案］B

［解析］《土工试验方法标准》(GB/T 50123—1999)第11.0.8节。

$\text{CBR}_{2.5}=\frac{p}{7000}\times100\%$，$\text{CBR}_{5.0}=\frac{p}{10500}\times100\%$

第一次：$\text{CBR}_{2.5}=4.4\%$，$\text{CBR}_{5.0}=4.2\%$

第二次：$\text{CBR}_{2.5}=4.0\%$，$\text{CBR}_{5.0}=3.9\%$

第三次：$\text{CBR}_{2.5}=5.1\%$，$\text{CBR}_{5.0}=4.7\%$

三次试验中，$\text{CBR}_{5.0}$均不大于$\text{CBR}_{2.5}$

平均值$\bar{x}=4.5\%$，标准差$s=\sqrt{\frac{1}{n-1}\sum_{i=1}^{n}(x_i-\bar{x})^2}=0.56$

变异系数$C_v=\frac{s}{\bar{x}}=\frac{0.56}{4.5}=12.4>12\%$

故应去掉偏离大的值($\text{CBR}_{2.5}=5.1\%$去掉)，取剩下2个值的平均值：$\text{CBR}_{2.5}=\frac{4.4+4.0}{2}=4.2\%$

注：也可参考《公路土工试验规程》(JTG E40—2007)。

3.［答案］B

［解析］《工程岩体分级标准》(GB 50218—94)第4.2.2条。

$K_v=\left(\frac{V_{pm}}{V_{pt}}\right)^2=\left(\frac{3185}{5067}\right)^2=0.395$

判断：$90K_v+30+65.55>R_c=40$，取$R_c=40$

$0.04R_c+0.4=2>K_v=0.395$，取$K_v=0.395$

$\text{BQ}=90+3R_c+250K_v=90+3\times40+250\times0.395=308.75$

4.［答案］D

［解析］《土工试验方法标准》(GB/T 50123—1999)第14.1.9条、14.1.12条。

$\Delta e=a_{1-2}\Delta P=1.66\times(0.2-0.1)=0.166$

$$C_c=\frac{\Delta e}{\log 0.2-\log 0.1}=0.551$$

5.［答案］A

［解析］《建筑地基基础设计规范》(GB 50007—2011)第 8.2.11 条。

$M=0$

基底反力设计值：$p_{jmax}=p_{jmin}=\frac{F}{A}=\frac{700}{2.4\times 2.4}=121.5\text{kPa}$

柱边截面弯矩：$M_1=\frac{1}{12}a_1^2\left[(2l+a')\left(p_{max}+p-\frac{2G}{A}\right)+(p_{max}-p)l\right]$

$$=\frac{1}{12}\times\left(\frac{2.4}{2}-\frac{0.4}{2}\right)^2\times[(2\times 2.4+0.4)\times 2\times 121.5]$$

$$=105.3\text{kN}\cdot\text{m}$$

6.［答案］B

［解析］《建筑地基基础设计规范》(GB 50007—2011)第 8.1.1 条。

查表得 $\tan\alpha=\frac{1}{1.5}$

$$H_0=\frac{b-b_0}{2\tan\alpha}=\frac{2.5-1.5}{2}\times 1.5=0.75\text{m}$$

7.［答案］C

［解析］《建筑地基基础设计规范》(GB 50007—2011)第 5.2.2 条。

基底平均压应力：$p_k=\frac{F_k+G_k}{A}=\frac{320+4\times 1\times 2\times 20}{4\times 1}=120\text{kPa}$

基底附加应力：$p=p_k-p_c=120-2\times 18=84\text{kPa}$

软弱下卧层处附加压应力：$p_z=\frac{4\times 84}{4+2\times 2\times\tan 25^\circ}=57.3\text{kPa}$

8.［答案］B

［解析］《建筑地基基础设计规范》(GB 50007—2011)第 5.3.5 条。

因为将粉质黏土压缩层按一层计算可取基底下、基岩以上土层的中点的土层参数进行计算。

(1)平均自重：$p_z=2.5\times 19+\frac{2+2+1.5}{2}\times 19=99.75\text{kPa}$

自重对应的孔隙比：$e_1=0.526$

(2)基底附加压力：$p_0=\frac{9200}{6\times 6}-2.5\times 79=208.1\text{kPa}$

平均附加应力系数：

$$\bar{a}=\left(\frac{1.0+0.8}{2}\times 2+\frac{0.86+0.5}{2}\times 2+\frac{0.55+0.38}{2}\times 1.5\right)\times\frac{1}{2+2+1.5}$$

$$=0.721$$

(3)在附加荷载作用下，土层中点的压应力：$p=99.75+0.721\times 208.1=250\text{kPa}$

对应的孔隙比：$e_2=\frac{0.152+0.508}{2}=0.51$

(4)最终沉降量：$s=\psi_s\frac{e_1-e_2}{1+e_1}H=0.4\times\frac{0.526-0.51}{1+0.526}\times5500=23\text{mm}$

9.【答案】B

【解析】《建筑地基基础设计规范》(GB 50007—2011)第5.2.5条。

$\varphi_k=22°$，查表5.2.5可得：

$M_b=0.61, M_d=3.44, M_c=6.0, \delta_m=\frac{17.8\times1+(18-10)\times0.5}{1+0.5}=14.53$

则 $f_a=M_b lb+M_d\gamma_m d+M_c c_k$

$=0.61\times(18-10)\times1.5+3.44\times14.53\times1.5+6.04\times10$

$=142.7\text{kPa}$

10.【答案】D

【解析】《建筑地基基础设计规范》(GB 50007—2011)第5.2.2条。

$G_k=3\times4\times3\times20=720\text{kN}$

$M_k=F_k e'+H_h=1200\times1.2+200\times3=2040\text{kN}\cdot\text{m}$

$e=\frac{M_k}{N}=\frac{2040}{720+1200}=1.063>\frac{b}{6}=\frac{4}{6}, a=\frac{b}{2}-e=0.937$

$p_{k\max}=\frac{2(F+G)}{3la}=\frac{2\times(1200+720)}{3\times3\times0.937}=455\text{kPa}$

11.【答案】D

【解析】《建筑桩基技术规范》(JGJ 94—2008)第5.8.4条。

$l_c=0.7(l_0+4.0/\alpha)=0.7\times(10+4.0/0.52)=12.38$

$l_c/d=12.38/0.8=15.5$

查表5.8.4得 $\varphi=0.81$

$f_c\geqslant\frac{N}{\varphi\cdot\varphi_c A_{ps}}=\frac{6800}{0.81\times0.8\times\frac{3.14\times0.8^2}{4}}=20.9\text{MPa}$

12.【答案】A

【解析】《建筑桩基技术规范》(JGJ 94—2008)第5.7节。

桩身宽度：$b_0=0.9\times(1.5\times0.7+0.5)=1.395$

水平变形承数：$\alpha=\left(\frac{mb_0}{EI}\right)^{1/5}=[2.5\times10^3\times1.395/(2.83\times10^5)]^{1/5}=0.415$

查表5.7.2，可知 $\alpha h=0.415\times25=10.4, v_x=2.441$

则 $x_{0a}=\frac{R_{ha}\cdot v_x}{(\alpha^3\cdot EI)}=\frac{50\times2.441}{0.415^3\times2.83\times10^5}=0.006\text{m}$

13.【答案】D

【解析】《建筑桩基技术规范》(JGJ 94—2008)第5.6.2条。

$d=1.27\times0.2=0.254$

$$\frac{s_a}{d}=\frac{0.88\sqrt{A}}{(\sqrt{n}\cdot b)}=\frac{0.886\times\sqrt{35\times10}}{\sqrt{102}\times0.2}=8.206$$

$$\bar{q}_{su}=\frac{(40\times10+55\times5)}{(10+5)}=45\text{kPa}$$

$$\bar{E}_s=\frac{(1\times10+7\times5)}{10+5}=3\text{MPa}$$

$$s_{sp}=280\cdot\frac{\bar{q}_{su}}{\bar{E}_s}\cdot\frac{d}{(s_a/d)^2}=280\times\frac{45}{3}\times\frac{0.254}{8.206^2}=15.84\text{mm}$$

14.**[答案]** B

[解析]《建筑地基处理技术规范》(JGJ 79—2012)附录B。

$d_e=1.05s=1.05\times1.2=1.26$

$$A_e=\frac{\pi d_e^2}{4}=\frac{3.14\times1.26^2}{4}=1.246\text{m}^2$$

$$3A_e=A=\frac{\pi D^2}{4}$$

$$D=\left(\frac{12\times1.246}{3.14}\right)^{1/2}=2.18\text{m}$$

15.**[答案]** B

[解析] $d_e=1.05\times1.0=1.05\text{m}$

$$d_p=\frac{2(b+\delta)}{\pi}=\frac{2\times(0.1+0.004)}{3.14}=0.066$$

$$n=\frac{d_e}{d_p}=\frac{1.05}{0.066}=15.91>15$$

$$F_n=\ln15.91-\frac{3}{4}=2.02$$

$$C_h=3.5\times10^{-4}\text{cm}^2/\text{s}=\frac{3.5\times10^{-4}\times24\times60\times60}{100\times100}=3.024\times10^{-3}\text{m}^2/\text{d}$$

$$\bar{u}_r=1-e^{\frac{-8C_h}{F_n de^2}\cdot t}$$

$$t=\frac{\ln(1-\bar{u}_r)\times(-F_n\cdot d_e^2)}{8C_h}=\frac{-2.02\times1.05^2\times\ln(1-0.9)}{8\times3.024\times10^{-4}}=2120\text{d}$$

$$\frac{2120}{30}=7.07\text{ 月}$$

16.**[答案]** D

[解析]《建筑地基处理技术规范》(JGJ 79—2012)第7.5.2条。

局部处理自重湿陷性黄土地基每边不应小于基础底面宽度的75%，且不小于1m。

$1\times75\%=0.75\text{m}<1\text{m}$，取1m

$V=3\times3\times5=45\text{m}^3$

$Q=\bar{V}\rho_d(w_{op}-\bar{w})K=45\times1.5\times(18-10)\%\times(1.05\sim1.10)=5.67\sim5.94\text{t}$

17.**[答案]** A

[解析] $\cos\alpha=\cos20°=0.94$，$\sin\alpha=\sin20°=0.342$，$\tan\varphi=\tan22°=0.4$

$$K=\frac{W\cos\alpha\tan\varphi+cl_2-P_w\sin\alpha\cdot\tan\varphi}{W\sin\alpha+P_w\cos\alpha}$$

$$=\frac{22000\times0.94\times0.40+20\times60-1125\times0.342\times0.4}{22000\times0.342+1125\times0.94}=1.095$$

18.[答案] D

[解析] 根据《水利水电工程地质勘察规范》(GB 50487—2008)中附录N，对该围岩分类分项评分。

岩石强度：$A=16.7$

岩石完整程度：$B=20$

结构面状态：$C=12$

则 $T'=A+B+C=48.7$

地下水 $D=-6$

总评：$T=48.7-6=42.7$

$$S=\frac{R_b\cdot K_v}{\delta_m}=\frac{50\times0.5}{8}=3.125$$

判定围岩类别为Ⅳ类。

19.[答案] C

[解析]
$$F_s=\frac{[P_1\sin(\alpha_1-\alpha_2)+W_2\cdot\cos\alpha_2]\cdot\tan\varphi}{P_1\cos(\alpha_1-\alpha_2)+W_2\cdot\sin\alpha_2}$$

$$=\frac{(560\times\sin23.7°+1000\times\cos15°)\times\tan38°}{560\times\cos23.7°+1000\times\sin15°}=1.205$$

本题也可参考《岩土工程勘察规范》(GB 50021—2001)(2009年版)第5.2.8条条文说明。

20.[答案] A

[解析]《建筑边坡工程技术规范》(GB 50330—2013)6.2.8条。

$\eta=\dfrac{2c}{\gamma H}$，因 $c=0$，故 $\eta=0$

$$K_a=\frac{\sin(60°+0°)}{\sin(60°-15°+60°-15°)\times\sin(60°-0°)}\times\left[\frac{\sin(60°+60°)\times\sin(60°-15°)}{\sin^2 60°}-0\times\frac{\cos15°}{\sin60°}\right]$$

$$=0.816$$

$$E_a=\frac{1}{2}\gamma H^2\cdot K_a=\frac{1}{2}\times17\times6^2\times0.816=250\text{kN}$$

21.[答案] C

[解析]《建筑基坑支护技术规程》(JGJ 120—2012)第3.1.6条、3.1.7条、4.7.2和4.7.4条。

$$N=\gamma_0\gamma_F N_K=\frac{200}{\cos20°}=266\text{kN}$$

$$N_K = N/(\gamma_0\gamma_F) = \frac{266}{0.9\times1.25} = 236\text{kN}$$

$$R_K \geqslant K_t N_K = 1.4\times236 = 330\text{kN}$$

$$R_K = \pi d\sum q_{sik}l_i$$

$$l_i \geqslant \frac{R_K}{\pi d\sum q_{sik}} = \frac{330}{3.14\times0.5\times46} = 15.2\text{m}$$

锚杆设计长度：$L\geqslant15.2+5=20.2\text{m}$

22.**[答案]** C

[解析]《土力学》圆弧滑动特点第 262 页。

$M_R=C\cdot\widehat{AC}\cdot R$

$\widehat{AC}$为弧长，R 为滑动半径

圆弧对应角度：$90°+\arccos\frac{5}{10}=150°$

$\widehat{AC}=\frac{150°}{360°}\times10\times2\times3.14=26.7$

$M_R=30\times20.7\times10=7851\text{kN}\cdot\text{m}$

23.**[答案]** B

[解析] 砂卵石应采用水土分算：$K_a=\tan^2\left(45°-\frac{35°}{2}\right)=0.27$

水产生推力：$P_w=\frac{1}{2}\gamma_w H^2=\frac{1}{2}\times10\times10^2=500$

砂卵石推力：$E_a=\frac{1}{2}\gamma' H^2K_a=\frac{1}{2}\times(19-10)\times10^2\times0.27=122$

截水墙自重：$W_1=2\times10\times20=400$

截水墙内侧土体自重：$W_2=\frac{1}{2}\times10\times15\times17=1275$

滑动力：$T=P_w+E_a=622$

抗滑力：$R=(W_1+W_2)\times\mu=1675\times0.4=670$

完全率数：$F_s=\frac{R}{T}=\frac{670}{622}=1.07$

24.**[答案]** B

[解析] 由三角形关系可得：

$$l_{AC} = \frac{l_{AB}}{\sin(20°+55°)}\times\sin(90°-55°) = \frac{10\times\sin35°}{\sin75°} = 5.94$$

自由段长度：$L=5.94+1.0=6.94\text{m}$

25.**[答案]** A

[解析]《工程地质手册》(第四版)P557。

$\sigma_{A压}=\frac{M_y}{I}$

$$M=\frac{1}{2}\gamma Hl^2=\frac{1}{2}\times22\times6\times8^2=4224$$

$$I=\frac{bh^3}{12}=\frac{1\times6^3}{12}=18$$

$$y=\frac{h}{2}=\frac{6}{2}=3$$

$$\sigma_{\text{A拉}}=\frac{4224\times3}{18}=704$$

$$K=\frac{[\sigma_{\text{A拉}}]}{\sigma_{\text{A拉}}}=\frac{1.5\times10^3}{704}=2.13$$

26.**[答案]** B

[解析]《土力学》(水平渗流和顺坡渗流)相关内容。取单位体积V进行分析。

(1)渗流力:$i=\sin\alpha$

$P_w=\gamma_w i\cdot V=\gamma_w\sin\alpha\cdot V$

(2)土体下滑力:$G_t=\gamma' V\cdot\sin\alpha$

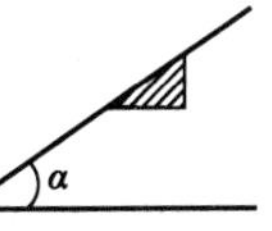

题 26 解图

(3)土体抗滑力($c=0$):$R=G_n\cdot\tan\varphi=\gamma' V(\cos a\cdot\tan\varphi)$

$$K=\frac{R}{P_w+G_t}\geqslant1,\gamma'=26-10=10$$

$$\frac{10\times V\times\tan30^\circ\times\cos\alpha_{cr}}{10\times\sin\alpha_{cr}\times V+10\times\sin\alpha_{cr}\times V}=1$$

$$\frac{\tan30^\circ}{\tan\alpha_{cr}}=2,\alpha_{cr}=16.1^\circ$$

27.**[答案]** A

[解析]《建筑抗震设计规范》(GB 50011—2010)中第5.1.4、5.1.5条。

由 $T_g=0.35,\zeta=0.05$

可得:$\eta_2=1.0,r=0.9$

$$\alpha_A=\eta_2\alpha_{max}=\alpha_{max}$$

$$\alpha_B=\left(\frac{T_g}{T}\right)^r\eta_2\alpha_{max}=\left(\frac{0.35}{0.4}\right)^{0.9}\alpha_{max}=0.887\alpha_{max}$$

$$\frac{\alpha_A}{\alpha_B}=\frac{\alpha_{max}}{0.887\alpha_{max}}=1.13$$

28.**[答案]** A

[解析]《建筑抗震设计规范》(GB 50011—2010)第5.2.1条。

$\alpha_{max}=0.08,T_g=0.45,F_k=\alpha G_{eq},T=0.9,\zeta=0.05$

得:$\eta_2=1.0,r=0.9$

$$\alpha=\left(\frac{T_g}{T}\right)^r\eta_2\alpha_{max}=\left(\frac{0.45}{0.9}\right)^{0.9}\times1\times0.08=0.043$$

$$F_{Ek}=0.043\times137062=5894\text{kN}$$

29.**[答案]** C

[解析]《建筑抗震设计规范》(GB 50011—2010)第4.4.3条。

$$N_1 = N_P + 100\rho(1 - e^{-0.3N_P}) = 10 + 100 \times 0.033 \times (1 - e^{-0.3\times10}) = 13.14$$

30.［答案］D

［解析］求桩身 10m 处应变，应先求 10m 桩轴力桩承载力 $Q_{uk} = Q_{sk} + Q_{pk}$

$$Q_{sk} = 3.14 \times 0.5 \times \left[20 \times \frac{120}{2} + 10 \times \frac{(40+120)}{2}\right] = 3140$$

$$Q_{pk} = 3.14 \times 0.25^2 \times 1835 = 360$$

$$Q_{uk} = 3140 + 360 = 3500$$

10m 处桩轴力 $N_{10} = 3500 - 3.14 \times 0.5 \times 10 \times \frac{60}{2} = 3029$

10m 处应变 $\varepsilon = \frac{N_{10}}{EA} = 5.72 \times 10^{-4}$

2010年案例分析试题(下午卷)

1. 某工程采用灌砂法测定表层土的干密度，注满试坑用标准砂质量5625g。标准砂密度1.55g/cm³。试坑采取的土试样质量6898g，含水量17.8%，该土层的干密度数值接近下列哪个选项？（　　）

(A)1.60g/cm³　　(B)1.65g/cm³

(C)1.70g/cm³　　(D)1.75g/cm³

2. 已知一砂土层中某点应力达到极限平衡时，过该点的最大剪应力平面上的法向应力和剪应力分别为264kPa和132kPa。问关于该点处的大主应力σ_1、小主应力σ_3以及该砂土内摩擦角φ的值，下列哪个选项是正确的？（　　）

(A)$\sigma_1=396$kPa，$\sigma_3=132$kPa，$\varphi=28°$　　(B)$\sigma_1=264$kPa，$\sigma_3=132$kPa，$\varphi=30°$

(C)$\sigma_1=396$kPa，$\sigma_3=132$kPa，$\varphi=30°$　　(D)$\sigma_1=396$kPa，$\sigma_3=264$kPa，$\varphi=36°$

3. 某工地需进行夯实填土。经试验得知，所用土料的天然含水量为5%，最优含水量为15%。为使填土在最优含水量状态下夯实，1000kg原土料中应加入下列哪个选项的水量？（　　）

(A)95kg　　(B)100kg

(C)115kg　　(D)145kg

4. 在某建筑地基中存在一细粒土层，该层土的天然含水量为24.0%。经液、塑限联合测定法试验求得：对应圆锥下沉深度2mm、10mm、17mm时的含水量分别为16.0%、27.0%、34.0%。请分析判断，根据《岩土工程勘察规范》(GB 50021—2001)(2009年版)对本层土的定名和状态描述，下列哪一选项是正确的？（　　）

(A)粉土，湿　　(B)粉质黏土，可塑

(C)粉质黏土，软塑　　(D)黏土，可塑

5. 某筏基底板梁板布置如图所示，筏板混凝土强度等级为C35($f_t=1.57\text{N/mm}^3$)，根据《建筑地基基础设计规范》(GB 50007—2011)计算，该底板受冲切承载力最接近下列何项数值？（　　）

(A)5.60×10^3kN　　(B)11.25×10^3kN

(C)16.08×10^3kN　　(D)19.70×10^3kN

6. 某建筑物采用条形基础，宽度2.0m，埋深2.5m，拟增层改造，探明基底以下2.0m深处下卧淤泥质粉土，$f_{ak}=90$kPa，$E_s=3$MPa。如图所示，已知上层土的重度为18kN/m³，基础及其上土的平均重度为20kN/m³。地基承载力特征值$f_{ak}=160$kPa，无地下水，试

问,基础顶面所允许的最大竖向力 F_k 与下列何项数值最为接近?　　(　　)

(A)180kN/m　　(B)300kN/m

(C)320kN/m　　(D)340kN/m

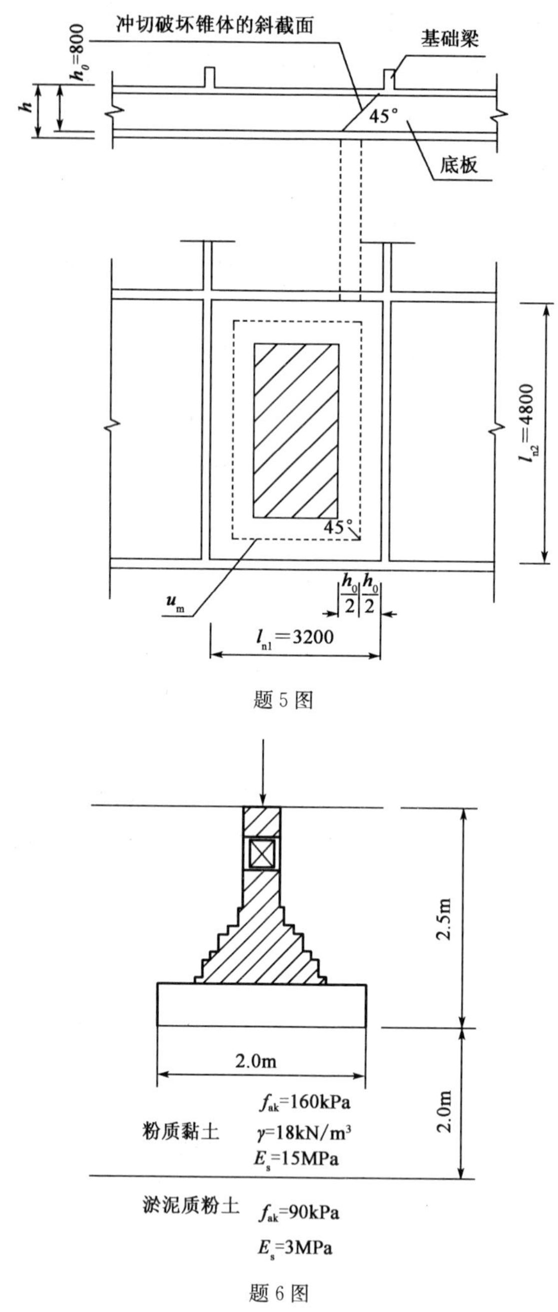

题 5 图

题 6 图

7. 条形基础宽度为 3.6m,基础自重和基础上的土重为 G_k=100kN/m,上部结构传至基础顶面的竖向力值为 F_k=200kN/m。F_k+G_k 合力的偏心距为 0.4m,修正后的地基承载力特征值至少要达到下列哪个选项的数值时才能满足承载力验算要求?　(　　)

(A)68kPa (B)83kPa
(C)116kPa (D)139kPa

8. 作用于高层建筑基础底面的总的竖向力 $F_k+G_k=120$MN，基础底面积 30m×10m，荷载重心与基础底面形心在短边方向的偏心距为 1.0m，试问修正后的地基承载力特征值 f_a 至少应不小于下列何项数值才能符合地基承载力验算的要求？ ( )

(A)250kPa (B)350kPa
(C)460kPa (D)540kPa

9. 有一工业塔，刚性连结设置在宽度 $b=6$m，长度 $l=10$m。埋置深度 $d=3$m 的矩形基础板上，包括基础自重在内的总重为 $N_k=20$MN，作用于塔身上部的水平合力 $H_k=1.5$MN，基础侧面抗力不计。为保证基底不出现零压力区，试问水平合力作用点与基底距离 h 最大值应与下列何项数值最为接近？ ( )

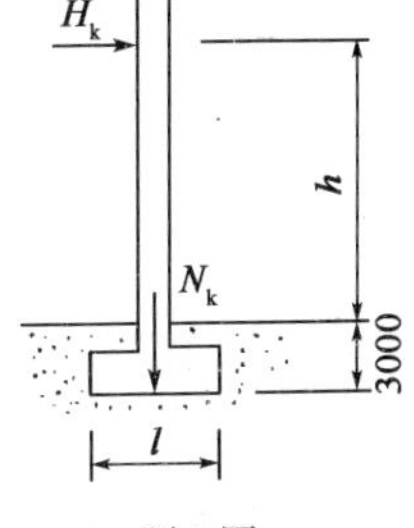

题 9 图

(A)15.2m (B)19.3m
(C)21.5m (D)24.0m

10. 建筑物埋深 10m，基底附加压力为 300kPa，基底以下压缩层范围内各土层的压缩模量、回弹模量及建筑物中心点附加压力系数 α 分布见下图，地面以下所有土的重度均为 20kN/m^3，无地下水，沉降修正系数为 $\psi_s=0.8$，回弹沉降修正系数 $\psi_c=1.0$，回弹变形的计算深度为 11m。试问该建筑物中心点的总沉降量最接近于下列何项数值？ ( )

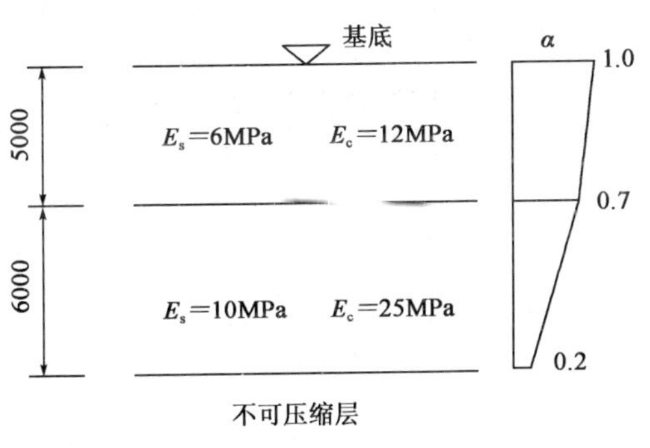

题 10 图

(A)142mm (B)161mm
(C)327mm (D)373mm

11. 柱下桩基承台，承台混凝土轴心抗拉强度设计值 $f_t=1.71$MPa，试按《建筑桩基技术规范》(JGJ 94—2008)，计算承台柱边 A_1—A_1 斜截面的受剪承载力，其值与下列何项数值最为接近？(图中尺寸单位为 mm) ( )

(A)1.00MN (B)1.21MN

(C)1.53MN　　　　(D)2.04MN

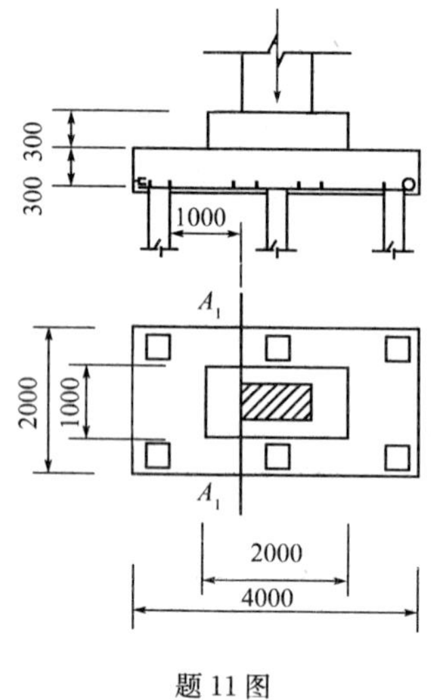

题11图

12. 某泥浆护壁灌注桩桩径800mm，桩长24m，采用桩端桩侧联合后注浆，桩侧注浆断面位于桩顶下12m，桩周土性及后注浆桩侧阻力与桩端阻力增强系数如图所示。按《建筑桩基技术规范》(JGJ 94—2008)，估算的单桩极限承载力最接近于下列何项数值？（　　）

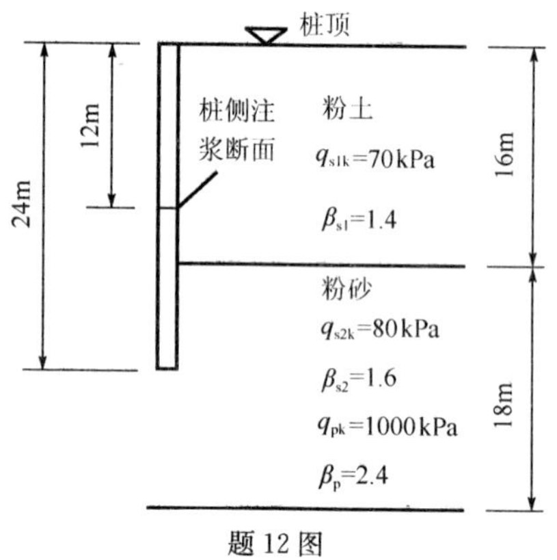

题12图

(A)5620kN　　　　(B)6460kN

(C)7420kN　　　　(D)7700kN

13. 铁路桥梁采用钢筋混凝土沉井基础，沉井壁厚0.4m，高度12m，排水挖土下沉施工完成后，沉井顶和河床面平齐，假定井壁四周摩擦力分布为倒三角，施工中沉井井壁截面的最大拉应力与下列何项数值最为接近？(注：井壁容重为25kN/m³)　（　　）

(A)0　　　　(B)75kPa

(C)150kPa　　　　(D)300kPa

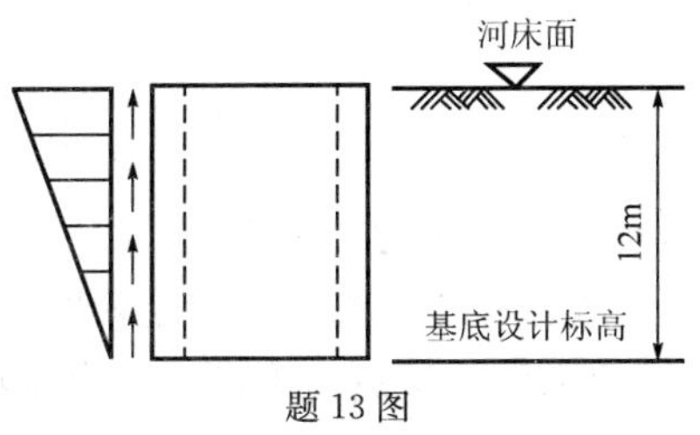

题 13 图

14. 某松散砂土地基，砂土初始孔隙比 $e_0=0.850$，最大孔隙比 $e_{max}=0.900$，最小孔隙比 $e_{min}=0.550$；采用不加填料振冲挤密处理，处理深度 8.00m，振密处理后地面平均下沉 0.80m，此时处理范围内砂土的相对密实度 D_r 最接近下列哪一项？（　　）

(A)0.76　　(B)0.72

(C)0.66　　(D)0.62

15. 某黄土场地，地面以下 8m 为自重湿陷性黄土，其下为非湿陷性黄土层。建筑物采用筏板基础，底面积为 18m×45m，基础埋深 3.00m。采用灰土挤密桩法消除自重湿陷性黄土的湿陷性，灰土桩直径 ϕ400mm，桩间距 1.00m，等边三角形布置。根据《建筑地基处理技术规范》(JGJ 79—2012)规定，处理该场地的灰土桩数量(根)，最少应为下列哪项？（　　）

(A)936　　(B)1245

(C)1328　　(D)1592

16. 某填海造地工程对软土地基拟采用堆载预压法进行加固，已知海水深 1.0m，下卧淤泥层厚度 10.0m，天然密度 $\rho=1.5\text{g/cm}^3$，室内固结试验测得各级压力下的孔隙比如表所示。如果淤泥上覆填土的附加压力 p_0 取 125kPa，按《建筑地基处理技术规范》(JGJ 79—2012)计算该淤泥的最终沉降量，取经验修正系数为 1.2，将 10m 厚的淤泥层按一层计算，则最终沉降量最接近以下哪个数值？（　　）

各级压力下的孔隙比　　题 16 表

p(kPa)	0	12.5	25.0	50.0	100.0	200.0	300.0
e	2.325	2.215	2.102	1.926	1.710	1.475	1.325

(A)1.46m　　(B)1.82m

(C)1.96　　(D)2.64

17. 拟对厚度为 10.0m 的淤泥层进行预压法加固。已知淤泥面上铺设 1.0m 厚中粗砂垫层，再上覆厚 2.0m 压实填土，地下水位与砂层顶面齐平。淤泥三轴固结不排水试验得到的黏聚力 $c_{cu}=10.0$kPa，内摩擦角 $\varphi_{cu}=9.5°$，淤泥面处的天然抗剪强度 $\tau_0=12.3$kPa，中粗砂重度为 20kN/m³，填土重度为 18kN/m³，按《建筑地基处理技术规范》(JGJ 79—2012)计算，如果要使淤泥面处抗剪强度值提高 50%，则要求该处的固结度至少达到以下哪个选项？（　　）

(A)60%　　(B)70%

(C)80%　　(D)90%

18. 某重力式挡土墙如图所示。墙重为 767kN/m，墙后填砂土，$\gamma=17\text{kN/m}^3$，$c=0$，$\varphi=32°$；墙底与地基间的摩擦系数 $\mu=0.5$；墙背与砂土间的摩擦角 $\delta=16°$，用库仑土压力理论计算此墙的抗滑稳定安全系数最接近于下面哪一个选项？（　　）

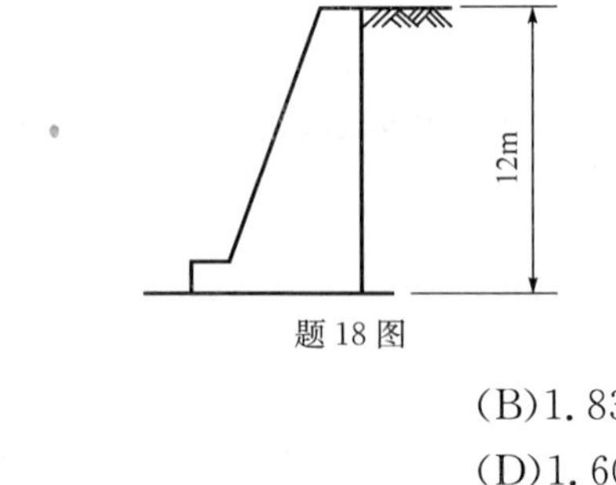

题 18 图

(A)1.23　　(B)1.83

(C)1.68　　(D)1.60

19. 设计一个坡高 15m 的填方土坡，用圆弧条分法计算得到的最小安全系数为 0.89，对应的滑动力矩为 36000kN·m/m，圆弧半径为 37.5m；为此需要对土坡进行加筋处理，如图所示。如果要求的安全系数为 1.3，按照《土工合成材料应用技术规范》(GB 50290—1998)计算，1 延米填方需要的筋材总加筋力最接近于下面哪一个选项？（　　）

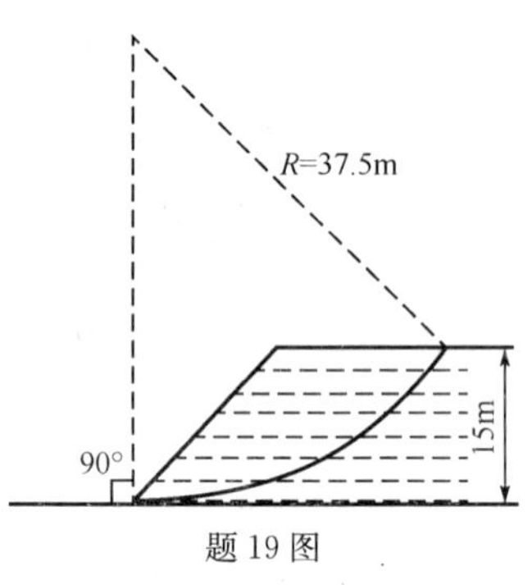

题 19 图

(A)1400kN/m　　(B)1000kN/m

(C)454kN/m　　(D)400kN/m

20. 图示的挡土墙，墙背竖直光滑，墙后填土水平，上层填 3m 厚的中砂，重度为 18kN/m^3，内摩擦角 28°；下层填 5m 厚的粗砂，重度为 19kN/m^3，内摩擦角 32°。试问 5m 粗砂层作用在挡墙上的总主动压力最接近于下列哪个选项？（　　）

中砂 $\varphi_1=28°$ $\gamma_1=18\text{kN/m}^3$ $h_1=3\text{m}$

粗砂 $\varphi_2=32°$ $\gamma_2=19\text{kN/m}^3$ $h_2=5\text{m}$

题 20 图

(A)172kN/m

(B)168kN/m

(C)162kN/m

(D)156kN/m

21. 在软土地基上快速填筑了一路堤，建成后 70d 观测的平均沉降为 120mm；140d 观测的平均沉降为 160mm。已知如果固结度 $U_t \geqslant 60\%$，可按照太沙基的一维固结理论公式 $U=1-0.81e^{-\alpha t}$ 预测其后期沉降量和最终沉降量，试问此路堤最终沉降量 s 最接近于下面哪一个选项？（　）

(A)180mm　　(B)200mm

(C)220mm　　(D)240mm

22. 某洞段围岩，由厚层砂岩组成。围岩总评分 T 为 80。岩石的饱和单轴抗压强度 R_b 为 55MPa，围岩的最大主应力 σ_m 为 9MPa。岩体的纵波速度为 3000m/s，岩石的纵波速度为 4000m/s。按照《水利水电工程地质勘察规范》(GB 50487—2008)，该洞段围岩的类别是下列哪一选项？（　）

(A)Ⅰ类围岩　　(B)Ⅱ类围岩

(C)Ⅲ类围岩　　(D)Ⅳ类围岩

23. 某基坑沉 6.0m，采用悬臂排桩支护，排桩嵌固深度为 6.0m，地面无超载，重要性系数 $\gamma_0=1.0$。场地内无地下水，土层为砾砂层，$\gamma=20\text{kN/m}^3$，$c=0\text{kPa}$，$\varphi=30°$，厚 15.0m。按照《建筑基坑支护技术规程》(JGJ 120—2012)，问悬臂排桩抗倾覆稳定系数 K_s 最接近以下哪个数值？（　）

(A)1.10　　(B)1.20

(C)1.30　　(D)1.40

24. 某单层湿陷性黄土场地，黄土的厚度为 10m，该层黄土的自重湿陷量计算值 $\Delta_{zs}=300\text{mm}$。在该场地上拟建建筑物拟采用钻孔灌注桩基础，桩长 45m，桩径 1000mm，桩端土的承载力特征值为 1200kPa，黄土以下的桩周土的摩擦力特征值为 25kPa，根据《湿陷性黄土地区建筑规范》(GB 50025—2004)估算该单桩竖向承载力特征值最接近下列哪一选项？（　）

(A)4474.5kN　　(B)3689.5kN

(C)3061.5kN　　(D)3218.5kN

25. 根据勘察资料和变形监测结果，某滑坡体处于极限平衡状态，且可分为 2 个条块(如下图所示)，每个滑块的重力、滑动面长度和倾角分别为：$G_1=500\text{kN/m}$，$L_1=12\text{m}$，$\beta_1=30°$；$G_2=800\text{kN/m}$，$L_2=10\text{m}$，$\beta_2=10°$。现假设各滑动面的内摩擦角标准值 φ 均为 10°，滑体稳定系数 $K=1.0$，如采用传递系数法进行反分析求滑动面的黏聚力标准值 c，其值最接近下列哪一选项？（　）

(A)7.4kPa　　(B)8.6kPa

(C)10.5kPa　　(D)14.5kPa

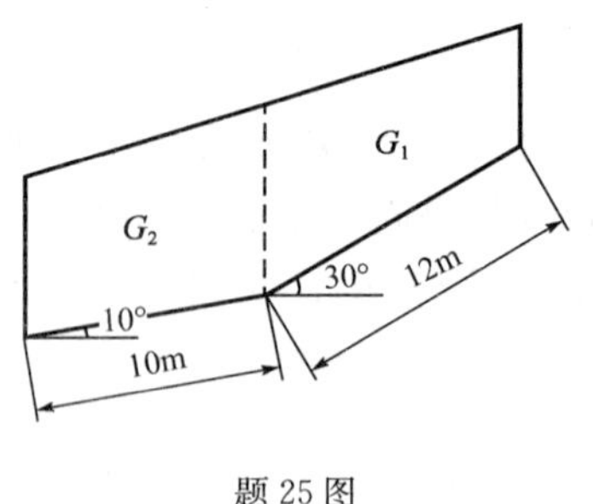

题 25 图

26. 某膨胀土地区的多年平均蒸发力和降水量值详见下表：

题 26 表

项　目	月　份											
	1月	2月	3月	4月	5月	6月	7月	8月	9月	10月	11月	12月
蒸发力(mm)	14.2	20.6	43.6	60.3	94.1	11.48	121.5	118.1	57.4	39.0	17.6	11.9
降水量(mm)	7.5	10.7	32.2	68.1	86.6	110.2	158.0	141.7	146.9	80.3	38.0	9.3

请根据《膨胀土地区建筑技术规范》(GB 50112—2013)确定该地区大气影响急剧层深度最接近下列哪个选项的数值？（　　）

(A)4.0m　　(B)3.0m

(C)1.8m　　(D)1.4m

27. 某非自重湿陷性黄土试样含水量 $w=15.6\%$，土粒相对密度(比重)$D_r=2.70$，质量密度 $\rho=1.60\mathrm{g/cm^3}$，液限 $w_L=30.0\%$，塑限 $w_P=17.9\%$，桩基设计时需要根据饱和状态下的液性指数查取设计参数，该试样饱和度达 85%时的液性指数最接近下列哪一选项？（　　）

(A)0.85　　(B)0.92

(C)0.99　　(D)1.06

28. 某拟建工程建成后正常蓄水深度 3.0m。该地区抗震设防烈度为 7 度，只考虑近震影响。因地层松散，设计采用挤密法进行地基处理，处理后保持地面标高不变。勘察时地下水位埋深 3m，地下 5m 深度处粉细砂的标准贯入试验实测击数为 5，取扰动样室内测定黏粒含量<3%。按照《水利水电工程地质勘察规范》(GB 50487—2008)，问处理后该处标准贯入试验实测击数至少达到下列哪个选项时，才能消除地震液化影响？（　　）

(A)5 击　　(B)13 击

(C)19 击　　(D)30 击

29. 已知某建筑场地抗震设防烈度为 8 度，设计基本地震加速度为 0.30g。设计地震分组为第一组。场地覆盖层厚度为 20m，等效剪切波速为 240m/s，结构自振周期为 0.40s，阻尼比为 0.40。在计算水平地震作用时，相应于多遇地震的水平地震影响系数

值最接近于下列哪个选项？ （ ）

(A)0.24　(B)0.22
(C)0.14　(D)0.12

30.某建筑地基处理采用3∶7灰土垫层换填，该3∶7灰土击实试验结果见下表：

题30表

湿密度(g/cm^3)	1.59	1.76	1.85	1.79	1.63
含水率(%)	17.0	19.0	21.0	23.0	25.0

采用环刀法对刚施工完毕的第一层灰土进行施工质量检验，测得试样的湿密度为1.78g/cm^3，含水量为19.3%，其压实系数最接近下列哪个选项？ （ ）

(A)0.94　(B)0.95
(C)0.97　(D)0.99

2010年案例分析试题答案(下午卷)

1.[答案] A

[解析]《土工试验方法标准》(GB/T 50123—1999)中式(5.4.8)。

$m_p=6898g, w_1=17.8, m_s=5625g, \rho_s=1.55g/cm^3$

则 $\rho_d=\dfrac{\dfrac{m_p}{1+0.01w_1}}{\dfrac{m_s}{\rho_s}}=\dfrac{\dfrac{6898}{1+0.01\times 17.8}}{\dfrac{5625}{1155}}=1.614$

2.[答案] C

[解析]《土力学》相关知识。

$$\begin{cases}\dfrac{1}{2}(\sigma_1-\sigma_3)=132\\ \dfrac{1}{2}(\sigma_1-\sigma_3)=264\end{cases}$$

解得:$\begin{cases}\sigma_1=396kPa\\ \sigma_3=132kPa\end{cases}$

$\sin\varphi=\dfrac{132}{264}=0.5, \varphi=30°$

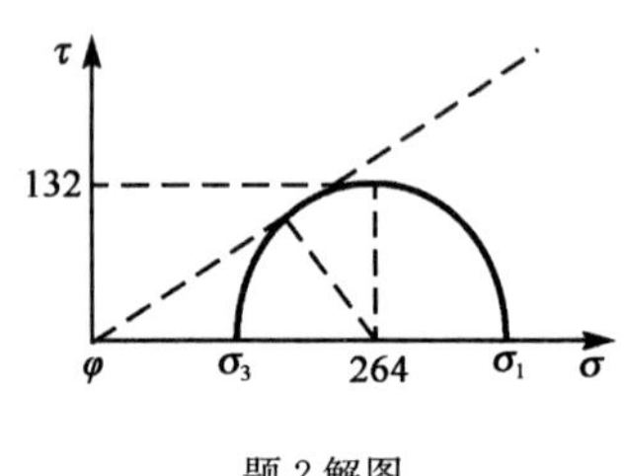

题2解图

3.[答案] A

[解析]《土力学》三相图。

$m_s=\dfrac{G}{H_w}=\dfrac{1000}{1+0.05}=962kg$

最优含水率下 $m_w=952\times 15\%=142.8kg$

$\Delta m_w=142.8-(1000-952)=94.8kg$

4.[答案] B

[解析]《岩土工程勘察规范》(GB 50021—2001)(2009年版)第3.3.5条。

塑限为2mm,对应含水率为16%;液限为10mm,对应含水率为27%。

$I_p=W_L-W_P=27-16=11$

$10<I_P<17$,定名为粉质黏土。

$I_L=\dfrac{W_0-W_P}{I_p}=\dfrac{24-16}{11}=0.73$

$0.25<I_L<0.75$,土为可塑。

5.[答案] B

[解析]《建筑地基基础设计规范》(GB 50007—2011)。

$F_L\leqslant 0.7\beta_{hp}f_t u_m h_0$

$\beta_{hp}=1.0$

$u_m=2(l_{n_1}-h_0)+2(l_{n_2}-h_0)=2\times(3.2-0.8)+2\times(4.8-0.8)=12.8$

$0.7\beta_{up}\cdot f_t u_m\cdot h_0=0.7\times1.0\times1.57\times10^3\times12.8\times0.8=11.254\times10^2$kN

6.**[答案]** B

[解析]《建筑地基基础设计规范》(GB 50007—2011)第 5.2.4 条及第5.2.7条。

基础底面处地基承载力验算:

$f_a=f_{ak}\eta_b\gamma(b-3)+\eta_d\gamma_m(d-0.5)=160+0+1.6\times18\times(2.5-0.5)=217.6\text{kPa}$

无偏心荷载作用下应满足$\dfrac{F_k+G_k}{A}\leqslant f_a$

$F_k\leqslant f_a\cdot A-G_k=217.6\times2\times1-2\times2.5\times1\times20=335.2\text{kN/m}$

软弱干卧层验算:

$f_{az}=f_{ak}+\eta_d\gamma_d(z-0.5)=90+1.0\times18\times(4.5-0.5)=162\text{kPa}$

$E_{s1}/E_{s2}=15/3=5$

$z/b=2/2=1$,查表取 $\theta=25°$

$p_z+p_{cz}\leqslant f_{az}$

$$\frac{b(p_k-p_c)}{b+2z\tan\theta}+\gamma(d+z)\leqslant f_{az}$$

$$\frac{2\times(p_k-2.5\times18)}{2+2\times2\times\tan25°}+18\times(2.5+2)\leqslant162$$

可解得　$p_k\leqslant201\text{kPa}$

即　$\dfrac{F_k+G_k}{A}\leqslant201$

$$\frac{F_k+2\times2.5\times1\times20}{2\times1}\leqslant201$$

$F_k\leqslant303\text{kN/m}$

取基层面验算与软弱干卧层验算二者结果的小值。

7.**[答案]** C

[解析]《建筑地基基础设计规范》(GB 50007—2011)第 5.2.4 条。

$e=0.4,b/6=0.6\text{m},e<\dfrac{b}{6}$

$$p_k=\frac{F_k+G_k}{A}=\frac{200+100}{3.6\times1}=83.3$$

$$p_{kmax}=p_k+\frac{M_k}{W}=83.3+\frac{300\times0.4\times6^2}{1\times3.6}=139$$

$$\begin{cases}p_k\leqslant f_a\\p_{kmax}\leqslant1.2f_a\end{cases},得\begin{cases}f_a\geqslant83.3\\f_a\geqslant115.7\end{cases}$$

二者取大值。

8.**[答案]** D

[解析]《建筑地基基础设计规范》(GB 50007—2011)第 5.2.2 条。

$$p_k=\frac{F_k+G_k}{A}=\frac{120\times10^3}{30\times10}=400$$

$$e=1.0,\frac{b}{6}=\frac{10}{6}=1.67,e<\frac{b}{6}$$

$$p_{kmax}=p_k+\frac{M_k}{W}=400+\frac{120\times10^3\times1\times6}{30\times10^2}=640$$

$$\begin{cases}p_k\leqslant f_a\\p_{kmax}\leqslant1.2f_a\end{cases},得\begin{cases}f_a\geqslant400\\f_a\geqslant533.3\end{cases}$$

二者取大值。

9.**[答案]** B

[解析] 偏心距：$e=\dfrac{H_k(h+d)}{N_k}$

不出现震应力区保证 $e\leqslant\dfrac{l}{6}=\dfrac{10}{6}=1.67$

$$\frac{H_k(h+d)}{N_k}\leqslant1.67$$

得：$h\leqslant\dfrac{eN_k}{H_k}-d=\dfrac{1.67\times20}{1.5}-3=19.3$

10.**[答案]** C

[解析]《建筑地基基础设计规范》(GB 50007—2011)第5.3.5条及5.3.10条。

地基变形由两部分组成：压缩变形和回弹变形。

两层土的平均附加压力系数 $\bar{\alpha}$ 分别为：

$$\bar{\alpha}_1=\frac{1.0+0.7}{2}=0.85,\bar{\alpha}_2=\frac{5\times\bar{\alpha}+\dfrac{(0.7+0.2)}{2}\times6}{11}0.632$$

压缩量：

$$s=\psi_s\sum_{i=1}^{n}\frac{P_0}{E_{si}}(z_i\bar{\alpha}_i-z_{i-1}\bar{\alpha}_{i-1})$$

$$=0.8\times\left[\frac{300}{6000}\times5000\times0.85+\frac{300}{10000}\times(0.632\times11000-0.85\times5000)\right]$$

$$=0.8\times[212.5+81]=235\text{mn}$$

回弹量：

$$s_c=\psi_c\sum_{i=1}^{h}\frac{p_c}{E_{si}}(z_i\bar{\alpha}_i-z_{i-1}\bar{\alpha}_{i-1})$$

$$p_c=10\times20=200=1.0\times\left[\frac{200}{12000}\times5000\times0.85+\frac{200}{25000}\times(0.632\times11000-0.85\times5000)\right]=1.0\times[70.8+21.6]=92.4$$

总沉降量：

$$s_总=s+s_c=235+92.4=327.4\text{mn}$$

11.**[答案]** A

[解析]《建筑桩基技术规范》(JGJ 94—2008)第 5.9.10 条。

$$a_x = 1.0, \lambda_x = \frac{a_x}{h_0} = \frac{1}{0.3+0.3}1.67$$

$$a = \frac{1.75}{1+\lambda} = \frac{1.75}{1.67+1} = 0.656$$

$$\beta_{hs} a f_t b_0 h_0 = 1.0 \times 0.656 \times 1.71 \times (1 \times 0.3 + 2 \times 0.3) = 1.0 \times 10^3 \text{kN}$$

12. [答案] D

[解析]《建筑桩基技术规范》(JGJ 94—2008)第 5.3.10 条。

$$Q_{uk} = Q_{sk} + Q_{gsk} + Q_{gpk} = u\sum q_{sjk} l_j + u\sum \beta_{si} q_{sik} l_{qi} + \beta_p q_{pu} A_p$$

$$= 0 + 0.8 \times 3.14(1.4 \times 70 \times 16 + 1.6 \times 80 \times 8) + \frac{3.14}{4} \times 0.8^2 \times 1000 \times 2.4$$

$$= 7717\text{kN}$$

13. [答案] B

[解析] 设沉井自重为 G,沉井面面积为 A,则

$$G = r \cdot l \cdot A = 12 \times 25 \times A = 300A$$

因侧阻三角形分布,沉井自重线性均匀分布,二者大小取等,所以在$\frac{1}{2}l$处位置,侧阻与自重单位长度力相等,在$\frac{1}{2}l$上方侧阻力大小等于重力(单位长度计算)。

所以在$\frac{1}{2}l$处沉井层受的拉力最大,最大拉应力大小为:

$$\sigma_{max} = \frac{\left(\frac{2G+G}{2}\right) \times \frac{1}{2} - \frac{G}{2}}{A} = \frac{0.75 \cdot G - 0.5 \cdot G}{A} = \frac{0.25 \times 300A}{A} = 75$$

14. [答案] C

[解析]《土力学》三相关系图。

$$\frac{1+e_0}{1+e_1} = \frac{H_0}{H_1}$$

$$H_1 = H_0 - 0.8 = 8 - 0.8 = 7.2$$

$$\frac{1+0.85}{1+e_1} = \frac{8}{7.2}$$

可得:$e_1 = 0.665$

$$D_r = \frac{0.90 - 0.665}{0.90 - 0.550} = 0.67$$

15. [答案] C

[解析]《建筑地基处理技术规范》(JGJ 79—2012)第 7.5.2 条。

整片处理时,每边不小于处理厚度的$\frac{1}{2}$且不应小于 2m。

$$d_e = 1.05s = 1.05 \times 1.0 = 1.05\text{m}$$

$$A_e = \pi \frac{d_e^2}{4} = \frac{3.14 \times 1.05^2}{4} = 0.8655\text{m}^2$$

处理深度：

$8-3=5\text{m}$

处理地基的面积：

$$A=(45+\frac{1}{2}\times5\times2)\times(18+\frac{1}{2}\times5\times2)=50\times23=1150\text{m}^2$$

$$h=\frac{A}{A_e}=\frac{1150}{0.8655}=1328.7$$

16.[答案] C

[解析]《建筑地基处理技术规程》(JGJ 79—2012)第 5.2.12 条。

$$s_f=\varepsilon\sum_{i=1}^{n}\frac{e_{0i}-e_{1i}}{1+e_{0i}}h_i$$

可得 $\varepsilon=1.2$

淤泥层中点初始应力：$\sigma_0=\frac{1}{2}\gamma H=\frac{1}{2}(15-10)\times10=25\text{kPa}$

查表知，$e_0=2.102$

堆载后中点应力：$\sigma_1=\sigma_0+p=25+125=150\text{ kPa}$

对应的 $e_1=\frac{1.71+1.475}{2}=1.593$

$$s_f=1.2\times\frac{2.102-1.593}{1+2.102}\times10=1.969\text{m}$$

17.[答案] C

[解析]《建筑地基处理技术规程》(JGJ 79—2012)第 5.2.11 条。

$$\tau_f=\tau_{f0}+\Delta\sigma_z U_t\tan\varphi_{cu}$$

$$U_t=\frac{\tau_{ft}-\tau_{f0}}{\Delta\sigma_z\tan\varphi_{cu}}=\frac{1.5\times12.3-12.3}{(2\times18+10\times1)\times\tan9.5}=0.80(80\%)$$

18.[答案] B

[解析]《建筑边坡工程技术规程》(GB 50330—2013)。

$$K_a=\frac{\cos^2 32°}{\cos16°\times\left[1+\sqrt{\frac{\sin(32°+16°)\times\sin32°}{\cos16°}}\right]^2}=\frac{0.72}{0.96\times2.7}=0.278$$

$$E_a=\frac{1}{2}\times0.278\times10^2\times17=236$$

$$E_{ax}=E_a\cdot\cos16°=236\times\cos16°=227$$

$$E_{az}=E_a\cdot\sin16°=236\times\sin16°=65$$

$$K=\frac{(G+E_{az})\cdot\mu}{E_{ax}}=\frac{(767+65)\times0.5}{227}=1.83$$

19.[答案] C

[解析]《土工合成材料应用技术规范》(GB 50290—1998)第 6.4.2 条。

$$D=R-\frac{H}{3}$$

$$T_s = \frac{(F_{sr} - F_{su})M_0}{D} = \frac{(1.3 - 0.89) \times 36000}{37.5 - \frac{15}{3}} = 454.2$$

20.［答案］D

［解析］

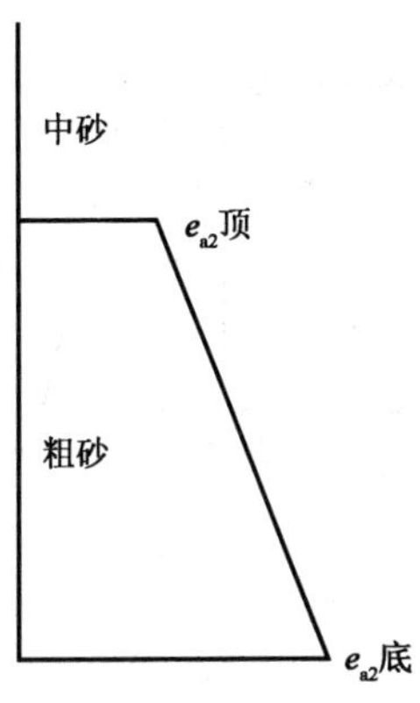

题 20 解图

$$K_{a2} = \tan^2(45° - \frac{32°}{2}) = 0.31$$

$$e_{a2顶} = \sigma_1 K_{a2} - 2C_2\sqrt{K_{a2}} = 18 \times 3 \times 0.31 - 0 = 16.74\text{kPa}$$

$$e_{a2底} = \sigma_2 K_{a2} - 2C_2\sqrt{K_{a2}} = (18 \times 3 + 19 \times 5) \times 0.31 = 46.2\text{kPa}$$

$$E_{a2} = \frac{1}{2}(e_{a2顶} + e_{a2底}) \times h_2 = \frac{1}{2} \times (16.75 + 46.2) \times 5 = 157.3\text{kN/m}$$

21.［答案］B

［解析］设最终沉降量为 s，则 70d 的固结度为$\frac{120}{s}$，140d 的固结度为$\frac{160}{s}$。

$$\begin{cases} \frac{120}{s} = 1 - 0.81 \times e^{-\alpha \times 70} \\ \frac{160}{s} = 1 - 0.81 \times e^{-\alpha \times 140} \end{cases}$$

求得：$e^{-70\alpha} = 0.494$，$s = 200\text{mm}$

22.［答案］C

［解析］《水利水电工程地质勘察规范》(GB 50487—2008)附录 N。

$$K_v = \left(\frac{V_{p体}}{V_{p岩}}\right)^2 = \left(\frac{3000}{4000}\right)^2 = 0.6525$$

$$S = \frac{R_b \cdot K_v}{\sigma_m} = \frac{55 \times 0.5625}{9} = 3.4375$$

$T=80$，围岩等级判定为Ⅱ类；

$S<4$，围岩类别宜降一级为Ⅲ类。

23.［答案］A

［解析］《建筑基坑支护技术规程》(JGJ 120—2012)第 4.2.1 条。

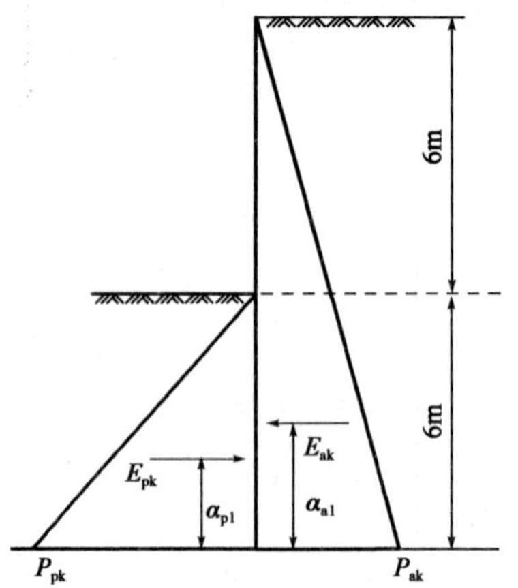

题 23 解

$$\frac{E_{pk}\alpha_{p1}}{E_{ak}\alpha_{a1}} \geqslant K_e$$

$$K_a = \tan^2\left(45° - \frac{\varphi}{2}\right) = \tan^2\left(45° - \frac{30°}{2}\right) = 0.333$$

$$K_p = \tan^2\left(45° + \frac{\varphi}{2}\right) = \tan^2\left(45° + \frac{30°}{2}\right) = 3.0$$

$$P_{ak} = \gamma h_1 K_a = 20 \times 12 \times 0.333 = 80\text{kPa}$$

$$P_{pk} = \gamma h_2 K_p = 20 \times 6 \times 3.0 = 360\text{kPa}$$

$$E_{ak} = \frac{1}{2} \times P_{ak} \times h_1 = \frac{1}{2} \times 80 \times 12 = 480\text{kN}$$

$$E_{pk} = \frac{1}{2} \times P_{pk} \times h_2 = \frac{1}{2} \times 360 \times 6 = 1080\text{kN}$$

$$K_e = \frac{E_{pk}\alpha_{p1}}{E_{ak}\alpha_{a1}} = \frac{1080 \times \frac{1}{3} \times 6}{480 \times \frac{1}{3} \times 12} = 1.13$$

24.[**答案**] D

[**解析**]《湿陷性黄土地区建筑规范》(GB 50025—2004)第 5.7.5 条。

$$q_s^n = 15\text{kPa}$$

$$Q_{uk} = Q_{sk} - Q_g^n + Q_{pk} = 3.14 \times 1 \times 35 \times 25 - 3.14 \times 1 \times 10 \times 15 + \frac{3.14}{4} \times 1^2 \times 120$$
$$= 3218.5\text{kN}$$

25.[**答案**] D

[**解析**]《建筑地基基础设计规范》(GB 50007—2011)第 6.4.3 条。

$$F_1 = r_t G_{nt} - G_{nn} \cdot \tan\varphi_n - C_n l_n = G_{1t} - G_{1t} \cdot \tan\varphi_1 - C_1 l_1$$
$$= 500 \times \sin 30° - 500 \times \cos 30° \times \tan 10° - C \times 12 = 174 - 12C$$

$$\varphi = \cos(\beta_{n-1} - \beta_n) - \sin(\beta_{n-1} - \beta_n)\tan\varphi_n$$
$$= \cos(30° - 10°) - \sin(30° - 10°) \times \tan 10° = 0.8794$$

$$F_2 = F_1\varphi + r_t G_{2t} - G_{2n} \cdot \tan\varphi_2 - C_2 l_2$$
$$= (174 - 12C) \times 0.8794 + 1 \times 800 \times \sin 10° - 800 \times \cos 10° \times \tan 10° - C \times 10$$
$$= 152.7 - 20.55C$$
$$= 0$$

得 $C = 7.43\text{kPa}$

26.**[答案]** D

[解析]《膨胀土地区建筑技术规范》(GB 50112—2013)第5.2.11条及5.2.12条。

$$x = \frac{57.4 + 39 + 17.6 + 11.9 + 14.2 + 20.6}{57.4 + 39 + 17.6 + 11.9 + 14.2 + 20.6 + 43.6 + 60.3 + 94.1 + 114.8 + 121.5 + 118.1}$$
$$= 0.22535$$

$$c = (14.2 - 7.5) + (20.6 - 10.7) - (43.6 - 32.2) + (94.1 - 86.6) + (114.8 - 110.2) + (11.9 - 9.3) = 42.7$$

$$\psi_w = 1.152 - 1.726a - 0.00107c = 1.152 - 0.726 \times 0.22535 - 0.00107 \times 42.7 = 0.94$$

大气影响深度:$d_a = 3.0\text{m}$

大气影响急剧层深度为 $0.45d_a = 0.45 \times 3 = 1.35$

27.**[答案]** C

[解析]《湿陷性黄土地区建筑规范》(GB 50025—2004)第5.7.4条条文说明。

天然孔隙比:$e = \dfrac{d_s P_w (1 + 0.01w)}{\rho} - 1 = \dfrac{2.7 \times 1 \times (1 + 0.156)}{1.60} - 1 = 0.95$

$S_r = 85\%$时的含水量:$W = \dfrac{eS_r}{d_s} = \dfrac{0.95 \times 0.85}{2.7} = 29.9\%$

$$I_L = \frac{W - W_P}{W_L - W_P} = \frac{29.9 - 17.9}{30 - 17.9} = 0.99$$

28.**[答案]** C

[解析]《水利水电工程地质勘察规范》(GB 50487—2008)中附录P。

$$N_0 = 6$$

$$N_{cr} = N_0[0.9 + 0.1(d_s - d_w)]\sqrt{\frac{3\%}{\rho_c}} = 6 \times [0.9 + 0.1 \times (5 - 0)] \times 1 = 8.4$$

当 $N \geqslant 8.4$ 时,不液化,则

$$N = N'\left(\frac{d_s + 0.9d_w + 0.7}{d'_s + 0.9d'_w + 0.7}\right) \geqslant 8$$

即:$N' \times \left(\dfrac{5 + 0.9 \times 0 + 0.7}{5 + 0.9 \times 3 + 0.7}\right) \geqslant 8.4$

$$N' \geqslant 12.4$$

29.**[答案]** D

[解析]《建筑抗震设计规范》(GB 50011—2010)第5.1.4~5.1.6条。

Ⅱ类场地:

$a_{max} = 0.24, T_g = 0.35, T = 0.4$

$$\gamma = 0.9 + \frac{0.05 - 0.4}{0.5 + 5 \times 0.4} = 0.76$$

$$\eta_2 = 1 + \frac{0.05 - 0.4}{0.06 + 1.7 \times 0.4} = 0.527 < 0.55$$

$$a = \left(\frac{T_g}{T}\right)^{\gamma} \eta_2 a_{max} = \left(\frac{0.35}{0.40}\right)^{0.76} \times 0.55 \times 0.124 = 0.119$$

30.**[答案]** C

[解析]《土工试验方法标准》(GB/T 50123—1999)第10.0.6条。

$$\rho_{d2} = \frac{\rho'_{oi}}{1 + 0.01w_i}$$

击实试验时：$\rho_{d1} = \frac{1.59}{1 + 0.17} = 1.36$

$$\rho_{d2} = \frac{1.76}{1 + 0.19} = 1.48$$

$$\rho_{d3} = \frac{1.85}{1 + 0.21} = 1.53$$

$$\rho_{d4} = \frac{1.79}{1 + 0.23} = 1.46$$

$$\rho_{d5} = \frac{1.63}{1 + 0.25} = 1.30$$

$$\rho_{dmax} = 1.53$$

施工检测时：$\rho_d = \frac{1.78}{1 + 0.193} = 1.49$

$$\lambda = \frac{\rho_d}{\rho_{dmax}} = \frac{1.49}{1.53} = 0.975$$

2011年案例分析试题(上午卷)

1. 某建筑基槽宽5m,长20m,开挖深度为6m,基底以下为粉质黏土。在基槽底面中间进行平板载荷试验,采用直径为800mm的圆形承压板。载荷试验结果显示,在p-s曲线线性段对应100kPa压力的沉降量为6mm。试计算,基底土层的变形模量E_0值最接近下列哪个选项? ( )

(A)6.3MPa (B)9.0MPa (C)12.3MPa (D)14.1MPa

2. 取网状构造冻土试样500g,待冻土样完全融化后,加水调成均匀的糊状,糊状土质量为560g,经试验测得糊状土的含水量为60%,问冻土试样的含水量最接近下列哪个选项? ( )

(A)43% (B)48% (C)54% (D)60%

3. 取某土试样2000g,进行颗粒分析试验,测得各级筛上质量见下表。

题3表

孔径(mm)	20	10	5	2.0	1.0	0.5	0.25	0.075
筛上质量(g)	0	100	600	400	100	50	40	150

筛底质量为560g。已知土样中的粗颗粒以棱角形为主,细颗粒为黏土。问下列哪一选项对该土样的定名最准确? ( )

(A)角砾 (B)砾砂

(C)含黏土角砾 (D)角砾混黏土

4. 下图为一工程地质剖面图,图中虚线为潜水水位线。已知$h_1=15$m,$h_2=10$m,$M=5$m,$l=50$m,第①层土渗透系数$k_1=5$m/d,第②层土渗透系数$k_2=50$m/d,其下为不透水层。问通过1、2断面之间的单宽(每米)平均水平渗流流量最接近下列哪个选项的数值? ( )

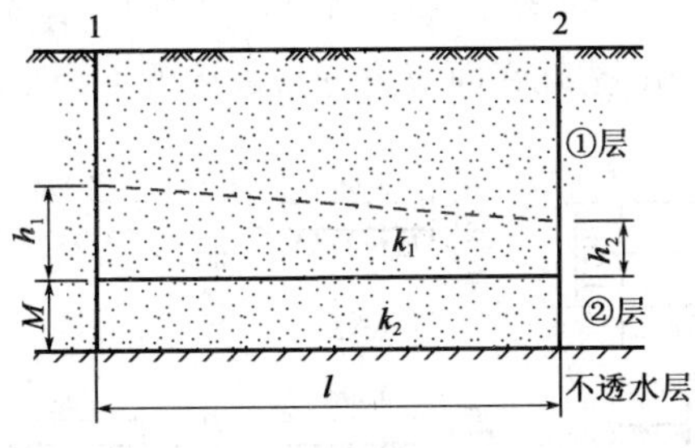

题4图

(A)6.25m³/d (B)15.25m³/d

(C)$25.00m^3/d$　　　　　　　　(D)$31.25m^3/d$

5. 在地面作用矩形均布荷载 $p=400kPa$,承载面积为 $4m\times4m$。试求承载面积中心 O 点下 $4m$ 深处的附加应力与角点 C 下 $8m$ 深处的附加应力比值最接近下列何值?(矩形均布荷载中心点下竖向附加应力系数 α_0 可由下表查得)　(　　)

题 5 表

z/b	l/b	
	1.0	2.0
0.0	1.000	1.000
0.5	0.701	0.800
1.0	0.336	0.481

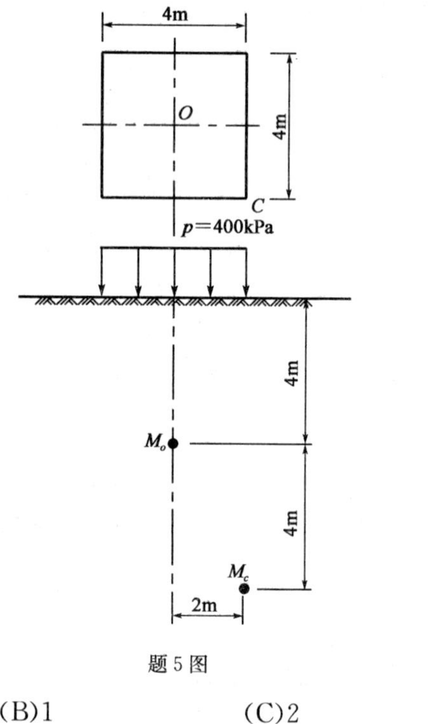

题 5 图

(A)1/2　　(B)1　　(C)2　　(D)4

6. 如图所示柱基础底面尺寸为 $1.8m\times1.2m$,作用在基础底面的偏心荷载 $F_k+G_k=300kN$,偏心距 $e=0.2m$,基础底面应力分布最接近下列哪项?　(　　)

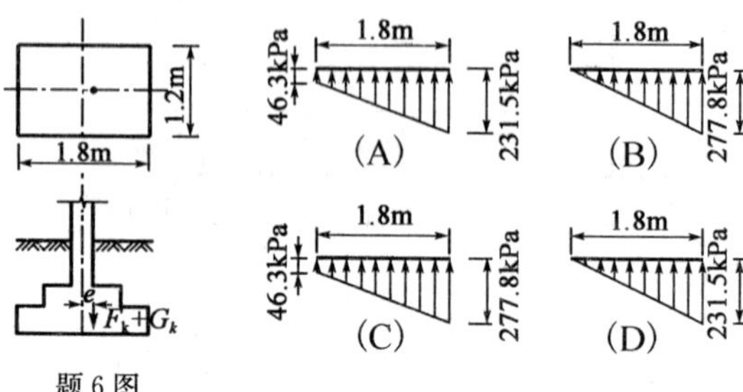

题 6 图

7. 如图所示矩形基础，地基土的天然重度 $\gamma=18\text{kN/m}^3$，饱和重度 $\gamma_{sat}=20\text{kN/m}^3$，基础及基础上土重度 $\gamma_G=20\text{kN/m}^3$，$\eta_b=0$，$\eta_d=1.0$，估算该基础底面积最接近下列何值？（　　）

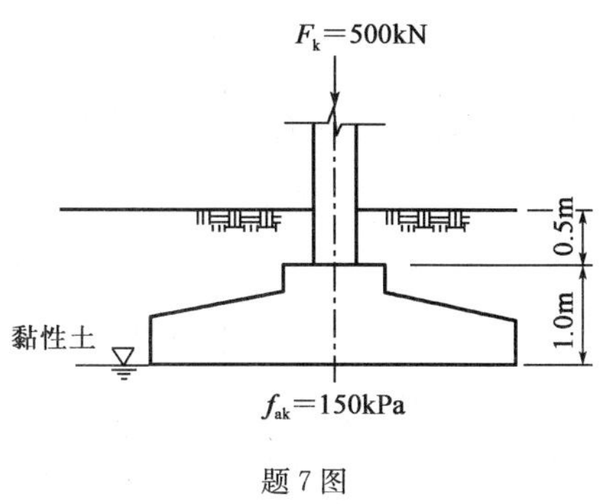

题 7 图

(A)3.2m² (B)3.6m² (C)4.2m² (D)4.6m²

8. 如图所示，某建筑采用柱下独立方形基础，拟采用 C20 钢筋混凝土材料，基础分二阶，底面尺寸 2.4m×2.4m，柱截面尺寸为 0.4m×0.4m。基础顶面作用竖向力 700kN，力矩 87.5kN·m，问柱边的冲切力最接近下列哪个选项？（　　）

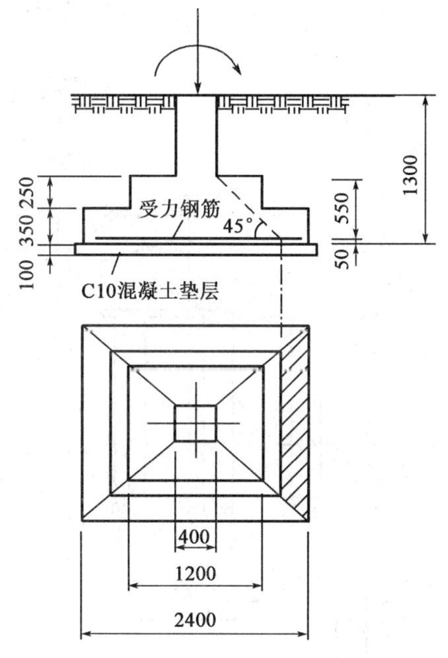

题 8 图（尺寸单位：mm）

(A)95kN (B)110kN (C)140kN (D)160kN

9. 某梁板式筏基底板区格如图所示，筏板混凝土强度等级为 C35($f_t=1.57\text{N/mm}^2$)根据《建筑地基基础设计规范》(GB 50007—2011)计算，该区格底板斜截面受剪承载力最

接近下列何值？（ ）

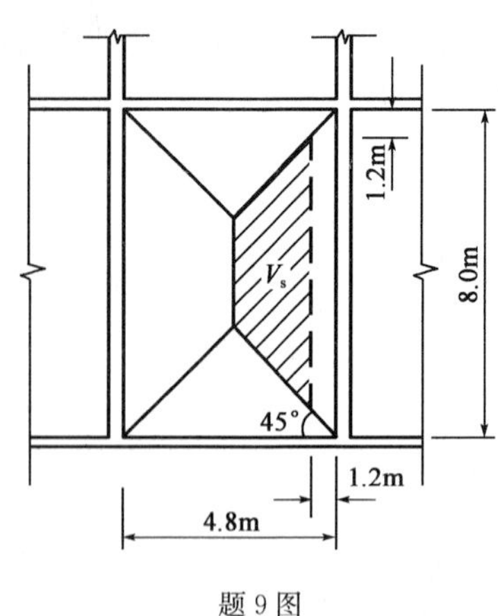

题 9 图

(A)5.6×10³kN　(B)6.65×10³kN

(C)16.08×10³kN　(D)119.70×10³kN

10. 桩基承台如图所示，已知柱轴力 F=12000kN，力矩 M=1500kN·m，水平力 H=600kN（F、M 和 H 均对应荷载效应基本组合），承台及其上填土的平均重度为 20kN/m³。试按《建筑桩基技术规范》(JGJ 94—2008)计算图示虚线截面处的弯矩设计值最接近下列哪一数值？（ ）

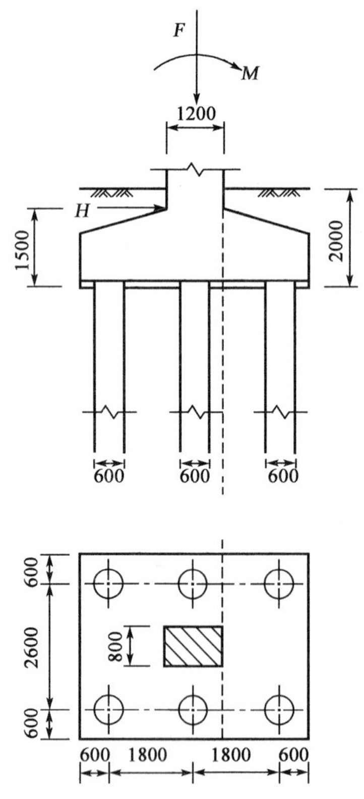

题 10 图（尺寸单位：mm）

(A)4800kN·m　　(B)5300kN·m

(C)5600kN·m　　(D)5900kN·m

11. 钻孔灌注桩单桩基础，桩长 24m，桩径 d=600mm，桩顶以下 30m 范围内均为粉质黏土，在荷载效应准永久组合作用下，桩顶的附加荷载为 1200kN，桩身混凝土的弹性模量为 3.0×10^4 MPa，据《建筑桩基技术规范》(JGJ 94—2008)，计算桩身压缩变形最接近下列哪一项？ (　　)

(A)2.0mm　　(B)2.5mm

(C)3.0mm　　(D)3.5mm

12. 某抗拔基桩桩顶拔力为 800kN，地基土为单一的黏土，桩侧土的抗压极限侧阻力标准值为 50kPa，抗拔系数取为 0.8，桩身直径为 0.5m，桩顶位于地下水位以下，桩身混凝土重度为 25kN/m^3，按《建筑桩基技术规范》(JGJ 94—2008)计算，群桩基础呈非整体破坏情况下，基桩桩长至少不小于下列哪一选项？ (　　)

(A)15m　　(B)18m

(C)21m　　(D)24m

13. 某端承桩单桩基础桩直径 d=600mm，桩端嵌入基岩，桩顶以下 10m 为欠固结的淤泥质土，该土有效重度为 8.0kN/m^3，桩侧土的抗压极限侧阻力标准值为 20kPa，负摩阻力系数 ξ_n=0.25，按《建筑桩基技术规范》(JGJ 94—2008)计算，桩侧负摩阻力引起的下拉荷载最接近下列哪一项？ (　　)

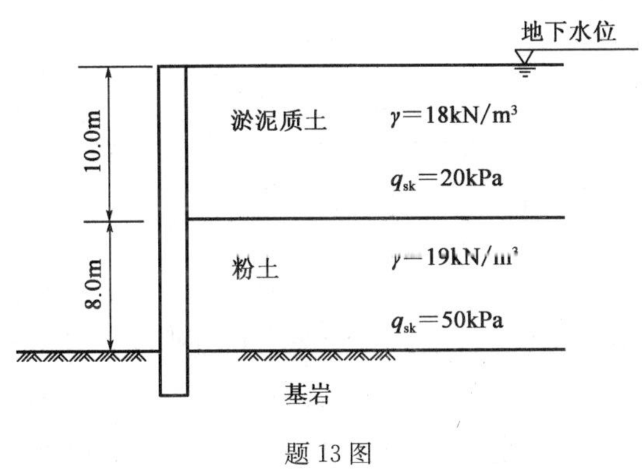

题 13 图

(A)150kN　　(B)190kN

(C)250kN　　(D)300kN

14. 某建筑场地地层分布及参数(均为特征值)如图所示，拟采用水泥土搅拌桩复合地基。已知基础埋深 2.0m，搅拌桩长 8.0m，桩径 d=600mm，等边三角形布置。经室内配比试验，水泥加固土试块强度为 1.2MPa，桩身强度折减系数 η=0.25，桩间土承载力折减系数 β=0.4，按《建筑地基处理技术规范》(JGJ 79—2012)计算，要求复合地基承载力特征值达到 100kPa，则搅拌桩间距值取下列哪项？ (　　)

(A)0.9m　　(B)1.0m

(C)1.3m　　(D)1.5m

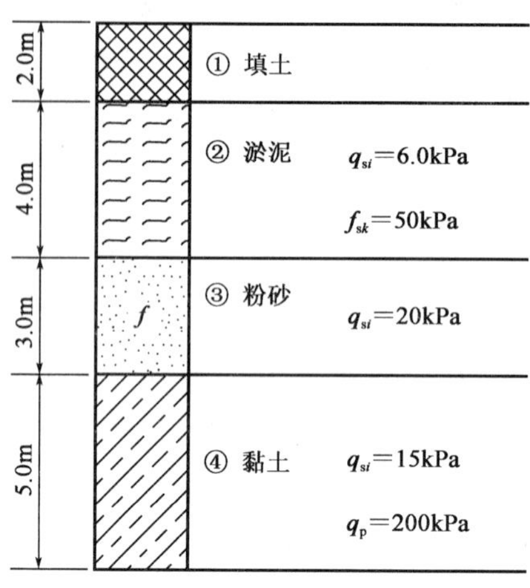

题 14 图

15. 某工程地表淤泥层厚 12.0m，淤泥层重度为 16kN/m^3。已知淤泥的压缩试验数据如表所示，地下水位与地面齐平。采用堆载预压法加固，先铺设厚 1.0m 砂垫层，砂垫层重度为 20kN/m^3，堆载土层厚 2.0m，重度为 18kN/m^3。沉降经验系数 ξ 取 1.1，假如地基沉降过程中附加应力不发生变化，按《建筑地基处理技术规范》(JGJ 79—2012)估算淤泥层的压缩量最接近下列哪一选项？（　　）

题 15 表

压力 P(kPa)	12.5	25.0	50.0	100.0	200.0	300.0
孔隙比 e	2.108	2.005	1.786	1.496	1.326	1.179

(A)1.2m　　(B)1.4m　　(C)1.7m　　(D)2.2m

16. 某独立基础底面尺寸为 2.0m×4.0m，埋深 2.0m，相应荷载效应标准组合时，基础底面处平均压力 p_k=150kPa；软土地基承载力特征值 f_{ak}=70kPa，天然重度 γ=18.0 kN/m^3，地下水位埋深 1.0m；采用水泥土搅拌桩处理，桩径 500mm，桩长 10.0m；桩间土承载力发挥系数 β=0.4；经试桩，单桩承载力特征值 R_a=110kN，则基础下布桩量为多少根？（　　）

(A)6　　(B)8

(C)10　　(D)12

17. 砂土地基，天然孔隙比 e_0=0.892，最大孔隙比 e_{max}=0.988，最小孔隙比 e_{min}=0.742，该地基拟采用振冲碎石桩加固，按等边三角形布桩，碎石桩直径为 0.50m，振冲后要求砂土相对密度 D_{r1}=0.886，问满足要求的碎石桩桩距（修正系数 ξ 取 1.0）最接近下列哪一选项？（　　）

(A)1.4m　　(B)1.6m

(C)1.8m　　(D)2.0m

18. 某很长的岩质边坡的断面形状如图，岩体受一组走向与边坡平行的节理面所控制，节理面的内摩擦角 35°，黏聚力为 70kPa，岩体重度为 $23kN/m^3$。请验算边坡沿节理面的抗滑稳定系数最接近下列哪个选项？（　　）

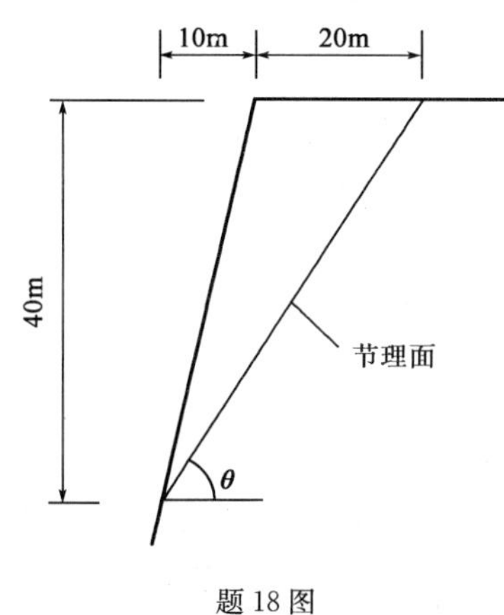

题 18 图

(A)0.8　　(B)1.0

(C)1.2　　(D)1.3

19. 一个坡角为 28°的均质土坡，由于降雨，土坡中地下水发生平行于坡面方向的渗流，利用圆弧条分法进行稳定分析时，其中第 i 条块高度为 6m，作用在该条块底面上的孔隙水压力最接近下面哪一数值？（　　）

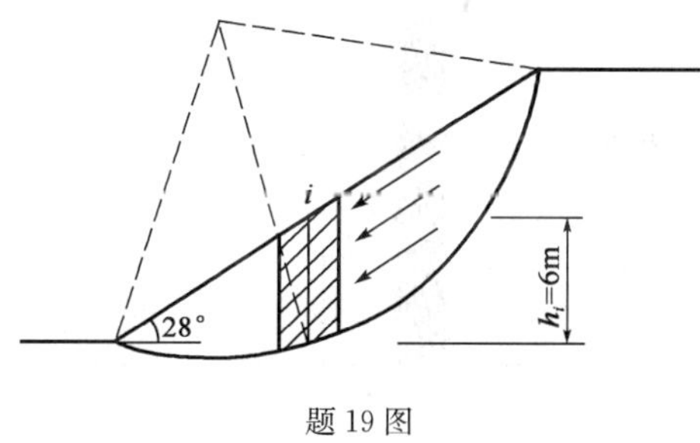

题 19 图

(A)60kPa　　(B)53kPa

(C)47kPa　　(D)30kPa

20. 重力式挡土墙墙高 8m，墙背垂直光滑，填土与墙顶平，填土为砂土，$\gamma=20kN/m^3$，内摩擦角 $\varphi=36°$。该挡土墙建在岩石边坡前，岩石边坡坡脚与水平方向夹角 $\theta=70°$，岩石与砂填土间摩擦角为 18°。计算作用于挡土墙上的主动土压力最接近下列哪一选项？（　　）

(A)166kN/m　　(B)298kN/m

(C)157kN/m　　　　(D)213kN/m

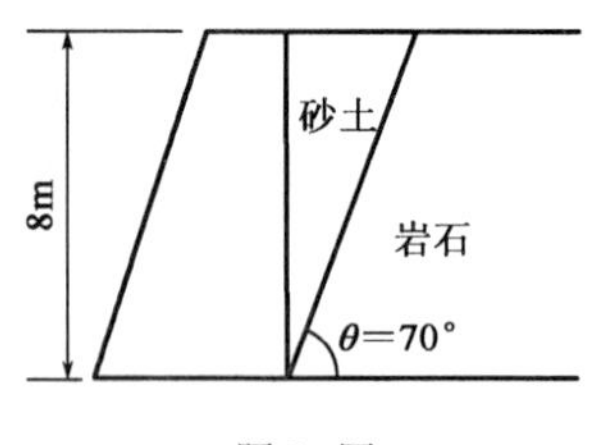

题 20 图

21. 采用土钉加固一破碎岩质边坡，其中某根土钉有效锚固长度 L 为 4m，该土钉计算承受拉力 E 为 188kN，锚孔直径 d 为 108mm，锚孔孔壁和砂浆间的极限抗剪强度为 0.25MPa，钉材与砂浆间极限黏结力 τ_g 为 2MPa，钉材直径 d_b 为 32mm，该土钉抗拔安全系数最接近下列哪项？（　　）

(A)$K=0.55$　　　　(B)$K=1.80$

(C)$K=2.37$　　　　(D)$K=4.28$

22. 在饱和软黏土地基中开挖条形基坑，采用 8m 长的板桩支护。地下水位已降至板桩底部，坑边地面无荷载。地基土重度 $\gamma=19\text{kN/m}^3$。通过十字板现场测试得地基土的抗剪强度为 30kPa。按《建筑地基基础设计规范》(GB 50007—2011)规定，为满足基坑抗隆起稳定性要求，此基坑最大开挖深度不能超过下列哪一选项？（　　）

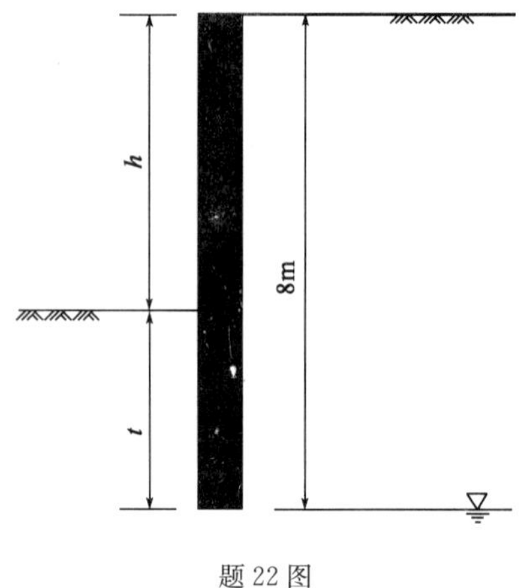

题 22 图

(A)1.2m　　　　(B)3.3m

(C)6.1m　　　　(D)8.5m

23. 基坑锚杆拉拔试验时，已知锚杆水平拉力 $T=400\text{kN}$，锚杆倾角 $\alpha=15°$，锚固体直径 $D=150\text{mm}$，锚杆总长度为 18m，自由段长度为 6m。在其他因素都已考虑的情况下，锚杆锚固体与土层的平均摩阻力最接近下列哪一选项？（　　）

(A)49kPa　　　　(B)73kPa

(C)82kPa　　　　(D)90kPa

24. 某推移式均质堆积土滑坡，堆积土的内摩擦角 $\varphi=40°$，该滑坡后缘滑裂面与水平面的夹角最可能是下列哪一选项？（　　）

(A)40°　　(B)60°

(C)65°　　(D)70°

25. 斜坡上有一矩形截面的岩体，被一走向平行坡面、垂直层面的张裂隙切割到层面（如图），岩体重度 $\gamma=24\text{kN/m}^3$，层面倾角 $\alpha=20°$，岩体的重心铅垂延长线距 O 点 $d=0.44\text{m}$，在暴雨充水至张裂隙顶面时，该岩体倾倒稳定系数 K 最接近下列哪一选项？（不考虑岩体两侧及底面阻力和扬压力）（　　）

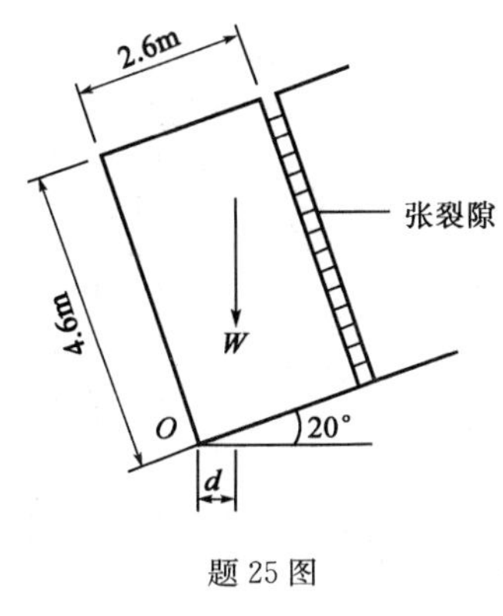

题 25 图

(A)0.78　　(B)0.83

(C)0.93　　(D)1.20

26. 如图，边坡岩体由砂岩夹薄层页岩组成，边坡岩体可能沿软弱的页岩层面发生滑动。已知页岩层面抗剪强度参数 $c=15\text{kPa}$，$\varphi=20°$，砂岩重度 $\gamma=25\text{kN/m}^3$。设计要求抗滑安全系数为 1.35，问每米宽度滑面上至少需增加多少法向压力才能满足设计要求？（　　）

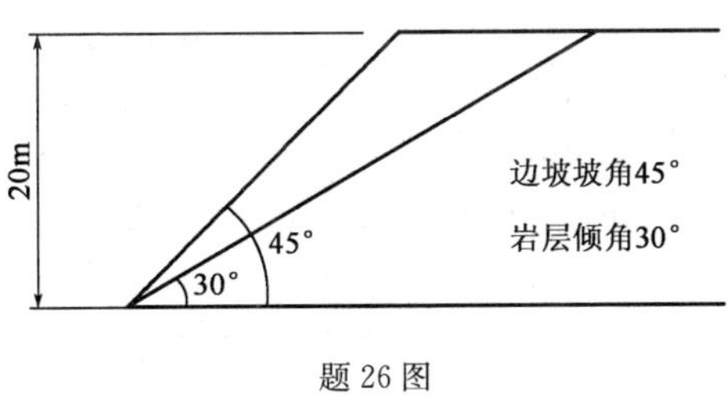

题 26 图

(A)2180kN　　(B)1970kN

(C)1880kN　　(D)1730kN

27. 某黄土试样的室内双线法压缩试验数据如下表，其中一个试样保持在天然湿度下分级加荷至 200kPa，下沉稳定后浸水饱和；另一个试样在浸水饱和状态下分级加荷至 200kPa。按此表计算黄土湿陷起始压力最接近下列哪个选项的数据？（　　）

题 27 表

压力 P(kPa)	0	50	100	150	200	200(浸水饱和)
天然湿度下试样高度 h_p(mm)	20.00	19.79	19.53	19.25	19.00	18.60
浸水饱和状态下试样高度 h'_p(mm)	20.00	19.58	19.26	18.92	18.60	—

(A)75kPa　　(B)100kPa　　(C)125kPa　　(D)150kPa

28. 某场地的钻孔资料和剪切波速测试结果见下表，按《建筑抗震设计规范》(GB 50011—2010)确定的场地覆盖层厚度和计算得出的土层等效剪切波速 v_{se} 与下列哪个选项最为接近？　(　　)

题 28 表

土 层 序 号	土 层 名 称	层底深度(m)	剪切波速(m/s)
①	粉质黏土	2.5	160
②	粉细砂	7.0	200
③-1	残积土	10.5	260
③-2	孤石	12.0	700
③-3	残积土	15.0	420
④	强风化基岩	20.0	550

(A)10.5m,200m/s　　(B)13.5m,225m/s
(C)15.0m,235m/s　　(D)15.0m,250m/s

29. 某 8 层建筑物高 25m，筏板基础宽 12m，长 50m，地基土为中密细砂层。已知按地震作用效应标准组合传至基础底面的总竖向力(包括基础自重和基础上的土重)为 100MN。基底零压力区达到规范规定的最大限度时，该地基土经深宽修正后的地基土承载力特征值 f_a 至少不能小于下列哪个选项的数值，才能满足《建筑抗震设计规范》(GB 50011—2010)关于天然地基基础抗震验算的要求？　(　　)

(A)128kPa　　(B)167kPa
(C)251kPa　　(D)392kPa

30. 某灌注桩，桩径 1.2m，桩长 60m，采用声波透射法检测桩身完整性，两根钢制声测管中心间距为 0.9m，管外径为 50mm，壁厚 2mm，声波探头外径 28mm。水位以下某一截面平测实测声时为 0.206ms，试计算该截面处桩身混凝土的声速最接近下列哪一选项？(注：声波探头位于测管中心；声波在钢材中的传播速度为 5420m/s，在水中的传播速度为 1480m/s；仪器系端延迟时间为 0s。)　(　　)

(A)4200m/s　　(B)4400m/s
(C)4600m/s　　(D)4800m/s

2011年案例分析试题答案(上午卷)

1.[答案] B

[解析] 首先判断该试验属于浅层还是深层平板载荷试验:虽然试验深度为6m,但基槽宽度已大于承压板直径3倍,故属于浅层载荷试验。

根据《岩土工程勘察规范》(GB 50021—2001)式(10.2.5-1)计算变形模量:

$$E_0 = I_0(1-\mu^2)\frac{pd}{s} = 0.785(1-0.38^2)\frac{100\times 0.8}{6} = 8.96\text{MPa}$$

若按深层载荷板式(10.2.5-2),则结果为:

$E_0 = \omega\frac{pd}{s} = 0.475\frac{100\times 0.8}{6} = 6.33\text{MPa}$,这个答案就是迷惑选项。

2.[答案] A

[解析] 直接由《土工试验方法标准》(GB/T 50123—1999)式(4.0.6)计算:

$$\omega = \left[\frac{m_1}{m_2}(1+0.01\omega_h)-1\right]\times 100 = \left[\frac{500}{560}(1+0.01\times 60)-1\right]\times 100 = 42.9\%$$

该题可不用规范公式,直接通过指标换算得出答案:

设该试样中土粒质量为m_s,则

$m_s\times 60\%+m_s=560$

$m_s=350\text{g}$

原冻土的含水量为:$\frac{500-350}{350}=42.9\%$。

3.[答案] C

[解析] 首先看颗分结果:大于2mm颗粒含量$=\frac{100+600+400}{2000}=55\%$,大于50%粗颗粒以棱形为主,属角砾;再看小于0.075mm的细颗粒含量$=\frac{560}{2000}=28\%$,大于25%,根据《岩土工程勘察规范》(GB 50021—2001)(2009版)第6.4.1条判断属混合土,由于细颗粒为黏土,则定名为含黏土角砾。

4.[答案] D

[解析] 1、2两断面间的水力梯度:$i=\frac{15-10}{50}=0.1$

第一层土的单宽渗流流量:$q_1=\frac{k_1 i(h_1+h_2)}{2}\times 1=\frac{5\times 0.1\times(15+10)}{2}\times 1=6.25\text{m}^3/\text{d}$

第二层土的单宽渗流流量:$q_2=k_2 iM\times 1=50\times 0.1\times 5\times 1=25\text{m}^3/\text{d}$

整个断面的渗流流量:$q=q_1+q_2=6.25+25=31.25\text{m}^3/\text{d}$

答案为D,若只计算第一层的渗流量,则答案为A。

本题也可用等效渗透系数计算。

5.[答案] D

[解析] (1)求σ_{ZO}:由$z/b=4/4=1.0$,$l/b=4/4=1.0$,查表得$\alpha_O=0.336$;承载面积中心O点下$z=4m$处M_O点的附加应力$\sigma_{zO}=\alpha_O p=0.336\times400=134.4kPa$。

(2)求σ_{ZC}:由$z/2b=8/8=1.0$,$2l/2b=8/8=1.0$,查表得$\alpha_0=0.336$;承载面积中心C点下$z=8m$处M_c点的附加应力$\sigma_{ZC}=\frac{1}{4}\alpha_0 p=\frac{1}{4}\times0.336\times400=33.6kPa$。

(3) $\frac{\sigma_{ZO}}{\sigma_{ZC}}=\frac{\alpha_O p}{\frac{1}{4}\alpha_O p}=4$

计算时可采用两种不同处理方法:①不求出具体数值来,只用符号代表来推导得出;②用规范表查附加应力系数计算后得出。

6.[答案] A

[解析] $e=0.2m<\frac{l}{6}=\frac{1.8}{6}=0.3m$,为小偏心,则

$$p_{kmax}=\frac{F_k+G_k}{lb}\left(1+\frac{6e}{l}\right)=\frac{300}{1.8\times1.2}\left(1+\frac{6\times0.2}{1.8}\right)=231.48kPa$$

$$p_{kmin}=\frac{F_k+G_k}{lb}\left(1-\frac{6e}{l}\right)=\frac{300}{1.8\times1.2}\left(1-\frac{6\times0.2}{1.8}\right)=46.3kPa$$

先判断小偏心,应力分布为梯形,然后只计算p_{kmax}亦可。

7.[答案] B

[解析] (1)求地基承载力特征值

$$f_a=f_{ak}+\eta_b\gamma(b-3)+\eta_d\gamma_m(d-0.5)=150+1.0\times18\times(1.5-0.5)=168kPa$$

(2)确定基础底面积

按中心荷载作用计算基底面积 $A_0=\frac{F_k}{f_a-\gamma_G d}=\frac{500}{168-20\times1.5}=3.62m^2$

或 $A=\frac{F_k+G_k}{f_a}=\frac{F_k+A\times1.5\times20}{f_a}$,$F_k=500kN$,$f_a=168kPa$,求得$A=3.62m^2$。

8.[答案] C

[解析] (1)计算偏心距

$e=\frac{M}{F}=\frac{87.5}{700}=0.125m<\frac{2.4}{6}=0.4m$,属小偏心。

(2)计算基底最大净反力

$$p_{jmax}=\frac{F}{b^2}\left(1+\frac{6e}{b}\right)=\frac{700}{2.4^2}\times\left(1+\frac{6\times0.125}{2.4}\right)=159.5kPa$$

(3)基础有效高度$h_0=0.55m$,阴影宽度$=\frac{2.4}{2}-\frac{0.4}{2}-0.55=0.45m$

(4)冲切力$=p_{jmax}\times A_l=159.5\times\frac{1}{2}\times0.45\times(2.4+2.4-2\times0.45)=139.96kN$

《建筑地基基础设计规范》第8.2.7条规定偏心荷载时p_j取p_{jmax})

9.［答案］B

［解析］根据《建筑地基基础设计规范》(GB 50007—2011)第 8.4.12 条。

$V_s \leqslant 0.7\beta_{hs} f_t (l_{n2} - 2h_0) h_0$

$\beta_{hs} = \left(\frac{800}{h_0}\right)^{\frac{1}{4}} = \left(\frac{800}{1200}\right)^{\frac{1}{4}} = 0.9$

$$0.7\beta_{hs} f_t (l_{n2} - 2h_0) h_0 = 0.7 \times 0.9 \times 1.57 \times (8.0 - 2 \times 1.2) \times 1.2 \times 10^3 = 6.65 \times 10^3 \text{kN}$$

10.［答案］C

［解析］该题属于桩基础承台结构抗弯承载力验算，根据《建筑桩基技术规范》(JGJ 94—2008)第 5.9.1 条、第 5.9.2 条，先计算右侧两基桩净反力设计值：

$$N_{右} = \frac{F}{n} + \frac{M_y x_i}{\sum x_j^2} = \frac{12000}{6} + \frac{(1500 + 600 \times 1.5) \times 1.8}{4 \times 1.8^2} = 2333\text{kN}$$

因此，弯矩设计值 $M_y = \sum N_i x_i = 2 \times 2333 \times (1.8 - 0.6) = 5599\text{kN} \cdot \text{m}$。

11.［答案］A

［解析］(1)根据《建筑桩基技术规范》(JGJ 94—2008)第 5.5.14 条式(5.5.14-3) $S_e = \xi_e \frac{Q_j l_j}{E_c A_{ps}}$

摩擦桩 $l/d = 24/0.6 = 40$，$\xi_e = (2/3 + l/2)/2 = 0.5833$，$A_{ps} = 0.3^2 \times 3.14 = 0.2826\text{m}^2$，$E_c = 3.0 \times 10^4 \text{MPa}$

(2) $S_e = \xi_e \frac{Q_j l_j}{E_c A_{ps}} = 0.5833 \times \frac{1200 \times 24}{3.0 \times 10^4 \times 0.2826} = 1.98\text{mm}$

12.［答案］D

［解析］本题考查桩基抗浮承载力计算。根据《建筑桩基技术规范》(JGJ 94—2008)第 5.4.5 条：

$$G_p = \frac{(\gamma - \gamma_w) l \pi d^2}{4} = \frac{15l \times 3.14 \times 0.5^2}{4} = 2.94l$$

$$T_{uk} = \sum \lambda_i q_{sik} u_i l_i = 0.8 \times 50 \times 3.14 \times 0.5l = 62.8l$$

$N_k \leqslant \frac{1}{2} T_{uk} + G_p$，即 $800 \leqslant \frac{1}{2} \times 62.8l + 2.94l$，$800 \leqslant 34.34l$，$l \geqslant 23.3\text{m}$

13.［答案］B

［解析］《建筑桩基技术规范》(JGJ 94—2008)第 5.4.3 条和第 5.4.4 条。

查表 5.4.4-2，桩端嵌入基岩，$l_n/l_0 = 1$，$l_n = l_0 = 10\text{m}$

$$\sigma'_{\gamma 1} = \frac{0 + \gamma' h}{2} = \frac{0 + 8.0 \times 10}{2} = 40.0\text{kPa}$$

$q_{s1}^n = \xi_{n1} \sigma'_1 = \xi_{n1} \sigma'_{\gamma 1} = 0.25 \times 40 = 10.0\text{kPa} < 20\text{kPa}$，取 $q_{s1}^n = 10.0\text{kPa}$

$Q_g^n = u q_{s1}^n l_1 = 3.14 \times 0.6 \times 10 \times 10 = 188.4\text{kN}$

14.［答案］B

［解析］$R_a = \pi d \sum q_{si} l_i + \alpha q_0 \times A_p$

$=3.14\times0.6\times(6.0\times4.0+20.0\times3.0+15.0\times1.0)+(0.4\sim0.6)\times200\times3.14\times0.3^2$
$=209.13\sim220.43\text{kN}$

$R_a=\eta f_{cu}A_p=0.25\times1.2\times1000\times3.14\times0.3^2=84.78\text{kN}$，取小值。

因此 $m=\dfrac{f_{spk}-\beta f_{sk}}{\dfrac{\lambda R_a}{A_p}-\beta f_{sk}}=\dfrac{100-0.4\times50}{300-0.4\times50}=28.6\%$

$$s=\frac{1}{1.05}\frac{d}{\sqrt{m}}=\frac{0.6}{1.05\times\sqrt{0.286}}=1.07\text{m}$$

15.［答案］C

［解析］《建筑地基处理技术规范》(JGJ 79—2012)第5.2.12条。

淤泥层中点自重应力为：$\gamma h=(16-10)\times6.0=36.0\text{kPa}$

查表得相应孔隙比 $e_1=1.909$

淤泥层中点自重应力与附加应力之和为：$36.0+20\times1.0+18\times2.0=92.0\text{kPa}$

查表得相应孔隙比 $e_2=1.542$

$$s=\xi\sum_{i=1}^{n}\frac{e_{1i}-e_{2i}}{1+e_{1i}}h_i=1.1\times\frac{1.909-1.542}{1+1.909}\times12=1.67\text{m}$$

16.［答案］B

［解析］(1)《建筑地基处理技术规范》(JGJ 79—2012)第7.1.5条、7.3.3条。

$$f_{spk}=\lambda m\times\frac{R_a}{A_p}+\beta\times(1-m)\times f_{ak}=\lambda m\times\frac{110}{0.196}+0.5\times(1-m)\times70$$
$$=(526.2m+35)\text{kPa}$$

其中：$A_p=0.25\times0.25\times\pi=0.196\text{m}^2$

［如采用《建筑地基处理技术规范》(JGJ 79—2012)计算应依据式(7.1.5-2)，由于对于水泥土搅拌桩，式中的λ一般取1.0，因此式(7.1.5-2)等价于02版规范式(9.2.5)］

(2)经深度修正后，复合地基承载力特征值：

$f_a=f_{spk}+\eta_d\cdot\gamma_m\cdot(d-0.5)=526.2m+35+1.0\times13\times(2-0.5)=(526.2m+54.5)\text{kPa}$

其中：$\eta_d=1.0$，$\gamma_m=(1.00\times18+1.00\times8)/2.0=13.0\text{kN/m}^3$

(3) $p_k\leqslant f_a$，即 $150\leqslant526.2m+54.5$，解得 $m\geqslant0.18$

水泥土搅拌桩可只在基础内布桩，$m=n\times A_p/A$，$n=m\times A/A_p=0.18\times2\times4/0.196=7.35$ 根，取 $n=8$ 根。

17.［答案］C

［解析］《建筑地基处理技术规范》(JGJ 79—2012)第7.2.2条。

$$S=0.95\xi d\cdot\sqrt{\frac{1+e_0}{e_0-e_1}}$$

$$e_1=e_{max}-D_{r1}(e_{max}-e_{min})=0.988-0.886\times(0.988-0.742)=0.770$$

$$S=0.95\times1.0\times0.5\times\sqrt{\frac{1+0.892}{0.892-0.770}}=0.95\times1.0\times0.5\times3.938=1.87$$

取 $S\approx1.80\text{m}$

18.[答案] B

[解析] (1)不稳定岩体(即节理面上的岩体)体积:$V=\frac{1}{2}\times20\times40=400\text{m}^3/\text{m}$

(2)单位宽度滑面面积:$A=BL=1\times[(10+20)^2+40^2]^{1/2}=50\text{m}^2/\text{m}$

(3)稳定性安全系数:

$$F_s=\frac{\gamma\times V\times\cos\theta\tan\varphi+A\times c}{\gamma\times V\times\sin\theta}=\frac{23\times400\times0.6\times\tan35°+50\times70}{23\times400\times0.8}$$

$$=\frac{3865+3500}{7360}=1.0$$

19.[答案] C

[解析]

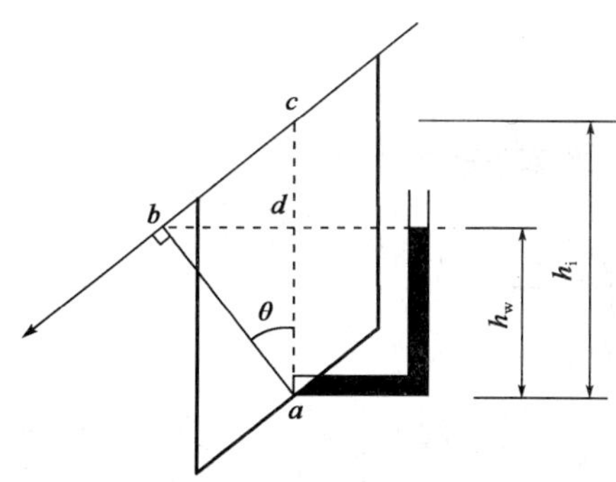

题 19 解图

由于产生沿着坡面的渗流,坡面线为一流线,过该条底部中点的等势线为 ab 线,水头高度为:

$$h_w=\overline{ad}=\overline{ab}\cdot\cos\theta=(\overline{ac}\cos\theta)\cos\theta=h_i\cos^2\theta=6\cos^2 28°=4.68\text{m}$$

孔隙水压力 $p_w=h_w\cdot\gamma_w=4.68\times10=46.8\text{kPa}$

20.[答案] B

[解析]

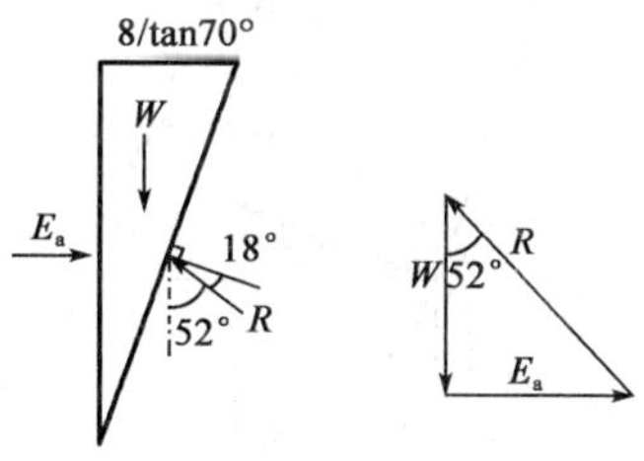

题 20 解图

楔体自重 $W=\frac{20\times8\times8}{2\times\tan70°}=233\text{kN}$,根据受力分析可知,作用于楔体的 W、R、E_a 形成力的闭合三角形,根据力的三角函数关系可知:$E_a=W\tan52°=298\text{kN}$

21.[答案] B

[解析] 用锚孔壁岩土对砂浆抗剪强度计算土钉极限锚固力 F_1:

$$F_1=\pi\cdot d\cdot l\cdot\tau=3.1416\times0.108\times4\times250=339\text{kN}$$

用钉材与砂浆间黏结力计算土钉极限锚固力 F_2：

$F_2 = \pi \cdot d_b \cdot l \cdot \tau_g = 3.1416 \times 0.032 \times 4 \times 2000 = 804\text{kN}$

有效锚固力 F 取小值 339kN，土钉抗拔安全系数 $K=F/E=339/188=1.80$。

22.【答案】B

【解析】根据《建筑地基基础设计规范》（GB 50007—2011）附录 V

$$\frac{N_c\tau_0+\gamma t}{\gamma(h+t)+q}\geqslant 1.6,\tau_0=c_u=30\text{kPa},N_c=5.14,q=0,h+t=8\text{m}$$

即 $\dfrac{5.14\times 330+19t}{19\times 8}\geqslant 1.6,19t\geqslant 89,t=4.68\text{m},h=3.32\text{m}$

23.【答案】B

【解析】锚固段长度：$l=18-6=12\text{m}$

轴向拉力：$N=\dfrac{T}{\cos\alpha}=\dfrac{400}{\cos 15^\circ}=414\text{kN}$

$$\bar{q}_s=\frac{N}{\pi Dl}=\frac{414}{\pi\times 0.15\times 12}=73\text{kPa}$$

24.【答案】C

【解析】滑坡主滑段后面牵引段的大主应力 σ_1 为土体铅垂方向的自重力，小主应力 σ_3 为水平压应力。

因滑动失去侧向支撑而产生主动土压破裂，破裂面（即滑坡壁）与水平面夹角 $\beta=45^\circ+\varphi/2=45^\circ+40^\circ/2=65^\circ$，故选 C。

25.【答案】B

【解析】

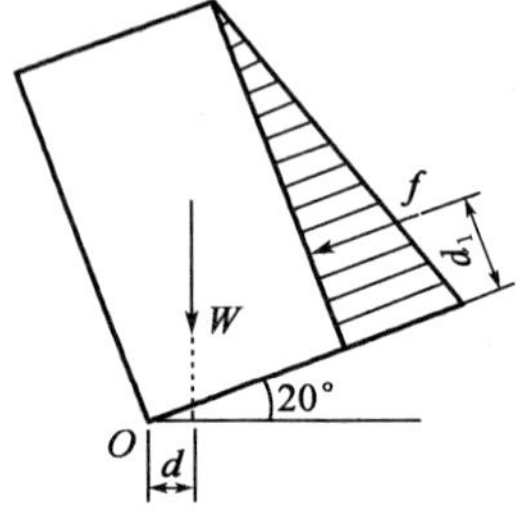

题 25 解图

由图可知，岩体的重力 W 为抗倾覆力，张裂隙中的静水压力 f 为倾覆力，因此岩体抗倾覆稳定系数为：

$$K=\frac{Wd}{fd_1}=\frac{\gamma\times b\times l\times 0.44}{\frac{1}{2}\times\gamma_w\times h_w^2\times\cos 20^\circ\times\frac{h_w}{3}}=\frac{24\times 2.6\times 4.6\times 0.44}{\frac{10}{2}\times 4.6^2\times\cos 20^\circ\times\frac{4.6}{3}}=0.83$$

26.【答案】B

【解析】取 1m 计算宽度来计算：

滑体体积

$$V=\frac{1}{2}H^2\cot\beta-\frac{1}{2}H^2\cot\alpha=\frac{1}{2}\times 20\times 20(\cot 30^\circ-\cot 45^\circ)=146.4\text{m}^3$$

滑体重量 $W=\gamma V=25\times 146.4=3660\text{kN}$

假设施加法向力为 f，则抗滑安全系数：

$$F=\frac{cl+(W\cos\beta+f)\tan\varphi}{W\sin\beta}=\frac{15\times\dfrac{20}{\sin 30^\circ}+(3660\times\cos 30^\circ+f)\times\tan 20^\circ}{3660\sin 30^\circ}=1.35$$

计算可得：$f=1969\text{kN}$

27.**[答案]** C

[解析] 根据《湿陷性黄土地区建筑规范》(GB 50025—2004)第 2.1.8 条、第4.3.5条及条文说明，湿陷起始压力下：

$$\frac{h_p-h'_p}{h_0}=0.015, h_p-h'_p=0.015\times 20=0.3\text{mm}$$

当 $p=100\text{kPa}$ 时，$h_p-h'_p=0.27\text{mm}$；当 $p=150\text{kPa}$ 时，$h_p-h'_p=0.33\text{mm}$，则

$$\frac{p_{sh}-100}{0.3-0.27}=\frac{150-100}{0.33-0.27}$$

解得 $p_{sh}=125\text{kPa}$

28.**[答案]** C

[解析] 按《建筑抗震设计规范》(GB 50011—2010)第 4.1.4 条，取土层①、②、③$_{-1}$、③$_{-2}$、③$_{-3}$、覆盖层厚度为 15.0m。

将孤石③$_{-2}$视残积土③$_{-1}$，

$$v_{se}=\frac{15.0}{\dfrac{2.5}{160}+\dfrac{4.5}{200}+\dfrac{5.0}{260}+\dfrac{3.0}{420}}=232\text{m/s}$$

将孤石③$_{-2}$视残积土③$_{-3}$，

$$v_{se}=\frac{15.0}{\dfrac{2.5}{160}+\dfrac{4.5}{200}+\dfrac{3.5}{260}+\dfrac{4.5}{420}}=240\text{m/s}$$

取最接近选项 C。

29.**[答案]** C

[解析] 按《建筑抗震设计规范》(GB 50011—2010)表 4.2.3，地基抗震承载力调整系数取 $\xi_a=1.3$。

(1)按基础底面平均压力的验算反求地基承载力特征值

基础底面平均压力 $p=\dfrac{100000}{12\times 50}=167\text{kPa}$

按规范式(4.2.4-1)，$p\leqslant f_{aE}=\xi_a\times f_a$，推出 $f_a=\dfrac{167}{1.3}=128\text{kPa}$

(2)按基础边缘最大压力的验算反求地基承载力特征值

建筑物高宽比 25/12=2.1<4，基础底面与地基土之间脱离区(零应力区)取 15%，计算基础边缘最大压力，得

$$p_{max}=\frac{2\times100000}{(1-0.15)\times12\times50}=392\text{kPa}$$

按规范式(4.2.4-2)，$p_{max}=392\leqslant1.2f_{aE}=1.2\times1.3\times f_a$

推出 $f_a\geqslant\frac{392}{1.2\times1.3}=251\text{kPa}$

(1)、(2)两种情况取其大者，$f_a\geqslant251\text{kPa}$

30.**[答案]** B

[解析] (1)声波在钢管中的传播时间 $t_{钢}=\frac{4\times10^{-3}}{5420}=0.738\times10^{-6}\text{s}$

(2)声波在水中的传播时间 $t_{水}=\frac{(46-28)\times10^{-3}}{1480}=12.162\times10^{-6}\text{s}$

(3) $t'=t_{钢}+t_{水}=12.900\times10^{-6}\text{s}=12.900\times10^{-3}\text{ms}$

(4)两个测管外壁之间的净距离 $L=0.9-0.05=0.85\text{m}$

(5)声波在混凝土中的传播时间 $t_{ci}=0.206-0-12.900\times10^{-3}=0.1931\text{ms}=1.931\times10^{-4}\text{s}$

(6)该截面混凝土声速 $v_i=\frac{l}{t_{ci}}=\frac{0.85}{1.931\times10^{-4}}=4402\text{m/s}$

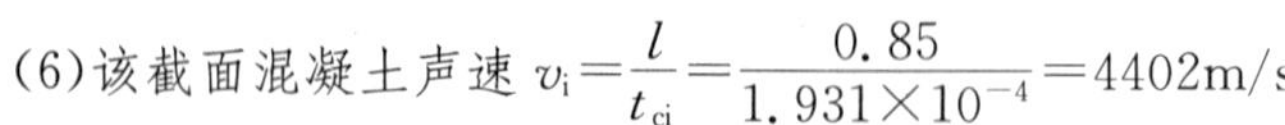

2011年案例分析试题(下午卷)

1. 某砂土试样高度 $H=30\text{cm}$,初始孔隙比 $e_0=0.803$,比重 $G_s=2.71$,进行渗透试验(见图)。渗透水力梯度达到流土的临界水力梯度时,总水头差 Δh 应为下列哪项? ( )

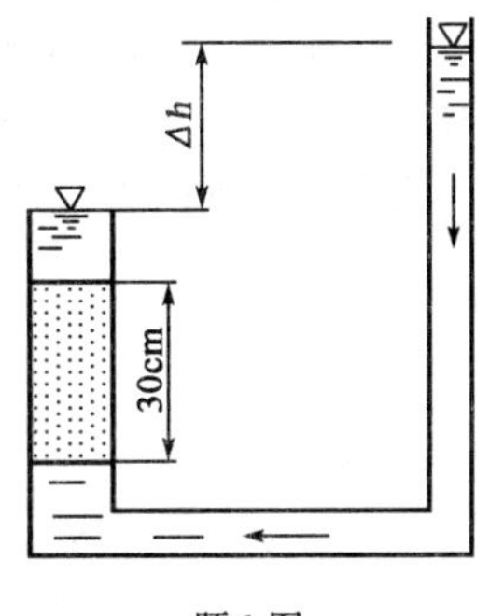

题1图

(A)13.7cm (B)19.4cm

(C)28.5cm (D)37.6cm

2. 用内径8.0cm,高2.0cm的环刀切取饱和原状土试样,湿土质量 $m_1=183\text{g}$,进行固结试验后,湿土的质量 $m_2=171.0\text{g}$,烘干后土的质量 $m_3=131.4\text{g}$,土的比重 $G_s=2.70$,则经压缩后,土孔隙比变化量 Δe 最接近下列哪项? ( )

(A)0.137 (B)0.250

(C)0.354 (D)0.503

3. 某土层颗粒级配曲线见图,试用《水利水电工程地质勘察规范》(GB 50487—2008),判断其渗透变形最有可能是下列哪一选项? ( )

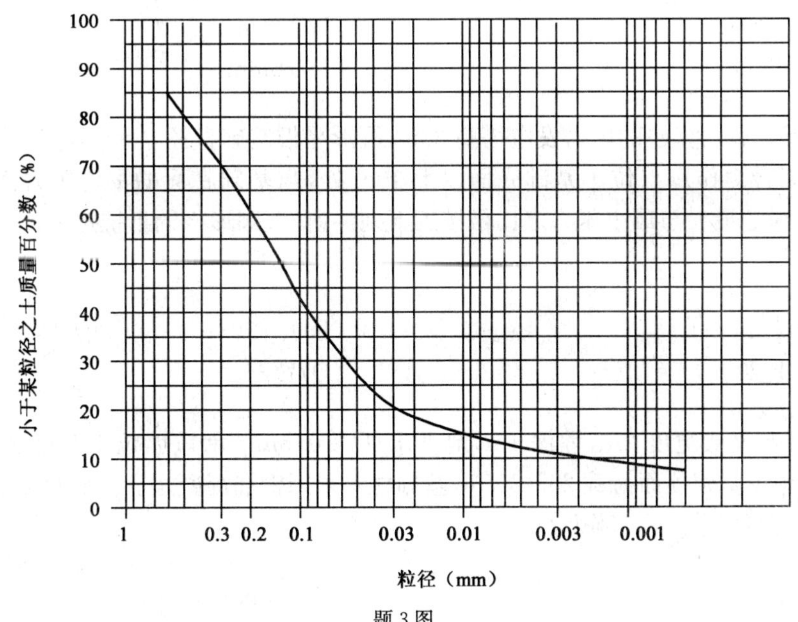

题3图

(A)流土 (B)管涌

(C)接触冲刷 (D)接触流失

4. 某新建铁路隧道埋深较大,其围岩的勘察资料如下:①岩石饱和单轴抗压强度 R_c

$=55$MPa，岩体纵波波速 3800m/s，岩石纵波波速 4200m/s。②围岩中地下水水量较大。③围岩的应力状态为极高应力。试问其围岩的级别为下列哪个选项？（　　）

(A) Ⅰ级　　(B) Ⅱ级

(C) Ⅲ级　　(D) Ⅳ级

5. 甲建筑已沉降稳定，其东侧新建乙建筑，开挖基坑时，采取降水措施，使甲建筑物东侧潜水地下水位由−5.0m 下降至−10.0m，基底以下地层参数及地下水位见图。估算甲建筑物东侧由降水引起的沉降量接近于下列何值？（　　）

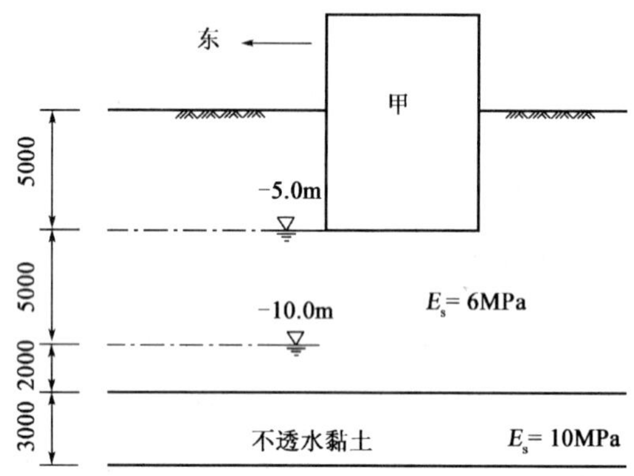

题 5 图

(A) 38mm　　(B) 41mm

(C) 63mm　　(D) 76mm

6. 从基础底面算起的风力发电塔高 30m，圆形平板基础直径 $d=6$m，侧向风压的合力为 15kN，合力作用点位于基础底面以上 10m 处，当基础底面的平均压力为 150kPa 时，基础边缘的最大与最小压力之比最接近下列何值？（圆形板的抵抗矩 $W=\pi d^3/32$）（　　）

(A) 1.10　　(B) 1.15

(C) 1.20　　(D) 1.25

7. 某条形基础宽度 2m，埋深 1m，地下水埋深 0.5m。承重墙位于基础中轴，宽度 0.37m，作用于基础顶面荷载 235kN/m，基础材料采用钢筋混凝土。问验算基础底板配筋时的弯矩最接近于下列哪个？（　　）

(A) 35kN·m　　(B) 40kN·m

(C) 55kN·m　　(D) 60kN·m

8. 既有基础平面尺寸 4m×4m，埋深 2m，底面压力 150kPa，如图，新建基础紧贴既有基础修建，基础平面尺寸 4m×2m，埋深 2m，底面压力 100kPa，已知基础下地基土为均质粉土，重度 $\gamma=20$kN/m^3，压缩模量 $E_s=10$MPa，层底埋深 8m，下卧基岩，问新建基

础的荷载引起的既有基础中心点的沉降量最接近下列何值？（沉降修正系数取 1.0）（　　）

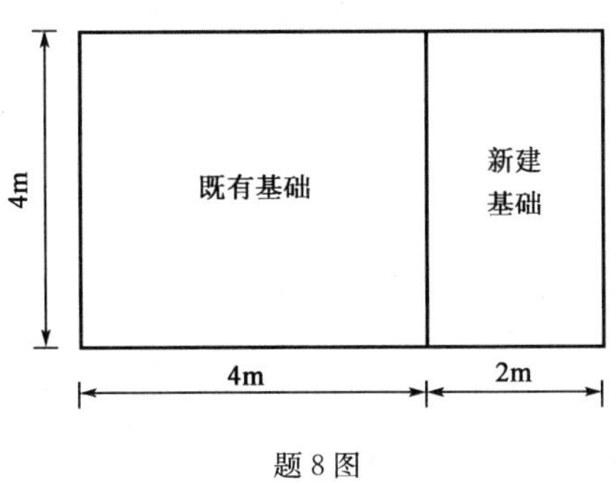

题 8 图

(A)1.8mm　　(B)3.0mm　　(C)3.3mm　　(D)4.5mm

9. 某独立基础平面尺寸 5m×3m，埋深 2.0m，基础底面压力标准组合值 150kPa。场地地下水位埋深 2m，地层及岩土参数见表，问软弱下卧层 2 层顶附加应力与自重应力之和最接近下列哪个选项？（　　）

题 9 表

层　号	层底埋深(m)	天然重度(kN/m^3)	承载力特征值 f_{ak}(kPa)	压　模(MPa)
①	4.0	18	180	9
②	8.0	18	80	3

(A)105kPa　　(B)125kPa　　(C)140kPa　　(D)150kPa

10. 某混凝土预制桩，径 d=0.5m，长 18m，地基土性质与单桥静力触探资料如图，按《建筑桩基技术规范》(JGJ 94—2008)计算，单桩竖向极限承载力标准值最接近下列哪项？（桩端阻力修正系数 α 取为 0.8）（　　）

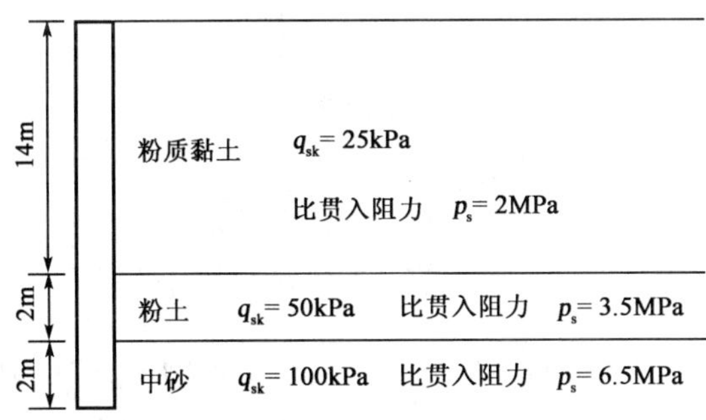

题 10 图

(A)900kN　　(B)1020kN

(C)1920kN　　(D)2230kN

11. 某柱下桩基础如图，采用5根相同的基桩，桩径 d=800mm，地震作用效应和荷载效应标准组合下，柱作用在承台顶面处的竖向力 F_k=10000kN，弯矩设计值 M_{yk}=480kN·m，承台与土自重标准值 G_k=500kN，据《建筑桩基技术规范》(JGJ 94—2008)，基桩竖向承载力特征值至少要达到下列何值，该柱下桩基才能满足承载力要求？

( )

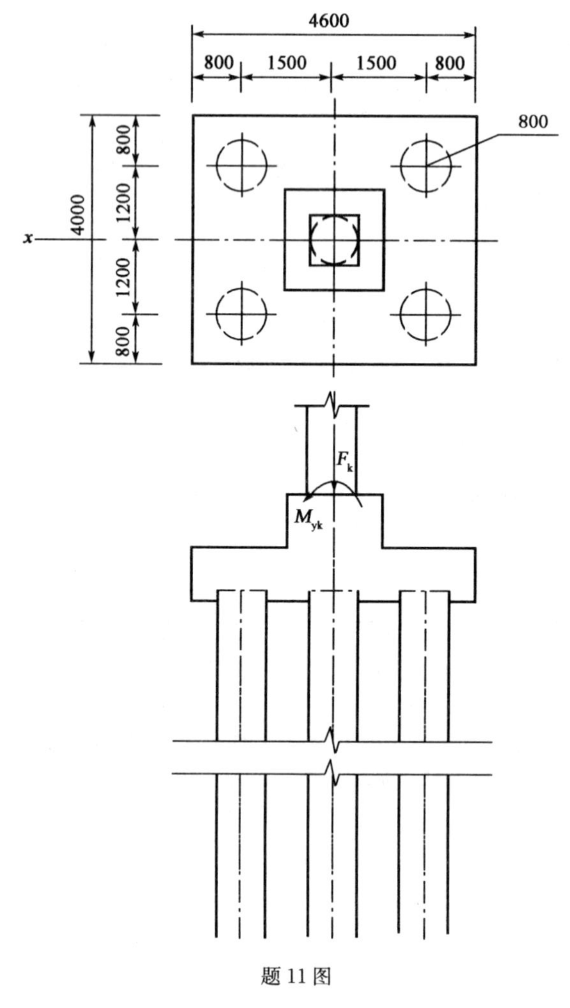

题11图

(A)1460kN (B)1680kN

(C)2100kN (D)2180kN

12. 某构筑物柱下桩基础采用16根钢筋混凝土预制桩，直径 d=0.5m，桩长20m，承台埋深5m，其平面布置、剖面、地层如图。荷载效应标准组合下，作用于承台顶面的竖向荷载 F_k=27000kN，承台及其上土重 G_k=1000kN，桩端以上各土层的 q_{sik}=60kPa，软弱层顶面以上土的平均重度 γ=18kN/m^3，按《建筑桩基技术规范》(JGJ 94—2008)验算，软弱下卧层承载力特征值至少应接近下列何值才能满足要求？(取 η_d=1.0，θ=15°)

( )

(A)66kPa (B)84kPa

(C)175kPa (D)204kPa

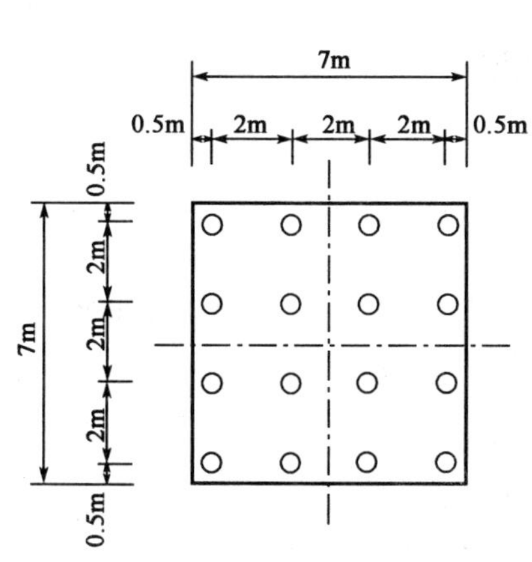

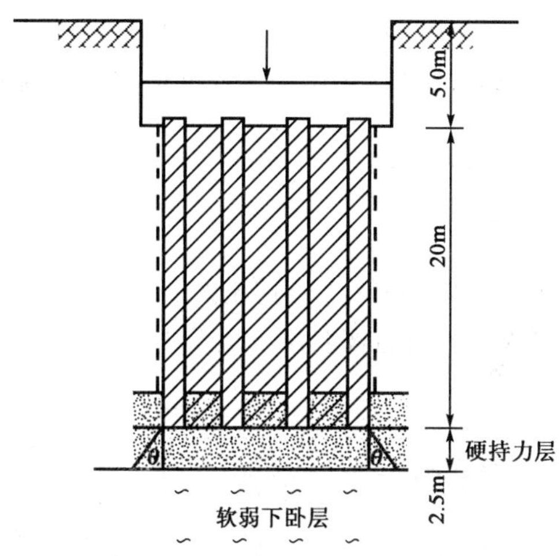

题 12 图

13. 某黄土地基采用碱液法处理，其土体天然孔隙比为 1.1，灌注孔成孔深度 4.8m，注液管底部距地表 1.4m，若单孔碱液灌注量 V 为 960L 时，按《建筑地基处理技术规范》(JGJ 79—2012)，计算其加固土层的厚度最接近于下列哪一选项？ ( )

(A)4.8m (B)3.8m

(C)3.4m (D)2.9m

14. 某饱和淤泥质土层厚 6.00m，固结系数 $C_v=1.9\times10^{-2}\text{cm}^{-2}/\text{s}$，在大面积堆载作用下，淤泥质土层发生固结沉降，其竖向平均固结度与时间因数关系见下表。当平均固结度 U_z 达 75%时，所需要预压的时间最接近下列哪项？ ( )

题 14 表

竖向平均固结度 $U_{平}$(%)	25	50	75	90
时间因数 T_v	0.050	0.196	0.450	0.850

(A)60d (B)100d

(C)140d (D)180d

15. 某软土场地，淤泥质土承载力特征值 $f_a=75\text{kPa}$；初步设计采用水泥土搅拌桩复合地基加固，等边三角形布桩，桩间距 1.2m，桩径 500mm，桩长 10.0m，桩间土承载力发挥系数 β 取 0.4，设计要求加固后复合地基承载力特征值达到 160kPa；经载荷试验，复合地基承载力特征值 $f_{spk}=145\text{kPa}$，若其他设计条件不变，调整桩间距，下列哪项满足设计要求的最适宜桩距？ ( )

(A)0.90m (B)1.00m

(C)1.10m　　(D)1.20m

16.某大型油罐群位于滨海均质正常固结软土地基上，采用大面积堆载预压法加固，预压荷载140kPa，处理前测得土层的十字板剪切强度为18kPa，由三轴固结不排水剪测得土的内摩擦角 $\varphi_{cu}=16°$。堆载预压至90d时，某点土层固结度为68%，计算此时该点土体由固结作用增加的强度最接近下列哪一选项？（　）

(A)45kPa　　(B)40kPa

(C)27kPa　　(D)25kPa

17.现需设计一无黏性土的简单边坡，已知边坡高度为10m，土的内摩擦角 $\varphi=45°$，黏聚力 $c=0$，当边坡坡角最接近于下列哪项时，其稳定安全系数 $F_s=1.3$？（　）

(A)45°　　(B)41.4°

(C)37.6°　　(D)22.8°

18.纵向很长的土坡剖面上取一条块如图，土坡坡角为30°，砂土与黏土的重度都是18kN/m³ 砂土 $c_1=0$，$\varphi_1=35°$，黏土 $c_2=30$kPa，$\varphi_2=20°$，黏土与岩石界面的 $c_3=25$kPa，$\varphi_3=15°$，假设滑动面都平行于坡面，计算论证最小安全系数滑动面位置将相应于下列哪个选项？（　）

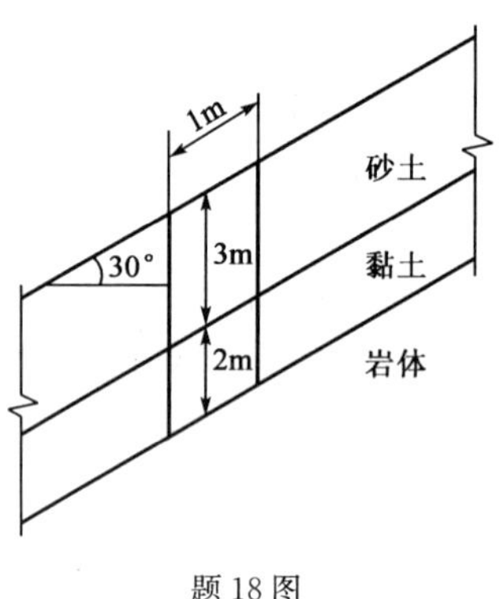

题18图

(A)砂土层中部　　(B)砂土与黏土界面，在砂土一侧

(C)砂土与黏土界面，在黏土一侧　　(D)黏土与岩石界面上

19.重力式挡土墙断面如图，墙基底倾角为6°，墙背面与竖直方向夹角20°。用库仑土压力理论计算得到每延米的总主动压力为 $E_a=200$kN/m，墙体每延米自重300kN/m，墙底与地基土间摩擦系数为0.33，墙背面与填土间摩擦角15°。计算该重力式挡土墙的抗滑稳定安全系数最接近于下列哪项？（　）

(A)0.50　　(B)0.66

(C)1.10　　(D)1.20

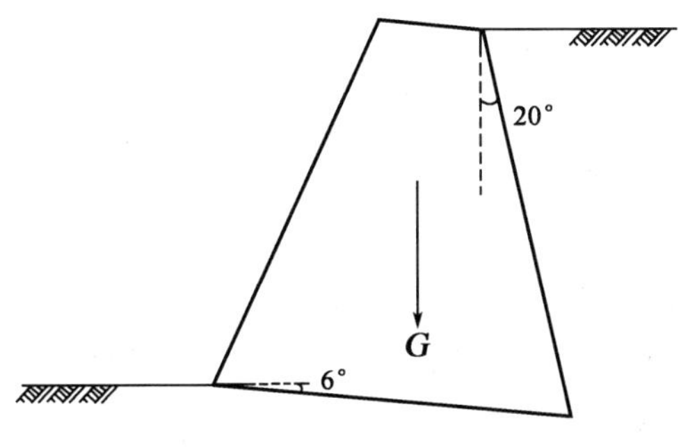

题 19 图

20. 一个采用地下连续墙支护的基坑土层分布如图，砂土与黏土天然重度均为 $20kN/m^3$，砂层厚 10m，黏土隔水层厚 1m，在黏土隔水层以下砾石层中有承压水，承压水头 8m。没有采用降水措施，为了保证抗突涌的渗透稳定安全系数不小于 1.1，该基坑的最大开挖深度 H 不能超过下列哪一选项？（　　）

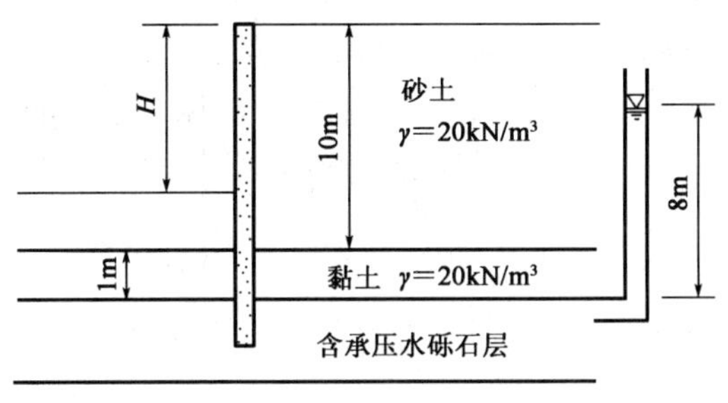

题 20 图

(A) 2.2m　　(B) 5.6m
(C) 6.6m　　(D) 7.0m

21. 有一均匀黏性土地基，要求开挖深度 15m 的基坑，采用桩锚支护。已知该黏性土的重度 $\gamma = 19kN/m^3$，黏聚力 $c = 15kPa$，内摩擦角 $\varphi = 26°$。坑外地面均布荷载为 48kPa，按《建筑边坡工程技术规范》(GB 50330—2013) 规定计算等值梁的弯矩零点距坑底面的距离最接近于下列哪一个？（　　）

(A) 2.3m　　(B) 1.7m
(C) 1.3m　　(D) 0.4m

22. 某电站引水隧洞，围岩为流纹斑岩，其各项评分见表，实测岩体纵波波速平均值为 3320m/s，岩块的纵波波速为 4176m/s。岩石饱和单轴抗压强度 $R_b = 55.8MPa$，围岩最大主应力 $\sigma_m = 11.5MPa$，试按《水利水电工程地质勘察规范》(GB 50487—2008) 的要求进行围岩分类是下列哪一选项？（　　）

(A) Ⅰ类　　(B) Ⅱ类
(C) Ⅲ类　　(D) Ⅳ类

题 22 表

项目	岩石强度	岩体完整程度	结构面状态	地下水状态	主要结构
评分	20 分	28 分	24 分	−3 分	−2 分

23. 某基坑开挖深度 10m，地面以下 2m 为人工填土，填土以下 18m 厚为中、细砂，含水层平均渗透系数 $k=1.0\text{m/d}$；砂层以下为黏土层，地下水位在地表以下 2m。已知基坑的等效半径 $r_0=10\text{m}$，降水影响半径 $R=76\text{m}$，要求地下水位降到基坑底面以下 0.5m，井点深为 20m，基坑远离边界，不考虑周边水体的影响。问该基坑降水的涌水量最接近哪个数值？（　　）

(A)$342\text{m}^3/\text{d}$　　(B)$380\text{m}^3/\text{d}$
(C)$425\text{m}^3/\text{d}$　　(D)$453\text{m}^3/\text{d}$

24. 某城市位于长江一级阶地以上，基岩面以上地层具有明显的二元结构，上部 0～30m 为黏性土，孔隙比 $e_0=0.7$，压缩系数 $a=0.35\text{MPa}^{-1}$，平均竖向固结系数 $C_v=4.5\times10^{-3}\text{cm}^2/\text{s}$；30m 以下为砂砾层。目前该市地下水位位于地表下 2.0m，由于大量抽汲地下水引起的水位年平均降幅为 5m。假设不考虑 30m 以下地层的压缩量，问该市抽水一年后引起的地表最终沉降量最接近下列哪个选项？（　　）

(A)26mm　　(B)84mm
(C)237mm　　(D)263mm

25. 某季节性冻土地基冻土层冻后的实测厚度为 2.0m，冻前原地面标高为 195.426m，冻后实测地面标高为 195.586m，按《铁路工程特殊岩土勘察规程》(TB 10038—2012)确定该土层平均冻胀率最接近下列哪项？（　　）

(A)7.1%　　(B)8.0%
(C)8.7%　　(D)9.2%

26. 某单层住宅楼位于一平坦场地，基础埋置深度 $d=1\text{m}$，各土层厚度及膨胀率、收缩系数列于表。已知地表下 1m 处土的天然含水量和塑限含水量分别为 $\omega_1=22\%$，$\omega_P=17\%$，按此场地的大气影响深度取胀缩变形计算深度 $z_n=3.6\text{m}$。试问根据《膨胀土地区建筑技术规范》(GB 50112—2013)计算地基土的胀缩变形量最接近下列哪项？（　　）

题 26 表

层号	分层深度 z_i(m)	分层厚度 h_i(mm)	各分层发生的含水量变化均值 $\Delta\omega_i$	膨胀率 δ_{epi}	收缩系数 λ_{si}
1	1.64	640	0.0285	0.0015	0.28
2	2.28	640	0.0272	0.0240	0.48
3	2.92	640	0.0179	0.0250	0.31
4	3.60	680	0.0128	0.0260	0.37

(A)16mm　　(B)30mm

(C)49mm　　(D)60mm

27. 某建筑拟采用天然地基，基础埋置深度 1.5m。地基土由厚度为 d_u 的上覆非液化土层和下伏的饱和砂土组成。地震烈度 8 度，近期内年最高地下水位深度为 d_w。按《建筑抗震设计规范》(GB 50011—2010)对饱和砂土进行液化初步判别后，下列哪个选项还需要进一步进行液化判别？　　(　　)

(A)$d_u=7.0\text{m}$；$d_w=6.0\text{m}$　　(B)$d_u=7.5\text{m}$；$d_w=3.5\text{m}$

(C)$d_u=9.0\text{m}$；$d_w=5.0\text{m}$　　(D)$d_u=3.0\text{m}$；$d_w=7.5\text{m}$

28. 如图，位于地震区的非浸水公路挡土墙，墙高 5m，墙后填料的内摩擦角 $\varphi=36°$，墙背摩擦角 $\delta=\varphi/2$，填料重度 $\gamma=19\text{kN/m}^3$，抗震设防烈度为 9 度，无地下水。试问作用在该墙上的地震主动土压力 E_a 与下列哪个选项最接近？　　(　　)

提示：库仑主动土压力系数基本公式 $K_a=\dfrac{\cos^2\varphi}{\cos\delta\left(1+\sqrt{\dfrac{\sin(\varphi+\delta)\cdot\sin\varphi}{\cos\delta}}\right)^2}$

(A)180kN/m　　(B)150kN/m

(C)120kN/m　　(D)70kN/m

29. 某场地设防烈度为 8 度，设计地震分组为第一组，地层资料见表，问按《建筑抗震设计规范》(GB 50011—2010)确定的特征周期最接近于下列哪个选项？　　(　　)

题 29 表

土　名	层底埋深(m)	土层厚度(m)	土层剪切波速(m/s)
粉细砂	9	9	170
粉质黏土	37	28	130
中砂	47	10	230
粉质黏土	58	11	200
中砂	66	8	350
砾石	84	18	550
强风化岩	94	10	600

(A)0.20s　　(B)0.35s

(C)0.45s　　(D)0.55s

30. 某住宅楼钢筋混凝土灌注桩，桩径为 0.8m，桩长为 30m，桩身应力波传播速度为 3800m/s。对该桩进行高应变应力测试后得到如下图所示的曲线和数据，其中 $R_x=3\text{MN}$。判定该桩桩身完整性类别为下列哪一选项？　　(　　)

(A) Ⅰ类　　(B) Ⅱ类

(C) Ⅲ类　　(D) Ⅳ类

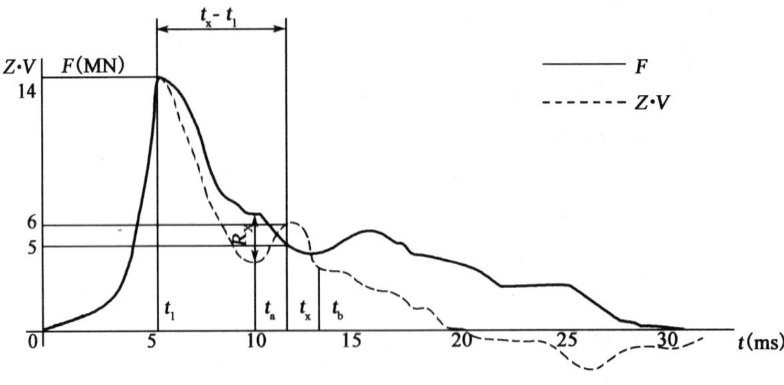

题 30 图

2011年案例分析试题答案(下午卷)

1.[答案] C

[解析] 砂土有效重度：$\gamma' = \gamma_w \dfrac{G_s - 1}{1 + e_0} = 10 \times \dfrac{2.71 - 1}{1 + 0.803} = 9.5\text{kN/m}^3$

渗透水力梯度=临界水力梯度，临界水力梯度 $J_{cr} = \dfrac{\gamma'}{\gamma_w}$，即 $\dfrac{\Delta h}{H} = \dfrac{\gamma'}{\gamma_w}$

推出：$\dfrac{\Delta h}{30} = \dfrac{9.5}{10}$，$\Delta h = 30 \times \dfrac{9.5}{10} = 28.5\text{cm}$

2.[答案] B

[解析] 原状土样的体积：$V_1 = \pi \times 4 \times 4 \times 2 = 100.5\text{cm}^3$

土的干密度：$\rho_d = \dfrac{m_3}{V_1} = \dfrac{131.4}{100.5} = 1.31\text{g/cm}^3$

土的初始孔隙比：$e_0 = G_s \dfrac{\rho_w}{\rho_d} - 1 = 2.7 \times \dfrac{1.0}{1.31} - 1 = 1.061$

压缩后土中孔隙的体积：$V_2 = \dfrac{m_2 - m_3}{\rho_w} = \dfrac{171.0 - 131.4}{1.0} = 39.6\text{cm}^3$

土粒的体积：$V_3 = \dfrac{m_3}{G_s \rho_w} = \dfrac{131.4}{2.7 \times 1.0} = 48.7\text{cm}^3$

压缩后土的孔隙比：$e_1 = \dfrac{V_2}{V_3} = \dfrac{39.6}{48.7} = 0.813$，$\Delta e = 1.061 - 0.813 = 0.248$

该题计算步骤稍多，但均是土工试验基本概念换算，概念明确，计算简单。

另一解法：

孔隙体积变化：$\Delta V = \dfrac{m_1 - m_2}{\rho_w} = \dfrac{183 - 171}{1} = 12\text{cm}^3$

孔隙比变化：$\Delta e = \dfrac{\Delta V}{V_s} = 12/\left(\dfrac{131.4}{2.7}\right) = 0.247$

3.[答案] B

[解析] 按题干曲线所示，$d_{10}=0.002$，$d_{60}=0.2$，$d_{70}=0.3$；依据《水利水电工程地质勘察规范》(GB 50487—2008)，附录G求不均匀系数。

$C_u = \dfrac{d_{60}}{d_{10}} = \dfrac{0.2}{0.002} = 100$，$C_u > 5$，则须求细粒含量 P。

图示曲线为级配连续的土，其粗、细颗粒的区分粒径 d 为：

$d = \sqrt{d_{70} \cdot d_{10}} = \sqrt{0.3 \times 0.002} = 0.024$

其中细颗粒含量从曲线中求取 $P \approx 20\% < 25\%$，故判别为管涌。

4.[答案] C

[解析]《铁路隧道设计规范》(TB 10003—2005)附录A。

(1)基本分级

$R_c=55MPa$,属硬质岩；

$K_v=(\frac{3800}{4200})^2=0.82>0.75$,属完整岩石；

岩体纵波波速3800m/s,故围岩基本分级为Ⅱ级。

(2)围岩分级修正

①地下水修正,地下水水量较大,Ⅱ级修正为Ⅲ级；

②应力状态为极高应力状态,Ⅱ级不修正；

③综合修正为Ⅲ级。

5.［答案］A

［解析］

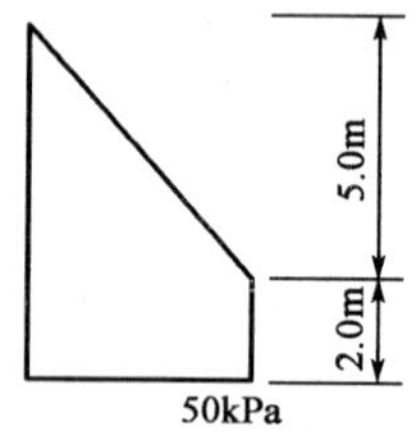

题5解图(有效应力变化示意图)

根据 $S=\frac{P}{E}\Delta H$ 可知：$S=(\frac{50/2}{6}\times5+\frac{50}{6}\times2)=37.5mm$

6.［答案］A

［解析］基础底面抵抗矩：$W=\frac{\pi d^3}{32}=\frac{3.14\times6^3}{32}=21.2m^3$

弯矩：$M=10\times15kN\cdot m$

根据《建筑地基基础设计规范》(GB 50007—2011)式(5.2.2-2)：

$$p_{max}=p_k+\frac{M}{W}=150+\frac{10\times15}{21.2}=157.1kPa$$

$$P_{min}=p_k-\frac{M}{W}=150-\frac{10\times15}{21.2}=142.9kPa$$

$$\frac{p_{max}}{p_{min}}=\frac{157.1}{142.9}=1.1$$

7.［答案］B

［解析］《建筑地基基础设计规范》(GB 50007—2011)8.2.7条中式(8.2.7-4)。

$$M=\frac{1}{12}a_1^2\left[(2l+a')\left(p_{max}+p-\frac{2G}{A}\right)+(p_{max}-p)l\right]$$

$$=\frac{1}{12}\left(\frac{2-0.37}{2}\right)^2\left[(2\times1+1)\left(p_{max}+p-\frac{2G}{A}\right)+(p_{max}-p)\times1\right]$$

$$p_{max}=p=\frac{F+G}{A}$$

$$G=1.35G_k=1.35\times[20\times0.5+(20-10)\times0.5]\times2\times1=40.5kN$$

$$M=\frac{1}{12}\times0.815^2\times3\times(\frac{2\times235+2\times40.5}{2\times1}-\frac{2\times40.5}{2\times1})=39kN\cdot m$$

简单解法：

(1)计算基础净反力：净反力计算与地下水无关，$p_j=F/b=235/2=118\text{kPa}$

(2)按照简单力学关系计算弯矩：$M=\frac{1}{2}p_j a_1^2=\frac{1}{2}\times118\times\left(\frac{2-0.37}{2}\right)^2=39\text{kN}\cdot\text{m}$

8.**[答案]** A

[解析]

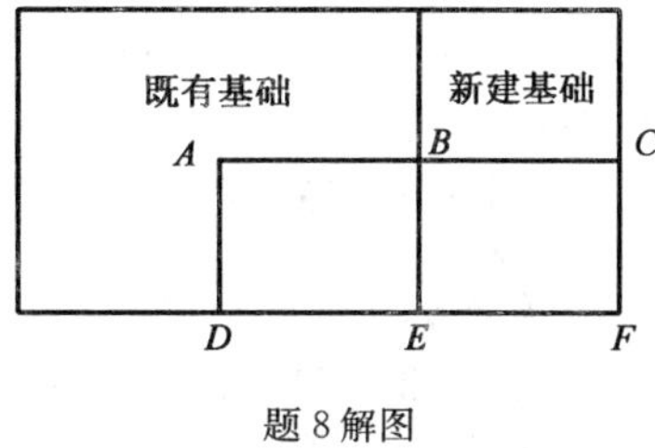

题8解图

(1)计算 $ABED$ 角点 A 的平均附加应力系数 $\bar{\alpha}_{A1}$

$l/b=1.0, z/2=6/2=3.0$，既有基础下(埋深 2～8m)平均附加应力系数：

$\bar{\alpha}_{A1}=0.13692$

(2)计算 $ACFD$ 角点 A 的平均附加应力系数 $\bar{\alpha}_{A2}$

$l/b=2.0, z/2=6/2=3.0$，既有基础下(埋深 2～8m)平均附加应力系数：

$\bar{\alpha}_{A2}=0.16193$

(3)计算 $BCFE$ 角点 A 的平均附加应力系数 $\bar{\alpha}_A$

$\bar{\alpha}_A=\bar{\alpha}_{A2}-\bar{\alpha}_{A1}=0.025$

(4)计算沉降量

A 点沉降量是2倍 BCFE 范围内荷载的作用。

$p_0=100-2\times20=60\text{kPa}, z_i=6\text{m}$

$$s=\psi_s s'=\psi_s\sum_{i=1}^{n}\frac{p_0}{E_{si}}(z_i\bar{\alpha}_i-z_{i-1}\bar{\alpha}_{i-1})=2\times1.0\times\frac{100-2\times20}{10}\times0.025\times6=1.8\text{mm}$$

或者依据叠加原理直接计算：

$$s=\frac{60}{10}\times6\times2\times0.1619-\frac{60}{10}\times6\times2\times0.1369=1.8\text{mm}$$

9.**[答案]** A

[解析]《建筑地基基础设计规范》(GB 50007—2011)第 5.2.7 条。

基底附加压力：$p_0=(p_k-p_c)=150-2\times18=114\text{kPa}$

模量比：$E_{s1}/E_{s2}=9/3=3, z/b=2/3=0.67>0.5$，扩散角取 23°。

依据规范式(5.2.7-3)，②的层顶附加应力：

$$p_z=\frac{lb(p_k-p_c)}{(b+2z\tan\theta)(l+2z\tan\theta)}=\frac{5\times3\times114}{(3+2\times2\times\tan23^\circ)(5+2\times2\times\tan23^\circ)}$$
$$=54\text{kPa}$$

②的层顶自重应力(有效应力)：$p_{cz}=2\times18+2\times(18-10)=52\text{kPa}$

②的层顶附加应力与自重应力之和：$p_z+p_{cz}=54+52=106\text{kPa}$

10.[答案] C

[解析] 本题依据单桥静力触探原位测试资料计算单桩承载力。根据《建筑桩基技术规范》(JGJ 94—2008)第 5.3.3 条。

(1) $p_{sk1} = \frac{3.5+6.5}{2} = 5\text{MPa}, p_{sk2} = 6.5\text{MPa}$

$P_{sk1} < p_{sk2}$，所以 $p_{sk} = \frac{1}{2}(p_{sk1} + \beta \cdot p_{sk2})$

$\frac{p_{sk2}}{p_{sk1}} = \frac{6.5}{5} = 1.3 < 5$，查规范表 5.3.3-3，$\beta = 1$

$p_{sk} = \frac{1}{2} \times (5+6.5) = 5.75\text{MPa} = 5750\text{kPa}$

(2) $Q_{uk} = Q_{sk} + Q_{pk} = u\sum q_{sik} l_i + \alpha p_{sk} A_p$

$= 3.14 \times 0.5 \times (14 \times 25 + 2 \times 50 + 2 \times 100) + 0.8 \times 5750 \times 0.25 \times 3.14 \times 0.5^2$

$= 1020.5 + 902.8 = 1923.3\text{kN}$

11.[答案] B

[解析] 本题考查不同荷载效应组合下，群桩基础桩顶作用荷载的计算及桩基承载力验算。要求在两种荷载效应组合下，基桩承载力都应满足要求。根据《建筑桩基技术规范》(JGJ 94—2008)第 5.1.1 条、第 5.2.1 条：

(1) $N_{Ekmax} = \frac{F_k + G_k}{n} + \frac{M_{yk} x_i}{\sum x_j^2} = \frac{10000+500}{5} + \frac{480 \times 1.5}{4 \times 1.5^2} = 2100 + 80 = 2180\text{kN}$

$N_{Ek} = \frac{F_k + G_k}{n} = \frac{10000+500}{5} = 2100\text{kN}$

(2) $N_{Ek} \leqslant 1.25R, R \geqslant \frac{N_{Ek}}{1.25} = \frac{2100}{1.25} = 1680\text{kN}$

(3) $N_{Ekmax} \leqslant 1.5R, R \geqslant \frac{N_{Ekmax}}{1.5} = \frac{2180}{1.5} = 1453\text{kN}$

两者选其大值，基桩竖向承载力特征值为 1680kN。

12.[答案] B

[解析] 本题考查群桩基础软弱下卧层验算。根据《建筑桩基技术规范》(JGJ 94—2008)第 5.4.1 条：

(1) $\sigma_z + \gamma_m z \leqslant f_{az}, \sigma_z = \frac{(F_k + G_k) - \frac{3}{2}(A_0 + B_0) \cdot \sum q_{sik} l_i}{(A_0 + 2t \cdot \tan\theta)(B_0 + 2t \cdot \tan\theta)}$

(2) $(A_0 + B_0) q_{sik} l_i = (6.5 + 6.5) \times 60 \times 20 = 15600\text{kN}$

$(A_0 + 2t \cdot \tan\theta)(B_0 + 2t \cdot \tan\theta) =$

$(6.5 + 2 \times 2.5 \times \tan 15°) \times (6.5 + 2 \times 2.5 \times \tan 15°) = 61.46\text{m}^2$

(3) $\sigma_z = \frac{28000 - 1.5 \times 15600}{61.46} = \frac{4600}{61.46} = 74.85\text{kPa}$

(4) $f_{az} = f_{ak} + \eta_d \gamma_m (22.5 - 0.5) \geqslant \sigma_z + \gamma_m 22.5$

取 $f_{ak} = \sigma_z + \gamma_m \times 0.5 = 74.85 + 18 \times 0.5 = 83.85\text{kPa}$

13.[答案] B

[解析]《建筑地基处理技术规范》(JGJ 79—2012)第 8.2.3 条。

加固土层厚:$h=l+r$

l 为灌注孔长度,从注液管底部到灌注孔底部距离 $l=4.8-1.4=3.4$m,r 为有效加固半径。

$$r=0.6\sqrt{\frac{V}{nl\times10^3}}=0.6\times\sqrt{\frac{960}{0.523\times3.4\times10^3}}=0.44$$

其中:n 为天然孔隙率,$n=\frac{e}{1+e}=\frac{1.1}{1+1.1}=0.523$

故 $h=3.4+0.44=3.8$m

14.[答案] B

[解析]《土力学》固结理论基本概念。

查表,$\overline{U}_z=75\%$ 时,$T_v=0.45$

$$T_v=C_v\times\frac{t}{H^2}$$

$$t=T_v\times\frac{H^2}{C_v}=0.45\times600\times\frac{600}{1.9}\times10^{-2}=8526316\text{s}\approx99\text{d}$$

15.[答案] C

[解析]《建筑地基处理技术规范》(JGJ 79—2012)第 7.1.5 条。

三角形布桩时:

$$d_{e1}=1.05\times s_1=1.05\times1.20=1.26\text{m},m_1=\left(\frac{d}{d_{e1}}\right)^2=\left(\frac{0.5}{1.26}\right)^2=0.1575$$

依据《建筑地基处理技术规范》(JGJ 79—2012)式(7.1.5-2),对于水泥土搅拌桩式(7.1.5-2)中 λ 取 1.0,则

$$145=0.1575\times\frac{R_a}{0.25\times0.25\times\pi}+0.4\times(1-0.1575)\times75\text{ ,求得 }R_a=149.2\text{kPa}$$

$$\text{所以:}160=m_2\times\frac{149.2}{0.25\times0.25\times\pi}+0.4\times(1-m_2)\times75\text{ ,得到 }m_2=0.178$$

$$\text{故:}d_{e2}=\sqrt{\frac{0.5\times0.5}{0.178}}=1.19\text{m},S_2=\frac{d_{e2}}{1.05}=\frac{1.19}{1.05}=1.13\text{m}$$

16.[答案] C

[解析]《建筑地基处理技术规范》(JGJ 79—2012)第 5.2.11 条。

强度增长值 $\Delta\tau=\Delta\sigma_z U_t\tan\varphi_{cu}$

其中 $\Delta\sigma_z$ 为预压荷载引起的该点土体附加竖向应力,由于大面积堆载可取预压荷载 140kPa,所以:

$U_t=0.68,\varphi_{cu}=16°$,$\Delta\tau=140\times0.68\tan16°=27.3$kPa

17.[答案] C

[解析] 无黏性土坡稳定性分析。

无黏性土坡安全系数 $F_s = \frac{\tan\varphi}{\tan\beta}$，推出 $\tan\beta = \frac{\tan\varphi}{F_s} = 0.769, \beta = 37.6^\circ$

18.**[答案]** D

[解析] (1)砂土一侧，在任意深度处直线滑动面的安全系数：

$F_s = \frac{\tan\varphi}{\tan\theta} = \frac{\tan\varphi}{\tan 30^\circ} = 1.21$，此计算值对应 A、B 选项。

(2)砂土与黏土界面上，在黏土一侧，纵向与顺坡向都取单位宽度计算：

$W = V \times \gamma = 3 \times 1 \times \cos 30^\circ \times 18 = 46.8\text{kN/m}$

$F_s = \frac{W\cos 30^\circ \tan 20^\circ + 30}{W\sin 30^\circ} = \frac{44.75}{23.4} = 1.91$

(3)黏土与岩石界面上，纵向与顺坡方向都取单位宽度计算：

$W = V \times \gamma = 5 \times 1 \times \cos 30^\circ \times 18 = 77.9\text{kN/m}$

$F_s = \frac{W\cos\theta\tan\varphi + c}{W\sin\theta} = \frac{77.9\cos 30^\circ \tan 15^\circ + 25}{77.9\sin 30^\circ} = \frac{43.1}{39} = 1.11$

比较后取 1.11。

19.**[答案]** D

[解析] 《建筑地基基础设计规范》(GB 50007—2011)式(6.7.5-1)。

$F_s = \frac{(G_n + E_{an})\mu}{E_{at} - G_t}$

$G_n = G\cos 6^\circ = 298.4\text{kN}$，$G_t = G\sin 6^\circ = 31.4\text{kN}$

$E_{an} = 200\cos(70^\circ - 6^\circ - 15^\circ) = 131\text{kN}, E_{at} = 200\sin(70^\circ - 6^\circ - 15^\circ) = 150.3\text{kN}$

$F_s = \frac{(298.4 + 131) \times 0.33}{150.3 - 31.4} = 1.190$

如果未考虑墙底倾斜，则会选其他错误答案。

20.**[答案]** C

[解析] 《建筑地基基础设计规范》(GB 50007—2011)附录 W。

$\frac{(10 + 1 - H) \times 20}{8 \times 10} = 1.1$，解得 $H = 6.6\text{m}$

《建筑基坑支护技术规程》(JGJ 120—2012)附录 C 也有类似公式。

注：如果安全系数取 1 时计算结果为 7.0m；按浮容重计算时为 2.2m；不考虑黏土层自重时为 5.6m。

21.**[答案]** C

[解析] 使用等值梁法计算时，是假设弯矩零点与土压力强度零点重合，将超静定的支挡结构简化为静定结构来计算。因此依据等值梁法计算原理，可计算相应的主动土压力和被动土压力，主动土压力和被动土压力相等点即为弯矩零点。

所以设弯矩零点距坑底面的距离为 h_c，则

$\sqrt{k_a} = \tan(45^\circ - \varphi/2) = \tan 32^\circ = 0.625, k_a = 0.39$

$\sqrt{k_p} = \tan(45^\circ + \varphi/2) = 1.6, k_p = 2.56$

水平荷载标准值(主动土压力)：$e_{ajk} = (15 \times 19 + 48)k_a - 2c\sqrt{k_a} = 111.15\text{kPa}$

水平抗力标准值(被动土压力)：$e_{pjk} = 19 \times h_c \times k_p + 2 \times 15 \times \sqrt{k_p} = 48.5h_c + 48$

令 $e_{ajk} = e_{pjk}$，计算可得：$h_c = \dfrac{111.15 - 48}{19 \times 2.56} = 1.3\text{m}$

22.**[答案]** C

[解析]《水利水电工程地质勘察规范》(GB 50487—2008)附录 N。

(1)围岩总评分：$T=20+28+24-3-2=67<85$，$65<T\leqslant 85$，为Ⅱ类围岩；

(2)围岩强度应力比：$k_v = (\dfrac{3320}{4176})^2 = 0.63$

$$S = \frac{R_b \cdot k_v}{\sigma_m} = \frac{55.8 \times 0.63}{11.5} = 3.07 < 4$$

(3)按规范表 N.0.7，围岩级别相应降一级，综合判定为Ⅲ类围岩，选 C。

23.**[答案]** A

[解析]《建筑基坑支护技术规程》(JGJ 120—2012)附录 E。

依据边界条件判定为潜水完整井，因此：

$S_d=10+0.5-2=8.5\text{m}$，$H=18\text{m}$，$R=76\text{m}$，$r_0=10\text{m}$，$k=1.0\text{m/d}$

涌水量：$Q = \pi k \dfrac{(2H - S_d)S_d}{\ln(1 + R/r_0)} = 3.14 \times 1.0 \times \dfrac{(36 - 8.5)8.5}{\ln(1 + 7.6)} = 341.1\text{m}^3/\text{d}$

24.**[答案]** D

[解析] (1)采用分层总和法计算：$s = \sum_{i=1}^{n} \dfrac{a_v}{1 + e_0} \Delta p_i H_i$

(2)将地层分为 2 层，2～7m 为第一层，厚度 5m；7～30m 为第二层，厚度 23m。

(3)计算各层地面最终沉降量 s_∞：

$$s_{1\infty} = \frac{a_v}{1 + e_0} \cdot \Delta p \cdot H = \frac{0.35}{1 + 0.7} \times 25 \times 5 = 25.74\text{mm}$$

$$s_{2\infty} = \frac{a_v}{1 + e_0} \cdot \Delta p \cdot H = \frac{0.35}{1 + 0.7} \times 50 \times 23 = 236.76\text{mm}$$

$$s_\infty = 25.74 + 236.76 = 262.5\text{mm}$$

25.**[答案]** C

[解析]《铁路工程特殊岩土勘察规程》(TB 10038—2012)第 8.5.5 条。

地表冻胀量：$\Delta Z=195.586-195.426=0.16\text{m}$

平均冻胀率：$\eta=\dfrac{\Delta Z}{z_d}\times 100\%=\dfrac{0.16}{2.0-0.16}\times 100\%=8.7\%$

26.**[答案]** A

[解析]《膨胀土地区建筑技术规范》(GB 50112—2013)第 5.2.7 条、第5.2.9条。

由于离地面 1m 处地基土的天然含水率与塑限含水率之比 $\dfrac{\omega}{\omega_p} = \dfrac{22\%}{17\%} = 1.29 > 1.2$，因此膨胀土地基变形只计算收缩变形量。

根据规范式(5.2.9),单层住宅 $\psi_s=0.8$,则

$$S_s=\psi_s\sum_{i=1}^{n}\lambda_{si}\Delta w_i\cdot h_i$$

$$=0.8\times(0.28\times0.0285\times640+0.48\times0.0272\times640+0.31\times0.0179\times640+0.37\times0.0128\times680)$$

$$=0.8\times(5.11+8.36+3.55+3.22)=16.2\text{mm}$$

27.**[答案]** B

[解析]《建筑抗震设计规范》(GB 50011—2010)第 4.3.3 条。

(1)基础埋置深度 $d_b=1.5$m,不超过 2m,应取 $d_b=2$m 来计算。

(2)烈度 8 度时,查表 4.3.3,液化土特征深度 $d_0=8$m。

依据规范第 4.3.3 条第 3 款进行初判:

$d_u>d_0+d_b-2$

$d_w>d_0+d_b-3$

$d_u+d_w>1.5d_0+2d_b-4.5$

$d_u>8+2-2=8\text{m}$,$d_w>8+2-3=7\text{m}$,$d_u+d_w>1.5\times8+2\times2-4.5=11.5\text{m}$

只有选项 B 三个条件都不满足。

28.**[答案]** D

[解析] 根据《公路工程抗震规范》(JTG B02—2013)第 3.1.6 条,作用在该墙上的地震主动土压力 E_a 应按库仑理论计算。抗震设防烈度为 9 度时,由表 3.1.6 查得地震角为 6°。按地震角修正后的参数为:

$$\varphi_E=36°-6°=30°,\delta_E=18°+6°=24°,\gamma_E=\frac{19}{\cos6°}$$

主动土压力系数:
$$K_{aE}=\frac{\cos^2\varphi_E}{\cos\delta_E\left[1+\sqrt{\frac{\sin(\varphi_E+\delta_E)\sin\varphi_E}{\cos\delta_E}}\right]^2}$$

$$=\frac{\cos^2 30°}{\cos24°\left[1+\sqrt{\frac{\sin(30°+24°)\sin30°}{\cos24°}}\right]^2}=0.2960$$

$$E_{aE}=\frac{1}{2}K_{aE}\gamma_E H^2=\frac{1}{2}\times0.2960\times\frac{19}{\cos6°}\times5^2=70.68\text{kN/m}$$

注:《公路工程抗震设计规范》(JTG B02—2013)中地震土压力计算公式变化较大,但最终计算结果相同,地震土压力计算参看附录 A。

(1)抗震设防烈度为 9 度时,对应设计基本地震动峰值加速度为 0.4g,因此根据表 A.0.1,对于非浸水挡土墙,地震角 θ 为 6°。

(2)主动土压力系数为:

$$K_a=\frac{\cos^2(\varphi-\alpha-\theta)}{\cos\theta\cos^2\alpha\cos(\alpha+\delta+\theta)\left[1+\sqrt{\frac{\sin(\varphi+\delta)\sin(\varphi-\beta-\theta)}{\cos(\alpha-\beta)\cos(\theta+\alpha+\delta)}}\right]^2}$$

对于本题:$\varphi=36°$,$\alpha=0°$,$\delta=18°$,$\beta=0°$

因此，$K_a=\dfrac{\cos^2(36^\circ-0^\circ-6^\circ)}{\cos6^\circ\cos^2 0^\circ\cos(0^\circ+18^\circ+6^\circ)\left[1+\sqrt{\dfrac{\sin(36^\circ+18^\circ)\sin(36^\circ-0-6^\circ)}{\cos(0^\circ-0^\circ)\cos(6^\circ+0+18^\circ)}}\right]^2}$

$$=\frac{\cos^2 30^\circ}{\cos6^\circ\cos24^\circ\left[1+\sqrt{\dfrac{\sin54^\circ\sin30^\circ}{\cos24^\circ}}\right]^2}=0.2976$$

(3) $E_{ea}=\left[\dfrac{1}{2}\gamma H^2+qH\dfrac{\cos\alpha}{\cos(\alpha-\beta)}\right]K_a-2cHK_{ca}$

$$=\frac{1}{2}K_a\gamma H^2=\frac{1}{2}\times0.2976\times19\times5^2=70.68\text{kN/m}$$

29.**[答案]** C

[解析] (1)剪切波从地表传至 20m 深度的传播时间：

$$t=\sum\frac{d_i}{v_{si}}=\frac{9}{170}+\frac{11}{130}=0.1376\text{s}$$

(2)等效剪切波速：$v_{se}=20/0.1376=145.3$m/s

(3)确定覆盖层厚度 66m。

(4)查《建筑抗震设计规范》(GB 5011—2010)表 4.1.6 得出场地类别为Ⅲ类。查表 5.1.4-2 得出特征周期为 0.45s。

30.**[答案]** C

[解析] (1)根据《建筑基桩检测技术规范》(JGJ 106—2014)式(9.4.11-1)计算桩身完整性系数 β：

$$\beta=\frac{F(t_1)+F(t_x)+Z\cdot[V(t_1)-V(t_x)]-2R_x}{F(t_1)-F(t_x)+Z\cdot[V(t_1)+V(t_x)]}$$

从题中和图中可知：

$F(t_1)=14\text{MN},Z\cdot V(t_1)=14\text{MN},F(t_X)=5\text{MN},Z\cdot V(t_X)=6\text{MN}$

代入上面公式计算得 $\beta=0.724$

(2)按规范表 9.4.11 确定该桩身完整性类别：

$0.6\leqslant\beta<0.8$，因此该桩桩身完整性类别为Ⅲ类。

2012年案例分析试题(上午卷)

1. 在某建筑场地的岩石地基上进行了3组岩基载荷试验，试验结果见下表：

题1表

试验编号	比例界限对应的荷载值(kPa)	极限荷载值(kPa)
1	640	1920
2	510	1580
3	560	1440

根据试验结果确定的岩石地基承载力特征值最接近下列哪一选项？并说明确定过程。（　）

(A)480kPa　(B)510kPa

(C)570kPa　(D)820kPa

2. 某洞室轴线走向为南北向，其中某工程段岩体实测弹性纵波速度为3800m/s，主要软弱结构面的产状为：倾向NE68°，倾角59°；岩石单轴饱和抗压强度R_c=72MPa，岩块弹性纵波速度为4500m/s；垂直洞室轴线方向的最大初始应力为12MPa；洞室地下水呈淋雨状出水，水量为8L/(min·m)。该工程岩体的质量等级为下列哪个选项？（　）

(A)Ⅰ级　(B)Ⅱ级

(C)Ⅲ级　(D)Ⅳ级

3. 某工程进行现场水文地质试验，已知潜水含水层底板埋深为9.0m，设置潜水完整井，井径D=200mm，实测地下水位埋深1.0m，抽水至水位埋深7.0m后让水位自由恢复，不同恢复时间实测得到的地下水位如下：

题3表

测读时间(min)	1.0	5.0	10.0	30.0	60.0
水位埋深(cm)	603.0	412.0	332.0	190.0	118.5

则估算的地层渗透系数最接近以下哪个数值？（　）

(A)1.3×10^{-3}cm/s　(B)1.8×10^{-4}cm/s

(C)4.0×10^{-4}cm/s　(D)5.2×10^{-4}cm/s

4. 某高层建筑拟采用天然地基，基础埋深10m，基底附加压力为280kPa，基础中心点下附加应力系数见附表。被勘探明地下水位埋深3m，地基土为中、低压缩性的粉土和粉质黏土，平均天然重度为γ=19kN/m³，孔隙比为e=0.7，土粒比重G_s=2.70。问详细勘察时，钻孔深度至少达到下列哪个选项的数值才能满足变形计算的要求？（水的

重度取 $10kN/m^3$）（　　）

题 4 表

基础中心点下深度 z(m)	8	12	16	20	24	28	32	36	40
附加应力系数 α_i	0.80	0.61	0.45	0.33	0.26	0.20	0.16	0.13	0.11

(A)24m　　(B)28m

(C)34m　　(D)40m

5. 图示柱下钢筋混凝土独立基础，底面尺寸为 2.5m×2.0m，基础埋深为 2m，上部结构传至基础顶面的竖向荷载 F 为 700kN，基础及其上土的平均重度为 $20kN/m^3$，作用于基础底面的力矩 M 为 260kN·m，距基底 1m 处作用水平荷载 H 为 190kN。该基础底面的最大压力与下列哪个数值最接近？（　　）

(A)400kPa　　(B)396kPa

(C)213kPa　　(D)180kPa

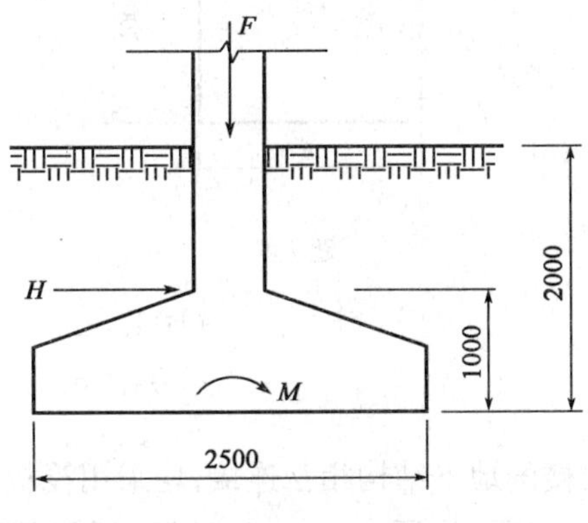

题 5 图

6. 大面积料场场区地层分布及参数如图所示。②层黏土的压缩试验结果见下表，地表堆载 120kPa，则在此荷载作用下，黏土层的压缩量与下列哪个数值最接近？（　　）

题 6 表

p(kPa)	0	20	40	60	80	100	120	140	160	180
e	0.900	0.865	0.840	0.825	0.810	0.800	0.791	0.783	0.776	0.771

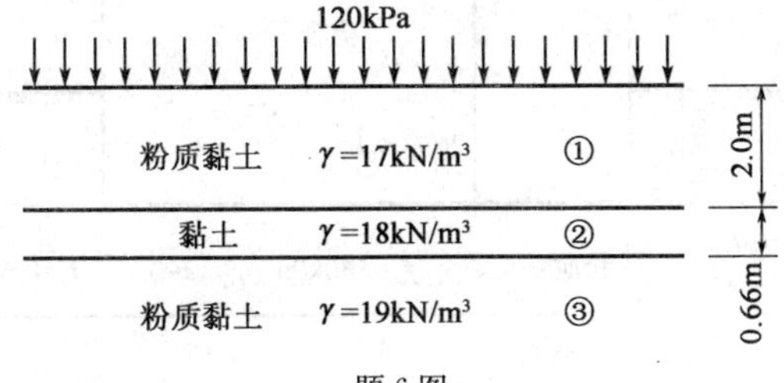

题 6 图

(A)46mm　　(B)35mm

(C)28mm　　(D)23mm

7. 多层建筑物，条形基础，基础宽度 1.0m，埋深 2.0m。拟增层改造，荷载增加后，相应于荷载效应标准组合时，上部结构传至基础顶面的竖向力为 160kN/m，采用加深、加宽基础方式托换，基础加深 2.0m，基底持力层土质为粉砂，考虑深宽修正后持力层地基承载力特征值为 200kPa，无地下水，基础及其上土的平均重度取 22kN/m^3。荷载增加后设计选择的合理的基础宽度为下列哪个选项？　　(　　)

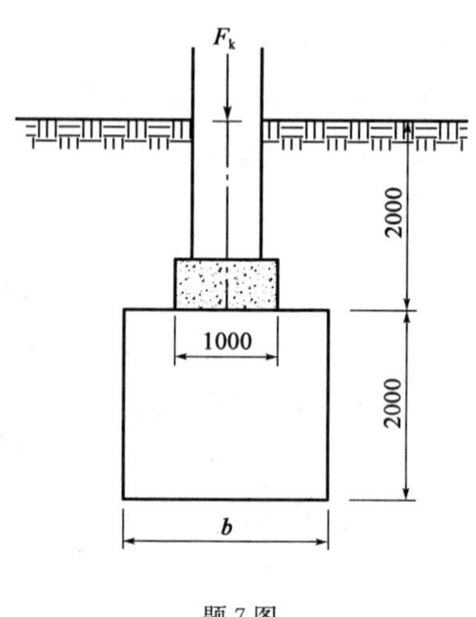

题 7 图

(A)1.4m　　(B)1.5m

(C)1.6m　　(D)1.7m

8. 某高层住宅楼与裙楼的地下结构相互连接，均采用筏板基础，基底埋深为室外地面下 10.0m。主楼住宅楼基底平均压力 $p_{k1}=260$kPa，裙楼基底平均压力 $p_{k2}=90$kPa，土的重度为 18kN/m^3，地下水位埋深 8.0m，住宅楼与裙楼长度方向均为 50m，其余指标如图所示。试计算修正后住宅楼地基承载力特征值最接近下列哪个选项？　　(　　)

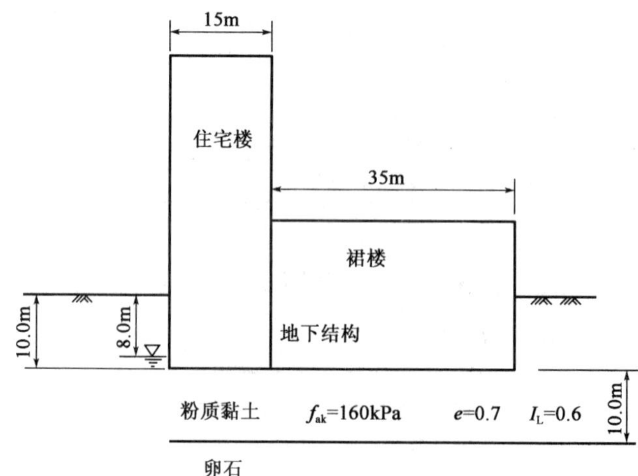

题 8 图

(A)299kPa　　(B)307kPa

(C)319kPa　　(D)410kPa

9. 某高层建筑采用梁板式筏形基础，柱网尺寸为 8.7m×8.7m，柱横截面为 1450mm×1450mm，柱下为交叉基础梁，梁宽为 450mm，荷载效应基本组合下地基净反力为 400kPa，设梁板式筏基的底板厚度为 1000mm，双排钢筋，钢筋合力点至板截面近边的距离取 70mm，按《建筑地基基础设计规范》(GB 50007—2011)计算距基础梁边缘 h_0（板的有效高度）处底板斜截面所承受剪力设计值最接近下列何值？（　）

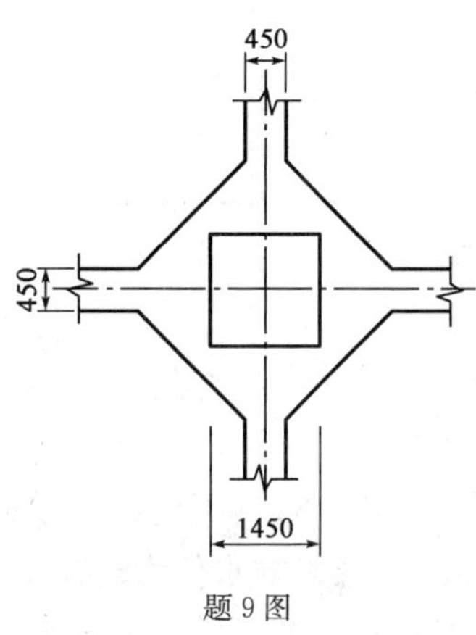

题 9 图

(A)4100kN　　(B)5500kN

(C)6200kN　　(D)6500kN

10. 某甲类建筑物拟采用干作业钻孔灌注桩基础，桩径 0.80m，桩长 50.0m；拟建场地土层如图所示，其中土层②、③层均为湿陷性黄土状粉土，该两层土自重湿陷量 Δ_{zs}=440mm，④层粉质黏土无湿陷性。桩基设计参数见下表，请问根据《建筑桩基技术规范》(JGJ 94—2008)和《湿陷性黄土地区建筑规范》(GB 50025—2004)规定，单桩所能承受的竖向力 N_k 最大值最接近下列哪项数值？

（注：黄土状粉土的中性点深度比取 l_n/l_0=0.5）（　）

题 10 表

地层编号	地层名称	天然重度 γ(kN/m³)	干作业钻孔灌注桩	
			桩的极限侧阻力标准值 q_{ik}(kPa)	桩的极限端阻力标准值 q_{ik}(kPa)
②	黄土状粉土	18.7	31	
③	黄土状粉土	19.2	42	
④	粉质黏土	19.2	100	2200

(A)2110kN　　(B)2486kN

(C)2864kN　　(D)3642kN

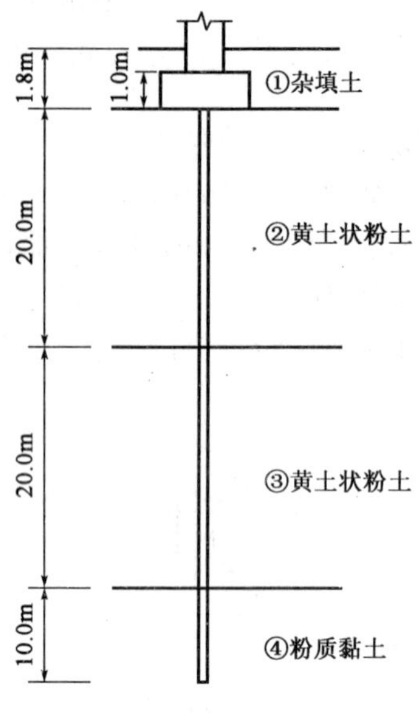

题10图

11. 某地下箱形构筑物，基础长50m，宽40m，顶面高程−3m，底面高程为−11m，构筑物自重(含上覆土重)总计1.2×10^5kN，其下设置100根ϕ600抗浮灌注桩，桩轴向配筋抗拉强度设计值为300N/mm²，抗浮设防水位为−2m，假定不考虑构筑物上的侧摩阻力，按《建筑桩基技术规范》(JGJ 94—2008)计算，桩顶截面配筋率至少是下列哪一个选项？(分项系数取1.35，不考虑裂缝验算，抗浮稳定安全系数取1.0)　　(　　)

(A)0.40%　　(B)0.50%

(C)0.65%　　(D)0.96%

12. 某公路跨河桥梁采用钻孔灌注桩(摩擦桩)，桩径1.2m，桩端入土深度50m，桩端持力层为密实粗砂，桩周及桩端地基土的参数见下表，桩基位于水位以下，无冲刷，假定清底系数为0.8，桩端以上土层的加权平均浮重度为9.0kN/m³，按《公路桥涵地基与基础设计规范》(JTG D63—2007)计算，施工阶段单桩轴向抗压承载力容许值最接近下列哪一个选项？　　(　　)

题12表

土　层	土层厚度(m)	侧摩阻力标准值q_{ik}(kPa)	承载力基本容许值$[f_{a0}]$(kPa)
①黏土	35	40	
②粉土	10	60	
③粗砂	20	120	500

(A)6000kPa　　(B)7000kPa

(C)8000kPa　　(D)9000kPa

13. 某钻孔灌注桩群桩基础，桩径为0.8m，单桩水平承载力特征值为$R_{ha}=100$kN(位移控制)，沿水平荷载方向布桩排数$n_1=3$，垂直水平荷载方向每排桩数$n_2=4$，距径

比 $s_a/d=4$，承台位于松散填土中，埋深 0.5m，桩的换算深度 $\alpha h=3.0$m，考虑地震作用，按《建筑桩基技术规范》(JGJ 94—2008)计算群桩中复合基桩水平承载力特征值最接近下列哪个选项？ (　　)

(A)134kN　　(B)154kN

(C)157kN　　(D)177kN

14. 某厚度 6m 的饱和软土层，采用大面积堆载预压处理，堆载压力 $p_0=100$kPa，在某时刻测得超孔隙水压力沿深度分布曲线如图所示，土层的 $E_s=2.5$MPa、$k=5.0\times10^{-8}$cm/s，试求此时刻饱和软土的压缩量最接近下列哪个数值？(总压缩量计算经验系数取 1.0) (　　)

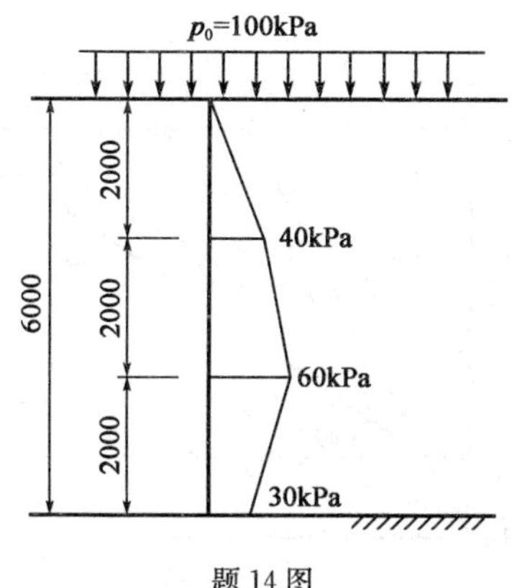

题 14 图

(A)92mm　　(B)118mm

(C)148mm　　(D)240mm

15. 某场地地基为淤泥质粉质黏土，天然地基承载力特征值为 60kPa。拟采用水泥土搅拌桩复合地基加固，桩长 15.0m，桩径 600mm，桩周侧阻力 $q_s=10$kPa，端阻力 $q_p=40$kPa，桩身强度折减系数 η 取 0.2，桩端天然地基土的承载力折减系数 α 取 0.4，水泥加固土试块 90d 龄期立方体抗压强度平均值为 $f_{cu}=1.8$MPa，桩间土承载力折减系数 β 取 0.4，单桩承载力发挥系数 λ 取 1.0。试问要使复合地基承载力特征值达到 160kPa，用等边三角形布桩时，计算桩间距最接近下列哪个选项的数值？ (　　)

(A)0.5m　　(B)0.8m

(C)1.2m　　(D)1.6m

16. 某软土地基拟采用堆载预压法进行加固，已知在工作荷载作用下软土地基的最终固结沉降量为 248cm，在某一超载预压荷载作用下软土的最终固结沉降量为 260cm。如果要求该软土地基在工作荷载作用下工后沉降量小于 15cm，问在该超载预压荷载作用下软土地基的平均固结度应达到以下哪个选项？ (　　)

(A)80%　　(B)85%

(C)90%　　(D)95%

17. 某地基软黏土层厚10m，其下为砂层，土的固结系数为 $c_h=c_v=1.8\times10^{-3}\text{cm}^2/\text{s}$，采用塑料排水板固结排水，排水板宽 $b=100\text{mm}$，厚度 $\delta=4\text{mm}$，塑料排水板正方形排列，间距 $l=1.2\text{m}$，深度打至砂层顶，在大面积瞬时预压荷载120kPa作用下，按《建筑地基处理技术规范》(JGJ 79—2012)计算，预压60d时地基达到的固结度最接近下列哪个值？(为简化计算，不计竖向固结度，不考虑涂抹和井阻影响) （ ）

(A)65% (B)73%

(C)83% (D)91%

18. 图示的岩石边坡坡高12m，坡面 AB 坡率为1∶0.5，坡顶 BC 水平，岩体重度 $\gamma=23\text{kN/m}^3$。已查出坡体内软弱夹层形成的滑面 AC 的倾角为 $\beta=42°$，测得滑面材料饱水时的内摩擦角 $\varphi=18°$。问边坡的滑动安全系数为1.0时，滑动的黏结力最接近下列哪个选项的数值？ （ ）

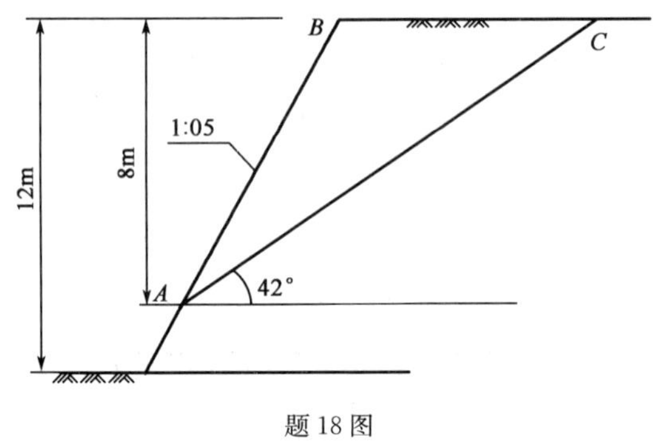

题18图

(A)21kPa (B)16kPa

(C)25kPa (D)12kPa

19. 有一重力式挡土墙，墙背垂直光滑，填土面水平，地表荷载 $q=49.4\text{kPa}$，无地下水，拟使用两种墙后填土，一种是黏土 $c_1=20\text{kPa}$、$\varphi_1=12°$、$\gamma_1=19\text{kN/m}^3$，另一种是砂土 $c_2=0$、$\varphi_2=30°$、$\gamma_2=21\text{kN/m}^3$。问当采用黏土填料和砂土填料的墙背总主动土压力两者基本相等时，墙高 H 最接近下列哪个选项？ （ ）

(A)4.0m (B)6.0m

(C)8.0m (D)10.0m

20. 某加筋土挡墙高7m，加筋土的重度 $\gamma=19.5\text{kN/m}^3$、内摩擦角 $\varphi=30°$，筋材与填土的摩擦系数 $f=0.35$，筋材宽度 $B=10\text{cm}$，设计要求筋材的抗拔力为 $T=35\text{kN}$。按《土工合成材料应用技术规范》(GB 50290—1998)的相关要求，距墙顶面下3.5m处加筋筋材的有效长度最接近下列哪个选项？ （ ）

(A)5.5m (B)7.5m

(C)9.5m (D)11.5m

21. 某建筑浆砌石挡土墙重度 $22kN/m^3$，墙高 6m，底宽 2.5m，顶宽 1m，墙后填料重度 $19kN/m^3$，黏聚力 20kPa，内摩擦角 15°，忽略墙背与填土的摩阻力，地表均布荷载 25kPa。问该挡土墙的抗倾覆稳定安全系数最接近下列哪个选项？（　　）

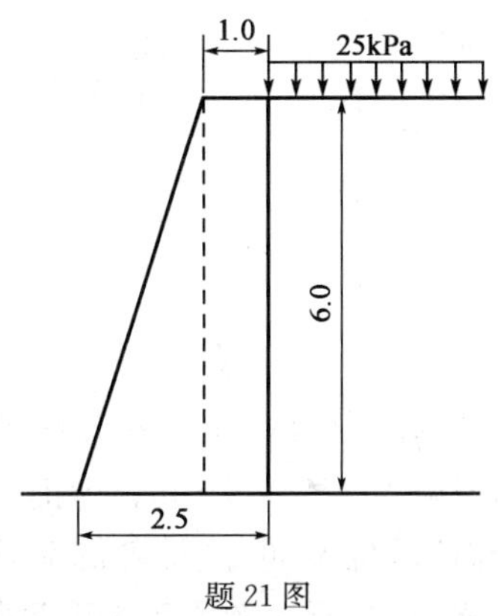

题 21 图

(A)1.5　　(B)1.8
(C)2.0　　(D)2.2

22. 某公路Ⅳ级围岩中的单线隧道，拟采用矿山法开挖施工。其标准断面衬砌顶距地面距离为 13m，隧道开挖宽度为 6.4m，衬砌结构高度为 6.5m，围岩重度为 $24kN/m^3$，计算摩擦角为 50°。试问根据《公路隧道设计规范》(JTG D70—2004)计算，该隧道水平围岩压力最小值最接近下列哪项数值（单位：kPa）？（　　）

(A)14.8　　(B)41.4
(C)46.8　　(D)98.5

23. 在一均质土层中开挖基坑，基坑深度 15m，支护结构安全等级为二级，采用桩锚支护形式，一桩一锚，桩径 800mm，间距 1m，土层的黏聚力 $c=15kPa$，内摩擦角 $\varphi=20°$，重度 $\gamma=20kN/m^3$，第一道锚杆位于地面下 4.0m，锚杆体直径 150mm，倾角 15°，弹性支点水平反力 $F_h=200kN$，土层与锚杆杆体极限摩阻力标准值为 50kPa。根据《建筑基坑支护技术规程》(JGJ 120—2012)，该层锚杆设计长度最接近下列选项中的哪一项？（假设潜在滑动面通过基坑坡脚处）（　　）

(A)18.0m　　(B)21.0m
(C)22.5m　　(D)24.0m

24. 如图所示的顺层岩质边坡，已知每延米滑体作用在桩上的剩余下滑力为 900kN，桩间距为 6m，悬臂段长 9m，锚固段 8m，剩余下滑力在桩上的分布按矩形分布，试问抗滑桩锚固段顶端截面上的弯矩是下列哪个选项？（　　）

(A)28900kN·m　　(B)24300kN·m
(C)32100kN·m　　(D)19800kN·m

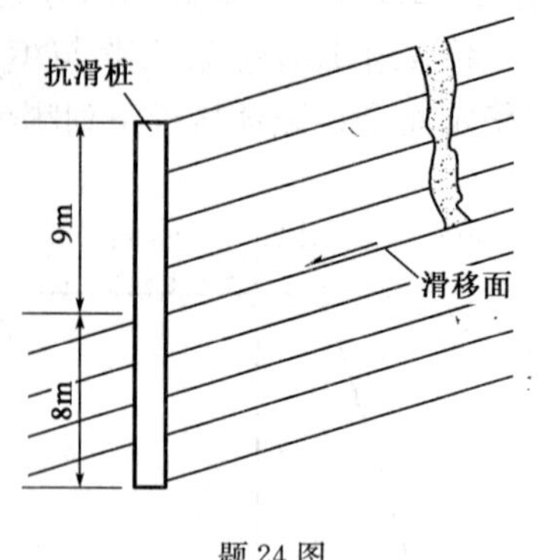

题 24 图

25. 有一 6m 高的均匀土质边坡，γ=17.5kN/m^3，根据最危险滑动圆弧计算得到的抗滑力矩为 3580kN·m，滑动力矩为 3705kN·m。为提高边坡的稳定性提出图示两种卸荷方案，卸荷土方量相同而卸荷部位不同，试计算卸荷前、卸荷方案 1、卸荷方案 2 的边坡稳定系数（分别为 K_0、K_1、K_2），判断三者关系为下列哪一选项？（假设卸荷后抗滑力矩不变） （　　）

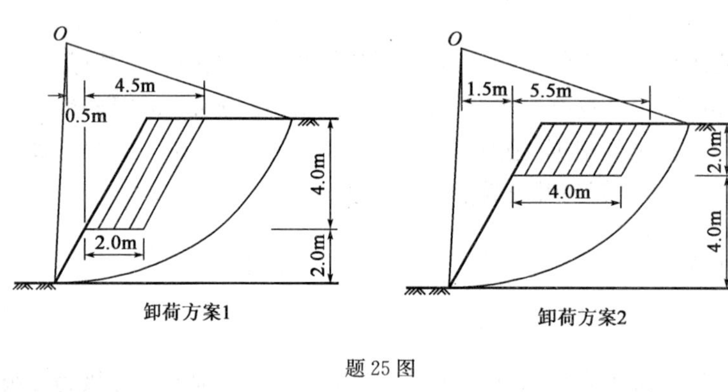

题 25 图

(A) $K_0=K_1=K_2$　　(B) $K_0<K_1=K_2$

(C) $K_0<K_1<K_2$　　(D) $K_0<K_2<K_1$

26. 某地面沉降区，据观测其累计沉降量为 120cm，预估后期沉降量为 50cm。今在其上建设某工程，场地长 200m，宽 100m，设计要求沉降稳定后地面标高与沉降发生前的地面标高相比高出 0.8m（填土沉降忽略不计），回填要求的压实度不小于 0.94，已知料场中土料天然含水率为 29.6%，重度为 19.6kN/m^3，土粒相对密度为 2.71，最大干密度为 1.69g/cm^3，最优含水率为 20.5%，则场地回填所需土料的体积最接近下列哪个数值？ （　　）

(A) 21000m^3　　(B) 42000m^3　　(C) 52000m^3　　(D) 67000m^3

27. 某二级公路抗震重要程度为一般工程的路肩挡土墙，位于抗震设防烈度 8 度区，水平向设计基本地震加速度峰值为 0.20g，设计墙高 8m，墙后填土为无黏性土，土的重度为 18kN/m^3，内摩擦角为 33°，问在进行 E_1 地震作用下的抗震设计时，作用于墙背每延米长度上的地震主动土压力为下列何值？ （　　）

(A)105kN/m　　(B)176kN/m　　(C)236kN/m　　(D)286kN/m

28. 某水利工程场地勘察，在进行标准贯入试验时，标准贯入点在当时地面以下的深度为5m，地下水位在当时地面以下的深度为2m。工程正常运用时，场地已在原地面上覆盖了3m厚的填土，地下水位较原水位上升了4m。已知场地地震设防烈度为8度，比相应的震中烈度小2度。现需对该场地粉砂(黏粒含量 $\rho_c=6\%$)进行地震液化复判。按照《水利水电工程地质勘察规范》(GB 50487—2008)，当时实测的标准贯入锤击数至少要不小于下列哪个选项的数值时，才可将该粉砂复判为不液化土？　(　　)

(A)14　　(B)13　　(C)12　　(D)11

29. 某Ⅲ类场地上的建筑结构，设计基本地震加速度0.30g，设计地震分组第一组，按《建筑抗震设计规范》(GB 50011—2010)规定，当有必要进行罕遇地震作用下的变形验算时，算得的水平地震影响系数与下列哪个选项的数值最为接近？

(已知结构自振周期 $T=0.75$s，阻尼比 $\zeta=0.075$)　(　　)

(A)0.55　　(B)0.62　　(C)0.74　　(D)0.83

30. 某住宅楼采用灰土挤密桩法处理湿陷性黄土地基，桩径为0.4m，桩长为6.0m，桩中心距为0.9m，呈正三角形布桩。通过击实试验，桩间土在最优含水量 $w_{op}=17.0\%$ 时的湿密度 $\rho=2.00\text{g/cm}^3$。检测时在 A、B、C 三处分别测得的干密度 ρ_d(g/cm³)见下表，请问桩间土的平均挤密系数 η_c 为下列哪一选项？　(　　)

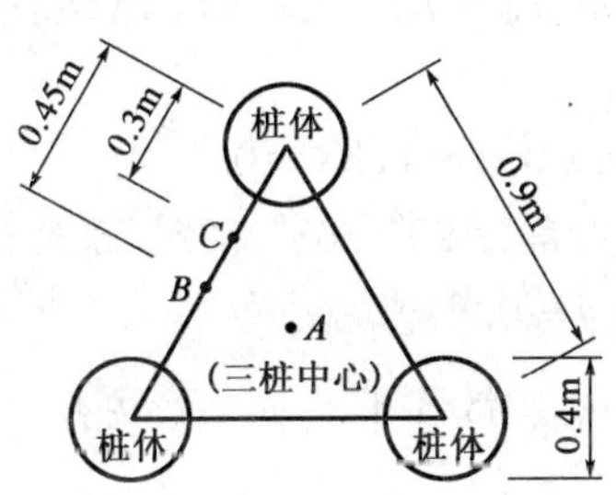

题30图

题30表

取样深度(m)	取样位置		
	A	B	C
0.5	1.52	1.58	1.63
1.5	1.54	1.60	1.67
2.5	1.55	1.57	1.65
3.5	1.51	1.58	1.66
4.5	1.53	1.59	1.64
5.5	1.52	1.57	1.62

(A)0.894　　(B)0.910　　(C)0.927　　(D)0.944

2012年案例分析试题答案(上午卷)

1.［答案］A

［解析］《建筑地基基础设计规范》(GB 50007—2011)附录H.0.10条。

极限荷载除以3的安全系数与比例界限对应限荷载比较,取小值。

第一组:$\frac{1920}{3}=640=640$,取640kPa;

第二组:$\frac{1580}{3}=526.7>510$,取510kPa;

第三组:$\frac{1440}{3}=480<560$,取480kPa;

取最小值作为岩石地基承载力特征值,$f_a=480\text{kPa}$。

2.［答案］C

［解析］《工程岩体分级标准》(GB 50218—1994)第4.2.2条及附录D。

完整性指数:$K_V=\left(\frac{V_{pm}}{V_{pr}}\right)^2=\left(\frac{3800}{4500}\right)^2=0.71$

$R_c=72<90K_V+30=92\times0.71+30=93.9\text{MPa}$,取$R_c=72\text{MPa}$

$K_V=0.71<0.04R_c+0.4=0.04\times72+0.4=3.28$,取$K_V=0.71$

$BQ=90+3R_c+250K_V=90+3\times72+250\times0.71=483.5\text{MPa}$,查该标准表4.4.1可得基本质量级别为Ⅱ级。

地下水影响修正系数查表D.0.1—1,$K_1=0.1$

主要结构面走向与洞轴线夹角为$90°-68°=22°$,倾角为59°,查表D.0.1-2,主要结构面产状影响修正系数$K_2=0.4\sim0.6$

$\frac{R_c}{\sigma_{max}}=\frac{72}{12}=6$,为高应力区,查表D.0.1-3,初始应力状态影响修正系数$K_3=0.5$

岩体基本质量指标修正值:

$$[BQ]=BQ-100(K_1+K_2+K_3)=483.5-100\times[0.1+0.5+(0.4\sim0.6)]$$
$$=363.5\sim383.5\text{MPa}$$

修正后的岩体基本质量级别为Ⅲ级。

3.［答案］C

［解析］《工程地质手册》表9-3-6。

含水层厚度$H=900-100=800\text{cm}$,初始地下水位降深$s_1=700-100=600\text{cm}$,抽水孔半径$r_w=10\text{cm}$;直接选取最后一次抽水试验进行计算:

$$k=\frac{3.5r_w^2}{(H+2r_w)t}\ln\frac{s_1}{s_2}=\frac{3.5\times10^2}{(800+2\times10)\times60\times60}\times\ln\frac{600}{118.5-100}=4.1\times10^{-4}\text{ cm/s}$$

4.［答案］C

［解析］《岩土工程勘察规范》(GB 50021—2001)第4.1.19条。

假设钻孔深度为 34m，距基底深度：$z=34-10=24m$

土层有效重度：$\gamma'=\frac{G_s-1}{1+e}\gamma_w=\frac{2.70-1}{1+0.7}\times 10=10\ kN/m^3$

34m 处的自重应力：$\sigma_z=3\times 19+31\times 10=367kPa$

34m 处的附加应力，$z=24m$，$p_z=p_0 a_i=280\times 0.26=72.8kPa$

$\frac{p_z}{\sigma_z}=\frac{72.8}{367}=0.198$，小于 20%，满足要求。

5.［答案］A

［解析］基础及其上土重：$G_k=20\times 2\times 2.5\times 2=200kN$

偏心距：$e=\frac{M_k}{F_k+G_k}=\frac{260+190\times 1}{700+200}=0.5m>\frac{b}{2}=0.42m$，大偏心。

$p_{kmax}=\frac{2(F_k+G_k)}{3al}=\frac{2\times(700+200)}{3\times(\frac{2.5}{2}-0.5)\times 2}=400kPa$

6.［答案］D

［解析］黏土层层顶自重应力：$2\times 17=34kPa$

层底自重应力：$34+0.66\times 18=45.88kPa$

黏土层平均自重应力：$\frac{34+45.88}{2}=39.94kPa$，查表得 $e_1=0.84$

黏土层平均自重应力+平均附加应力$=39.94+120=159.94kPa$

对应孔隙比：$e_2=0.776$

$s=\frac{e_1-e_2}{1+e_1}h=\frac{0.84-0.776}{1+0.84}\times 0.66=0.023m=23mm$

7.［答案］B

［解析］对于条形基础，$b\geqslant\frac{F_k}{f_a-\gamma_G d}=\frac{160}{200-22\times 4}=1.43m$

8.［答案］A

［解析］据《建筑地基基础设计规范》(GB 50007—2011)第 5.2.4 条条文说明，基础埋深范围内土的加权平均重度：$\gamma_m=\frac{18\times 8+8\times 2}{10}=16kN/m^3$

主楼宽度 15m，裙楼宽度 35m，大于 2 倍主楼宽度，裙楼基底压力折算成土层厚度为 $d_1=\frac{90}{16}=5.63m$

按最不利原则，取较小的埋深计算，埋置深度 $d=5.63m$。

$b=15m>6m$ 取 $b=6m$，查表 $\eta_b=0.3$，$\eta_d=1.6$。

$f_a=f_{ak}+\eta_b\gamma(b-3)+\eta_d\gamma_m(d-0.5)=160+0.3\times 8\times(6-3)+1.6\times 16\times(5.63-0.5)=298.53\ kPa$

9.［答案］A

［解析］《建筑地基基础设计规范》(GB 50007—2011)。

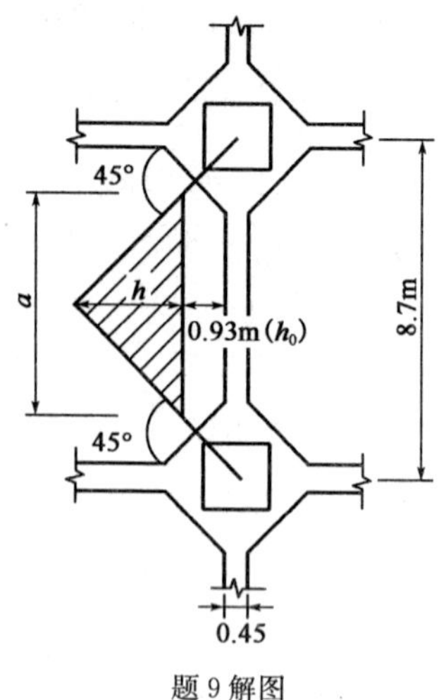

题 9 解图

$h_0=1000-70=930\text{mm}=0.93\text{m}$

阴影部分三角形底边长：$a=8.7-2\times(\frac{0.45}{2}+0.93)=6.39\text{m}$

阴影部分三角形的高：$h=\frac{8.7-0.45}{2}-0.93=3.195\text{m}$

剪力设计值：$V_s=p_jA=400\times\frac{1}{2}\times6.39\times3.195=4083.21\text{kN}$

10.［答案］A

［解析］$\frac{l_n}{l_0}=0.5$，中性点深度：$l_n=0.5\times40=20\text{m}$

据《湿陷性黄土地区建筑规范》(GB 50025—2004)表 5.7.5，湿陷性黄土的负摩阻力特征值为 15kPa。

$Q_{uk}=u\sum q_{sik}l_i+q_{pk}A_p=3.14\times0.8\times(42\times20+100\times10)+2200\times3.14\times0.4^2=5727.36\text{kN}$

$N_k+Q_g^n\leqslant R_a$，$Q_g^n=u\sum q_{si}l_i=3.14\times0.8\times15\times20=753.6\text{kN}$

$N_k=R_a-Q_g^n=\frac{1}{2}\times5727.36-753.6=2110.08\text{kN}$

11.［答案］C

［解析］受到的浮力：$N_w=50\times40\times(11-3)\times10=1.6\times10^5\text{kN}$

自重：$G=1.2\times10^5\text{kN}$

构筑物所受到的拉力：$F=1.6\times10^5-1.2\times10^5\text{kN}=4\times10^4\text{kN}$

基本组合下构筑物中基桩受到的拉力设计值：$N=1.35\times\frac{4\times10^4}{100}=540\text{kN}$

桩身正截面受拉承载力计算钢筋面积：$N\leqslant f_yA_s$，$A_s\geqslant\frac{540\times10^3}{300}=1800\text{mm}^2$

配筋率：$\rho=\frac{A_S}{A}=\frac{1800}{3.14\times300^2}\times100\%=0.637\%$

12. **[答案]** C

[解析]《公路桥涵地基与基础设计规范》(JTG D63—2007)第5.3.3条。

查表5.3.3-2，$\lambda=0.85$，查表3.3.4，$k_2=6.0$

$q_r=m_0\lambda\{[f_{a0}]+k_2\gamma_2(h-3)\}=0.8\times0.85\times[500+6\times9\times(40-3)]=1698.6\text{kPa}>1450\text{kPa}$，取 $q_r=1450\text{kPa}$ 为单桩轴向受压承载力容许值；

$[R_a]=\frac{1}{2}u\sum q_{ik}l_i+A_pq_r=0.5\times3.14\times1.2\times(40\times35+60\times10+120\times5)+3.14\times0.6^2\times1450=6537.5\text{kN}$，按第5.3.7条的规定，施工阶段抗力系数取1.25，

$[R_a]=1.25\times6537.5=8171.9\text{kN}$。

13. **[答案]** C

[解析]《建筑桩基技术规范》(JGJ 94—2008)第5.7.3条。

$s_a/d=4<6$，考虑地震作用时，$\eta_h=\eta_i\eta_r+\eta_l$

$$\eta_i=\frac{(s_a/d)^{0.015n_2+0.45}}{0.15n_1+0.10n_2+1.9}=\frac{(4)^{0.015\times4+0.45}}{0.15\times3+0.10\times4+1.9}=0.737$$

$ah=3.0\text{m}$，查表5.7.3-1，$\eta_r=2.13$，松散填土 $\eta_l=0$

$\eta_h=\eta_i\eta_r+\eta_l=0.737\times2.13+0=1.57$，$R_h=\eta_hR_{ha}=1.57\times100=157\text{kN}$

14. **[答案]** C

[解析] 某时刻超孔隙水压力图的面积$=\frac{1}{2}\times40\times2+\frac{1}{2}\times(40+60)\times2+\frac{1}{2}\times(30+60)\times2=230$

初始超孔隙水压力图的面积$=100\times6=600$

某时刻的固结度：$U_t=1-\frac{230}{600}=0.617$

总沉降量：$s=\frac{p_0}{E_s}h=\frac{100}{2.5\times10^3}\times6000=240\text{mm}$

固结度0.617时刻的沉降量：$s_t=sU_t=0.617\times240=148\text{mm}$

15. **[答案]** B

[解析]《建筑地基处理技术规范》(JGJ 79—2012)第7.1.5条、第7.3.3条。

搅拌桩的截面积：$A_p=3.14\times0.3^2=0.283\text{m}^2$

桩身强度确定单桩竖向承载力：$R_a=\eta f_{cu}A_p=0.2\times1800\times0.283=101.88\text{kN}$

桩周土抗力确定单桩竖向承载力：$R_a=u_p\sum_{i=1}^{n}q_{si}l_{pi}+a_pq_pA_p=3.14\times0.6\times10\times15+0.4\times40\times0.283=287.13\text{kN}$

$$面积置换率：m=\frac{f_{spk}-\beta f_{sk}}{\lambda\frac{R_a}{A_p}-\beta f_{sk}}=\frac{160-0.4\times60}{1\times\frac{101.88}{0.283}-0.4\times60}=0.405$$

$$桩间距：s=\frac{0.6}{1.05\times\sqrt{0.405}}=0.9\text{m}。$$

16. **[答案]** C

［解析］工后沉降量为 15cm，则预压沉降量：248－15＝233cm

超载下的最终沉降量为 260cm，已完成沉降量 233cm 时的固结度 $U=\frac{233}{260}=0.896$。

17.［答案］C

［解析］《建筑地基处理技术规范》(JGJ 79—2012)第 5.2 节。

$c_h=1.8\times10^{-3}\times8.64=1.56\times10^{-2}\text{m}^2/\text{s}$

有效排水直径：$d_e=1.13l=1.13\times1.2=1.356\text{m}$

当量换算直径：$d_p=\frac{2(a+b)}{\pi}=\frac{2\times(100+4)}{3.14}=66.2\text{mm}$

井径比：$n=\frac{d_e}{d_p}=\frac{1356}{66.2}=20.5>15$，$F_n=\ln(n)-\frac{3}{4}=\ln20.5-0.75=2.28$

$U=1-a\text{e}^{-\beta t}$，不计竖向固结，$a=1$，$\beta=\frac{8c_h}{F_n d_e^2}=\frac{8\times1.56\times10^{-2}}{2.28\times1.356^2}=0.03$，则

$U=1-\text{e}^{-0.03\times60}=0.835=83.5\%$

18.［答案］B

［解析］坡角 $\alpha=\arctan\left(\frac{1}{0.5}\right)=63.43°$

$BC=\frac{8}{\tan42°}-8\times\tan(90°-63.43°)=4.88\text{m}$

滑体自重：$W=\frac{1}{2}\times4.88\times8\times23=448.96\text{kN/m}$

$k=\frac{W\cos\beta\tan\varphi+cl}{W\sin\beta}=\frac{448.96\times\cos42°\times\tan18°+\frac{8}{\sin42°}c}{448.96\times\sin42°}=1$，解得 $c=16\text{kPa}$

19.［答案］B

［解析］采用黏土时，$k_{a1}=\tan^2\left(45°-\frac{12°}{2}\right)=0.656$，$z_0=\frac{2c_1}{\gamma_1\sqrt{k_{a1}}}-\frac{q}{\gamma_1}=\frac{2\times20}{19\times\sqrt{0.656}}-\frac{49.4}{19}=0\text{m}$

土压力沿墙高三角形分布，$E_{a1}=\frac{1}{2}\gamma_1H^2k_{a1}=0.5\times19\times H^2\times0.656=6.232H^2$

采用砂土时，$k_{a2}=\tan^2\left(45°-\frac{30°}{2}\right)=\frac{1}{3}$

$E_{a2}=\frac{1}{2}\gamma_2H^2k_{a2}+qHk_{a2}=0.5\times21\times H^2\times\frac{1}{3}+49.4\times H\times\frac{1}{3}=3.5H^2+16.74H$

$E_{a1}=E_{a2}$，$3.5H^2+16.47H=6.232H^2$，解得 $H=6.02\text{m}$

20.［答案］B

［解析］《土工合成材料应用技术规范》(GB 50290—1998)第 6.2.5 条。

$\sigma_v=\gamma h=19.5\times3.5=68.25\text{kPa}$

$T=2\sigma_v BL_e f$

$$L_e = \frac{T}{2\sigma_v Bf} = \frac{35}{2\times68.25\times0.1\times0.35} = 7.3\text{m}$$

21.［答案］C

［解析］$k_a = \tan^2\left(45° - \frac{15°}{2}\right) = 0.59, z_0 = \frac{2c}{\gamma\sqrt{k_a}} - \frac{q}{\gamma} = \frac{2\times20}{19\times\sqrt{0.59}} - \frac{25}{19} = 1.43\text{m}$

墙底土压力强度：$e_a = (\gamma h + q)k_a - 2c\sqrt{k_a} = (19\times6+25)\times0.59 - 2\times20\times\sqrt{0.59} = 51.29\text{kPa}$

$E_a = \frac{1}{2}\times(6-1.43)\times51.29 = 117.2\text{kPa}$，作用点距墙底$\frac{6-1.43}{3} = 1.52\text{m}$

挡土墙自重：$G = 1\times6\times22 + \frac{1}{2}\times(2.5-1)\times6\times22 = 132+99 = 231\text{kN/m}$

挡墙自重到墙趾的距离：$x = \frac{132\times(2.5-0.5)+99\times\frac{2}{3}\times(2.5-1)}{231} = 1.57\text{m}$

抗倾覆系数：$k = \frac{231\times1.57}{117.2\times1.53} = 2.02$

22.［答案］A

［解析］《公路隧道设计规范》(JTG D70—2004)第6.2.3条及附录E。

$\omega = 1 + i(B-5) = 1 + 0.1\times(6.4-5) = 1.14, h = 0.45\times2^{s-1}\omega = 0.45\times2^{4-1}\times1.14 = 4.104, q = \gamma h = 24\times4.104 = 98.496\text{kPa}$

荷载等效高度：$h_q = \frac{q}{r} = \frac{98.496}{24} = 4.104\text{m}$

矿山法施工，Ⅳ级围岩，浅埋隧道分界深度：

$H_p = 2.5h_q = 2.5\times4.104 = 10.26\text{m} < 13\text{m}$

应按深埋隧道计算，水平均布压力：$e = (0.15\sim0.3)q$，取最小值，则

$e = 0.15q = 0.15\times98.496 = 14.77\text{kPa}$

23.［答案］D

［解析］《建筑基坑支护技术规程》(JGJ 120—2012)第4.7.2条、第4.7.3条、第4.7.5条。

锚杆轴向拉力标准值：$N_k = \frac{F_h s}{b_a\cos\alpha} = \frac{200\times1}{1\times\cos15°} = 207.1\text{kN}$

极限抗拔承载力标准值：$R_k = K_t N_k = 1.6\times207.1 = 331.4\text{kN}$

$R_k = \pi d\sum q_{sk,i} l_i$

锚固段长度：$l = \frac{331.4}{3.14\times0.15\times50} = 14.1\text{m}$

$k_a = \tan^2\left(45° - \frac{20°}{2}\right) = 0.49, k_p = \tan^2\left(45° + \frac{20°}{2}\right) = 2.04$

$e_a = 20\times(15+a_2)\times0.49 - 2\times15\times\sqrt{0.49} = 126 + 9.8a_2$

$e_p = 20\times a_2\times2.04 + 2\times15\times\sqrt{2.04} = 40.8a_2 + 42.85$

由$e_p = e_a$，解得$a_2 = 2.7\text{m}, a_1 = 15 - 4 = 11\text{m}$

非锚固段长度：

$$l_f \geqslant \frac{(a_1+a_2-d\tan\alpha)\sin(45^\circ-\frac{\varphi_m}{2})}{\sin(45^\circ+\frac{\varphi_m}{2}+\alpha)}+\frac{d}{\cos\alpha}+1.5$$

$$=\frac{(11+2.7-0.8\times\tan15^\circ)\times\sin(45^\circ-\frac{20^\circ}{2})}{\sin(45^\circ+\frac{20^\circ}{2}+15^\circ)}+\frac{0.8}{\cos15^\circ}+1.5=10.6\text{m}>5\text{m}$$

锚杆设计长度：$L=14.1+10.6=24.7\text{m}$

24.【答案】B

【解析】矩形分布荷载在桩上的产生的作用力：$P=900\times6=5400\text{kN}$

作用点距锚固段顶部的距离：$l=9/2=4.5\text{m}$

作用力产生的弯矩：$M=Pl=5400\times4.5=24300\text{kN}\cdot\text{m}$

25.【答案】C

【解析】$k_0=\frac{3580}{3705}=0.97$

$$k_1=\frac{3580}{3705-2\times4\times17.5\times2.75}=1.08$$

$$k_2=\frac{3580}{3705-4\times2\times17.5\times4.25}=1.15$$

$k_0<k_1<k_2$

26.【答案】C

【解析】填筑体积：$V_0=200\times100\times(1.2+0.5+0.8)=50000\text{m}^3$

填筑后的土料干密度：$\rho_{d0}=0.94\times1.69=1.59\text{g/m}^3$

天然土料的干密度：$\rho_d=\frac{\gamma}{(1+w)\gamma_w}=\frac{19.6}{(1+0.296)\times10}=1.51\text{g/m}^3$

根据填筑前后土粒质量相等，$\rho_{d0}V_0=\rho_dV$，得

$$V=\frac{\rho_{d0}V_0}{\rho_d}=\frac{1.59\times50000}{1.51}=52649\text{m}^3$$

27.【答案】B

【解析】《公路抗震设计规范》7.2.5 条。

$k_a=\frac{\cos^2\varphi}{(1+\sin\varphi)^2}=\frac{\cos^2 33^\circ}{(1+\sin33^\circ)^2}=0.295$，查表 3.2.2，重要性系数 $C_i=1.0$

$$E_{ea}=\frac{1}{2}\gamma H^2k_a(1+0.75C_iK_h\tan\varphi)$$

$$=\frac{1}{2}\times18\times8^2\times0.295\times(1+0.75\times1\times\frac{0.2g}{g}\times\tan33^\circ)=186.5\text{kN/m}$$

28.【答案】D

【解析】《水利水电工程地质勘察规范》(GB 50487—2008)附录 P。

标准贯入锤击数临界值：

$$N_{cr}=N_0[0.9+0.1(d_s-d_w)]\sqrt{\frac{3}{\rho_c}}=12\times[0.9+0.1\times(8-1)]\times\sqrt{\frac{3}{6}}=13.6$$

校正后的标准贯入锤击数：

$$N=N'(\frac{d_s+0.9d_w+0.7}{d'_s+0.9d'_w+0.7})=N'\times(\frac{8+0.9\times1+0.7}{5+0.9\times2+0.7})=1.28N'$$

$1.28N'>N_{cr}$ 时，不液化，因此 $N'>\frac{13.6}{1.28}=10.6$

29. **[答案]** C

[解析]《建筑抗震设计规范》(GB 50011—2011)第 5.1.5 条。

场地特征周期：$T_g=0.45s+0.05s=0.5s$

地震影响系数最大值：$a_{max}=1.20$

自振周期 $T=0.75s$，位于曲线下降段，阻尼比 $\xi=0.075$

曲线下降段的衰减指数：$\gamma=0.9+\frac{0.05-\xi}{0.3+6\xi}=0.9+\frac{0.05-0.075}{0.3+6\times0.075}=0.87$

阻尼调整系数：$\eta_2=1+\frac{0.05-\xi}{0.08+1.6\xi}=1+\frac{0.05-0.075}{0.08+1.6\times0.075}=0.875>0.55$

$$a=(\frac{T_g}{T})^{\gamma}\eta_2 a_{max}=(\frac{0.5}{0.75})^{0.87}\times0.875\times1.2=0.74$$

30. **[答案]** D

[解析]《建筑地基处理技术规范》(JGJ 79—2012)第 7.5.2 条条文说明第 4 款。

桩间土的平均干密度取样自桩顶下 0.5m 起，桩孔外 100mm 一点，桩孔之间的中心距 1/2 处一点，即 B、C 两点的干密度。

平均干密度：

$$\bar{\rho}_d=\frac{1.58+1.60+1.57+1.58+1.59+1.57+1.63+1.67+1.65+1.66+1.64+1.62}{12}$$

$$-1.613g/m^3$$

最大干密度：$\rho_{dmax}=\frac{2}{1+0.17}=1.709g/m^3$

平均挤密系数：$\eta_c=\frac{\bar{\rho}_d}{\rho_{dmax}}=\frac{1.613}{1.709}=0.944$

2012年案例分析试题答案(上午卷)

2012 年案例分析试题(下午卷)

1. 某工程场地进行十字板剪切试验，测定的 8m 以内土层的不排水抗剪强度如下：

题 1 表

试验深度 H(m)	1.0	2.0	3.0	4.0	5.0	6.0	7.0	8.0
不排水抗剪强度 c_u(kPa)	38.6	35.3	7.0	9.6	12.3	14.4	16.7	19.0

其中软土层的十字板剪切强度与深度呈线性相关(相关系数 r=0.98)，最能代表试验深度范围内软土不排水抗剪强度标准值的是下列哪个选项？（　　）

(A)9.5kPa　　(B)12.5kPa

(C)13.9kPa　　(D)17.5kPa

2. 某勘察场地地下水为潜水，布置 k_1、k_2、k_3 三个水位观测孔，同时观测稳定水位埋深分别为 2.70m、3.10m、2.30m，观测孔坐标和高程数据如下表所示。地下水流向正确的选项是哪一个？(选项中流向角度是指由正北方向顺时针旋转的角度)（　　）

题 2 表

观测孔号	坐标		孔口高程(m)
	X(m)	Y(m)	
k_1	25818.00	29705.00	12.70
k_2	25818.00	29755.00	15.60
k_3	25868.00	29705.00	9.80

(A)45°　　(B)135°　　(C)225°　　(D)315°

3. 某场地位于水面以下，表层 10m 为粉质黏土，土的天然含水率为 31.3%，天然重度为 17.8kN/m³，天然孔隙比为 0.98，土粒比重为 2.74，在地表下 8m 深度取土样测得先期固结压力为 76kPa，该深度处土的超固结比接近下列哪一选项？（　　）

(A)0.9　　(B)1.1　　(C)1.3　　(D)1.5

4. 某铁路工程地质勘察中，提示地层如下：①粉细砂层，厚度 4m；②软黏土层，未揭穿；地下水位埋深为 2m。粉细砂层的土料比重 G_s=2.65，水上部分的天然重度 γ=19.0kN/m³，含水量 w=15%，整个粉细砂层密度程度一致；软黏土层的不排水抗剪强度 c_u=20kPa。问软黏土层顶面的容许承载力为下列何值？(取安全系数 k=1.5)

（　　）

(A)69kPa　　(B)98kPa

(C)127kPa　　(D)147kPa

5. 天然地基上的桥梁基础，底面尺寸为 2m×5m，基础埋置深度、地层分布及相关参数见图示。地基承载力基本容许值为 200kPa，根据《公路桥涵地基与基础设计规范》(JTG D63—2007)，计算修正后的地基承载力容许值最接近于下列哪个选项？ （ ）

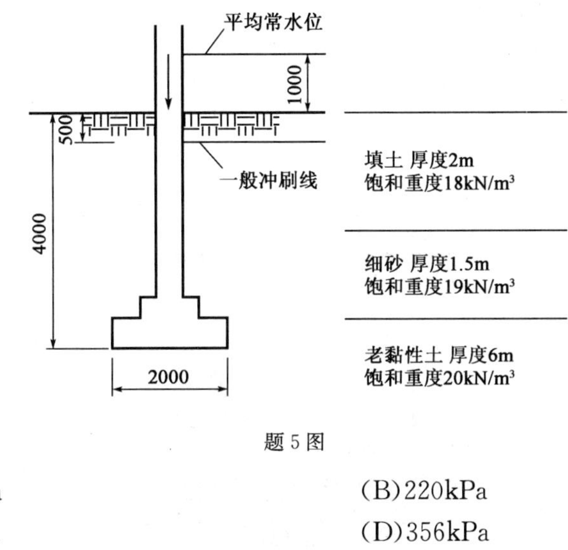

题 5 图

(A)200kPa (B)220kPa

(C)238kPa (D)356kPa

6. 某高层建筑筏板基础，平面尺寸 20m×40m，埋深 8m，基底压力的准永久组合值为 607kPa，地面以下 25m 范围内为山前冲洪积粉土、粉质黏土，平均重度 19kN/m³，其下为密实卵石，基底下 20m 深度内的压缩模量当量值为 18MPa。实侧筏板基础中心点最终沉降量为 80mm，问由该工程实测资料推出的沉降经验系数最接近下列哪个选项？ （ ）

(A)0.15 (B)0.20

(C)0.66 (D)0.80

7. 某地下车库采用筏板基础，基础宽 35m，长 50m，地下车库自重作用于基底的平均压力 p_k=70kPa，埋深 10.0m，地面下 15m 范围内土的重度为 18kN/m³（回填前后相同），抗浮设计地下水位埋深 1.0m。若要满足抗浮安全系数 1.05 的要求，需用钢渣替换地下车库顶面一定厚度的覆土，计算钢渣的最小厚度接近下列哪个选项？ （ ）

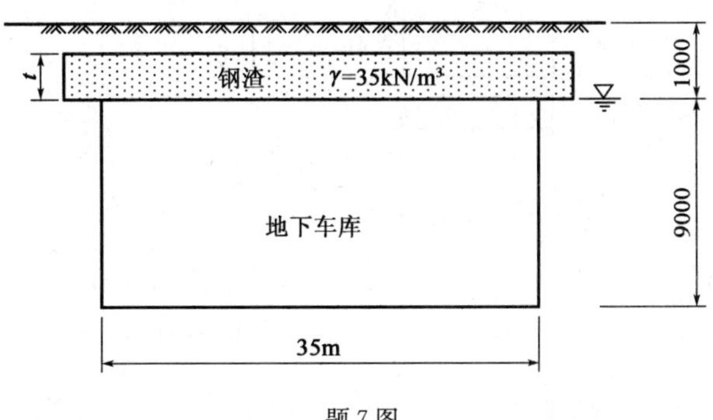

题 7 图

(A)0.22m (B)0.33m

(C)0.38m　　　　(D)0.70m

8. 某建筑物采用条形基础，基础宽度2.0m，埋深3.0m，基底平均压力为180kPa，地下水位埋深1.0m，其他指标如图所示，问软弱下卧层修正后地基承载力特征值最小为下列何值时，才能满足规范要求？（　　）

(A)134kPa　　　　(B)145kPa

(C)154kPa　　　　(D)162kPa

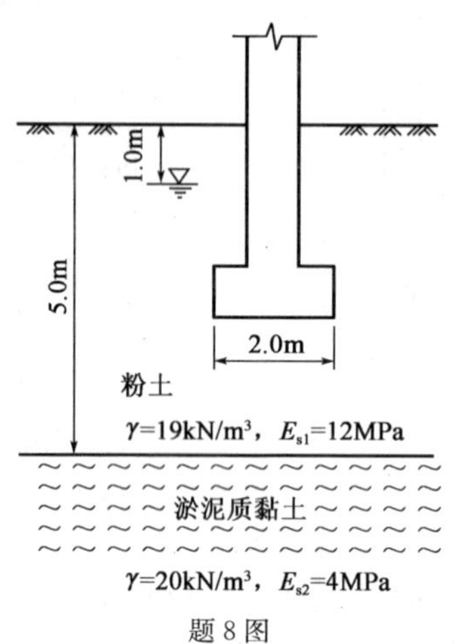

题8图

9. 如图示，某建筑采用条形基础，基础埋深2m，基础宽度5m。作用于每延米基础底面的竖向力为F，力矩M为300kN·m/m，基础下地基反力无零应力区。地基土为粉土，地下水位埋深1.0m，水位以上土的重度为18kN/m^3，水位以下土的饱和重度为20kN/m^3，黏聚力为25kPa，内摩擦角为20°。问该基础作用于每延米基础底面的竖向力F最大值接近下列哪个选项？（　　）

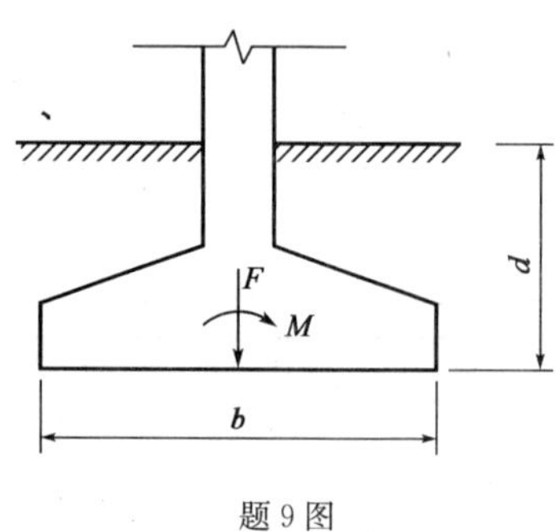

题9图

(A)253kN/m　　　　(B)1157kN/m

(C)1265kN/m　　　　(D)1518kN/m

10. 某正方形承台下布端承型灌注桩9根，桩身直径为700mm，纵、横桩间距均为2.5m，地下水位埋深为0m，桩端持力层为卵石，桩周土0～5m为均匀的新填土，以下为正常固结土层，假定填土重度为 18.5kN/m³，桩侧极限负摩阻力标准值为 30kPa，按《建筑桩基技术规范》(JGJ 94—2008)考虑群桩效应时，计算基桩下拉荷载最接近下列哪个选项？ (　　)

(A)180kN　　(B)230kN
(C)280kN　　(D)330kN

11. 假设某工程中上部结构传至承台顶面处相应于荷载效应标准组合下的竖向力 F_k=1000kN、弯矩 M_k=500kN·m、水平力 H_k=100kN，设计承台尺寸为 1.6m×2.6m，厚度为 1.0m，承台及其上土平均重度为 20kN/m³，桩数为 5 根。根据《建筑桩基技术规范》(JGJ 94—2008)，单桩竖向极限承载力标准值最小应为下列何值？ (　　)

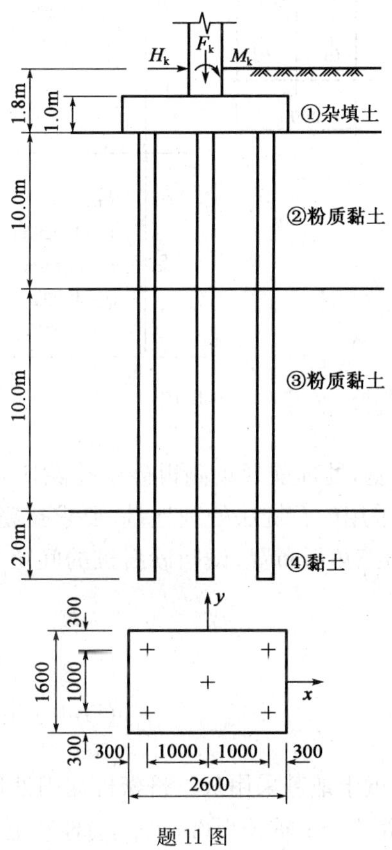

题 11 图

(A)1690kN　　(B)2030kN
(C)4060kN　　(D)4800kN

12. 某多层住宅框架结构，采用独立基础，荷载效应准永久值组合下作用于承台底的总附加荷载 F_k=360kN，基础埋深 1m，方形承台，边长为 2m，土层分布如图。为减少基础沉降，基础下疏布 4 根摩擦桩，钢筋混凝土预制方桩 0.2m×0.2m，桩长 10m，单桩承载力特征值 R_a=80kN，地下水水位在地面上 0.5m，根据《建筑桩基技术规范》(JGJ 94—2008)，计算由承台底地基土附加压力作用下产生的承台中点沉降量为下列

何值？（沉降计算深度取承台底面下 3.0m）（　　）

(A)14.8mm　　(B)20.9mm

(C)39.7mm　　(D)53.9mm

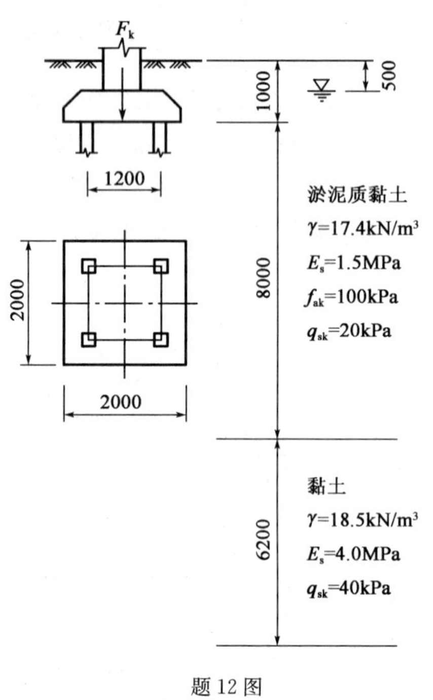

题 12 图

13. 某建筑松散砂土地基，处理前现场测得砂土孔隙比 $e=0.78$，砂土最大、最小孔隙比分别为 0.91 和 0.58，采用砂石桩法处理地基，要求挤密后砂土地基相对密实度达到 0.85，若桩径 0.8m，等边三角形布置，试问砂石桩的间距为下列何项数值？（取修正系数 $\xi=1.2$）（　　）

(A)2.90m　　(B)3.14m

(C)3.62m　　(D)4.15m

14. 拟对非自重湿陷性黄土地基采用灰土挤密桩加固处理，处理面积为 22m×36m，采用正三角形满堂布桩，桩距 1.0m，桩长 6.0m，加固前地基土平均干密度 $\rho_d=1.4\text{t/m}^3$，平均含水量 $w=10\%$，最优含水量 $w_{op}=16.5\%$。为了优化地基土挤密效果，成孔前拟在三角形布桩形心处挖孔预渗水增湿，损耗系数为 $k=1.1$，试问完成该场地增湿施工需加水量接近下列哪个选项数值？（　　）

(A)289t　　(B)318t

(C)410t　　(D)476t

15. 某场地用振冲法复合地基加固，填料为砂土，桩径 0.8m，正方形布桩，桩距 2.0m，现场平板载荷试验测定复合地基承载力特征值为 200kPa，桩间土承载力特征值为

150kPa，试问，估算的桩土应力比与下列何项数值最为接近？（　　）

(A)2.67　　(B)3.08

(C)3.30　　(D)3.67

16.某堆载预压法工程，典型地质剖面如图所示，填土层重度为18kN/m^3，砂垫层重度为20kN/m^3，淤泥层重度为16kN/m^3，e_0=2.15，$c_v=c_h=3.5\times10^{-4}$cm^2/s。如果塑料排水板断面尺寸为100mm×4mm，间距为1.0m×1.0m，正方形布置，长14.0m，堆载一次施加，问预压8个月后，软土平均固结度$\overline{U}$最接近以下哪个选项？（　　）

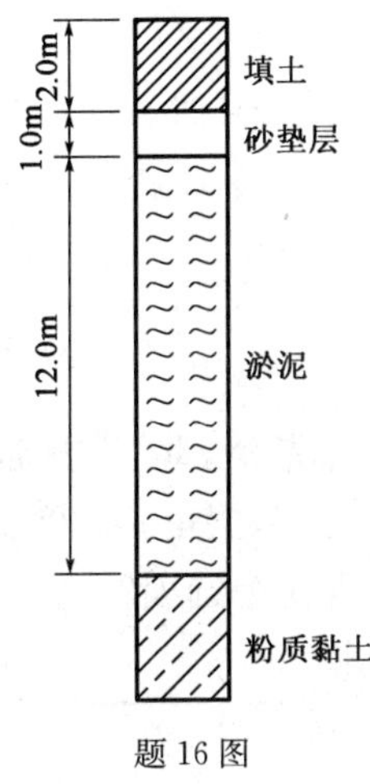

题16图

(A)85%　　(B)91%

(C)93%　　(D)96%

17.如图所示，挡墙背直立、光滑，墙后的填料为中砂和粗砂，厚度分别为h_1=3m和h_2=5m，重度和内摩擦角见图示，土体表面受到均匀满布荷载q=30kPa的作用，试问荷载q在挡墙上产生的主动土压力接近下列哪个选项？（　　）

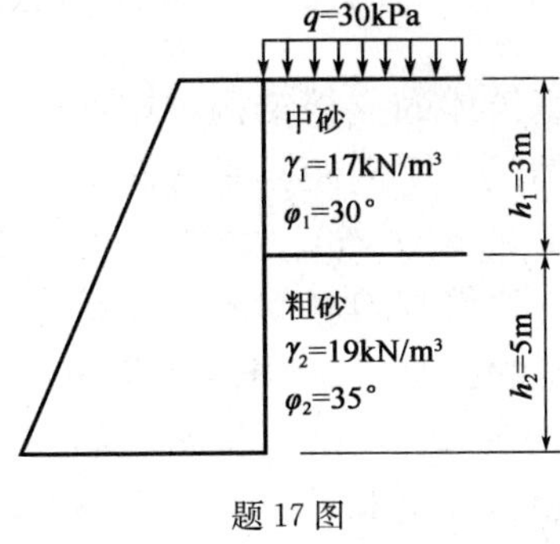

题17图

(A)49kN/m　　(B)59kN/m

(C)69kN/m　　(D)79kN/m

18. 某建筑旁有一稳定的岩石山坡，坡角 60°，依山拟建挡土墙，墙高 6m，墙背倾角 75°，墙后填料采用砂土，重度 20kN/m³，内摩擦角 28°，土与墙背间的摩擦角为 15°，土与山坡间的摩擦角为 12°，墙后填土高度 5.5m。问挡土墙墙背主动土压力最接近下列哪个选项？（　　）

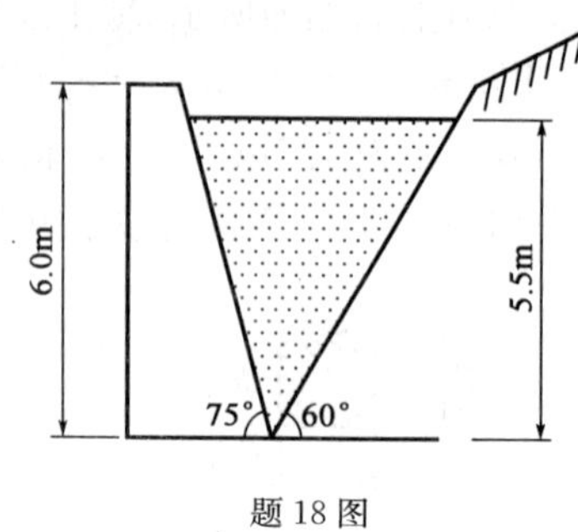

题 18 图

(A)160kN/m　　(B)190kN/m

(C)220kN/m　　(D)260kN/m

19. 如图所示，挡墙墙背直立、光滑，填土表面水平。填土为中砂，重度 $\gamma=18\text{kN/m}^3$，饱和重度 $\gamma_{sat}=20\text{kN/m}^3$，内摩擦角 $\varphi=32°$。地下水位距离墙顶 3m。作用在墙上的总的水土压力（主动）接近下列哪个选项？（　　）

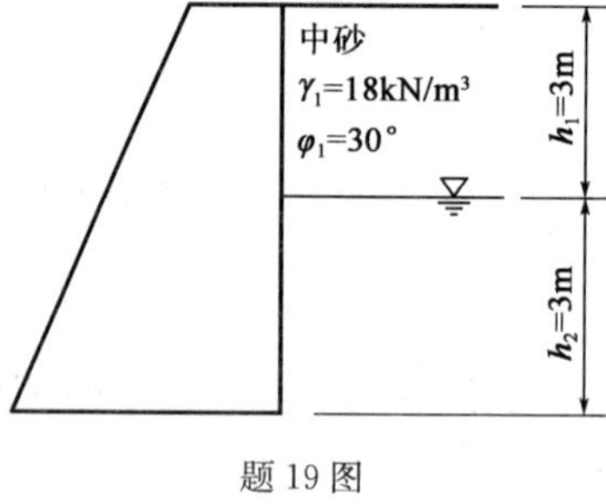

题 19 图

(A)180kN/m　　(B)230kN/m

(C)270kN/m　　(D)310kN/m

20. 如图所示，某场地的填筑体的支挡结构采用加筋土挡墙。复合土工带拉筋间的水平间距与垂直间距分别为 0.8m 和 0.4m，土工带宽 10cm。填料重度 18kN/m³，综合内摩擦角 32°。拉筋与填料间的摩擦系数为 0.26，拉筋拉力峰值附加系数为 2.0。根据《铁路路基支挡结构设计规范》(TB 10025—2006)，按照内部稳定性验算，问深度 6m 处的最短拉筋长度接近下列哪一选项？（　　）

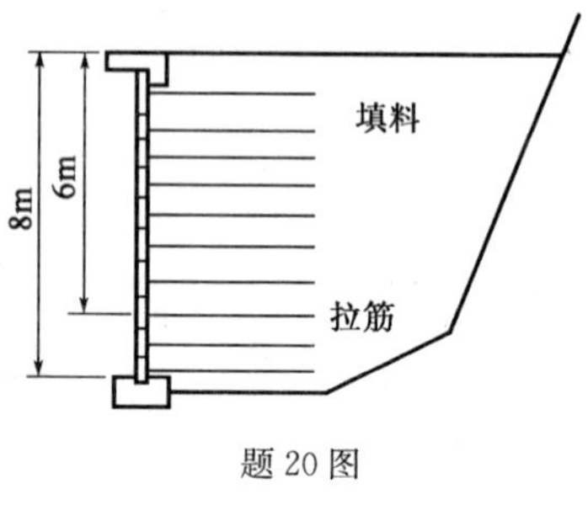

题 20 图

(A)3.5m　　(B)4.2m

(C)5.0m　　(D)5.8m

21. 某基坑开挖深度为 8.0m，其基坑形状及场地土层如下图所示，基坑周边无重要构筑物及管线。粉细砂层渗透系数为 1.5×10^{-2}cm/s，在水位观测孔中测得该层地下水水位埋深为 0.5m。为确保基坑开挖过程中不致发生突涌，拟采用完整井降水措施(降水井管井过滤器半径设计为 0.15m，过滤器长度与含水层厚度一致)，将地下水水位降至基坑开挖面以下 0.5m，试问，根据《建筑基坑支护技术规程》(JGJ 120—2012)估算本基坑降水时至少需要布置的降水井数量(口)为下列何项？ ( )

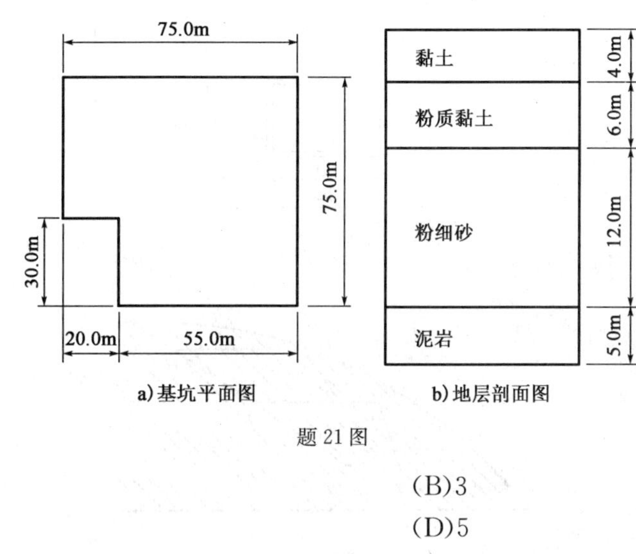

题 21 图

(A)2 (B)3

(C)4 (D)5

22. 锚杆自由段长度为 6m，锚固段长度为 10m，主筋为两根直径 25mm 的 HRB400 钢筋，钢筋弹性模量为 2.0×10^5N/mm²。根据《建筑基坑支护技术规程》(JGJ 120—2012)计算，锚杆验收最大加载至 300kN 时，其最大弹性变形值应不小于下列哪个数值？ ( )

(A)0.45cm (B)0.73cm

(C)1.68cm (D)2.37cm

23. 一地下结构置于无地下水的均质砂土中，砂土的 $\gamma=20$kN/m³、$c=0$、$\varphi=30°$，上覆砂土厚度 $H=20$m，地下结构宽 $2a=8$m、高 $h=5$m。假定从洞室的底角起形成一与结构侧壁成 $(45°-\varphi/2)$ 的滑移面，并延伸到地面(如图)，取 $ABCD$ 为下滑体。作用在地下结构顶板上的竖向压力最接近下列哪个选项？ ( )

(A)65kPa (B)200kPa

(C)290kPa (D)400kPa

24. 图示的顺层岩质边坡内有一软弱夹层 $AFHB$，层面 CD 与软弱夹层平行，在沿 CD 顺层清方后，设计了两个开挖方案，方案 1：开挖坡面 $AEFB$，坡面 AE 的坡率为 1∶0.5；方案 2：开挖坡面 $AGHB$，坡面 AG 的坡率为 1∶0.75。比较两个方案中坡体 AGH 和 AEF 在软弱夹层上的滑移安全系数，下列哪个选项的说法是正确的？(要求解答过程) ( )

(A)二者的安全系数相同　　　　　　　　(B)方案 2 坡体的安全系数小于方案 1

(C)方案 2 坡体的安全系数大于方案 1　　(D)难以判断

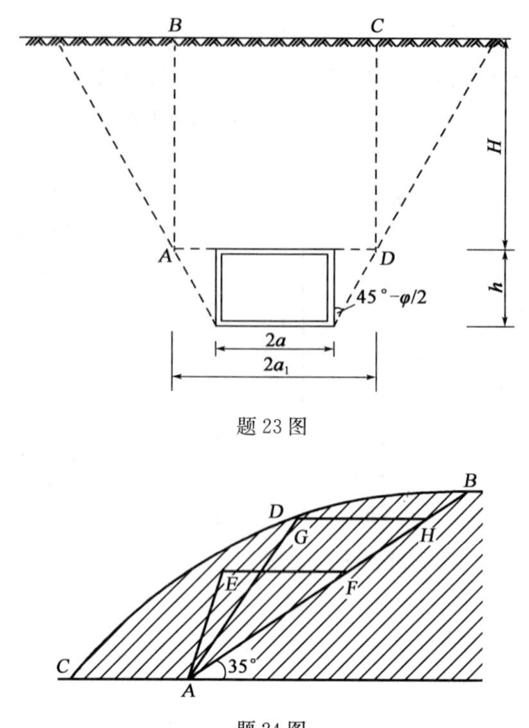

题 23 图

题 24 图

25. 某滨海盐渍土地区需修建一级公路，料场土料为细粒氯盐渍土或亚氯盐渍土，对料场深度 2.5m 以内采取土样进行含盐量测定，结果见下表。根据《公路工程地质勘察规范》(JTG C20—2011)，判断料场盐渍土作为路基填料的可用性为下列哪项？

(　　)

题 25 表

取样深度(m)	0～0.05	0.05～0.25	0.25～0.5	0.5～0.75	0.75～1.0	1.0～1.5	1.5～2.0	2.0～2.5
含盐量(%)	6.2	4.1	3.1	2.7	2.1	1.7	0.8	1.1

注：离子含量以 100g 干土内的含盐量计。

(A)0～0.80m 可用　　　　(B)0.80～1.50m 可用

(C)1.50m 以下可用　　　　(D)不可用

26. 陡崖上悬出截面为矩形的危岩体（如图示），长 $L=7\text{m}$，高 $h=5\text{m}$，重度 $\gamma=24\text{kN/m}^3$，抗拉强度 $[\sigma_t]=0.9\text{MPa}$，A 点处有一竖向裂隙，问：危岩处于沿 ABC 截面的拉裂式破坏极限状态时，A 点处的张拉裂隙深度 a 最接近下列哪一个数值？

(　　)

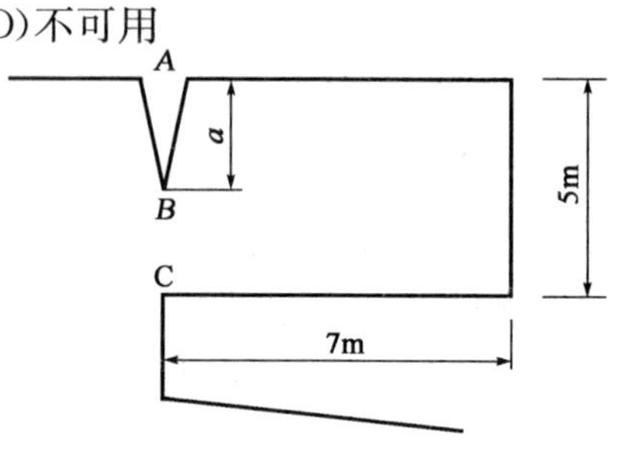

题 26 图

(A)0.3m　　(B)0.6m

(C)1.0m　　(D)1.5m

27. 建筑物位于小窑采空区，小窑巷道采煤，煤巷宽 2m，顶板至地面 27m，顶板岩体重度 22kN/m^3，内摩擦角 34°，建筑物横跨煤巷，基础埋深 2m，基底附加压力 250kPa，问：按顶板临界深度法近似评价地基稳定性为下列哪一选项？（　　）

(A)地基稳定　　(B)地基稳定性差

(C)地基不稳定　　(D)地基极限平衡

28. 8 度地区地下水位埋深 4m，某钻孔桩桩顶位于地面以下 1.5m，桩顶嵌入承台底面 0.5m，桩直径 0.8m，桩长 20.5m，地层资料见下表，桩全部承受地震作用，问按照《建筑抗震设计规范》(GB 50011—2010)的规定，单桩竖向抗震承载力特征值最接近于下列哪个选项？（　　）

题 28 表

土层名称	层底埋深(m)	土层厚度(m)	标准贯入锤击数 N	临界标准贯入锤击数 N_{cr}	极限侧阻力标准值(kPa)	极限端阻力标准值(kPa)
粉质黏土①	5.0	5	—	—	30	
粉土②	15.0	10	7	10	20	
密实中砂③	30.0	15	—	—	50	4000

(A)1680kN　　(B)2100kN

(C)3110kN　　(D)3610kN

29. 某场地设计基本地震加速度为 0.15g，设计地震分组为第一组，地下水位深度 2.0m，地层分布和标准贯入点深度及锤击数见下表。按照《建筑抗震设计规范》(GB 50011—2010)进行液化判别得出的液化指数和液化等级最接近下列哪个选项？（　　）

题 29 表

土层序号		土层名称	层底深度(m)	标贯深度 d_s(m)	标贯击数 N_i
①		填土	2.0		
②	②-1	粉土(黏粒含量为 6%)	8.0	4.0	5
	②-2			6.0	6
③	③-1	粉细砂	15.0	9.0	12
	③-2			12.0	18
④		中粗砂	20.0	16.0	24
⑤		卵石			

(A)12.0、中等　　(B)15.0、中等
(C)16.5、中等　　(D)20.0、严重

30. 某建筑工程基础采用灌注桩，桩径 ϕ600mm，桩长 25m，低应变检测结果表明这 6 根基桩均为Ⅰ类桩。对 6 根基桩进行单桩竖向抗压静载试验的成果见下表，该工程的单桩竖向抗压承载力特征值最接近下列哪一选项？（　　）

题 30 表

试桩编号	1#	2#	3#	4#	5#	6#
Q_u(kN)	2880	2580	2940	3060	3530	3360

(A)1290kN　　(B)1480kN
(C)1530kN　　(D)1680kN

2012年案例分析试题答案(下午卷)

1.[答案] B

[解析] 据《岩土工程勘察规范》(GB 50021—2001)第14.2节,剔除深度1.0m、2.0m处异常值。

平均值:$C_m=\frac{\sum_{i=1}^{n}C_i}{n}=\frac{7.0+9.6+12.3+14.4+16.7+19.0}{6}=13.2\text{kPa}$

标准差:$\sigma_f=\sqrt{\frac{\sum_{i=1}^{n}C_i^2-nC_m^2}{n-1}}$

$=\sqrt{\frac{7.0^2+9.6^2+12.3^2+14.4^2+16.7^2+19.0^2-6\times13.2^2}{6-1}}=4.34$

剩余标准差:$\sigma_r=\sigma_f(1-r^2)=4.34\times(1-0.98^2)=0.89$

变异系数:$\delta=\frac{\sigma_r}{C_m}=\frac{0.89}{13.2}=0.067$

统计修正系数:$\gamma_s=1-[\frac{1.704}{\sqrt{6}}+\frac{4.678}{6^2}]\times0.067=0.945$

抗剪强度标准值:$C_k=\gamma_s C_m=0.945\times13.2=12.5\text{kPa}$

2.[答案] D

[解析]《工程地质手册》第9.3.1节。

水位高程k_1孔为12.70−2.70=10.00m,k_2孔为15.6−3.10=12.50m,k_3孔为9.80−2.30=7.50m。

根据钻孔坐标绘图,实地坐标和图上坐标的X、Y轴相反。

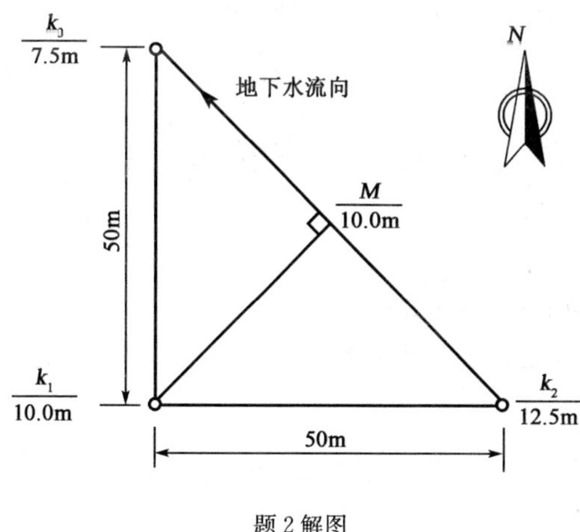

题2解图

由k_1向k_2、k_3的连线作等水位线,k_2、k_3的连线方向即为地下水流向,与正北方向的夹角为360°−45°=315°

3.[答案] B

[解析] $\gamma' = \frac{G_s - 1}{1+e}\gamma_w = \frac{2.74-1}{1+0.98}\times10 = 8.79\text{kN/m}^3$

自重应力：$p_z = 8.79\times8 = 70.3\text{kPa}$

超固结比：$\text{OCR} = \frac{p_c}{p_z} = \frac{76}{70.3} = 1.08$

4.[答案] D

[解析]《铁路工程地质勘察规范》(TB 10012—2007)附录D。

粉细砂层孔隙比：$e = \frac{G_s\gamma_w(1+w)}{\gamma} - 1 = \frac{2.65\times10\times(1+0.15)}{19.0} - 1 = 0.604$

粉细砂层饱和重度：$\gamma_{sat} = \frac{G_s + e}{1+e}\gamma_w = \frac{2.65-0.604}{1+0.604}\times10 = 20.29\text{kN/m}^3$

持力层为不透水层，水中部分粉细砂按饱和重度计算。

容许承载力：$[\sigma] = \frac{5.14c_u}{k} + \gamma h = \frac{5.14\times20}{1.5} + 2\times19 + 2\times20.29 = 147\text{kPa}$

5.[答案] C

[解析]《公路桥涵地基与基础设计规范》(JTG D63—2007)第3.3.4条。

基础埋置深度 h 自一般冲刷线算起，取 $h=3.5\text{m}$，基底位于水面下，持力层为不透水层，取 $\gamma_1 = 20\text{kN/m}^3$，基底以上土的加权重度 $\gamma_2 = \frac{1.5\times18+1.5\times19+0.5\times20}{3.5} = 18.71\text{kN/m}^3$

查表3.3.4，$k_1=0$，$k_2=2.5$，承载力基本容许值 $[f_a] = [f_{a0}] + k_1\gamma_1(b-2) + k_2\gamma_2(h-3) = 200+0+2.5\times18.71\times(3.5-3) = 223.4\text{kPa}$

按平均常水位至一般冲刷线每米增大10kPa，$[f_a] = 223.4+10\times1.5 = 234.8\text{kPa}$

6.[答案] B

[解析] 基底附加压力 $p_0 = 607-19\times8 = 455\text{kPa}$，压缩模量当量值为沉降计算中与分层压缩模量等效的值。$\frac{l}{b} = \frac{20}{10} = 2$，$\frac{z}{b} = \frac{20}{10} = 2$，平均附加应力系数 $\bar{\alpha} = 0.1958$

$$s' = 4\frac{p_0}{E_s}\bar{\alpha}z = 4\times\frac{455}{18}\times0.1958\times20 = 396\text{mm},\ \psi_s = \frac{s}{s'} = \frac{80}{396} = 0.2$$

7.[答案] C

[解析] 地下室浮力为 $9\times10 = 90\text{kPa}$

基底平均压力 $p_k = 70\text{kPa}$，设钢渣厚度为 t，则单位面积上钢渣和上覆土自重为 $35t + 18\times(1-t)$

$k = \frac{70+35t+18\times(1-t)}{90} = 1.05$，解得 $t = 0.38\text{m}$

8.[答案] A

[解析] $\frac{E_{s1}}{E_{s2}} = \frac{12}{4} = 3$，$\frac{z}{b} = \frac{5-3}{2} = 1$，查规范表5.2.7，$\theta = 23°$

基础底面以上土的自重应力：$p_c=19\times1+9\times2=37\text{kPa}$

下卧层顶面附加应力：$p_z=\dfrac{b(p_k-p_c)}{b+2z\tan\theta}=\dfrac{2\times(180-37)}{2+2\times2\times\tan23^\circ}=77.3\text{kPa}$

下卧层顶面处土的自重应力：$p_{cz}=19\times1+9\times4=55\text{kPa}$

$p_z+p_{cz}=55+77.3=132.3\text{kPa}\leqslant f_{az}$

9.［答案］B

［解析］据《建筑地基基础设计规范》(GB 50007—2011)，$\varphi=20^\circ$，$M_b=0.51$，$M_d=3.06$，$M_c=5.66$

$f_a=M_b\gamma b+M_d\gamma_m d+M_c c_k=0.51\times10\times5+3.06\times\dfrac{18+10}{2}\times2+5.66\times25=253\text{kPa}$

$p_{max}\leqslant1.2f_a=1.2\times253=303.6\text{kPa}$

$p_{max}=\dfrac{F}{A}+\dfrac{M}{W}=\dfrac{F}{5}+\dfrac{300\times6}{5^2\times1}=\dfrac{F}{5}+72\leqslant303.6$，解得 $F\leqslant1158\text{kN}$

10.［答案］B

［解析］《建筑桩基技术规范》(JGJ 94—2008)第 5.4.4 条。

查表 5.4.4-2，$\dfrac{l_n}{l_0}=0.9$，$l_n=0.9\times5=4.5\text{m}$

$$\eta_n=\frac{s_{ax}s_{ay}}{\left[\pi d\left(\dfrac{q_s^n}{\gamma_m}+\dfrac{d}{4}\right)\right]}=\frac{2.5\times2.5}{\left[3.14\times0.7\times\left(\dfrac{30}{8.5}+\dfrac{0.7}{4}\right)\right]}=0.768$$

下拉荷载：$Q_g^n=\eta_n\cdot u\sum\limits_{i=1}^{n}q_{si}^n l_i=0.768\times3.14\times0.7\times30\times4.5=227.9\text{kN}$

11.［答案］C

［解析］《建筑桩基技术规范》(JGJ 94—2008)第 5.1.1 条、第 5.2.1 条。

承台及其上土重 $G_k=20\times1.6\times2.6\times1.8=150\text{kN}$

$N_k=\dfrac{F_k+G_k}{n}=\dfrac{10000+150}{5}=2030\text{kN}\leqslant R$

$N_{kmax}=\dfrac{F_k+G_k}{n}+\dfrac{M_{yk}x_i}{\sum x_j^2}=2030+\dfrac{(500+100\times1.8)\times1}{4\times1^2}=2200\text{kN}\leqslant1.2R$

$R\geqslant\dfrac{2200}{1.2}=1833\text{kN}$，$Q_{uk}=2R=2\times2030=4060\text{kN}$

12.［答案］A

［解析］《建筑桩基技术规范》(JGJ 94—2008)第 5.6.2 条。

$A_c=A-nA_{ps}=2\times2-4\times0.2^2=3.84\text{m}^2$

$p_0=\eta_p\dfrac{F-nR_a}{A_c}=1.3\times\dfrac{360-4\times80}{3.84}=13.54\text{kPa}$

计算如下：

$s_s=4p_0\sum\dfrac{z_i\bar{a}_i-z_{i-1}\bar{a}_{i-1}}{E_{si}}=4\times13.54\times\dfrac{0.4107}{1.5}=14.83\text{mm}$

题 12 解表

z_i(m)	l/b	z/b	$\bar{a}_i$	$z_i\bar{a}_i$	$z_i\bar{a}_i-z_{i-1}\bar{a}_{i-1}$	E_{si}(MPa)
0	1	0	0.25	0		
3	1	3	0.1369	0.4107	0.4107	1.2

13.[答案] B

[解析]《建筑地基处理技术规范》(JGJ 79—2012)第 7.2.2 条。

$e_1=e_{max}-D_{r1}(e_{max}-e_{min})=0.91-0.85\times(0.91-0.58)=0.63$

$$s=0.95\xi d\sqrt{\frac{1+e_0}{e_0-e_1}}=0.95\times1.2\times0.8\times\sqrt{\frac{1+0.78}{0.78-0.63}}=3.14\text{m}$$

14.[答案] D

[解析]《建筑地基处理技术规范》(JGJ 79—2012)第 7.5.3 条。

拟加固土的体积 $V=22\times36\times6=4753\text{m}^3$

用水量 $Q=v\bar{\rho}_d(w_{op}-\bar{w})k=4753\times1.4\times(0.165-0.10)\times1.1=476\text{t}$

15.[答案] D

[解析]《建筑地基处理技术规范》(JGJ 79—2012)第 7.1.5 条。

置换率:$m=\frac{d^2}{d_e^2}=\frac{0.8^2}{(1.13\times2)^2}=0.125$

$$f_{spk}=[1+m(n-1)]f_{sk},n=\frac{f_{spk}-f_{sk}}{mf_{sk}}+1=\frac{200-150}{0.125\times150}+1=3.67$$

16.[答案] B

[解析]《建筑地基处理技术规范》(JGJ 79—2012)第 5.2 条。

$c_v=c_h=3.5\times10^{-4}\times8.64=3.024\times10^{-3}\text{m}^2/\text{s}$

有效排水直径:$d_e=1.13l=1.13\times1=1.13\text{m}$

当量换算直径:$d_p=\frac{2(a+b)}{\pi}=\frac{2\times(100+4)}{3.14}=66.2\text{mm}$

井径比:$n=\frac{d_e}{d_p}=\frac{1130}{66.2}=17>15,F_n=\ln(n)-\frac{3}{4}=\ln17-0.75=2.08$

$U=1-ae^{-\beta t},a=\frac{8}{\pi^2}=0.81$

$$\beta=\frac{\pi^2c_v}{4H^2}+\frac{8c_h}{F_nd_e^2}=\frac{3.14^2\times3.024\times10^{-3}}{4\times12^2}+\frac{8\times3.024\times10^{-3}}{2.08\times1.13^2}=9.2\times10^{-3}$$

$U=1-0.81\times e^{9.2\times10^{-3}\times8\times30}=91.1\%$

17.[答案] C

[解析] $k_{a1}=\tan^2(45^\circ-\frac{30^\circ}{2})=\frac{1}{3},k_{a2}=\tan^2(45^\circ-\frac{36^\circ}{2})=0.26$

$$E=qh_1k_{a1}+qh_2k_{a2}=30\times\frac{1}{3}\times3+30\times0.26\times5=69\text{kN/m}$$

18.［答案］C

［解析］$\theta=60°>45°+\frac{28°}{2}=59°$，$\delta=12°<\varphi=28°$，滑动面沿坡面滑动，采用滑动楔体静力平衡法。

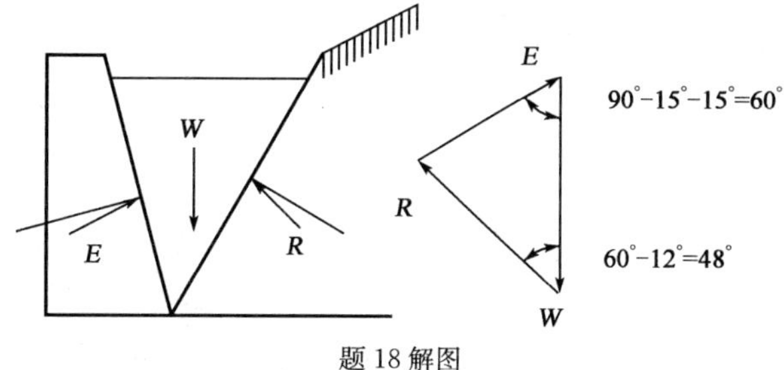

题 18 解图

填料自重：$W=\frac{1}{2}\times5.5\times(\frac{5.5}{\tan75°}+\frac{5.5}{\tan60°})\times20=255.7\text{kN/m}$

$E_a=\frac{255.7\times\sin(60°-12°)}{\sin(90°+15°+12°+15°-60°)}=199.8\text{kN/m}$

根据《建筑地基基础设计规范》(GB 50007—2011)第 6.7.3 条，主动土压力增大系数取 1.1，$E_a=1.1\times199.8=219.78\text{kN/m}$

19.［答案］C

［解析］$k_a=\tan^2(45°-\frac{32°}{2})=0.31$

水位处土压力强度：$e_a=\gamma h_1 k_a=18\times3\times0.31=16.74\text{kPa}$

墙底处土压力强度：$e_a=\gamma h k_a=(18\times3+10\times5)\times0.31=32.24\text{kPa}$

土压力合力：$E_a=\frac{1}{2}\times3\times16.74+\frac{1}{2}\times5\times(16.74+32.24)=147.56\text{kN/m}$

水压力：$P_w=\frac{1}{2}\gamma_w h_2^2=\frac{1}{2}\times10\times5^2=125\text{kN/m}$

总压力：$P=147.56+125=272.56\text{kN/m}$

20.［答案］C

［解析］《铁路路基支挡结构设计规范》(TB 10025—2006)第 8.2 节。

根据几何关系，非锚固段长度：$L_a=0.6(H-h_i)=0.6\times(8-6)=1.2\text{m}$

$h_i=6\text{m}$，$\lambda_a=\tan(45°-\frac{32°}{2})=0.31$，$\lambda_0=1-\sin32°=0.47$

$\lambda_i=\lambda_0(1-\frac{h_i}{6})+\lambda_a\frac{h_i}{6}=0+0.31=0.31$

6m 深度处的水平土压力 $\sigma_{h1i}=\lambda_i\gamma h_i=0.31\times18\times6=33.48\text{kN/m}^3$

拉筋拉力：$T_i=K\sigma_{hi}S_xS_y=2\times33.48\times0.8\times0.4=21.4\text{kN}$

拉筋抗拔力：$S_{fi}=2\sigma_{vi}aL_bf=2\times18\times6\times0.1\times0.26\times L_b=5.616L_b$

$S_{fi}\geq T_i$，$L_b\geq\frac{21.4}{5.616}=3.81\text{m}$，$L=L_a+L_b=3.81+1.2=5.01\text{m}$

21.［答案］B

[解析]《建筑基坑支护技术规程》(JGJ 120—2012)附录 E.0.3

按承压水完整井计算基坑涌水量，$k=1.5\times10^{-2}\times864=12.96\text{m/d}$

基坑等效半径：$r_0=\sqrt{\frac{A}{\pi}}=\sqrt{\frac{75^2-20\times30}{3.14}}=40\text{m}$

设计降深：$s_d=8-0.5+0.5=8\text{m}$

井水位降深：$s_w=10\text{m}$

影响半径：$R=10s_w\sqrt{k}=10\times10\times\sqrt{12.96}=360\text{m}$

基坑涌水量：$Q=2\pi k\frac{Ms_d}{\ln(1+\frac{R}{r_0})}=2\times3.14\times12.96\times\frac{12\times8}{\ln(1+\frac{360}{40})}=3393.3\text{m}^3/\text{d}$

单井出水能力：$q_0=120\pi r_s l\sqrt[3]{k}=120\times3.14\times0.15\times12\times\sqrt[3]{12.96}=1593\text{m}^3/\text{d}$

需要降水井数量：$n=1.1\frac{Q}{q_0}=1.1\times\frac{3393.3}{1593}=2.34\approx3$

22.[答案] B

[解析]《建筑基坑支护技术规程》(JGJ 120—2012)附录 A.4.6。

在抗拔承载力检测值下测得的弹性位移量应大于杆体自由段长度理论弹性伸长量的 80%。

自由段理论弹性变形量：$\varepsilon=\frac{NL}{EA}=\frac{300\times10^3\times6000}{2.0\times10^5\times2\times3.14\times\frac{25^2}{4}}=9.17\text{mm}$

弹性变形值$>9.17\times0.8=7.34\text{mm}=0.734\text{cm}$

23.[答案] C

[解析]《工程地质手册》第 676 页。

$$k_1=\tan\varphi\cdot\tan^2(45°-\frac{\varphi}{2})=\tan30°\times\tan^2(45°-\frac{30°}{2})=0.19$$

$$a_1=a+h\tan(45°-\frac{\varphi}{2})=4+5\times\tan(45°-\frac{30°}{2})=6.89\text{m}$$

$$q_v=\gamma H[1-\frac{H}{2a_1}K_1]=20\times20\times[1-\frac{20}{2\times6.89}\times0.19]=289.7\text{kPa}$$

24.[答案] A

[解析] 滑体安全系数 $k=\frac{W\cos\theta\tan\varphi+cl}{W\sin\theta}$

方案 1：$k_1=\frac{\frac{1}{2}\gamma hl\cos\theta\tan\varphi+cl}{\frac{1}{2}\gamma hl\sin\theta}=\frac{\frac{1}{2}\gamma h\cos\theta\tan\varphi+c}{\frac{1}{2}\gamma h\sin\theta}$

方案 2：$k_2=\frac{\frac{1}{2}\gamma hl\cos\theta\tan\varphi+cl}{\frac{1}{2}\gamma hl\sin\theta}=\frac{\frac{1}{2}\gamma h\cos\theta\tan\varphi+c}{\frac{1}{2}\gamma h\sin\theta}$

由于滑体高度 h 相同，$k_1=k_2$

25.**[答案]** C

[解析]《公路工程地质勘察规范》(JTG C20—2011)第 8.4.9 条。

$$\overline{DT}=\frac{\sum h_i DT_i}{h_i}$$

$$=\frac{0.05\times6.2+0.2\times4.1+0.25\times(3.1+2.7+2.1)+0.5\times(1.7+0.8+1.1)}{2.5}$$

$$=1.96$$

据表 8.4.4,该盐渍土属中盐渍土;

按表 8.4.9-2,判定作为一级公路路基的可能性为 1.5m 以下可用。

26.**[答案]** B

[解析]《工程地质手册》。

$$k=\frac{[\sigma_{拉}]}{[\sigma_{B拉}]}=\frac{(h-a)^2[\sigma_{B拉}]}{3l^2\gamma h}=1$$

$(5-a)^2=\dfrac{3\times7^2\times24\times5}{900}=19.6$,解得 $a=5-\sqrt{19.6}=0.57\text{m}$

27.**[答案]** B

[解析]《工程地质手册》。

顶板临界深度:$$H_0=\frac{B\gamma+\sqrt{B^2\gamma^2+4B\gamma P_0\tan\varphi\tan^2(45^\circ-\frac{\varphi}{2})}}{2\gamma\tan\varphi\tan^2(45^\circ-\frac{\varphi}{2})}$$

$$=\frac{2\times22+\sqrt{2^2\times22^2+4\times2\times22\times250\times\tan34^\circ\times\tan^2(45^\circ-\frac{34^\circ}{2})}}{2\times22\times\tan34^\circ\times\tan^2(45^\circ-\frac{34^\circ}{2})}$$

$$=17.35\text{m}$$

顶板埋藏深度:$H=27-2=25\text{m}$,$H_0=17.35\text{m}<25\text{m}<1.5H_0=26\text{m}$,地基稳定性差。

28.**[答案]** B

[解析]《建筑抗震设计规范》(GB 50011—2010)第 4.4 节。

液化折减系数:$\lambda=\dfrac{N}{N_{cr}}=\dfrac{7}{10}=0.7$

地面下 5~10m,折减系数取$\dfrac{1}{3}$,10~15m,折减系数取$\dfrac{2}{3}$。

单桩极限承载力标准值:$$Q_{uk}=u\sum q_{sik}l_i+q_{pk}A_p$$

$$=3.14\times0.8\times(3\times30+5\times20\times\frac{1}{3}+5\times20\times\frac{2}{3}+7\times50)+3.14\times0.4^2\times4000$$

$$=3366.08\text{kN}$$

单桩极限承载力特征值:$R_a=\dfrac{Q_{uk}}{2}=\dfrac{3366.08}{2}=1683.04\text{kN}$

抗震时提高 25%,1683.04×1.25=2103.8kN

29.［答案］C

［解析］《建筑抗震设计规范》(GB 50011—2010)第4.3节。

锤击数临界值 $N_{cr}=N_0\beta[\ln(0.6d_s+1.5)-0.1d_w]\sqrt{\frac{3}{\rho_c}}$

4m处：$N_{cr}=10\times0.8\times[\ln(0.6\times4+1.5)-0.1\times2]\times\sqrt{\frac{3}{6}}=6.6>5$

6m处：$N_{cr}=10\times0.8\times[\ln(0.6\times6+1.5)-0.1\times2]\times\sqrt{\frac{3}{6}}=8.1>6$

9m处：$N_{cr}=10\times0.8\times[\ln(0.6\times9+1.5)-0.1\times2]\times1=13.9>12$

12m处：$N_{cr}=10\times0.8\times[\ln(0.6\times12+1.5)-0.1\times2]\times1=15.7<18$

16m处：$N_{cr}=10\times0.8\times[\ln(0.6\times16+1.5)-0.1\times2]\times1=17.7<24$

4m、6m、9m处液化，各点土层厚度及中点深度和权函数计算如下：

题29解表

深度	土层厚度	中点深度	权函数
4m	$4-2+\frac{6-4}{2}=3$	$2+\frac{3}{2}=3.5$	10
6m	$8-6+\frac{6-4}{2}=3$	$8-\frac{3}{2}=6.5$	$\frac{2}{3}\times(20-6.5)=9$
9m	$9-8+\frac{12-9}{2}=2.5$	$8+\frac{2.5}{2}=9.25$	$\frac{2}{3}\times(20-9.25)=7.17$

$I_{lE}=\sum_{i=1}^{n}[1-\frac{N_i}{N_{cri}}]d_iW_i=(1-\frac{5}{6.6})\times3\times10+(1-\frac{6}{8.1})\times3\times9+(1-\frac{12}{13.9})\times2.5\times7.17=16.6$，液化等级为中等。

30.［答案］B

［解析］《建筑基桩检测技术规范》(JGJ 106—2014)第4.4节。

平均值$=\frac{2880+2580+2940+3060+3530+3360}{6}=3058.3\text{kN}$

极差$=3530-2580=950\text{kN}$，$\frac{950}{3058.3}=0.31>0.3$，不符合规范，舍弃最大值重新统计。

平均值$=\frac{2880+2580+2940+3060+3360}{6}=2964\text{kN}$

极差$=3360-2580=780\text{kN}$，$\frac{780}{2964}=0.26<0.3$，满足要求。

单桩竖向抗压承载力特征值：$R_a=\frac{2964}{2}=1482\text{kN}$

2013年案例分析试题(上午卷)

1. 某多层框架建筑位于河流阶地上,采用独立基础,基础埋深2.0mm,基础平面尺寸2.5m×3.0m,基础下影响深度范围内地基土均为粉砂,在基底标高进行平板载荷试验,采用0.3m×0.3m的方形载荷板,各级试验载荷下的沉降数据见下表:

题1表

荷载 p(kPa)	40	80	120	160	200	240	280	320
沉降量 s(mm)	0.9	1.8	2.7	3.6	4.5	5.6	6.9	9.2

问实际基础下的基床系数最接近下列哪一项? ( )

(A)13938kN/m^3　　(B)27484kN/m^3

(C)44444kN/m^3　　(D)89640kN/m^3

2. 某场地冲积砂层内需测定地下水的流向和流速,呈等边三角形布置3个钻孔如图所示,钻孔孔距为60.0m,测得A、B、C三孔的地下水位标高分别为28.0m、24.0m、24.0m,地层的渗透系数为1.8×10^{-3}cm/s,则地下水的流速接近下列哪一项? ( )

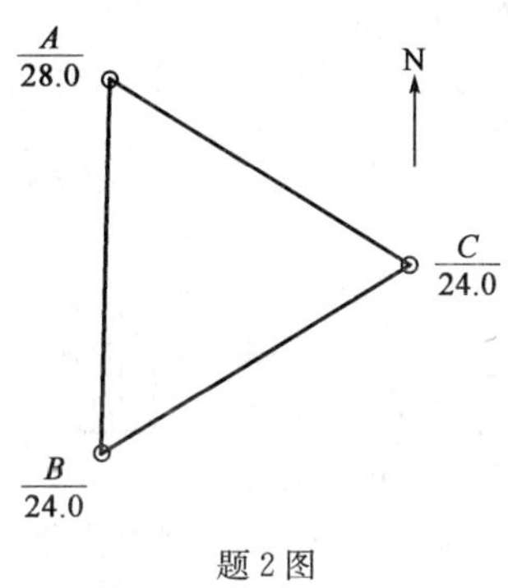

题2图

(A)1.20×10^{-4}cm/s　　(B)1.40×10^{-4}cm/s

(C)1.60×10^{-4}cm/s　　(D)1.80×10^{-4}cm/s

3. 某正常固结饱和黏性土试样进行不固结不排水试验得:$\varphi_u=0$,$c_u=25$kPa;对同样的土进行固结不排水试验,得到有效抗剪强度指标:$c'=0$,$\varphi'=30°$。问该试样在固结不排水条件下剪切破坏时的有效大主应力和有效小主应力为下列哪一项? ( )

(A)$\sigma'_1=50$kPa,$\sigma'_3=20$kPa　　(B)$\sigma'_1=50$kPa,$\sigma'_3=25$kPa

(C)$\sigma'_1=75$kPa,$\sigma'_3=20$kPa　　(D)$\sigma'_1=75$kPa,$\sigma'_3=25$kPa

4. 某港口工程拟利用港池航道疏浚土进行冲填造陆,冲填区需填方量为10000m^3,疏浚土的天然含水率为31.0%、天然重度为18.9kN/m^3,冲填施工完成后冲填土的含

水率为 62.6%，重度为 16.4kN/m³，不考虑沉降和土颗粒流失，使用的疏浚土方量接近下列哪一选项？（　　）

(A)5000m³　　(B)6000m³

(C)7000m³　　(D)8000m³

5. 某建筑基础为柱下独立基础，基础平面尺寸为 5m×5m，基础埋深 2m，室外地面以下土层参数见下表，假定变形计算深度为卵石层顶面。问计算基础中点沉降时，沉降计算深度范围内的压缩模量当量值最接近下列哪个选项？（　　）

题 5 表

土 层 名 称	土层层底埋深(m)	重　度(kN/m³)	压缩模量 E_s(MPa)
粉质黏土	2.0	19	10
粉土	5.0	18	12
细砂	8.0	18	18
密实卵石	15.0	18	90

(A)12.6MPa　　(B)13.4MPa

(C)15.0MPa　　(D)18.0MPa

6. 如图所示双柱基础，相应于作用的标准组合时，Z_1 的柱底轴力 1680kN，Z_2 的柱底轴力 4800kN，假设基础底面压力线性分布，问基础底面边缘 A 的压力值最接近下列哪个选项的数值？（基础及其上土平均重度取 20kN/m³）（　　）

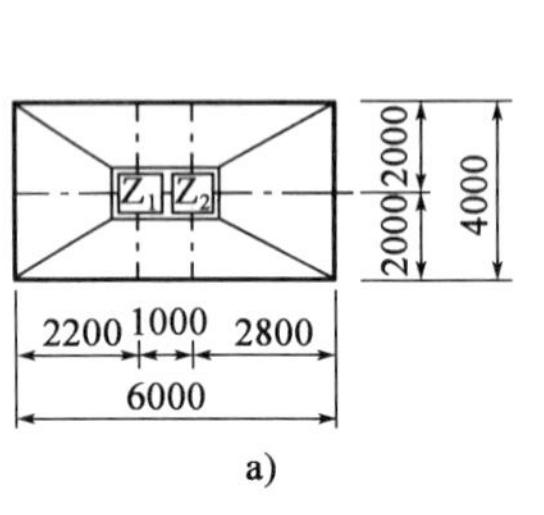

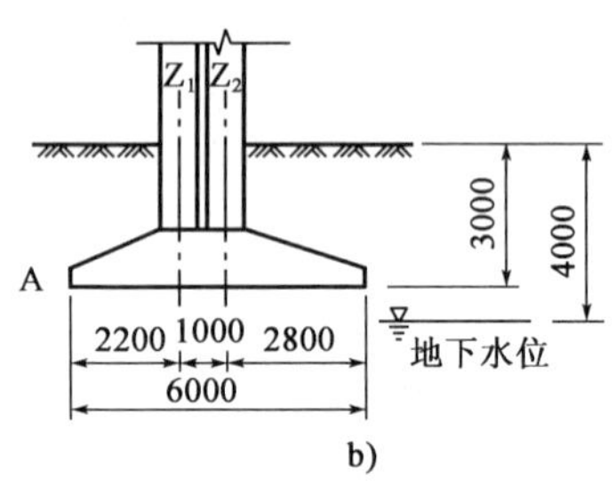

题 6 图

(A)286kPa　　(B)314kPa

(C)330kPa　　(D)346kPa

7. 某墙下钢筋混凝土条形基础如图所示，墙体及基础的混凝土强度等级均为 C30，基础受力钢筋的抗拉强度设计算 f_y 为 300N/mm²，保护层厚度 50mm，该条形基础承受轴心荷载，假定地基反力线性分布，相应于作用的基本组合时基础底面地基净反力设计值为 200kPa。问：按照《建筑地基基础设计规范》(GB 50007—2011)，满足该规范规定且经济合理的受力主筋面积为下列哪个选项？（　　）

(A)$1263mm^2/m$　　(B)$1425mm^2/m$

(C)$1695mm^2/m$　　(D)$1520mm^2/m$

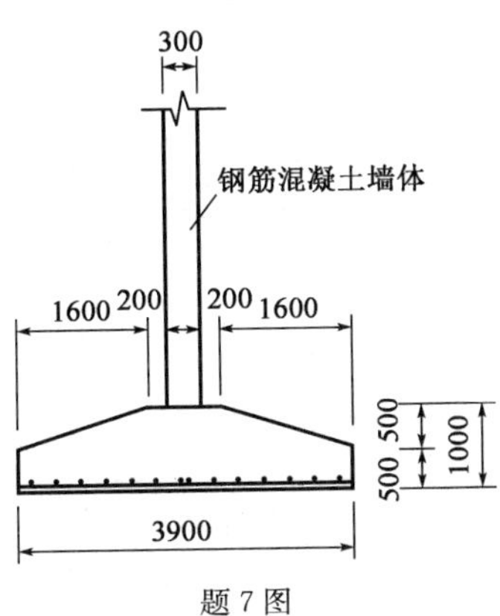

题7图

8. 如图所示某钢筋混凝土地下构筑物，结构物、基础底板及上覆土体的自重传至基底的压力值为$70kN/m^2$，现拟通过向下加厚结构物基础底板厚度的方法增加其抗浮稳定性及减小底板内力。忽略结构物四周土体约束对抗浮的有利作用，按照《建筑地基基础设计规范》(GB 50007—2011)，筏板厚度增加量最接近下列哪个选项的数值？(混凝土的重度取$25kN/m^3$)　　(　　)

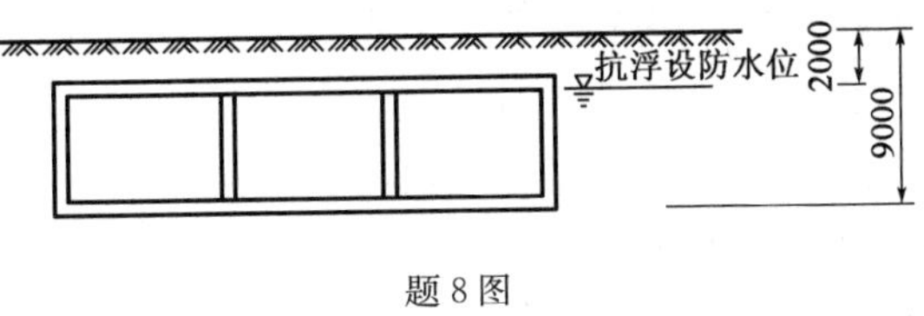

题8图

(A)0.25m　　(B)0.40m

(C)0.55m　　(D)0.70m

9. 某多层建筑，设计拟选用条形基础，天然地基，基础宽度2.0m，地层参数见下表，地下水位埋深10m，原设计基础埋深2m时，恰好满足承载力要求。因设计变更，预估荷载将增加50kN/m，保持基础宽度不变，根据《建筑地基基础设计规范》(GB 50007—2011)，估算变更后满足承载力要求的基础埋深最接近下列哪个选项？　　(　　)

题9表

层　号	层底埋深(m)	天然重度(kN/m^3)	土的类别
①	2.0	18	填土
②	10.0	18	黏土(黏粒含量为8%)

(A)2.3m　　(B)2.5m

(C)2.7m　　(D)3.4m

10. 柱下桩基如图所示，若要求承台长边斜截面的受剪承载力不小于11MN，按《建筑桩基技术规范》(JGJ 94—2008)计算，承台混凝土轴心抗拉强度设计值 f_t 最小应为下列何值？ (　　)

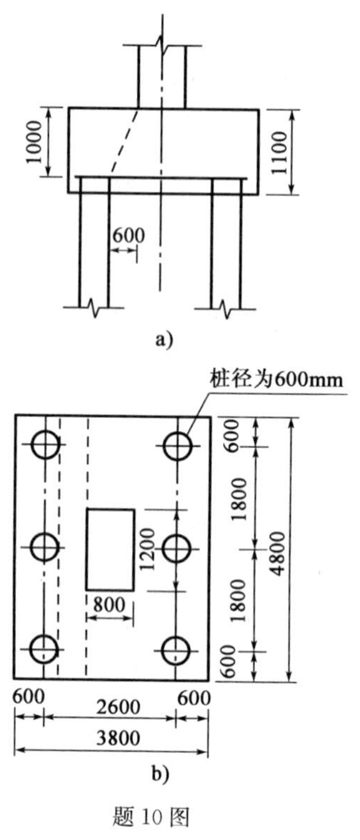

题10图

(A)1.96MPa　　(B)2.10MPa

(C)2.21MPa　　(D)2.80MPa

11. 某承受水平力的灌柱桩，直径为800mm，保护层厚度为50mm，配筋率为0.65%，桩长30m，桩的水平变形系数为0.360(1/m)，桩身抗弯刚度为 6.75×10^{11}kN·mm^2，桩顶固接且容许水平位移为4mm，按《建筑桩基技术规范》(JGJ 94—2008)计算，由水平位移控制的单桩水平承载力特征值接近的选项是哪一个？ (　　)

(A)50kN　　(B)100kN

(C)150kN　　(D)200kN

12. 某多层住宅框架结构，采用独立基础，荷载效应准永久值组合下作用于承台底的总的附加荷载 F_k=360kN，基础埋深1m，方形承台，边长为2m，土层分布如图所示。为减少基础沉降，基础下疏布4根摩擦桩，钢筋混凝土预制方桩0.2m×0.2m，桩长10m，根据《建筑桩基技术规范》(JGJ 94—2008)，计算桩土相互作用产生的基础中心点沉降量 s_{sp}，接近下列何值？ (　　)

(A)15mm　　(B)20mm

(C)40mm　　　　　　　　　　　　(D)54mm

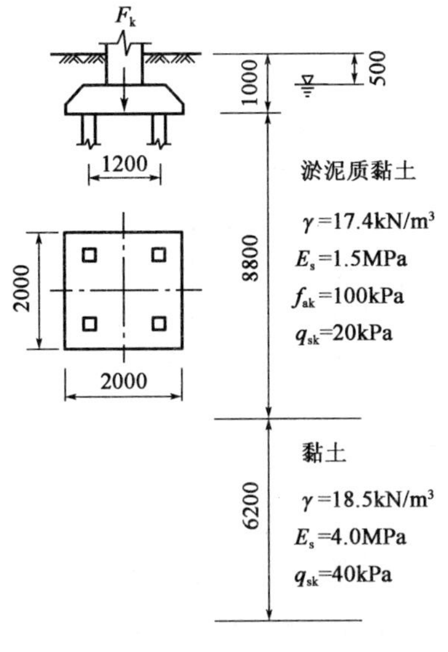

题 12 图

13. 拟对某淤泥土地基采用预压法加固，已知淤泥的固结系数 $C_h=C_v=2.0\times10^{-3}$ cm^2/s，淤泥层厚度为 20.0m，在淤泥层中打设塑料排水板，长度打穿淤泥层，预压荷载 $p=100kPa$，分两级等速加载，如图所示。按照《建筑地基处理技术规范》(JGJ 79—2012) 公式计算，如果已知固结度计算参数 $\alpha=0.8$，$\beta=0.025$，问地基固结度达到 90% 时预压时间为以下哪个选项？　　(　　)

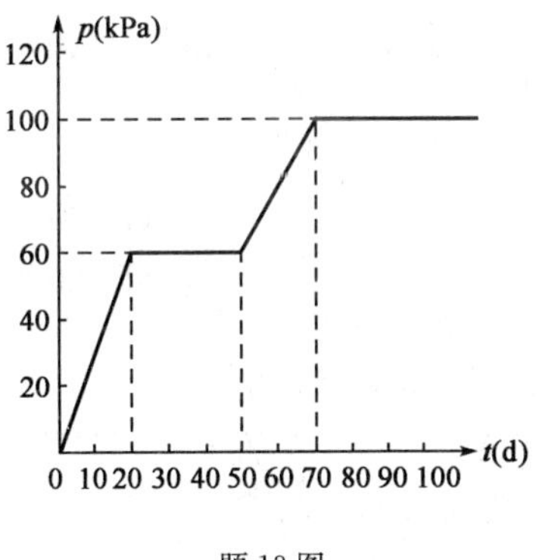

题 13 图

(A)110d　　　　　　　　　　　　(B)125d

(C)150d　　　　　　　　　　　　(D)180d

14. 如图所示，拟对某淤泥质软土地基采用树根桩进行加固，直径为 300mm，间距为 900mm，正三角形布置，桩长为 7.0m，采用二次注浆工艺，根据《建筑地基处理技术规范》(JGJ 79—2012)，计算单桩承载力特征值最大值接近以下哪个选项？　　(　　)

(A)113kN (B)127kN

(C)158kN (D)178kN

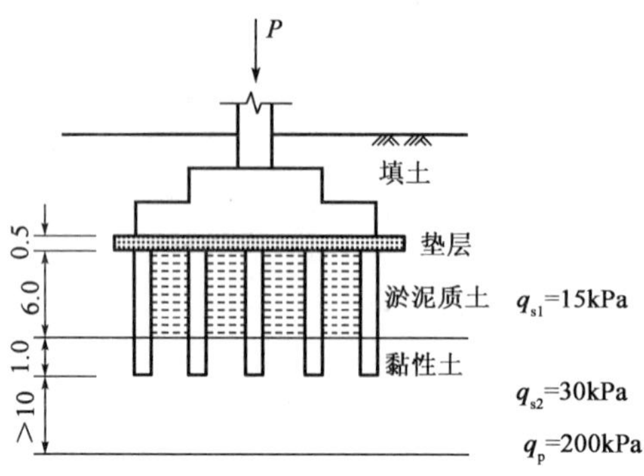

题 14 图

15. 某建筑场地浅层有 6.0m 厚淤泥，设计拟采用喷浆的水泥搅拌桩法进行加固，桩径取 600mm，室内配比试验得出了不同水泥掺入量时水泥土 90d 龄期抗压强度值，如图所示，如果单桩承载力由桩身强度控制且要求达到 70kN，桩身强度折减系数取 0.25，问水泥掺入量至少应选择以下哪个选项？（ ）

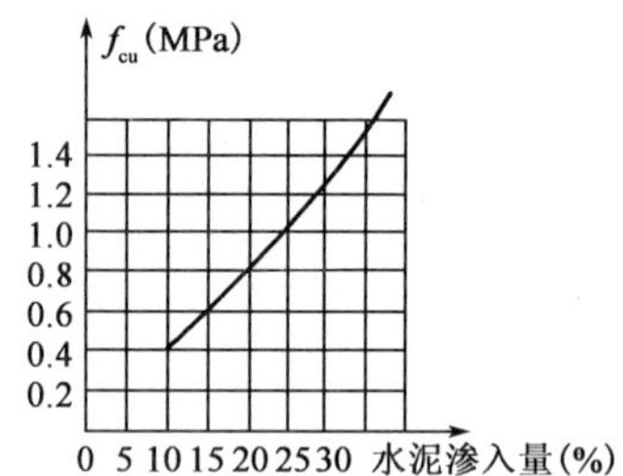

题 15 图

(A)15% (B)20%

(C)25% (D)30%

16. 已知独立柱基采用水泥搅拌桩复合地基，如图所示，承台尺寸为 2.0m×4.0m，布置 8 根桩，桩直径 ϕ600mm，桩长 7.0m，如果桩身抗压强度取 1.0MPa，桩身强度折减系数 0.25，桩间土和桩端土承载力发挥系数均为 0.4，不考虑深度修正，充分发挥复合地基承载力，则基础承台底最大荷载（荷载效应标准组合）最接近以下哪个选项？（ ）

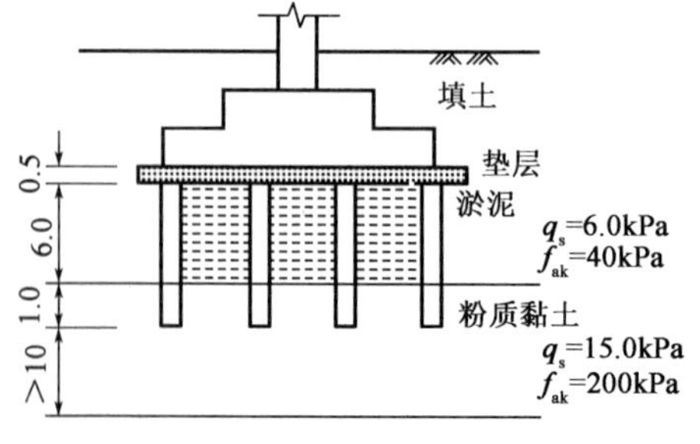

题 16 图

(A)475kN (B)655kN

(C)710kN (D)950kN

17. 二级土质边坡采用永久锚杆支护，锚杆倾角为15°，锚固体直径为150mm，土体与锚固体极限粘结强度标准值为60kPa，锚杆水平间距为2m，排距为2.2m，其主动土压力标准值的水平分量 e_{ahk} 为18kPa。按照《建筑边坡工程技术规范》(GB 50330—2013)计算，以锚固体与地层间锚固破坏为控制条件，其锚固段长度宜为下列哪个选项？ ( )

(A)1.0m (B)5.0m (C)7.0m (D)10.0m

18. 某带卸荷台的挡土墙，如图所示，$H_1=2.5$m，$H_2=3$m，$L=0.8$m，墙后填土的重度 $\gamma=18$kN/m^3，$c=0$，$\varphi=20°$。按朗肯土压力理论计算，挡土墙墙后 BC 段上作用的主动土压力合力最接近下列哪个选项？ ( )

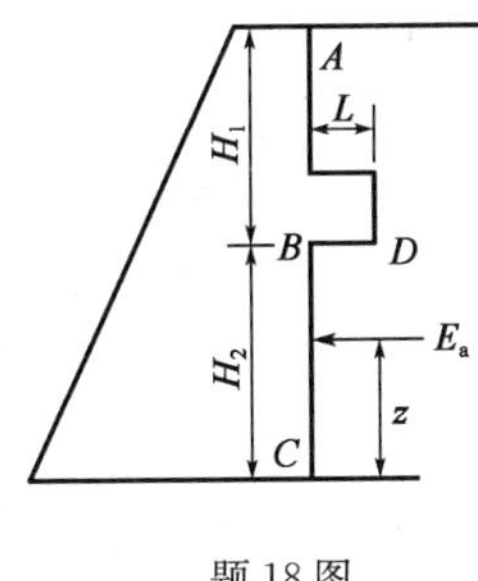

题18图

(A)93kN (B)106kN

(C)121kN (D)134kN

19. 如图所示某碾压土石坝的地基为双层结构，表层土④的渗透系数 k_1 小于下层土⑤的渗透系数 k_2，表层土④厚度为4m，饱和重度为19kN/m^3，孔隙率为0.45；土石坝下游坡脚处表层土④的顶面水头为2.5m，该处底板水头为5m，安全系数为2.0，按《碾压式土石坝设计规范》(DL/T 5395—2007)计算下游坡脚排水盖重层②的厚度不小于下列哪个选项？(盖重层②饱和重度取19kN/m^3) ( )

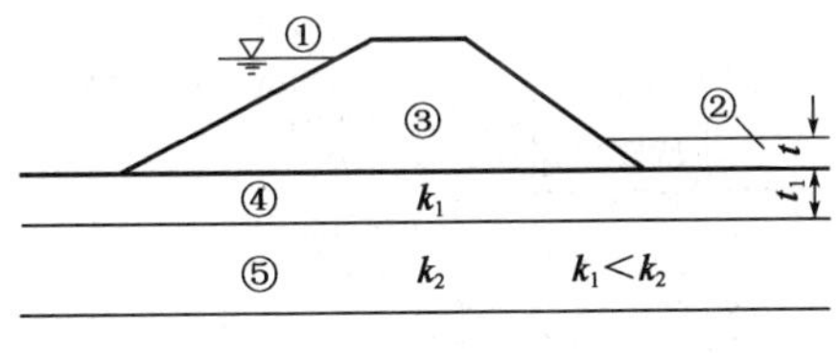

题19图

(A)0m (B)0.7m

(C)1.55m (D)2.65m

20. 某高填方路堤公路选线时发现某段路堤附近有一溶洞，如图所示，溶洞顶板岩层厚度为2.5m，岩层上覆土厚度为3.0m，顶板岩体内摩擦角为40°，对一级公路安全系数取为1.25，根据《公路路基设计规范》(JTG D30—2004)，该路堤坡脚与溶洞间的最小安全距离 L 不小于下列哪个选项？ ( )

(A)4.0m　　(B)5.0m

(C)6.0m　　(D)7.0m

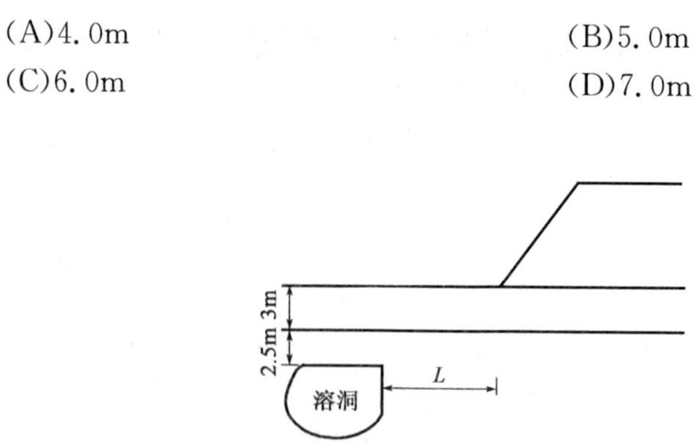

题 20 图

21. 两车道公路隧道采用复合式衬砌，埋深 12m，开挖高度和宽度分别为 6m 和 5m。围岩重度为 22kN/m³，岩石单轴饱和抗压强度为 35MPa，岩体和岩石的弹性纵波速度分别为 2.8km/s，和 4.2km/s。试问施筑初期支护时拱部和边墙喷射混凝土厚度范围宜选用下列哪个选项？（单位：cm）（　　）

(A)5～8　　(B)8～12

(C)12～15　　(D)15～25

22. 某基坑开挖深度为 6m，地层为均质一般黏性土，其重度 γ=18.0kN/m³，黏聚力 c=20kPa，内摩擦角 φ=10°。距离基坑边缘 3m 至 5m 处，坐落一条形构筑物，其基底宽度为 2m，埋深为 2m，基底压力为 140kPa，假设附加荷载按 45°应力双向扩散，基底以上土与基础平均重度为 18kN/m³，如图所示，试问自然地面下 10m 处支护结构外侧的主动土压力强度标准值最接近下列哪个选项？（　　）

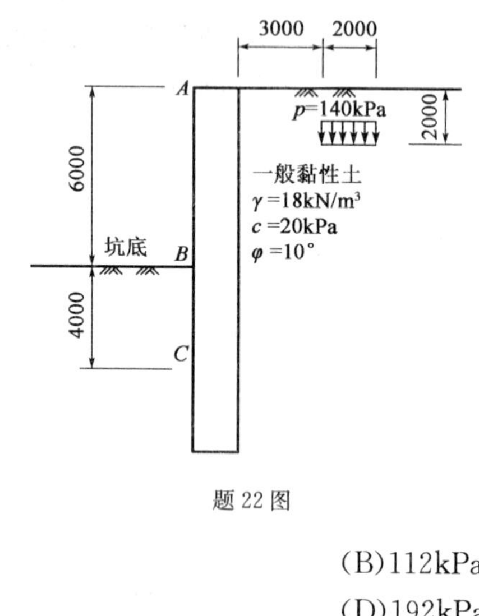

题 22 图

(A)93kPa　　(B)112kPa

(C)118kPa　　(D)192kPa

23. 某二级基坑，开挖深度 H=5.5m，拟采用水泥土墙支护结构，其嵌固深度 l_d=6.5m，水泥土墙体的重度为 19kN/m³，墙体两侧主动土压力与被动土压力强度标准值分别如图所示(单位:kPa)。按照《建筑基坑支护技术规程》(JGJ 120—2012),计算该重力式水泥土墙满足倾覆稳定性要求的宽度,其值最接近下列哪个选项? ( )

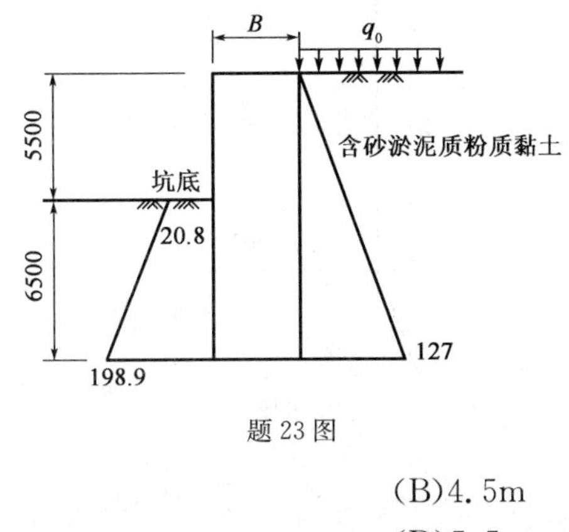

题 23 图

(A)4.2m (B)4.5m

(C)5.0m (D)5.5m

24. 西南地区某沟谷中曾遭受过稀性泥石流灾害,铁路勘察时通过调查,该泥石流中固体物质比重为 2.6,泥石流流体重度为 13.8kN/m^3,泥石流发生时沟谷过水断面宽为 140m、面积为 560m^2,泥石流流面纵坡为 4.0%,粗糙系数为 4.9,试计算该泥石流的流速最接近下列哪一选项?(可按公式 $V_m=\frac{m_m}{\alpha}R_m^{2/3}I^{1/2}$ 进行计算) ( )

(A)1.20m/s (B)1.52m/s

(C)1.83m/s (D)2.45m/s

25. 根据勘察资料某滑坡体分别为 2 个块段,如图所示,每个块段的重力、滑面长度、滑面倾角及滑面抗剪强度标准值分别为:$G_1=700$kN/m,$L_1=12$m,$\beta_1=30°$,$\varphi_1=12°$,$c_1=10$kPa;$G_2=820$kN/m,$L_2=10$m,$\beta_2=10°$,$\varphi_2=10°$,$c_2=12$kPa,试采用传递系数法计算滑坡稳定安全系数 F_s 最接近下列哪一选项? ( )

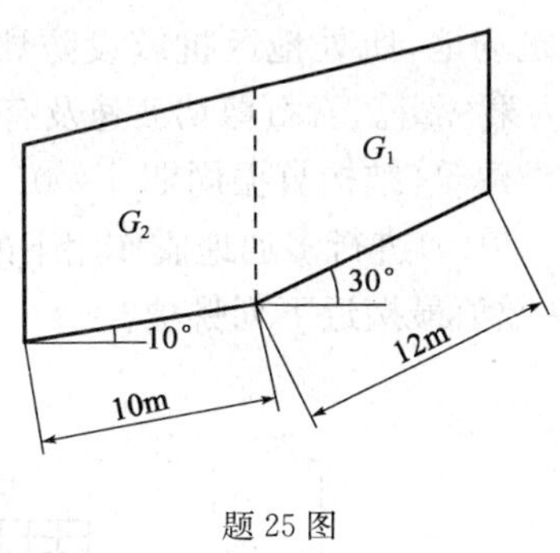

题 25 图

(A)0.94 (B)1.00

(C)1.07 (D)1.15

26. 岩坡顶部有一高 5m 倒梯形危岩,下底宽 2m,如图所示,其后裂缝与水平向夹角为 60°，由于降雨使裂缝中充满了水。如果岩石重度为 23kN/m³，在不考虑两侧阻力及底面所受水压力的情况下，该危岩的抗倾覆安全系数最接近下面哪一选项？（　　）

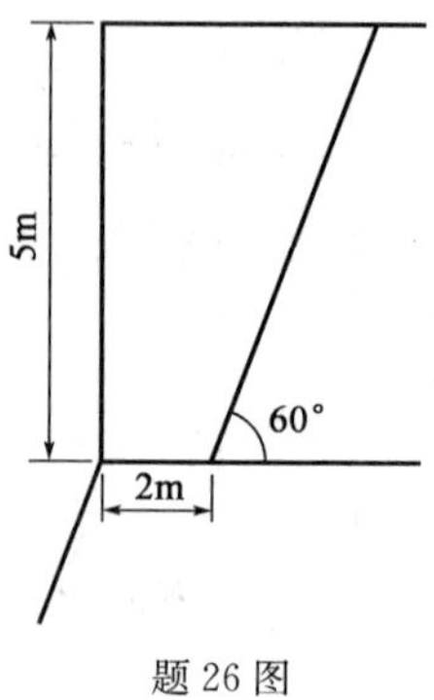

题 26 图

(A)1.5　　(B)1.7

(C)3.0　　(D)3.5

27. 有四个黄土场地，经试验其上部土层的工程特性指标代表值分别见下表：

题 27 表

土 的 指 标	e	a_{50-150}(MPa^{-1})	γ(kN/m³)	ω(%)
场地一	1.120	0.62	14.3	17.6
场地二	1.090	0.62	14.3	12.0
场地三	1.051	0.51	15.2	15.5
场地四	1.120	0.51	15.2	17.6

根据《湿陷性黄土地区建筑规范》(GB 50025—2004)判定，下列哪一个黄土场地分布有新近堆积黄土？（　　）

(A)场地一　　(B)场地二

(C)场地三　　(D)场地四

28. 某临近岩质边坡的建筑场地，所处地区抗震设防烈度为 8 度，设计基本地震加速度为 0.30g，设计地震分组为第一组。岩石剪切波速及有关尺寸如图所示。建筑采用框架结构，抗震设防分类属丙类建筑，结构自振周期 T=0.40s，阻尼比 ξ=0.05。按《建筑抗震设计规范》(GB 50001—2010)进行多遇地震作用下的截面抗震验算时，相应于结构自振周期的水平地震影响系数值最接近下列哪项？（　　）

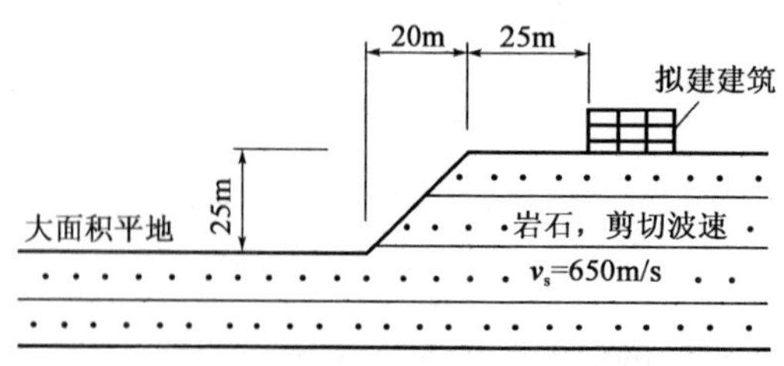

题 28 图

(A)0.13　　(B)0.16

(C)0.18　　(D)0.22

29. 某建筑场地设计基本地震加速度 0.30g，设计地震分组为第二组，基础埋深小于 2m。某钻孔揭示地层结构如图所示：勘察期间地下水位埋深 5.5m，近期内年最高水位埋深 4.0m；在地面下 3.0m 和 5.0m 处实测标准贯入试验锤击数均为 3 击，经初步判别认为需对细砂土进一步进行液化判别。若标准贯入锤击数不随土的含水率变化而变化，试按《建筑抗震设计规范》(GB 50011—2010)计算该钻孔的液化指数最接近下列哪项指数(只需判别 15m 深度范围以内的液化)？　　(　　)

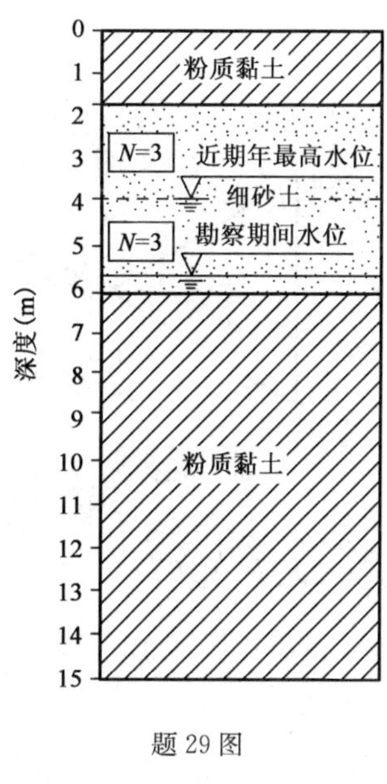

题 29 图

(A)3.9　　(B)8.2

(C)16.4　　(D)31.5

30. 某工程采用钻孔灌注桩基础，桩径 800mm，桩长 40m，桩身混凝土强度为 C30。钢筋笼上埋设钢弦式应力计量测桩身内力。已知地层深度 3～14m 范围内为淤泥质黏土。建筑物结构封顶后进行大面积堆土造景，测得深度 3m、14m 处钢筋应力分别为 30000kPa 和 37500kPa，问此时淤泥质黏土层平均侧摩擦力最接近下列哪个选项？(钢筋弹性模量 $E_s=2.0\times10^5\text{N/mm}^2$，桩身材料弹性模量 $E=3.0\times10^4\text{N/mm}^2$)　　(　　)

(A)25.0kPa　　(B)20.5kPa

(C)－20.5kPa　　(D)－25.0kPa

2013年案例分析试题答案(上午卷)

1.[答案] A

[解析]《工程地质手册》(第四版)第232页。

$$K_v=\frac{P}{S}=\frac{40}{0.9\times10^{-3}}=44444\text{kN/m}^3$$

$$K_{v1}=(\frac{b+0.3}{2b})^2K_v=(\frac{2.5+0.3}{2\times2.5})^2\times44444=13938\text{kN/m}^3$$

2.[答案] B

[解析]

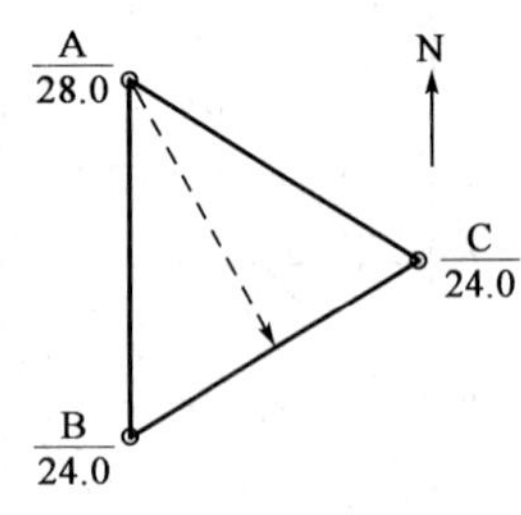

题2解图

$$l=\frac{\sqrt{3}}{2}\times60=52\text{m},\Delta h=4\text{m},i=\Delta h/l=0.077$$

$$v=ki=1.8\times10^{-3}\times0.077=1.386\times10^{-4}\text{cm/s}$$

3.[答案] D

[解析] $\sigma_1=\sigma_3\tan^2(45°+\frac{\varphi}{2})+2c\tan(45°+\frac{\varphi}{2})$

$$\sigma_1'=\sigma_3'\tan^2(45°+\frac{30°}{2})+2\times0\times\tan(45°+\frac{30°}{2})=3\sigma_3'$$

故只有D选项满足条件。

4.[答案] C

[解析] 用三项换算草图计算:

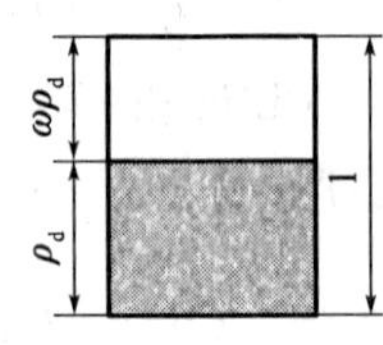

题4解图

$$\rho_d(1+w)=\rho$$

$$\rho_{d1}=\frac{\rho_1}{1+w_1}=\frac{1.89}{1+0.31}=1.443$$

$$\rho_{d2}=\frac{\rho_2}{1+w_2}=\frac{1.64}{1+0.626}=1.009$$

$$\rho_{d1}V_1=\rho_{d2}V_2$$

$$1.443V_1=10000\times1.009$$

$$V_1=6692\text{m}^3$$

5.[答案] B

［解析］《建筑地基基础设计规范》(GB 50007—2011)第 5.3.6 条。

题 5 解表

分层点	基底下层点深度 Z(m)	$Z/(b/2)$	L/b	层号	附录 K.0.1−$2\bar{a}_j$	$\bar{a}_j Z_j$	$A_i=\bar{a}_j Z_i-\overline{a_{j-1}} Z_{i-1}$
0	0	0	1			0	
1	3	1.2	1	①	0.2149	0.6447	0.6447
2	6	2.4	1	②	0.1578	0.9468	0.3021

压缩模量当量值：$\bar{E}_s=\dfrac{\sum A_i}{\sum\dfrac{A_i}{E_{si}}}=\dfrac{0.6447+0.3021}{\dfrac{0.6447}{12}+\dfrac{0.3021}{18}}=13.43\text{MPa}$

6.［答案］D

［解析］$e=\dfrac{M}{N}=\dfrac{1680\times0.8-4800\times0.2}{1680+4800+4\times6\times3\times20}=\dfrac{384}{7920}=0.0485<\dfrac{b}{6}=1$(判断为小偏心)

$p_{max}=\dfrac{7920}{4\times6}\times(1+\dfrac{6\times0.0485}{6})=346.0\text{kPa}$

7.［答案］B

［解析］根据《建筑地基基础设计规范》(GB 50007—2011)第 8.2.1 条第 3 款，每米分布筋的面积不少于受力筋的 15%，由式(8.2.14)和式(8.2.12)得：

$M_1=\dfrac{1}{6}a_1^2(2p_{max}+p-\dfrac{3G}{A})=\dfrac{1}{6}\times1.8^2\times(3\times200)=324\text{kN}\cdot\text{m/m}$

$A_s=\dfrac{M}{0.9f_y h_0}=\dfrac{324\times1000\times1000}{0.9\times300\times(1000-50)}=1263.16\text{mm}^2/\text{m}$

$A_s=0.15\%\times950\times1000=1425\text{mm}^2/\text{m}$

两者取大值，$A_s=1425\text{mm}^2/\text{m}$

8.［答案］A

［解析］《建筑地基基础设计规范》(GB 50007—2011)第 5.4.3 条。

$\dfrac{G_k}{N_{w,k}}\geqslant K_w$

取单位长度、宽度均为 1m 为研究对象，$\dfrac{70+25h}{10\times1\times1\times(9-2+h)}=1.05$

得 $h=0.241\text{m}$

9.［答案］C

［解析］《建筑地基基础设计规范》(GB 50007—2011)第 5.2.4 条。

设地基承载力特征值为 f_{ak}，原设计 2m 埋深：

$\eta_d=2$；$\gamma_m=18\text{kN/m}^3$

$f_{a1}=f_{ak}+\eta_b\gamma(b-3)+\eta_d\gamma_m(d_1-0.5)$

增加埋深后：

$f_{a2}=f_{ak}+\eta_b\gamma(b-3)+\eta_d\gamma_m(d_2-0.5)$

$\Delta f_a = f_{a2} - f_{a1} = 25\text{kPa}$

$\eta_d \gamma_m \Delta d = 25, \Delta d = 0.69\text{m}$

$d_2 = 2.69\text{m}$

10.［答案］C

［解析］《建筑桩基技术规范》(JGJ 94—2008)第 5.9.10 条。

$h_0 = 1000\text{mm}, \beta_{hs} = (\frac{800}{1000})^{1/4} = 0.946$

$\lambda_x = \frac{a_x}{h_0} = \frac{0.6}{1} = 0.6$，满足要求；$a = \frac{1.75}{\lambda_x + 1} = \frac{1.75}{0.6+1} = 1.094$

$11 \times 1000 = \beta_{hs} a f_t b_{oy} h_0 = 0.946 \times 1.094 \times f_t \times 4.8 \times 1$

$f_t = 2214.3\text{kPa}$

11.［答案］B

［解析］《建筑桩基技术规范》(JGJ 94—2008)第 5.7.2 条。

$\alpha h = 0.36 \times 30 = 10.8$

$\alpha h > 4$ 时，取 $\alpha h = 4$。查表 5.7.2，$v_x = 0.94$

$R_{ha} = 0.75 \frac{\alpha^3 EL}{v_x} X_{0a} = 0.75 \times \frac{0.36^3 \times 6.75 \times 10^5}{0.94} \times 4 \times 10^{-3} = 100.5\text{kN}$

12.［答案］C

［解析］《建筑桩基技术规范》(JGJ 94—2008)第 5.6.2 条。

$\bar{q}_{su} = \frac{20 \times 8.8 + 40 \times 1.2}{8.8 + 1.2} = 22.4$

$\bar{E}_s = \frac{8.8 \times 1.5 + 1.2 \times 4}{8.8 + 1.2} = 1.8$

对于方桩：

$d = 1.27b = 0.254\text{m} \quad s_a/d = 1.2/0.254 = 4.72$

$s_{sp} = 280 \frac{\bar{q}_{su}}{\bar{E}_s} \frac{d}{(s_d/d)^2} = 280 \times \frac{22.4}{1.8} \times \frac{0.254}{4.72^2} = 39.7\text{mm}$

13.［答案］B

［解析］《建筑地基处理技术规范》(JGJ 79—2012)第 5.2.7 条。

$$\bar{U}_t = \sum_{i=1}^{n} \frac{\dot{q}_i}{\sum \Delta p} \left[(T_i - T_{i-1}) - \frac{\alpha}{\beta} e^{-\beta t} (e^{\beta T_i} - e^{\beta T_{i-1}}) \right]$$

$$= \frac{3}{100} \times \left[(20-0) - \frac{0.8}{0.025} e^{-0.025t} (e^{0.025 \times 20} - e^0) \right] + \frac{2}{100} \times \left[(70-50) - \frac{0.8}{0.025} e^{-0.025t} (e^{-0.025 \times 70} - e^{0.025 \times 50}) \right]$$

$$= 1 - 2.073 e^{-0.025t} = 0.9$$

解得 $t = 121\text{d}$

14.［答案］C

［解析］《建筑地基处理技术规范》(JGJ 79—2012)第 7.1.5 条、第 9.2.2 条。

$R_a = u_p \sum_{i=1}^{h} q_{si} l_{pi} = 3.14 \times 0.3 \times (15 \times 6 + 1 \times 30) = 113\text{kN}$

$1.4R_a = 158\text{kN}$

15.［答案］C

［解析］《建筑地基处理技术规范》(JGJ 79—2012)第 7.3.3 条。

$70 = R_a = \eta f_{cu} A_p = 0.25 \times f_{cu} \times 3.14 \times 0.3^2$

$f_{cu} = 0.99\text{MPa}$，查曲线：水泥掺入量接近 25%。

16.［答案］B

［解析］《建筑地基处理技术规范》(JGJ 79—2012)第 7.1.5 条、第 7.3.3 条。

$$R_a = u_p \sum_{i=1}^{n} q_{si} l_{pi} + \alpha_p q_p A_p$$
$$= 3.14 \times 0.6 \times (6 \times 6 + 15 \times 1) + 0.4 \times 200 \times 3.14 \times 0.3^2 = 118.692\text{kN}$$

$R_a = \eta f_{cu} A_p = 0.25 \times 1000 \times 3.14 \times 0.3^2 = 70.65\text{kN}$，$R_a$ 取 70.65

$$m = \frac{8 \times 3.14 \times 0.3^2}{2 \times 4} = 0.2826$$

$$f_{spk} = \lambda m \frac{R_a}{A_p} + \beta(1-m) f_{sk}$$
$$= 0.2826 \times \frac{1.0 \times 70.65}{3.14 \times 0.3^2} + 0.4 \times (1 - 0.2826) \times 40$$
$$= 82.1\text{kPa}$$

$F_k + G_k = f_{spk} \cdot A = 2 \times 4 \times 82.1 = 656.8\text{kN}$

17.［答案］C

［解析］《建筑边坡工程技术规范》(GB 50330—2013)第 8.2.1 条、第 8.2.3 条。

$$N_{ak} = \frac{H_{tk}}{\cos\alpha} = \frac{18 \times 2 \times 2.2}{\cos 15} = 82.0$$

$$l_a \geq \frac{K \cdot N_{ak}}{\pi D f_{rbk}} = \frac{2.4 \times 82}{1 \times 3.14 \times 0.15 \times 60} = 7.0\text{m}$$

18.［答案］A

［解析］此题可参考清华大学《土力学》(李广信等编，清华大学出版社，2013 年)6.6.4 节。

$K_a = \tan^2(45° - \frac{\varphi}{2}) = 0.49$

$BE = L \times \tan(45° + \frac{\varphi}{2}) = 0.8\tan 55° = 1.143\text{m}$

$B: p_{aB} = 0$

$D: p_{aD} = K_a 18 \times 2.5 = 22.05\text{kPa}$

$C: p_{aC} = K_a 18 \times 5.5 = 48.51\text{kPa}$

$E_{aB-C} = \frac{1}{2} \times (22.05 + 48.51) \times 3 - \frac{1}{2} \times 1.143 \times 22.05$

$= 93.2\text{kN}$

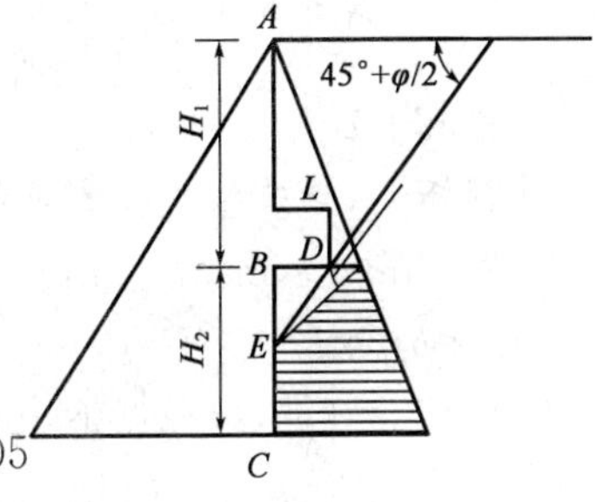

题 18 解图

19.**[答案]** C

[解析]《辗压式土石坝设计规范》(DL/T 5395—2007)10.2.4 条。

$$G_s=\frac{100\rho-0.01nS_r\rho_w}{(100-n)\rho_w}=\frac{100\times1.9-0.01\times0.450\times100\times1}{(100-45)\times1}=2.64$$

$$0.625=\frac{5-2.5}{4}=J_{a-x}>\frac{(G_{s1}-1)(1-n_1)}{K}=\frac{(2.64-1)(1-0.45)}{2}=0.451$$

$$t=\frac{[KJ_{a-x}t_1r_w-(G_{s1}-1)(1-n_1)t_1r_w]}{\gamma}$$

$$=\frac{[2\times\frac{5-2.5}{4}\times4\times10-(2.64-1)(1-0.45)\times4\times10]}{9}=1.547\text{m}$$

20.**[答案]** B

[解析]《公路路基设计规范》(JTG D30—2004)第 7.5.4 条。

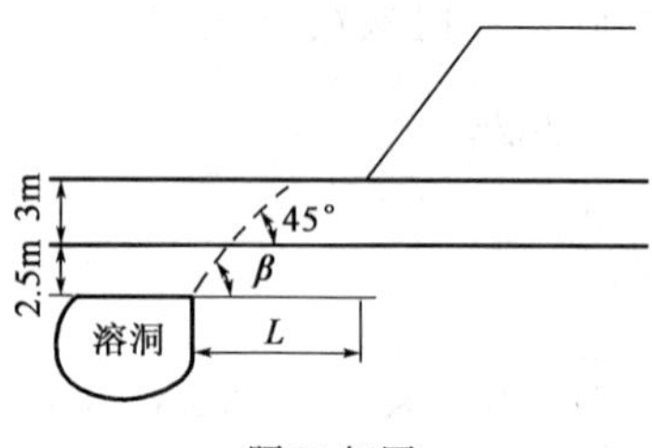

题 20 解图

$$\beta=\frac{45^\circ+\frac{\varphi}{2}}{K}=\frac{45^\circ+\frac{40}{2}}{1.25}=52^\circ$$

$L'=H\times\cos\beta=2.5\times\cos52^\circ=1.95$

$L=L'+3\times\tan45^\circ=4.95\text{m}$

21.**[答案]** C

[解析]《公路隧道设计规范》(JTG D70—2004)第 8.4.2 条。

(1)判断围岩类别

$BQ=90+3R_c+250K_v$,其中 $K_v=(V_{pm}/V_{pr})^2=(2.8/4.2)^2=0.444$

由于 $K_v<0.04R_c+0.4$,$R_c<90K_v+30$,不需修正,则

$BQ=90+3R_c+250K_v=90+105+111=306$,围岩类别为Ⅳ类。

(2)根据表 8.4.2-1,对于两车隧道,Ⅳ类围岩,衬砌厚度为 12~15cm。

22.**[答案]** B

[解析]《建筑基坑技术规程》(JGJ 120—2012)第 3.4.7 条。

$b=2\text{m}$,$a=3\text{m}$,$d=2\text{m}$

$p_0=p-\gamma d$

由图 5 可见,地面以下 10m,在局部荷载的影响区内,

$$\Delta\sigma_k=\frac{p_0b}{b+2a}=\frac{(140-2\times18)\times2}{2+2\times3}=26$$

$\sigma_{ak} = \sigma_{ac} + \sum \Delta\sigma_{k,j} = 10 \times 18 + 26 = 206$

$p_{ak} = \sigma_{ak} \tan^2(45° - \frac{\varphi_i}{2}) - 2c_i \tan(45° - \frac{\varphi_i}{2})$

$= 206\tan(45° - \frac{10°}{2}) - 2 \times 20\tan(45° - \frac{10°}{2})$

$= 111.48\text{kPa}$

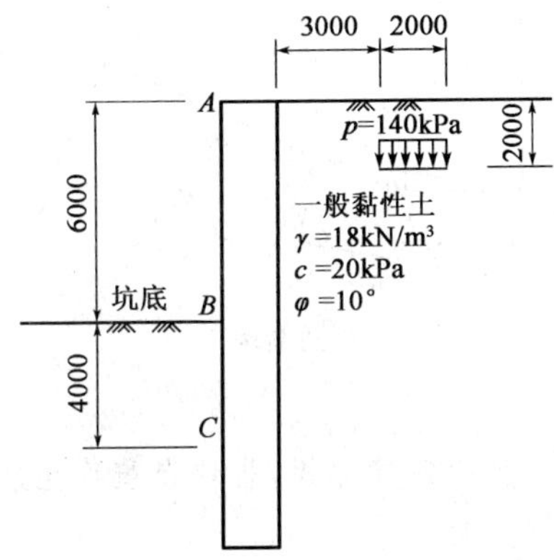

题 22 解图(尺寸单位:mm)

23. **[答案]** B

[解析]《建筑基坑技术规程》(JGJ 120—2012)第 6.1.2 条。

$$\frac{E_{pk}a_p + (G - u_m B)a_G}{E_{ak}a_a} \geqslant K_{ov}$$

$$\frac{20.8 \times 6.5 \times \frac{6.5}{2} + \frac{1}{2} \times (198.9 - 20.8) \times 6.5 \times \frac{6.5}{3} + (6.5 + 5.5) \times B \times 0.5B \times 19}{\frac{1}{2} \times 127 \times (6.5 + 5.5) \times \frac{(6.5 + 5.5)}{3}} = 1.3$$

$B = 4.46\text{m}$

24. **[答案]** C

[解析]《工程地质手册》式(6-3-7)。

$$V_m = \frac{m_m}{\alpha} R_m^{2/3} I^{1/2}$$

$m_m = 4.9, I = 0.04, R_m = w/p = 560/140 = 4\text{m}$

查手册中表 6-3-3,$\alpha = 1.35$

$$V_m = \frac{m_m}{\alpha} R_m^{2/3} I^{2/3} = \frac{4.9}{1.35} 4^{2/3} \sqrt{0.04} = 3.63 \times 2.52 \times 0.2 = 1.83\text{m/s}$$

25. **[答案]** C

[解析]《岩土工程勘察规范》(GB 50021—2001)(2009 年版)第 5.2.8 条条文说明。

$$K_s' = \frac{\sum R_i \psi_i \psi_{i+1} \cdots \psi_{n-1} + R_n}{\sum T_i \psi_i \psi_{i+1} \cdots \psi_{n-1} + T_n} \qquad (i = 1,2,3 \cdots n-1)$$

$\psi_1 = \cos(\theta_i - \theta_{i+1}) - \sin(\theta_i - \theta_{i+1}) \tan\psi_{i+1} = \cos(30° - 10°) - \sin(30° - 10°)\tan 10°$

$= 0.879$

$$K_s=\frac{R_1\psi_1+R_2}{T_1\psi_1+T_1}$$

$$=\frac{(10\times12+700\times\cos30^\circ\times\tan12^\circ)\times0.879+(12\times10+820\times\cos10^\circ\times\tan10^\circ)}{700\times\sin30^\circ\times0.879+820\times\sin10^\circ}$$

$$=1.069$$

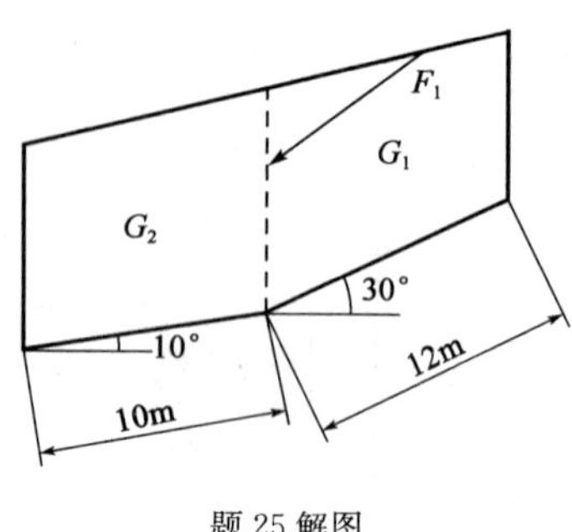

题 25 解图

26.**[答案]** B

[解析] 此题可以以水压力产生倾覆力矩，岩块自重产生抗倾覆力矩计算：

$$抗倾覆安全系数=\frac{抗倾覆力矩}{倾覆力矩}$$

$$=\frac{2\times5\times1\times23\times1+\frac{1}{2}\times5\times5\tan30^\circ\times1\times23\times(2+\frac{5\tan30^\circ}{3})}{\frac{1}{2}\times5\times10\times\frac{5}{\sin60^\circ}\times(2\times\sin30^\circ+\frac{5}{3\sin60^\circ})}$$

$$=\frac{230+491.7}{422.1}=1.71$$

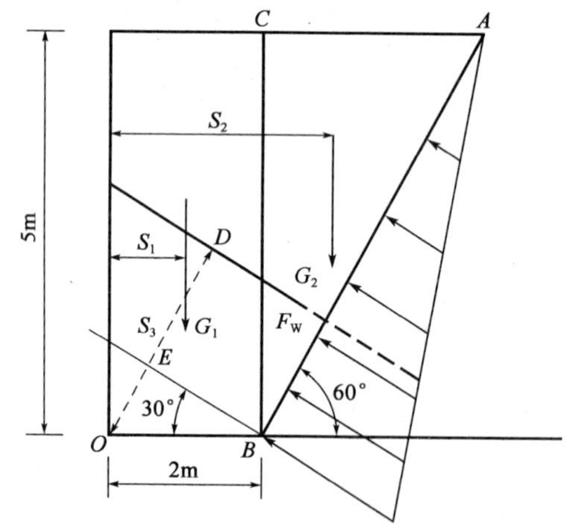

题 26 解图

27.**[答案]** A

[解析]《湿陷性黄土地区建筑规范》(GB 50025—2004)附录 C。

$R=-68.45e+10.98a-7.16\gamma+1.18\omega$

$R_0=-154.80$

$R_1=-68.45\times1.12+10.98\times0.62-7.16\times14.3+1.18\times17.6=-151.48>-154.80$

$R_2=-68.45\times1.09+10.98\times0.62-7.16\times14.3+1.18\times12=-156.03<-154.80$

$R_3=-68.45\times1.051+10.98\times0.51-7.16\times15.2+1.18\times15.5=-156.88<-154.80$

$R_4=-68.45\times1.12+10.98\times0.51-7.16\times15.2+1.18\times17.6=-159.13<-154.80$

28.［答案］D

［解析］根据《建筑抗震设计规范》(GB 50011—2010)第 4.1.8 条和表 5.1.5，边坡边缘的建筑物，影响系数为 1.1～1.6，见第 4.1.8 条的条文说明式(2)。

$L_1/H=25/25=1$，故 $\xi=1$；$H/L=25/20=1.25$，查表 $\alpha=0.4$

$\lambda=1+\xi\alpha=1+1\times0.4=1.4$

等效剪切波速 650m/s，场地类别为 I_1 类，地震分组为第一组，特征周期 0.25s。

设计基本地震加速度 0.3g，多遇地震 $\alpha_{\max}=0.24$

$$T_g<T=0.4<5T_g，\alpha=(\frac{T_g}{T})^{\gamma}\eta_2\alpha_{\max}=(\frac{0.25}{0.4})^{0.9}\times1\times0.24=0.157$$

该场地的 $\alpha=1.4\times0.157=0.22$

29.［答案］C

［解析］《建筑抗震设计规范》(GB 50011—2010)第 4.3.4 条、第 4.3.5 条。

可能液化的范围为 4m 至 6m 段，中点深度为 5m，$W_i=10$

$$N_{cr}=N_0\beta[\ln(0.6d_s+1.5)-0.1d_w]\sqrt{\frac{3}{\rho_c}}$$

$$=16\times0.95\times[\ln(0.6\times5+1.5)-0.1\times4]\sqrt{\frac{3}{3}}=16.78$$

$$I_{lE}=\sum_{i=1}^{n}[1-\frac{N_i}{N_{cri}}]d_iW_i=(1-\frac{3}{16.78})\times2\times10=16.42$$

30.［答案］C

［解析］假设钢筋的应变与混凝土应变相等：

$$\frac{37500-30000}{2\times10^5}=\frac{\text{桩身截面应力增量}}{3\times10^4}$$

桩身截面应力增量＝1125kPa，故负摩阻力引起的下拉荷载为

$1125\times3.14\times0.4^2=565.2\text{kN}$

$$565.2=Q_g^n=\eta_n\cdot u\sum_{i=1}^{n}q_{si}^n l_i=1\times3.14\times0.8\times(14-3)q_{s1}^n$$

$q_{s1}^n=20.45\text{kPa}$

2013年案例分析试题(下午卷)

1. 某工程勘察场地地下水位埋藏较深,基础埋深范围为砂土,取砂土样进行腐蚀性测试,其中一个土样的测试结果见下表,按Ⅱ类环境、无干湿交替考虑,此土样对基础混凝土结构腐蚀性正确的选项是哪一个? (　　)

题1表

腐蚀介质	SO_4^{2-}	Mg^{2+}	NH_4^+	OH^-	总矿化度	PH值
含量(mg/kg)	4551	3183	16	42	20152	6.85

(A)微腐蚀　　(B)弱腐蚀

(C)中等腐蚀　　(D)强腐蚀

2. 在某花岗岩岩体中进行钻孔压水试验,钻孔孔径为110mm,地下水位以下试段长度为5.0m。资料整理显示,该压水试验 P-Q 曲线为A(层流)型,第三(最大)压力阶段试段压力为1.0MPa,压入流量为7.5L/min。问该岩体的渗透系数最接近下列哪个选项? (　　)

(A)1.4×10^{-5}cm/s　　(B)1.8×10^{-5}cm/s

(C)2.2×10^{-5}cm/s　　(D)2.6×10^{-5}cm/s

3. 某粉质黏土土样中混有粒径大于5mm的颗粒,占总质量的20%,对其进行轻型击实试验,干密度 ρ_d 和含水率 ω 数据见下表,该土样的最大干密度最接近的选项是哪个?(注:粒径大于5mm的土颗粒的饱和面干比重取值2.60) (　　)

题3表

ω(%)	16.9	18.9	20.0	21.1	23.1
ρ_d(g/cm^3)	1.62	1.66	1.67	1.66	1.62

(A)1.61g/cm^3　　(B)1.67g/cm^3

(C)1.74g/cm^3　　(D)1.80g/cm^3

4. 某岩石地基进行了8个试样的饱和单轴抗压强度试验,试验值分别为:15MPa、13MPa、17MPa、13MPa、15MPa、12MPa、14MPa、15MPa。问该岩基的岩石饱和单轴抗压强度标准值最接近下列何值? (　　)

(A)12.3MPa　　(B)13.2MPa

(C)14.3MPa　　(D)15.3MPa

5. 某正常固结的饱和黏性土层,厚度4m,饱和重度为20kN/m^3,黏土的压缩试验结果见下表。采用在该黏性土层上直接大面积堆载的方式对该层土进行处理，经堆载处理后土层的厚度为3.9m，估算的堆载量最接近下列哪个数值？（　　）

题5表

p(kPa)	0	20	40	60	80	100	120	140
e	0.900	0.865	0.840	0.825	0.810	0.800	0.794	0.783

(A)60kPa　　(B)80kPa　　(C)100kPa　　(D)120kPa

6. 柱下独立基础面积尺寸2m×3m，持力层为粉质黏土，重度$\gamma=18.5\text{kN/m}^3$，$c_k=20\text{kPa}$，$\varphi_k=16°$，基础埋深位于天然地面以下1.2m，如图所示。上部结构施工结束后进行大面积回填土，回填土厚度1.0m，重度$\gamma=17.5\text{kN/m}^3$。地下水位位于基底平面处。作用的标准组合下传至基础顶面（与回填土顶面齐平）的柱荷载$F_k=650\text{kN}$，$M_k=70\text{kN}\cdot\text{m}$，按《建筑地基基础设计规范》(GB 50007—2011)计算，基底边缘最大压力p_{max}与持力层地基承载力特征值f_a的比值K最接近以下何值？（　　）

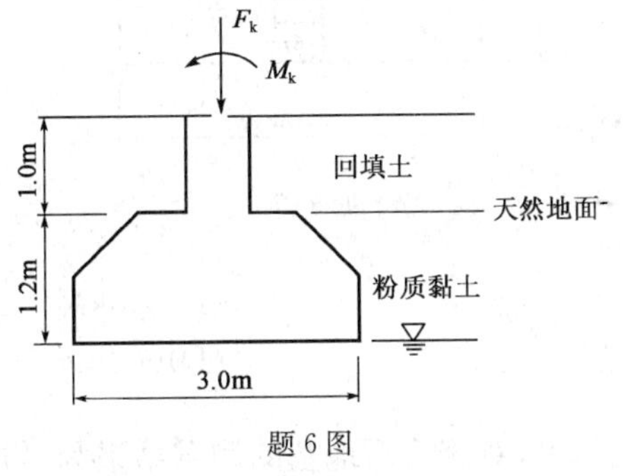

题6图

(A)0.85　　(B)1.0　　(C)1.1　　(D)1.2

7. 如图所示甲、乙二相邻基础，其埋深和基底平面尺寸均相同，埋深$d=1.0\text{m}$，底面尺寸均为2m×4m，地基土为黏土，压缩模量$E_s=3.2\text{MPa}$。作用的准永久组合下基础底面处的附加压力分别为$p_{0甲}=120\text{kPa}$，$p_{0乙}=60\text{kPa}$，沉降计算经验系数取$\psi_s=1.0$，根据《建筑地基基础设计规范》(GB 50007—2011)计算，甲基础荷载引起的乙基础中点的附加沉降量最接近下列何值？（　　）

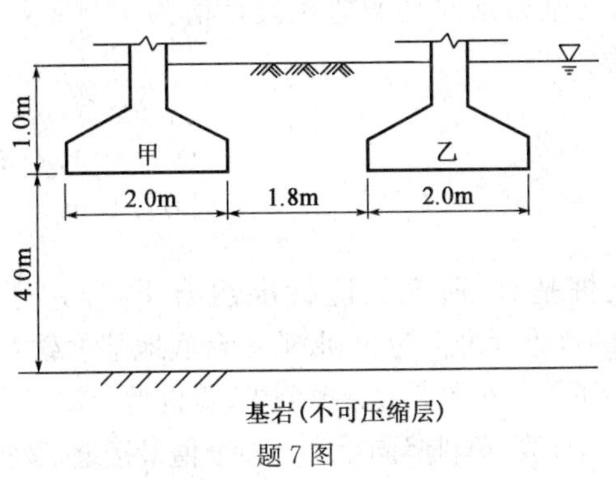

题7图

(A)1.6mm　　(B)3.2mm

(C)4.8mm　　(D)40.8mm

8. 已知柱下独立基础底面尺寸 2.0m×3.5m，相应于作用效应标准组合时传至基础顶面±0.00 处的竖向力和力矩为 F_k=800kN，M_k=50kN·m，基础高度 1.0m，埋深 1.5m，如图 3 所示。根据《建筑地基基础设计规范》(GB 50007—2011)方法验算柱与基础交接处的截面受剪承载力时，其剪力设计值最接近以下何值？　（　　）

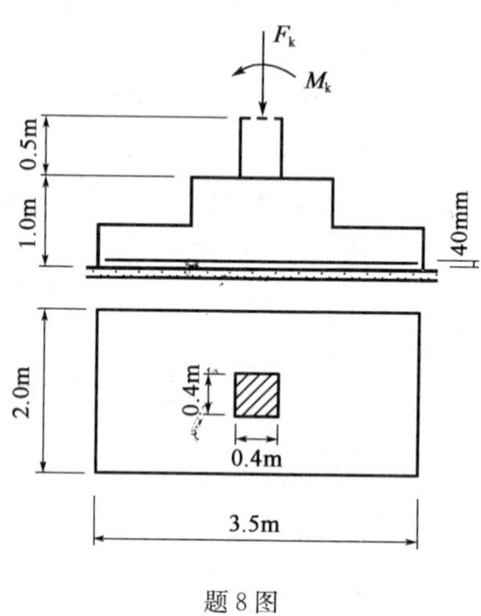

题 8 图

(A)200kN　　(B)350kN

(C)480kN　　(D)500kN

9. 某建筑位于岩石地基上，对该岩石地基的测试结果为：岩石饱和抗压强度的标准值为 75MPa，岩块弹性纵波速度为 5100m/s，岩体的弹性纵波速度为 4500m/s。问该岩石地基的承载力特征值为下列何值？　（　　）

(A)1.50×10⁴kPa　　(B)2.25×10⁴kPa

(C)3.75×10⁴kPa　　(D)7.50×10⁴kPa

10. 某公路桥梁河床表层分布有 8m 厚的卵石，其下为微风化花岗岩，节理不发育，饱和单轴抗压强度标准值为 25MPa，考虑河床岩层有冲刷，设计采用嵌岩桩基础，桩直径为1.0m，计算得到桩在基岩顶面处的弯矩设计值为 1000kN·m，问桩嵌入基岩的有效深度最小为下列何值？　（　　）

(A)0.69m　　(B)0.78m

(C)0.98m　　(D)1.10m

11. 某减沉复合疏桩基础，荷载效应标准组合下，作用于承台顶面的竖向力为 1200kN，承台及其上土的自重标准值为 400kN，承台底地基承载力特征值为 80kPa，承台面积控制系数为 0.60，承台下均匀布置 3 根摩擦型桩，基桩承台效应系数为 0.40，按《建筑桩基技术规范》(JGJ 94—2008)计算，单桩竖向承载力特征值最接近下列哪一个选项？　（　　）

(A)350kN (B)375kN

(C)390kN (D)405kN

12. 某框架柱采用6桩独立基础，如图所示，桩基承台埋深2.0m，承台面积3.0m×4.0m，采用边长0.2m钢筋混凝土预制实心方桩，桩长12m。承台顶部标准组合下的轴心竖向力为F_k，桩身混凝土强度等级为C25，抗压强度设计值f_c=11.9MPa，箍筋间距150mm，根据《建筑桩基技术规范》(JGJ 94—2008)，若按桩身承载力验算，该桩基础能够承受的最大竖向力F_k最接近下列何值？（承台与其上土的重度取20kN/m³，上部结构荷载效应基本组合按标准组合的1.35倍取用） ( )

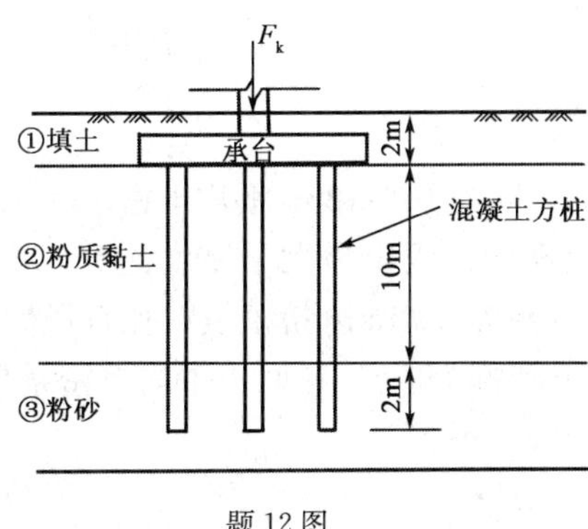

题12图

(A)1320kN (B)1630kN

(C)1950kN (D)2270kN

13. 某承台埋深1.5m，承台下为钢筋混凝土预制方桩，断面0.3m×0.3m，有效桩长12m，地层分布如图所示，地下水位于地面下1m。在粉细砂和中粗砂层进行了标准贯入试验，结果如图所示。根据《建筑桩基技术规范》(JGJ 94—2008)，计算单桩极限承载力最接近下列何值？ ( )

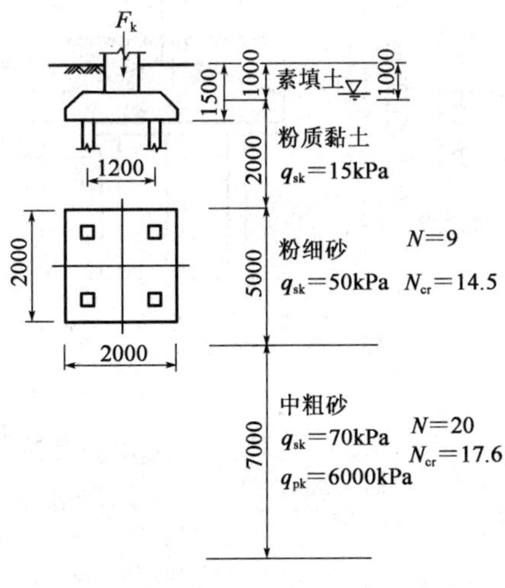

题13图(尺寸单位:mm)

(A)589kN　　(B)789kN

(C)1129kN　　(D)1329kN

14. 某建筑地基采用CFG桩进行地基处理，桩径400mm，正方形布置，桩距1.5m，CFG桩施工完成后，进行了CFG桩单桩静载试验和桩间土静载试验，试验得到：CFG桩单桩承载力特征值为600kN，桩间土承载力特征值为150kPa。该地区的工程经验为：单桩承载力的发挥系数取0.9，桩间土承载力的发挥系数取0.9。问该复合地基的荷载等于复合地基承载力特征值时，桩土应力比最接近下列哪个选项的数值？（　　）

(A)28　　(B)32

(C)36　　(D)40

15. 某场地湿陷性黄土厚度为10～13m，平均干密度为1.24g/cm^3，设计拟采用灰土挤密桩法进行处理，要求处理后桩间土最大干密度达到1.60g/cm^3。挤密桩正三角形布置，桩长为13m，预钻孔直径为300mm，挤密填料孔直径为600mm。问满足设计要求的灰土桩的最大间距应取下列哪个值？（桩间土平均挤密系数取0.93）（　　）

(A)1.2m　　(B)1.3m

(C)1.4m　　(D)1.5m

16. 某框架柱采用独立基础、素混凝土桩复合地基，基础尺寸、布桩如图所示。桩径为500mm，桩长为12m。现场静载试验得到单桩承载力特征值为500kN，浅层平板载荷试验得到桩间土承载力特征值为100kPa。充分发挥该复合地基的承载力时，依据《建筑地基处理技术规范》(JGJ 79—2012)，《建筑地基基础设计规范》(GB 50007—2011)计算，该柱的柱底轴力(荷载效应标准组合)最接近下列哪个选项的数值？（根据地区经验桩间土承载力发挥系数β取0.9，单桩承载力发挥系数λ取0.9，地基土的重度取18kN/m^3，基础及其上土的平均重度取20kN/m^3）（　　）

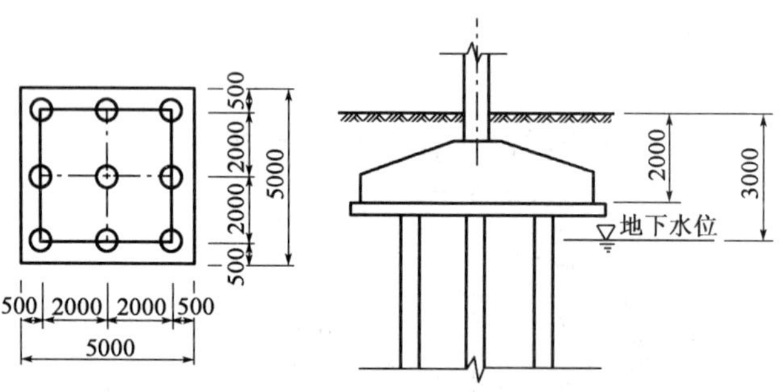

题16图(尺寸单位：mm)

(A)7108N　　(B)6358kN

(C)5835kN　　(D)5778kN

17. 某厚度6m饱和软土，现场十字板抗剪强度为20kPa，三轴固结不排水试验c_{cu}=13kPa，φ_{cu}=12°，E_s=2.5MPa。现采用大面积堆载预压处理，堆载压力p_0=100kPa，经

过一段时间后软土层沉降 150mm，问该时刻饱和软土的抗剪强度最接近下列何值？（　）

(A)13kPa　　(B)21kPa

(C)33kPa　　(D)41kPa

18. 某砂土边坡，高 4.5m，如图所示，原为钢筋混凝土扶壁式挡土结构，建成后其变形过大。再采取水平预应力锚索（锚索水平间距为 2m）进行加固，砂土的 $\gamma=21\text{kN/m}^3$，$c=0$，$\varphi=20°$。按朗肯土压力理论，锚索的预拉锁定值达到下列哪个选项时，砂土将发生被动破坏？（　）

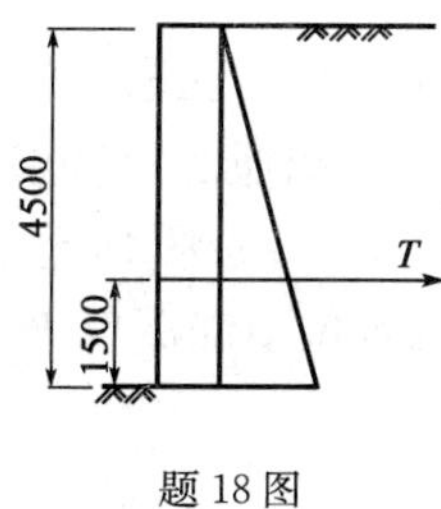

题 18 图

(A)210kN　　(B)280kN

(C)435kN　　(D)870kN

19. 某建筑岩质边坡如图所示，已知软弱结构面黏聚力 $c_s=20\text{kPa}$，内摩擦角 $\varphi_s=35°$，与水平面夹角 $\theta=45°$，滑裂体自重 G=2000kN/m，问作用于支护结构上每延米的主动岩石压力合力标准值最接近以下哪个选项？（　）

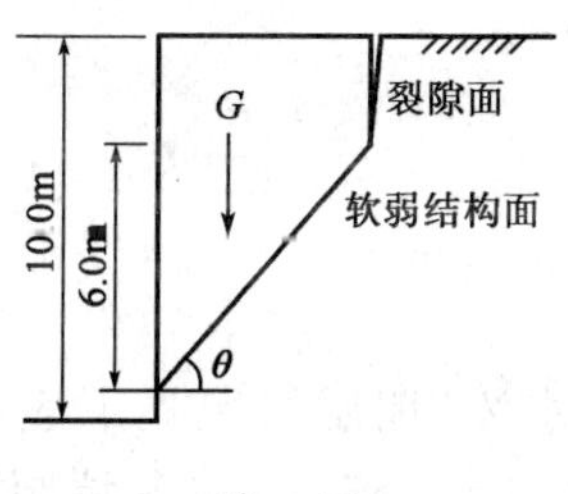

题 19 图

(A)212kN/m　　(B)252kN/m

(C)275kN/m　　(D)326kN/m

20. 一种粗砂的粒径大于 0.5mm 颗粒的质量超过总质量的 50%，细粒含量小于 5%，级配曲线如图所示。这种粗粒土按照铁路路基填料分组应属于下列哪组填料？（　）

(A)A 组填料　　(B)B 组填料

(C)C 组填料　　(D)D 组填料

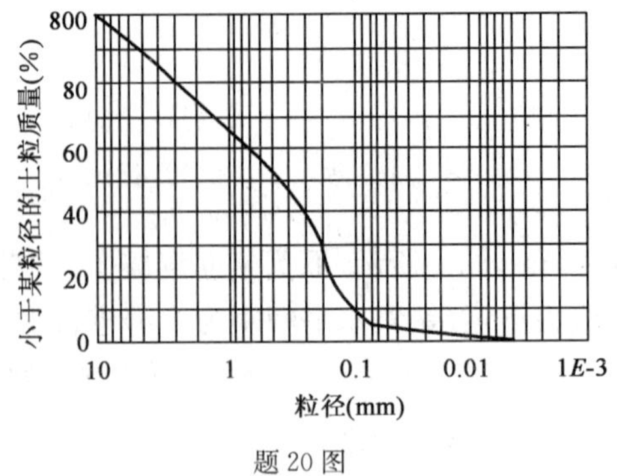

题 20 图

21. 下图所示河堤由黏性土填筑而成，河道内侧正常水深 3.0m，河底为粗砂层，河堤下卧两层粉质黏土层，其下为与河底相通的粗砂层，其中粉质黏土层①的饱和重度为 $19.5kN/m^3$，渗透系数为 $2.1\times10^{-5}cm/s$；粉质黏土层②的饱和重度为 $19.8kN/m^3$，渗透系数为 $3.5\times10^{-5}cm/s$，试问河内水位上涨深度 H 的最小值接近下列哪个选项时，粉质黏土层①将发生渗流破坏？（　　）

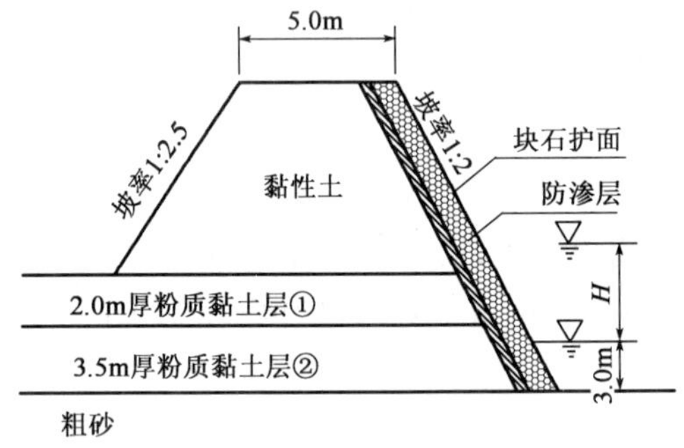

题 21 图

(A)4.46m　　(B)5.83m　　(C)6.40m　　(D)7.83m

22. 某拟建场地远离地表水体，地层情况见下表，地下水埋深 6m，拟开挖一长 100m，宽 80m 的基坑，开挖深度 12m。施工中在基坑周边布置井深 22m 的管井进行降水，降水维持期间基坑内地下水水力坡度为 1/15，在维持基坑中心地下水位位于基底下 0.5m 的情况下，按照《建筑基坑支护技术规程》(JGJ 120—2012)的有关规定，计算的基坑涌水量最接近于下列哪一个值？（　　）

题 22 表

深　度	地　层	渗透系数(m/d)
0～5	黏质粉土	0.2
5～30	细砂	5
30～35	黏土	—

(A)2528m³/d　　(B)3527m³/d

(C)2277m³/d　　(D)2786m³/d

23. 某基坑的土层分布情况如图 11 所示，黏土层厚 2m，砂土层厚 15m，地下水埋深为地下 20m，砂土与黏土天然重度均按 20kN/m³ 计算，基坑深度为 6m，拟采用悬臂桩支护形式，支护桩桩径 800mm，桩长 11m，间距 1400mm，根据《建筑基坑支护技术规程》(JGJ 120—2012)，支护桩外侧主动土压力合力最接近于下列哪一值？　（　）

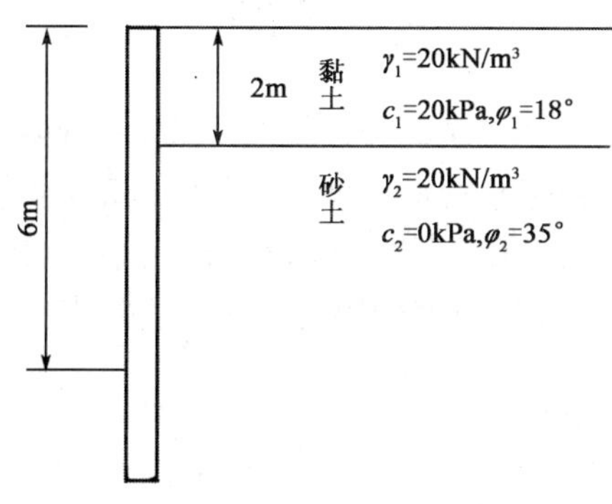

题 23 图

(A)248kN/m　　(B)267kN/m

(C)316kN/m　　(D)375kN/m

24. 某季节性冻土层为黏土层，测得地表冻胀前标高为 160.670m，土层冻前天然含水率为 30%，塑限为 22%，液限为 45%，其粒径小于 0.005mm 的颗粒含量小于 60%，当最大冻深出现时，场地最大冻土层厚度为 2.8m，地下水位埋深为 3.5m，地面标高为 160.850m，按《建筑地基基础设计规范》(GB 50007—2011)，该土层的冻胀类别为下列哪个选项？　（　）

(A)弱冻胀　　(B)冻胀

(C)强冻胀　　(D)特强冻胀

25. 某红黏土的天然含水量 51%，塑限 35%，液限 55%，该红黏土状态及复浸水特征类别为下列哪个选项？　（　）

(A)软塑，Ⅰ类　　(B)可塑，Ⅰ类

(C)软塑，Ⅱ类　　(D)可塑，Ⅱ类

26. 膨胀土地基上的独立基础尺寸 2m×2m×2m，埋深为 2m，柱上荷载为 300kN，在地面以下 4m 内为膨胀土，4m 以下为非膨胀土，膨胀土的重度 γ=18kN/m³，室内试验求得的膨胀率 δ_{ep}(%)与压力 P(kPa)的关系见下表，建筑物建成后其基底中心点下，土在平均自重压力与平均附加压力之和作用下的膨胀率 δ_{ep} 最接近下列哪个选项？(基础的重度按 20kN/m³ 考虑)。　（　）

题 26 表

膨胀率 δ_{ep}(%)	垂直压力 P(kPa)
10	5
6.0	60
4.0	90
2.0	120

(A)5.3%　　(B)5.2%

(C)3.4%　　(D)2.9%

27. 抗震设防烈度为 8 度地区的某高速公路特大桥，结构阻尼比为 0.05，结构自振周期(T)为 0.45s；场地类型为Ⅱ类，特征周期(T_g)为 0.35s；水平向设计基本地震加速度峰值为0.30g，进行 $E2$ 地震作用下的抗震设计时，按《公路工程抗震规范》(JTG B02—2013)确定竖向设计加速度反应谱最接近下列哪项数值？（　　）

(A)0.30g　　(B)0.45g

(C)0.89g　　(D)1.15g

28. 某水工建筑物场地地层 2m 以内为黏土，2～20m 为粉砂，地下水埋深 1.5m，场地地震动峰值加速度 0.2g。钻孔内深度 3m、8m、12m 处实测土层剪切波速分别为 180m/s、220m/s、260m/s，请用计算说明地震液化初判结果最合理的是下列哪一项？（　　）

(A)3m 处可能液化，8m、12m 处不液化

(B)8m 处可能液化，3m、12m 处不液化

(C)12m 处可能液化，3m、8m 处不液化

(D)3m、8m、12m 处均可能液化

29. 某建筑场地设计基本地震加速度 0.2g，设计地震分组为第二组，土层柱状分布及实测剪切波速见下表，问该场地的特征周期最接近下列哪个选项的数值？（　　）

题 29 表

层　序	岩土名称	层厚 d_i(m)	层底深度(m)	实测剪切波速 V_{si}(m/s)
1	填土	3.0	3.0	140
2	淤泥质粉质黏土	5.0	8.0	100
3	粉质黏土	8.0	16.0	160
4	卵石	15.0	31.0	480
5	基岩	—	—	>500

(A)0.30s　　(B)0.40s

(C)0.45s　　(D)0.55s

30. 某工程采用灌注桩基础，灌注桩桩径为800mm，桩长30m，设计要求单桩竖向抗压承载力特征值为3000kN，已知桩间土的地基承载力特征值为200kPa，按照《建筑基桩检测技术规范》(JGJ 106—2014)采用压重平台反力装置对工程桩进行单桩竖向抗压承载力检测时，若压重平台的支座只能设置在桩间土上，则支座底面积不宜小于以下哪个选项？ (　　)

(A) $20m^2$　　(B) $24m^2$

(C) $30m^2$　　(D) $36m^2$

2013年案例分析试题答案(下午卷)

1.[答案] C

[解析]《岩土工程勘察规范》(GB 50021—2001)第12.2.1条、第12.2.2条。

SO_4^{2-} 为中等腐蚀性,Mg^{2+} 为弱腐蚀性,NH_4^+ 微腐蚀性,OH^- 微腐蚀性,总矿化度微腐蚀性,pH值微腐蚀性,综上土对混凝土结构为中等腐蚀。

2.[答案] B

[解析]《工程地质手册》式(9-3-11)。

该压水试验 P-Q 曲线为A(层流)型

$$q=\frac{Q_3}{Lp_3}=\frac{7.5}{5\times1}=1.5<10\text{Lu}$$

$$k=\frac{Q}{2\pi HL}\ln\frac{L}{r_0}=\frac{7.5\times60\times24/1000}{2\times3.14\times100\times5}\times\ln\frac{5}{0.055}$$

$$=0.0155\text{m/d}=1.794\times10^{-5}\text{cm/s}$$

3.[答案] D

[解析] 这是一道三相换算的题目,将粗颗粒布置在细粒土的基质之中,如下图所示。

题中表格是分支黏土基质的击实试验结果,可见最大干密度近似为1.67g/m³。

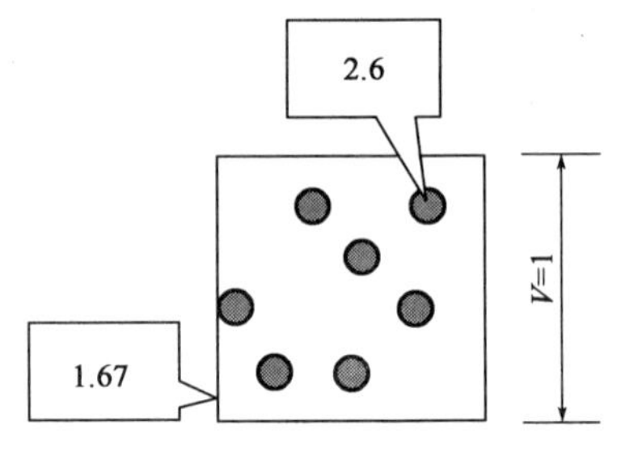

题3解图

如果总体积 $V=1.0$,设总质量为 $m=x$,粗粒质量为 $m_1=0.2x$,体积为 $V_1=0.2x/2.6$,细粒土质量 $m_2=0.8x$。体积 $V_2=0.8x/1.67$

$$V_1+V_2=1\Rightarrow0.2x/2.6+0.8x/1.67=1\Rightarrow x=1/0.556=1.788\text{g/cm}^3=\rho_d$$

4.[答案] B

[解析]《建筑地基基础设计规范》(GB 50007—2011)附录J及《岩土工程勘察规范》(GB 50021—2001)(2009年版)第14.2.2条。

$$\text{平均值}:\phi_m=\frac{\sum_{i=1}^{n}\phi_i}{n}=\frac{15+13+17+13+15+12+14+15}{8}=14.25$$

$$\sigma_f=\sqrt{\frac{1}{n-1}\left[\sum_{i=1}^{n}\phi_i^2-\frac{(\sum_{i=1}^{n}\phi_i)^2}{n}\right]}$$

$$=\sqrt{\frac{1}{8-1}\left[(15^2+13^2+17^2+13^2+15^2+12^2+14^2+15^2)-\frac{(14.25\times 8)^2}{8}\right]}$$

$$=1.58$$

$$\delta=\frac{\sigma_f}{\phi_m}=\frac{1.58}{14.25}=0.111$$

$$\gamma_s=1\pm\left(\frac{1.704}{\sqrt{n}}+\frac{4.678}{n^2}\right)\delta=1-0.6755\times 0.111=0.925$$

$$\phi_k=\gamma_s\phi_m=0.925\times 14.25=13.18$$

5.［答案］B

［解析］设堆载量为 p，

堆载前：$p_1=2\gamma=40\text{kPa}$

堆载后：$p_2=40+p$

$e_1=0.840$

$\frac{\Delta e}{1+e_1}h=0.1$，则$\frac{\Delta e}{1.840}\times 4=0.1\Rightarrow\Delta e=0.046, e_2=0.794$

查表可见：$p_2=120\text{kPa}$，$p=80\text{kPa}$

6.［答案］C

［解析］(1)持力层承载力特征值

$\varphi_k=16°; M_b=0.36; M_d=2.43; M_c=5$

$f_a=M_b\gamma b+M_d\gamma_m d+M_c c_k=0.36\times 8.5\times 2+2.43\times 18.5\times 1.2+5\times 20=160.066$

(2)可见它属于小偏心的情况，则

$$p_{kmax}=\frac{F_k+G_k}{A}+\frac{W}{bl^2/6}=\frac{650+20\times 3\times 2\times 2.2}{3\times 2}+\frac{6\times 70}{2\times 3^2}=152.3+23.3=175.6\text{kPa}$$

(3)$K=\frac{175.6}{160.1}=1.1$

7.［答案］B

［解析］如图所示，甲基础对乙基础的作用相当于 2×(矩形 $ABCD$－矩形 $CDEF$)的作用。

对于矩形 $ABCD$

$Z/b=4/2=2, L/b=4.8/2=2.4$；查表$\bar{\alpha}=0.1982$

对于矩形 $CDEF$

$Z/b=4/2=2, L/b=2.8/2=1.4$；查表$\bar{\alpha}=0.1875$

$$\Delta S_i=\varphi_s\frac{2P_0}{E_{Si}}(\bar{\alpha}Z_{ABCD}-\bar{\alpha}Z_{CDEF})=1\times\frac{2\times 120}{3.2}\times(0.1982\times 4-0.1875\times 4)=3.21\text{mm}$$

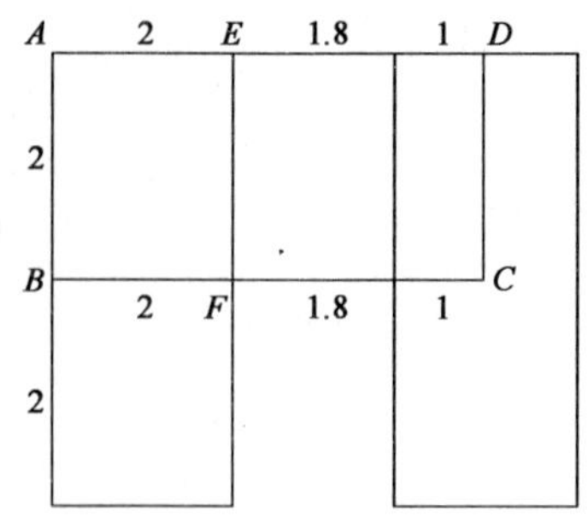

题7解图

8.**[答案]** C

[解析]《建筑地基基础设计规范》(GB 50007—2011)第8.2.9条。

柱与基础交接处的截面受剪承载力，应为图8.2.9-a中的阴影面积乘以基底平均净反力

$$\left(\frac{3.5}{2}-0.2\right)\times2\times\frac{1.35\times800}{2\times3.5}=478.278$$

9.**[答案]** C

[解析]《建筑地基基础设计规范》(GB 50007—2011)第4.1.4条、第5.2.6条。

$K_v=\left(\frac{V_{pm}}{V_{pr}}\right)=\left[\frac{岩体弹性纵波速度(或压缩波速度)}{岩石弹性纵皮速度(或压缩波速度)}\right]^2=\left(\frac{4500}{5100}\right)^2=0.778>0.75$，完整。

$$f_a=\varphi_r f_{rk}=0.5\times75\times10^3=37500\text{kPa}$$

10.**[答案]** B

[解析]《公路桥涵地基与基础设计规范》(JGC D63—2007)第5.3.5条。

$$h=\sqrt{\frac{M_H}{0.0655\beta f_{rk}d}}=\sqrt{\frac{1000}{0.0655\times1\times25\times1000\times1}}=0.7815\text{m}$$

11.**[答案]** D

[解析]《建筑桩基技术规范》(JGJ 94—2008)第5.6.1条。

$$A_c=\xi\frac{F_k+G_k}{f_{ak}}=0.6\times\frac{1200+400}{80}=12$$

$$3=n\geqslant\frac{F_k+G_k-\eta_c f_{ak}A_c}{R_a}=\frac{1200+400-0.4\times80\times12}{R_a}$$

$$R_a\geqslant405.3\text{kN}$$

12.**[答案]** A

[解析]《建筑桩基技术规范》(JGJ 94—2008)第5.8.2条。

箍筋间距150mm>100mm，故 $N\leqslant\psi_c f_c A_{ps}=0.85\times11.9\times10^3\times0.2^2=404.6\text{kN}$

$$N_k=\frac{404.6}{1.35}=299.7\text{kN}$$

$$299.7=N_k=\frac{F_k+G_k}{n}=\frac{F_k+3\times4\times2\times20}{6}$$

$F_k=1318.2kN$

讨论：$N=1.35N_k$

13.［答案］C

［解析］《建筑桩基技术规范》(JGJ 94—2008)第5.3.5条、第5.3.12条。

液化土的折减系数为ψ_l

粉细砂$N/N_{cr}=9/14.5=0.621$，d_1为地面以下3至8m故$\psi_l=1/3$

中粗砂$N>N_{cr}$不液化或者取$\psi_l=1$

$$Q_{uk}=Q_{sk}+Q_{pk}=u\sum q_{sik}l_i+q_{pk}A_p=4\times0.3\times\left(15\times1.5+\frac{1}{3}\times50\times5+5.5\times70\right)+6000\times0.3\times0.3=1129kN$$

14.［答案］B

［解析］《建筑地基处理技术规范》(JGJ 79—2012)第7.7.2条。

根据题意"复合地基的荷载等于复合地基承载力特征值时，桩土应力比"，意思为当桩土承载力完全发挥的时候的桩土应力比。故桩完全发挥时桩上的应力$\frac{600\times0.9}{3.14\times0.2^2}=4299.36kPa$；当土完全发挥时，土的应力为$150\times0.9=135$，故桩土应力比为$4299.36/135=31.8$

15.［答案］A

［解析］《湿陷性黄土地区建筑规范》(GB 50025—2004)第6.4.2条。

$$S=0.95\sqrt{\frac{\eta_c\rho_{dmax}D^2-\rho_{d0}d^2}{\eta_c\rho_{dmax}-\rho_{d0}}}=0.95\times\sqrt{\frac{0.93\times1.6\times0.6^2-1.24\times0.3^2}{0.93\times1.72-1.24}}=1.24m$$

16.［答案］C

［解析］《建筑地基处理技术规范》(JGJ 79—2012)第7.1.5条、第3.0.4条。

$$m=\frac{9\times3.14\times0.25^2}{5\times5}=0.071$$

$$f_{spk}=\lambda m\frac{R_a}{A_p}+\beta(1-m)f_{sk}=0.9\times0.071\times\frac{500}{3.14\times0.25^2}+0.9\times(1-0.071)\times100=246.4kPa$$

$f_a=f_{spk}+\eta_d\gamma_m(d-0.5)=246.4+0+1\times18\times(2-0.5)=273.4kPa$

轴心荷载作用时应满足

$$\frac{F_k+5\times5\times2\times20}{5\times5}=\frac{F_k+G_k}{A}=p_k\leqslant f_a=273.4\text{，故 }F_k\leqslant5835kN$$

17.［答案］C

［解析］《建筑地基处理技术规范》(JGJ 79—2012)第5.2.11条。

$s=\frac{\Delta p}{E_s}h=\frac{100}{2.5\times1000}\times6=0.24m$，故固结度$U_t=\frac{150}{240}=0.625$

$\tau_{ft}=\tau_{f0}+\Delta\sigma_zU_t\tan\varphi_{cu}=20+100\times0.625\times\tan12°=33.28kPa$

18.[答案] D

[解析] $K_p = \tan^2(45^\circ + \frac{\varphi}{2}) = 2.04$

$$E_p = \frac{\gamma H^2 K_p}{2} = \frac{21 \times 4.5^2 \times 2.04}{2} = 434$$

$$T \geqslant 2E_p = 2 \times 434 = 868\text{kN}$$

19.[答案] A

[解析]《建筑边坡工程技术规范》(GB 50330—2013)第 6.3.2 条。

$$E_{ak}=G\tan(\theta-\varphi_s)-\frac{c_s L\cos\varphi_s}{\cos(\theta-\varphi_s)}=2000\times\tan(40^\circ-35^\circ)-\frac{20\times6\sqrt{2}\times\cos35^\circ}{\cos(45^\circ-35^\circ)}=211.49\text{kN/m}$$

20.[答案] B

[解析]《铁路路基设计规范》(TB 10001—2005)第 5.2.2 条。

$$C_u = \frac{d_{60}}{d_{10}} = \frac{0.7}{0.1} = 7$$

$$C_c = \frac{d_{30}^2}{d_{10}d_{60}} = \frac{0.2^2}{0.1 \times 0.7} = 0.57$$

由于 C_c 不在 1～3 之间，为级配不良土。

查表 5.2.2，细粒含量在 5%～15%的粗砂，级配不良，为 B 组。

21.[答案] C

[解析] 第一种情况①号层发生流土破坏。发生流土破坏的条件是：渗透力＝有效自重压力(kPa)，即 $\gamma_w i=\gamma'\Rightarrow10\times\frac{\Delta h_1}{2}=19.5-10$，解得 $\Delta h_1=1.9$m

①层与②层接触位置流速 v 相等，则

$$k_1=\frac{\Delta h_1}{h_1}=k_2\frac{\Delta h_2}{h_2}\Rightarrow2.1\times10^{-5}\times\frac{1.9}{2}=3.5\times10^{-5}\times\frac{\Delta h_2}{3.5}\Rightarrow\Delta h_2=1.995$$

取②层底面为零势能面，则 $3+H=1.9+1.995+2+3.5$，$H=6.395$

22.[答案] C

[解析] 根据《建筑基坑支护技术规程》(JGJ 120—2012)附录 E 式(E.2-1)，属于潜水非完整井。

$$h_m=\frac{H+h}{2}=\frac{24+17.5}{2}=20.75$$

$$r_0=\sqrt{\frac{A}{\pi}}=\sqrt{\frac{100\times80}{3.14}}=50.48\text{m}$$

基坑内水力坡度 1/15，故 $l=22-12-0.5-\frac{1}{15}\times50.48=6.135$m

潜水：$R=2s_w\sqrt{kH}=2\times10\times\sqrt{5\times24}=219.1$m

$$Q=\pi k\frac{H^2-h^2}{\ln(1+\frac{R}{r_0})+\frac{h_m-l}{l}\ln\left(1+0.2\frac{h_m}{r_0}\right)}$$

$$=3.14\times5\frac{24^2-17.5^2}{\ln(1+\frac{219.1}{50.48})+\frac{20.75-6.135}{6.135}\ln(1+0.2\times\frac{20.75}{50.48})}=2273\text{m}^3/\text{d}$$

23.**[答案]** C

[解析] 黏土的临界深度：$Z_0=\frac{2c}{\gamma\sqrt{K_a}}=\frac{2\times20}{20\tan\left(45°-\frac{18°}{2}\right)}=2.75\text{m}$，故黏性土土压力为0。

砂土顶面处土压力强度：$p_{ak}=\gamma h\tan^2\left(45°-\frac{\varphi_t}{2}\right)=20\times2\times\tan^2\left(45°-\frac{35°}{2}\right)=10.84\text{kPa}$

支护结构底土压力强度：$p_{ak}=\gamma h\tan^2\left(45°-\frac{\varphi_t}{2}\right)=20\times11\times\tan\left(45°-\frac{35°}{2}\right)=59.62\text{kPa}$

$E_a=\frac{1}{2}\times(10.84+59.62)\times9=317.07\text{kN/m}$

24.**[答案]** B

[解析]《建筑地基基础设计规范》(GB 50007—2011)附录G表G.0.1。

$\eta=\frac{\Delta z}{h-\Delta z}\times100\%=\frac{160.85-160.67}{2.8-(160.85-160.67)}=0.0687$

塑限+5＜含水量30≤塑限+9，冻结期间地下水位距冻结面的最小距离=3.5－2.8=0.7m＜2m查表强冻胀。

根据表中注，塑性指数45－22=23＞22冻胀等级降低一级(塑性指数越大黏粒含量越多，渗透系数越小，阻碍毛细水上升，冻胀性越低)，因此选冻胀土。

讨论：该表的注是关键，此题的陷阱也就在于此。

25.**[答案]** C

[解析]《岩土工程勘察规范》(GB 50021—2001)第6.2.2条。

$a_w=\omega/\omega_L=51/55=0.927$，查表属于软塑；

$I_r=\omega_L/\omega_P=55/35=1.57$　$I_r'=1.4+0.0066\omega_L=1.4\times0.0066\times55=1.763$

$I_r\leqslant I_r'$，类别为Ⅱ类。

26.**[答案]** D

[解析] (1)基底处的附加应力：$p_0=\frac{300}{2\times2}+20\times2-18\times2=79\text{kPa}$

(2)基底以下1m处的附加应力：$l/b=1,z/b=1$

附加应力系数$\alpha=0.175$，$\sigma_z=4\times0.175$，$p_0=0.7\times79=55.3\text{kPa}$

(3)自重应力：$\sigma_c=3\times18=54\text{kPa}$

(4)$P=109.3\text{kPa}$，$\delta=2.71$

注：另一种作法：

基础底面以下2m处的附加应力：$z/b=2/1=2$，$l/b=1/1$

查附加应力系数表格$\alpha=0.084$

$4\times0.084\times79=26.544$

基础底面以下1m处附加应力的平均值为$(79+26.544)/2=52.772$

基础底面中心点1m处的自重压力与附加应力之和为$52.772+3\times18=106.772$

$\frac{106.772-90}{120-90}=\frac{4-x}{4-2}$，解得$x=2.882$

27.**[答案]** B

[解析]《公路工程抗震规范》(JTG B02—2013)5.2 条。

$S_{max}=2.25C_iC_sC_dA_l=2.25\times1.7\times1\times1\times0.3g=1.1475g$

阻力比为 0.05,特征周期 0.35,自振周期 0.45g,故

$S=S_{max}\dfrac{T_g}{T}=1.1475g\times\dfrac{0.35}{0.45}=0.8925g$

$T=0.45s>0.3s$,故 $R=0.5$,竖向设计加速度反应谱 $0.44625g$,答案选 B

28.**[答案]** D

[解析]《水利水电工程勘察规范》(GB 50487—2008)附录 P。

$V_{st}=291\sqrt{K_H\cdot Z\cdot r_d}$

3m 处 $V_{st}=291\sqrt{0.2\times3\times(1-0.01\times3)}=222>180m/s$,可能液化;

8m 处 $V_{st}=291\sqrt{0.2\times8\times(1-0.01\times8)}=353>220m/s$,可能液化;

12m 处 $V_{st}=291\sqrt{0.2\times12\times(1.1-0.02\times12)}=418>260m/s$,可能液化。

29.**[答案]** D

[解析]《建筑抗震设计规范》(GB 50011—2010)第 4.1.4 条～4.1.6 条。

$\dfrac{480}{160}=3>2.5$,卵石以下剪切波速均大于 400m/s,故覆盖层厚度为 16m。

$$v_{se}=\frac{d_0}{\sum\limits_{i=1}^{n}(d_1/v_{si})}=\frac{16}{\frac{3}{140}+\frac{5}{100}+\frac{8}{160}}=131.76m/s$$

查表,场地类别为 III 类,第二组:$T=0.55s$

30.**[答案]** B

[解析]《建筑基桩检测技术规范》(JGJ 106—2014)第 4.1.3 条、第 4.2.2 条。

竖向极限承载力除以 2,为单桩承载力特征值。所以最大加载量为 6000kN。

反力装置能提供的反力不得小于最大加载量的 1.2 倍;施加于地基的压应力不宜大于地基承载力特征值的 1.5 倍。

故反力装置需要提供的反力最小值为 $6000\times1.2=7200kN$

地基承载力特征值可以放大 1.5 倍使用 $1.5\times200=300kPa$

$A=7200/300=24m^2$

2014 年案例分析试题(上午卷)

1. 某饱和黏性土样，测定土粒比重为 2.70，含水量为 31.2%，湿密度为 $1.85g/cm^3$，环刀切取高 20mm 的试样，进行侧限压缩试验，在压力 100kPa 和 200kPa 作用下，试样总压缩量分别为 $S_1=1.4mm$ 和 $S_2=1.8mm$，问其体积压缩系数 m_{v1-2}(MPa^{-1})最接近下列哪个选项？ (   )

(A)0.30 (B)0.25
(C)0.20 (D)0.15

2. 在地面下 7m 处进行扁铲侧胀试验，地下水位埋深 1.0m，试验前率定时膨胀至 0.05mm及 1.10mm 时的气压实测值分别为 10kPa 和 80kPa，试验时膜片膨胀至 0.05mm、1.10mm 和回到 0.05mm 的压力值分别为 100kPa、260Pa 和 90kPa，调零前压力表初始读数 8kPa，请计算该试验点的侧胀孔压指数为下列哪项？ (   )

(A)0.16 (B)0.48
(C)0.65 (D)0.83

3. 某公路隧道走向 80°，其围岩产状 50°∠30°，欲作沿隧道走向的工程地质剖面(垂直比例与水平比例比值为 2)，问在剖面图上地层倾角取值最接近下列哪一值？ (   )

(A)27° (B)30°
(C)38° (D)45°

4. 某港口工程，基岩为页岩，试验测得其风化岩体纵波速度为 2.5km/s，风化岩块纵波速度为 3.2km/s，新鲜岩体纵波速度为 5.6km/s。根据《港口岩土工程勘察规范》(JTS 133-1—2010)判断，该基岩的风化程度(按波速风化折减系数评价)和完整程度分类为下列哪个选项？ (   )

(A)中等风化、较破碎 (B)中等风化、较完整
(C)强风化、较完整 (D)强风化、较破碎

5. 柱下独立基础及地基土层如图所示，基础底面尺寸为 3.0m×3.6m，持力层压力扩散角 $\theta=23°$，地下水位埋深 1.2m。按照软弱下卧层承载力的设计要求，基础可承受的竖向作用力 F_k 最大值与下列哪个选项最接近？(基础和基础之上土的平均重度取 $20kN/m^3$) (   )

(A)1180kN (B)1440kN
(C)1890kN (D)2090kN

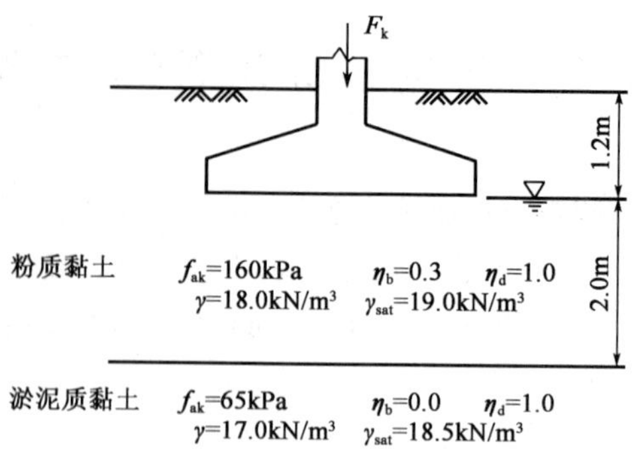

题 5 图

6. 柱下方形基础采用 C15 素混凝土建造，柱脚截面尺寸为 0.6m×0.6m，基础高度 0.7m，基础埋深 d=1.5m，场地地基土为均质黏土，重度 γ=19.0kN/m³，孔隙比 e=0.9，地基承载力特征值 f_{ak}=180kPa，地下水位埋藏很深。基础顶面的竖向力为 580kN，根据《建筑地基基础设计规范》(GB 50007—2011)的设计要求，满足设计要求的最小基础宽度为哪个选项？（基础和基础之上土的平均重度取 20kN/m³） （　　）

(A)1.8m　　(B)1.9m
(C)2.0m　　(D)2.1m

7. 某拟建建筑物采用墙下条形基础，建筑物外墙厚 0.4m，作用于基础顶面的竖向力为 300kN/m，力矩为 100kN·m/m，由于场地限制，力矩作用方向一侧的基础外边缘到外墙皮的距离为 2m，保证基底压力均布时，估算基础宽度最接近下列哪个选项？ （　　）

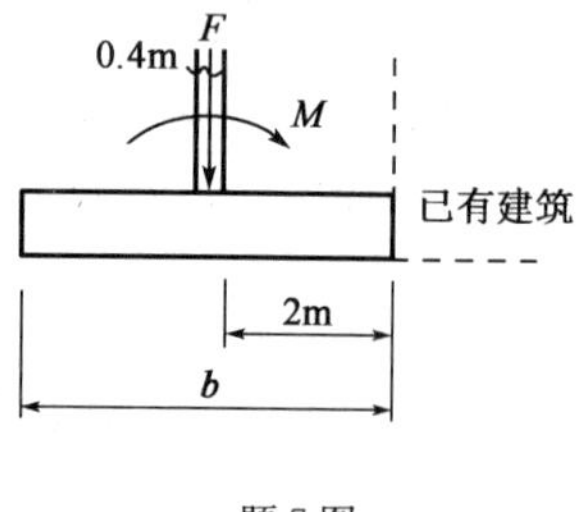

题 7 图

(A)1.98m　　(B)2.52m
(C)3.74m　　(D)4.45m

8. 某高层建筑，平面、立面轮廓如图。相应于作用标准组合时，地上建筑物平均荷载为 15kPa/层，地下建筑物平均荷载(含基础)为 40kPa/层。假定基底压力线性分布，问基础底面右边缘的压力值最接近下列哪个选项的数值？ （　　）

(A)319kPa　　(B)668kPa

(C)692kPa　　(D)882kPa

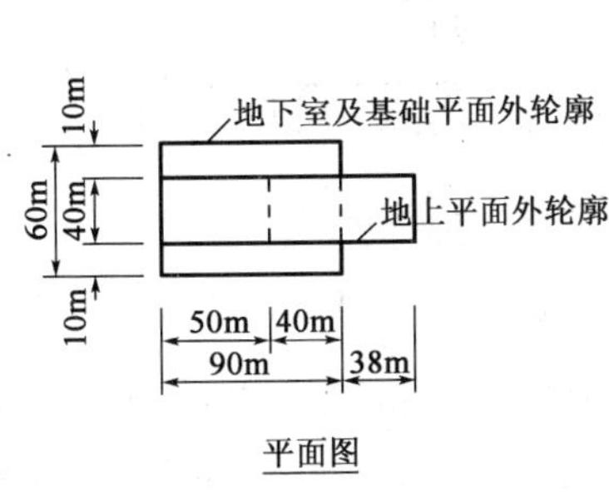

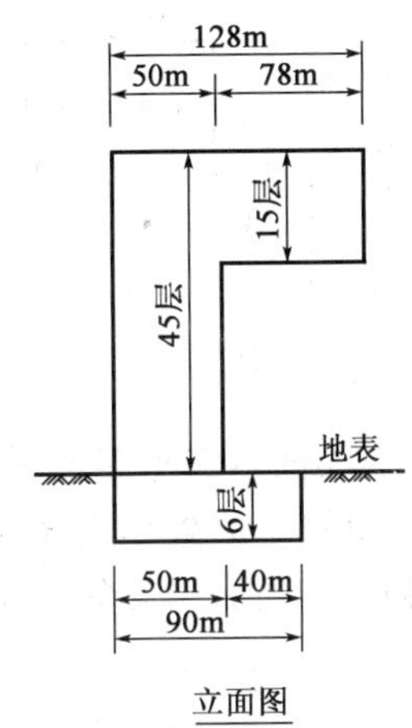

题 8 图

9. 条形基础埋深 3.0m，相应于作用的标准组合时，上部结构传至基础顶面的竖向力 $F_k = 200\text{kN/m}$，为偏心荷载。修正后的地基承载力特征值为 200kPa，基础及其上土的平均重度为 20kN/m^3。按地基承载力计算条形基础宽度时，使基础底面边缘处的最小压力恰好为零，且无零应力区，问基础宽度的最小值接近下列何值？（　　）

(A)1.5m　　(B)2.3m

(C)3.4m　　(D)4.1m

10. 某桩基础采用钻孔灌注桩，桩径 0.6m，桩长 10.0m。承台底面尺寸及布桩如图所示，承台顶面荷载效应标准组合下的竖向力 $F_k = 6300\text{kN}$。土层条件及桩基计算参数如表、图所示。根据《建筑桩基技术规范》(JGJ 94—2008)，作用于软弱下卧层④层顶面的附加应力 σ_z 最接近下列何值？（承台及其上覆土的重度取 20kN/m^3）（　　）

题 10 表

层序	土　名	天然重度 γ (kN/m^3)	极限侧阻力标准值 q_{sik} (kPa)	极限端阻力标准值 q_{pk} (kPa)	压缩模量 E_s (MPa)
①	黏土	18.0	35		
②	粉土	17.5	55	2100	10
③	粉砂	18.0	60	3000	16
④	淤泥质黏土	18.5	30		3.2

(A)8.5kPa　　(B)18kPa　　(C)30kPa　　(D)40kPa

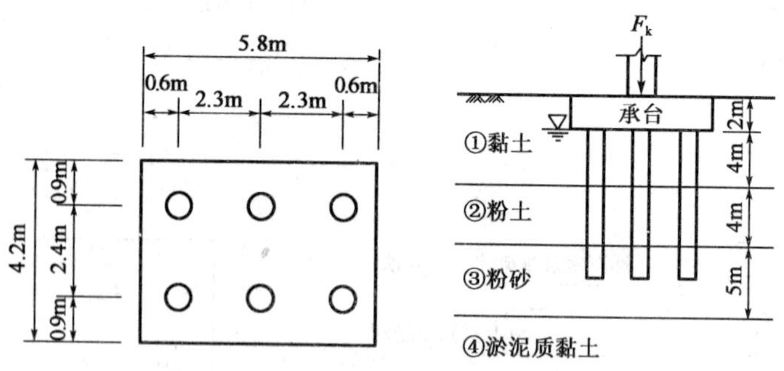

题 10 图

11. 某钻孔灌注桩单桩基础，桩径 1.2m，桩长 16m，土层条件如图所示，地下水位在桩顶平面处。若桩顶平面处作用大面积堆载 $p=50\text{kPa}$，根据《建筑桩基技术规范》(JGJ 94—2008)，桩侧负摩阻力引起的下拉荷载 Q_g^n 最接近下列何值？(忽略密实粉砂层的压缩量)　　(　　)

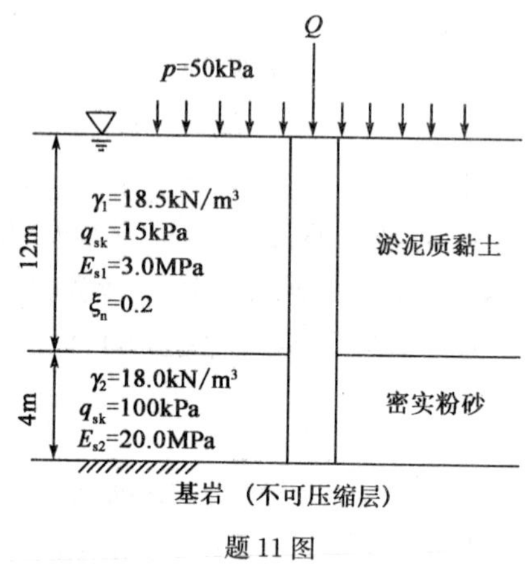

题 11 图

(A)240kN　　(B)680kN　　(C)910kN　　(D)1220kN

12. 某桩基工程，采用 PHC600 管桩，有效桩长 28m，送桩 2m，桩端闭塞，桩端选用密实粉细砂作持力层，桩侧土层分布见下表，根据单桥探头静力触探资料，桩端全截面以上 8 倍桩径范围内的比贯入阻力平均值为 4.8MPa，桩端全截面以下 4 倍桩径范围内的比贯入阻力平均值为 10.0MPa，桩端阻力修正系数 $\alpha=0.8$，根据《建筑桩基技术规范》(JGJ 94—2008)，计算单桩极限承载力标准值最接近下列何值？　　(　　)

题 12 表

序　号	土　名	层底埋深(m)	静力触探 p_s(MPa)	q_{sik}(kPa)
1	填土	6.0	0.7	15
2	淤泥质黏土	10.0	0.56	28
3	淤泥质粉质黏土	20.0	0.70	35
4	粉质黏土	28.0	1.10	52.5
5	粉细砂	35.0	10.0	100

(A)3820kN　　　　(B)3920kN

(C)4300kN　　　　(D)4410kN

13. 某铁路桥梁采用钻孔灌注桩基础，地层条件和基桩入土深度如图所示，成孔桩径和设计桩径均为 1.0m，桩底支承力折减系数 m_0 取 0.7。如果不考虑冲刷及地下水的影响，根据《铁路桥涵地基和基础设计规范》(TB 10002.5—2005)，计算基桩的容许承载力最接近下列何值？（　　）

2m　黏土，f=30kPa，γ=18.5kN/m^3

3m　黏土，f=50kPa，γ=19kN/m^3

15m　粉土，f=40kPa，γ=18kN/m^3

4m

中密细砂，σ_0=180kPa，f=40kPa，γ=20kN/m^3

题 13 图

(A)1700kN　　　　(B)1800kN

(C)1900kN　　　　(D)2000kN

14. 某承受轴心荷载的钢筋混凝土条形基础，采用素混凝土桩复合地基，基础宽度、布桩如图所示。桩径 400mm，桩长 15m，现场静载试验得出的单桩承载力特征值 400kN，桩间土的承载力特征值 150kPa。充分发挥该复合地基的承载力时，根据《建筑地基处理技术规范》(JGJ 79—2012)，该条基顶面的竖向荷载（荷载效应标准组合）最接近下列哪个选项的数值？（土的重度取 18kN/m^3，基础和上覆土平均重度 20kN/m^3，单桩承载力发挥系数取 0.9，桩间土承载力发挥系数取 1.0）（　　）

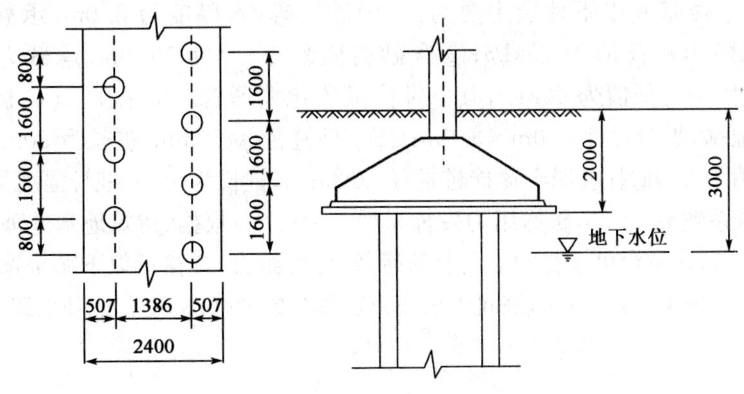

题 14 图(尺寸单位:mm)

(A)700kN/m　(B)755kN/m

(C)790kN/m　(D)850kN/m

15. 某场地湿陷性黄土厚度 6m，天然含水量 15%，天然重度 14.5kN/m³。设计拟采用灰土挤密桩法进行处理，要求处理后桩间土平均干密度达到 1.5g/cm³。挤密桩等边三角形布置，桩孔直径 400mm，问满足设计要求的灰土桩的最大间距应取下列哪个值（忽略处理后地面标高的变化，桩间土平均挤密系数不小于 0.93）？（　）

(A)0.70m　(B)0.80m

(C)0.95m　(D)1.20m

16. 某松散粉细砂场地，地基处理前承载力特征值 100kPa，现采用砂石桩满堂处理，桩径 400mm，桩位如图。处理后桩间土的承载力提高了 20%，桩土应力比 3。问：按照《建筑地基处理技术规范》(JGJ 79—2012)估算的该砂石桩复合地基的承载力特征值接近下列哪个选项的数值？（　）

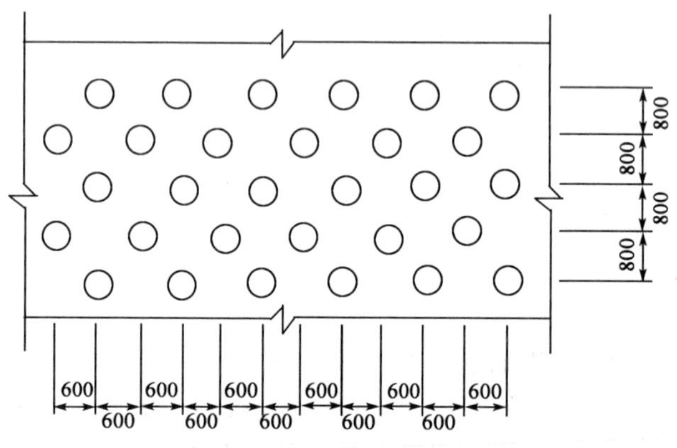

题 16 图(尺寸单位：mm)

(A)135kPa　(B)150kPa

(C)170kPa　(D)185kPa

17. 某住宅楼基底以下地层主要为：①中砂～砾砂，厚度为 8.0m，承载力特征值 200kPa，桩侧阻力特征值为 25kPa；②含砂粉质黏土，厚度 16.0m，承载力特征值为 250kPa，桩侧阻力特征值为 30kPa，其下卧为微风化大理岩。拟采用 CFG 桩＋水泥土搅拌桩复合地基，承台尺寸 3.0m×3.0m；CFG 桩桩径 ϕ450mm，桩长为 20m，单桩抗压承载力特征值为 850kN；水泥土搅拌桩桩径 ϕ600mm，桩长为 10m，桩身强度为 2.0MPa，桩身强度折减系数 $\eta=0.25$，桩端阻力发挥系数 $\alpha_p=0.5$。根据《建筑地基处理技术规范》(JGJ 79—2012)，该承台可承受的最大上部荷载（标准组合）最接近以下哪个选项？（单桩承载力发挥系数取 $\lambda_1=\lambda_2=1.0$，桩间土承载力发挥系数 $\beta=0.9$，复合地基承载力不考虑深度修正）（　）

(A)4400kN　(B)5200kN　(C)6080kN　(D)7760kN

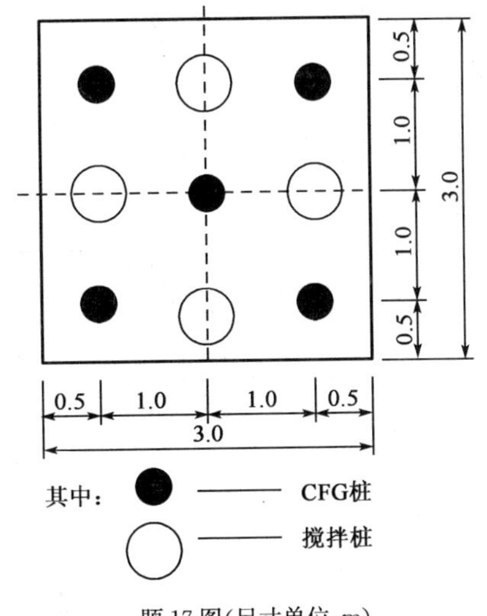

题 17 图(尺寸单位:m)

18. 某土坝的坝体为黏性土,坝壳为砂土,其有效空隙率 $n=40\%$,原水位(▽1)时流网如下图所示,根据《碾压式土石坝设计规范》(DL/T 5395—2007),当库水位骤降至 B 点以下时,坝内 A 点的孔隙水压力最接近以下哪个选项?(D 点到原水位线的垂直距离为 3.0m) ( )

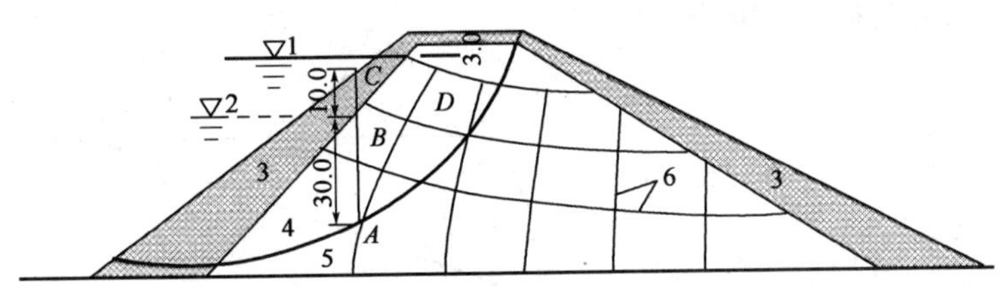

题 18 图

1-原水位;2-剧降后水位;3-坝壳(砂土);4-坝体(黏性土);5-滑裂面;6-水位降落前的流网

(A)300kPa (B)330kPa

(C)370kPa (D)400kPa

19. 某直立的黏性土边坡,采用排桩支护,坡高 6m,无地下水,土层参数为 $c=10$kPa,$\varphi=20°$,重度为 18kN/m^3,地面均布荷载为 $q=20$kPa,在 3m 处设置一排锚杆,根据《建筑边坡工程技术规范》(GB 50330—2013)相关要求,按等值梁法计算排桩反弯点到坡脚的距离最接近下列哪个选项? ( )

(A)0.5m (B)0.65m

(C)0.72m (D)0.92m

20. 如图所示,某填土边坡,高 12m,设计验算时采用圆弧条分法分析,其最小安全系数为 0.88,对应每延米的抗滑力矩为 22000kN·m,圆弧半径 25.0m,不能满足该边坡稳定要求,拟采用加筋处理,等间距布置 10 层土工格栅,每层土工格栅的水平拉力均按 45kN/m

考虑，按照《土工合成材料应用技术规范》(GB 50290—1998)，该边坡加筋处理后的稳定安全系数最接近下列哪个选项？ (　　)

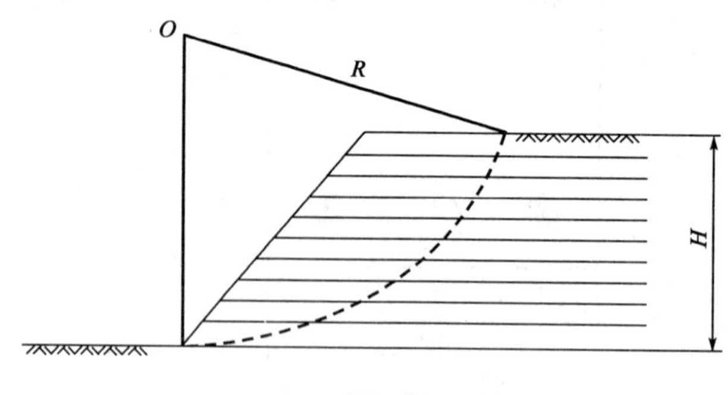

题 20 图

(A)1.15　(B)1.20

(C)1.25　(D)1.30

21. 图示路堑岩石边坡坡顶 BC 水平，已测得滑面 AC 的倾角 $\beta=30°$，滑面内摩擦角 $\varphi=18°$，黏聚力 $c=10$kPa，滑体岩石重度 $\gamma=22$kN/m^3。原设计开挖坡面 BE 的坡率为 1∶1，滑面露出点 A 距坡顶 $H=10$m。为了增加公路路面宽度，将坡率改为 1∶0.5。试问坡率改变后边坡沿滑面 DC 的抗滑安全系数 K_2 与原设计沿滑面 AC 的抗滑安全系数 K_1 之间的正确关系是下列哪个选项？ (　　)

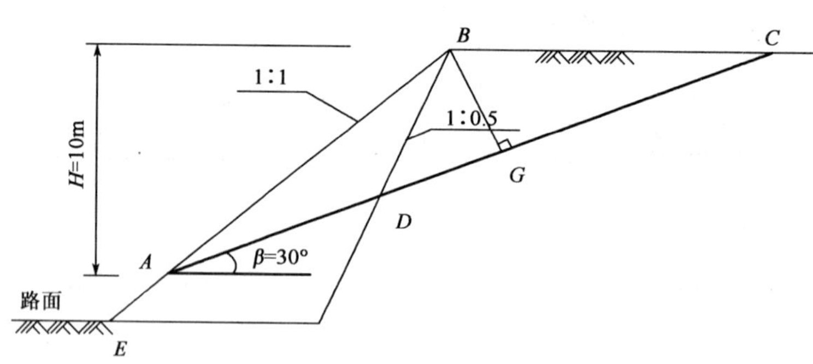

题 21 图

(A)$K_1=0.8K_2$　(B)$K_1=1.0K_2$

(C)$K_1=1.2K_2$　(D)$K_1=1.5K_2$

22. 某水利建筑物洞室由厚层砂岩组成，其岩石的饱和单轴抗压强度 R_b 为 30MPa，围岩的最大主应力 σ_m 为 9MPa。岩体的纵波速度为 2800m/s，岩石的纵波速度为 3500m/s。结构面状态评分为 25，地下水评分为 −2，主要结构面产状评分 −5。根据《水利水电工程地质勘察规范》(GB 50487—2008)，该洞室围岩的类别是下列哪一选项？ (　　)

(A)Ⅰ类围岩　(B)Ⅱ类围岩

(C)Ⅲ类围岩　(D)Ⅳ类围岩

23. 某软土基坑，开挖深度 H=5.5m，地面超载 q_0=20kPa，地层为均质含砂淤泥质粉质黏土，土的重度 γ=18kN/m³，黏聚力 c=8kPa，内摩擦角 φ=15°，不考虑地下水的作用，拟采用水泥土墙支护结构，其嵌固深度 l_d=6.5m，挡墙宽度 B=4.5m，水泥土墙体的重度 γ 为 19kN/m³。按照《建筑基坑支护技术规程》(JGJ 120—2012)计算该重力式水泥土墙抗滑移安全系数，其值最接近下列哪个选项？（　　）

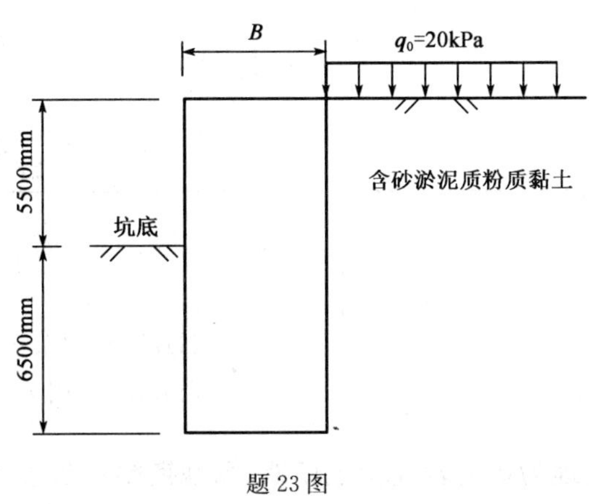

题 23 图

(A)1.0　　(B)1.2

(C)1.4　　(D)1.6

24. 某岩石边坡代表性剖面如下图，边坡倾向 270°，一裂隙面刚好从坡脚出露，裂隙面产状为 270°∠30°，坡体后缘一垂直张裂缝正好贯通至裂隙面。由于暴雨，使垂直张裂缝和裂隙面瞬间充满水，边坡处于极限平衡状态(即滑坡稳定系数 K_s=1.0)。经测算，裂隙面长度 L=30m，后缘张裂缝深度 d=10m，每延米潜在滑体自重 G=6450kN，裂隙面的黏聚力 c=65kPa，试计算裂隙面的内摩擦角最接近下列哪个数值？(坡脚裂隙面有泉水渗出，不考虑动水压力，水的重度取 10kN/m³)（　　）

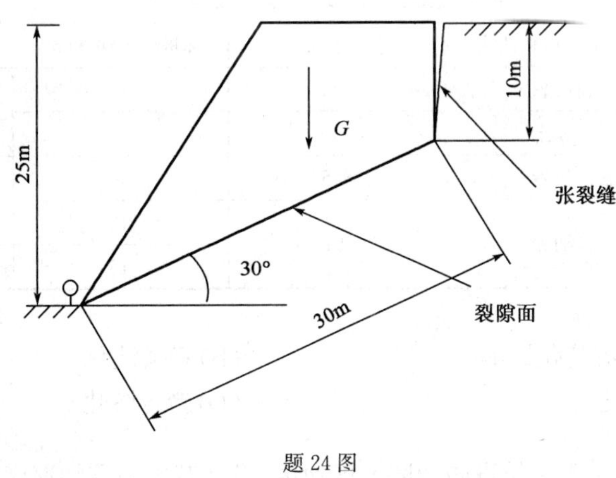

题 24 图

(A)13°　　(B)17°

(C)18°　　　　(D)24°

25. 如图所示某山区拟建一座尾矿堆积坝，堆积坝采用尾矿细砂分层压实而成，尾矿的内摩擦角为 36°，设计坝体下游坡面坡度 $\alpha=25°$。随着库内水位逐渐上升，坝下游坡面下部会有水顺坡渗出，尾矿细砂的饱和重度为 $22kN/m^3$，水下内摩擦角 33°。试问坝体下游坡面渗水前后的稳定系数最接近下列哪个选项？　（　　）

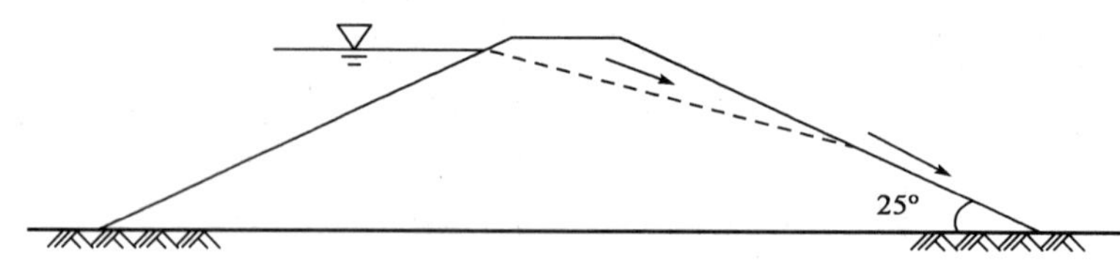

题 25 图

(A)1.56，0.76　　　　(B)1.56，1.39

(C)1.39，1.12　　　　(D)1.12，0.76

26. 某民用建筑场地为花岗岩残积土场地，场地勘察资料表明，土的天然含水量为 18%，其中细粒土(粒径小于 0.5m)的质量百分含量为 70%，细粒土的液限为 30%，塑限为 18%，该花岗岩残积土的液性指数最接近下列哪个选项？　（　　）

(A)0　　　　(B)0.23

(C)0.47　　　　(D)0.64

27. 某乙类建筑位于建筑设防烈度 8 度地区，设计基本地震加速度值为 0.20g，设计地震分组为第一组，钻孔揭露的土层分布及实测的标贯锤击数如下表所示，近期内年最高地下水埋深 6.5m。拟建建筑基础埋深 1.5m，根据钻孔资料下列哪个选项的说法是正确的？　（　　）

各深度处膨胀土的工程特性指标表　　题 27 表

层 序	岩土名称和性状	层 厚(m)	标贯试验深度(m)	实测标贯锤击数
1	粉质黏土	2	—	—
2	黏土	4	—	—
3	粉砂	3.5	8	10
4	细砂	15	13	23
			16	25

(A)可不考虑液化影响　　　　(B)轻微液化

(C)中等液化　　　　(D)严重液化

28. 某建筑场地位于建筑设防烈度 8 度地区，设计基本地震加速度值为 0.20g，设计地震分组为第一组。根据勘察资料，地面下 13m 范围内为淤泥和淤泥质土，其下为波速大于 500m/s 的卵石，若拟建建筑的结构自振周期为 3s，建筑结构的阻尼比为 0.05，则

计算罕遇地震作用时，建筑结构的水平地震影响系数最接近下列选项中的哪一个？（　）

(A)0.023　(B)0.034

(C)0.147　(D)0.194

29.某场地地层结构如图所示。采用单孔法进行剪切波速测试，激振板长2m，宽0.3m，其内侧边缘距孔口2m，触发传感器位于激振板中心；将三分量检波器放入钻孔内地面下2m深度时，实测波形图上显示剪切波初至时间为29.4ms。已知土层②～④和基岩的剪切波速如图所示，试按《建筑抗震设计规范》(GB 50011—2010)计算土层的等效剪切波速，其值最接近下列哪项数值？（　）

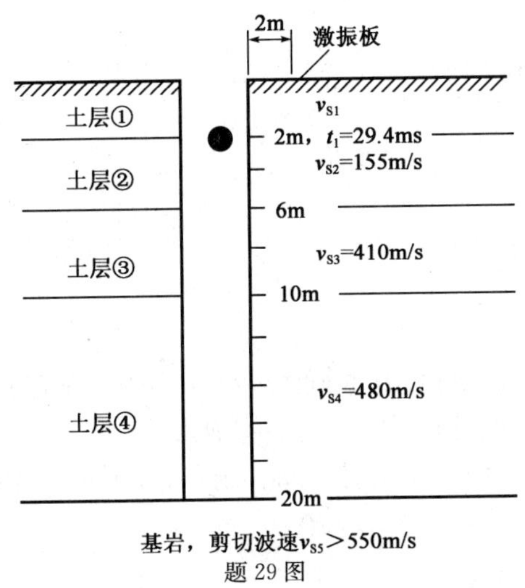

基岩，剪切波速v_{S5}>550m/s

题29图

(A)109m/s　(B)131m/s

(C)142m/s　(D)154m/s

30.某工程采用CFG桩复合地基，设计选用CFG桩桩径500mm，按等边三角形布桩，面积置换率为6.25%，设计要求复合地基承载力特征值f_{spk}=300kPa，请问单桩复合地基载荷试验最大加载压力不应小于下列哪项？（　）

(A)2261kN　(B)1884kN

(C)1131kN　(D)942kN

2014年案例分析试题答案(上午卷)

1.[答案] C

[解析]《土工试验方法标准》(GB/T 50123—1999)第14.1.6条、14.1.8条、14.1.9条、14.1.11条。

$$e_0=\frac{(1+\omega_0)G_s\rho_w}{\rho_0}-1=\frac{(1+0.312)\times2.7\times1.0}{1.85}-1=0.915$$

$$e_1=e_0-\frac{1+e_0}{h_0}\Delta h_1=0.915-\frac{1+0.915}{20}\times1.4=0.781$$

$$e_2=e_0-\frac{1+e_0}{h_0}\Delta h_2=0.915-\frac{1+0.915}{20}\times1.8=0.743$$

$$a_v=\frac{e_1-e_2}{p_2-p_1}=\frac{0.781-0.743}{0.2-0.1}=0.38$$

$$m_v=\frac{a_v}{1+e_0}=\frac{0.38}{1+0.915}=0.20$$

2.[答案] D

[解析]《岩土工程勘察规范》(GB 50021—2001)(2009年版)第10.8.3条。

$$p_0=1.05(A-z_m+\Delta A)-0.05(B-z_m-\Delta B)$$
$$=1.05\times(100-8+10)-0.05\times(260-8-80)=98.5\text{kPa}$$

$$p_2=C-z_m+\Delta A=90-8+10=92\text{kPa}$$

$$u_0=10\times(7-1)=60\text{kPa}$$

$$U_D=\frac{(p_2-u_0)}{(p_0-u_0)}=\frac{(92-60)}{(98.5-60)}=0.83$$

3.[答案] D

[解析]《铁路工程地质手册》(1999年修订版)附录I。

$$\tan\beta=\eta\cdot\tan\delta\cdot\sin\alpha=2\times\tan30°\times\sin60°=1.0$$

解得 $\beta=45°$

4.[答案] B

[解析]《港口岩土工程勘察规范》(JTS 133-1—2010)附录A、第4.1.2条。

$K_{vp}=\frac{2.5}{5.6}=0.446$,页岩属软质岩石,查表A.0.1-2,属中等风化;

$K_v=(\frac{2.5}{3.2})^2=0.61$,查表属较完整岩体。

5.[答案] B

[解析]《建筑地基基础设计规范》(GB 50007—2011)第5.2.2条、5.2.4条、5.2.7条。

$$p_k=\frac{F_k+G_k}{A}=\frac{F_k+3.0\times3.6\times1.2\times20}{3.0\times3.6}=\frac{F_k}{10.8}+24$$

$p_c=1.2\times18=21.6\text{kPa}$

$p_{cz}=1.2\times18+2.0\times9=39.6\text{kPa}$

$$p_z=\frac{3.0\times3.6\times[(\frac{F_k}{10.8}+24)-21.6]}{(3.0+2\times2\times\tan23°)(3.6+2\times2\times\tan23°)}=0.04F_k+1.04$$

$$f_a=65+1.0\times\frac{1.2\times18+2.0\times9}{3.2}\times(3.2-0.5)=98.4\text{kPa}$$

令 $p_z+p_{cz}=f_a$，即：$0.04F_6+1.04+39.6=98.4$，解得 $F_k=1444.0\text{kN}$。

6.［答案］B

［解析］《建筑地基基础设计规范》(GB 50007—2011)第 5.2.1 条、第 5.2.4 条、第 8.1.1条。

$f_a=180+0+1.0\times19.0\times(1.5-0.5)=199\text{kPa}$；

$b^2\geqslant\frac{F_k}{f_a-\gamma_G d}=\frac{580}{199-20\times1.5}=3.43\text{m}^3$，解得 $b=1.85\text{m}$，取 $b=1.90\text{m}$；

验算素混凝土基础：$p_k=\frac{580}{1.90^2}+1.5\times20=190.7\text{kPa}$，查表 $\tan\alpha=1$；

$H_0=\frac{b-b_0}{2\tan\alpha}=\frac{1.90-0.6}{2\times1}=0.65<0.70\text{m}$，满足要求。

7.［答案］C

［解析］$e=\frac{100}{300}=2+\frac{0.4}{2}-\frac{b}{2}$，解得 $b=3.73\text{m}$。

8.［答案］B

［解析］《建筑地基基础设计规范》(GB 50007—2011)第 5.2.2 条。

$F_k+G_k=6\times90\times40\times60+45\times50\times15\times40+15\times78\times15\times40=334800\text{kN}$

$$e=\frac{M_k}{F_k+G_k}=\frac{15\times78\times15\times40\times(78/2+5)-45\times50\times15\times40\times(45-50/2)}{3348000}$$

$=1.16\text{m}<\frac{b}{6}$，属于小偏心

$$p_{kmax}=\frac{F_k+G_k}{A}(1+\frac{6e}{b})=\frac{3348000}{60\times90}\times(1+\frac{6\times1.16}{90})=668.0\text{kPa}$$

9.［答案］C

［解析］《建筑地基基础设计规范》(GB 50007—2011)第 5.2.1 条。

$\frac{2(F_k+G_k)}{b}\leqslant1.2f_a$，即 $2\times(\frac{200}{b}+3\times200)\leqslant1.2\times200$，解得 $b\geqslant3.33\text{m}$。

10.［答案］C

［解析］《建筑桩基技术规范》(JGJ 94—2008)第 5.4.1 条。

$G_k=2\times4.2\times5.8\times20=974.4\text{kN}$

$A_0=2.3\times2+0.6=5.2\text{m}$，$B_0=2.4+0.6=3.0\text{m}$

$E_{s1}/E_{s2}=16/3.2=5.0$，$t=3\text{m}>0.5B_0=1.5\text{m}$，查表 $\theta=25°$

$$\sigma_z=\frac{(F_k+G_k)-\frac{3}{2}\times(A_0+B_0)\Sigma q_{sik}l_i}{(A_0+2t\tan\theta)(B_0+2t\tan\theta)}$$

$$=\frac{(6300+974.4)-\frac{3}{2}\times(5.2+3.0)\times(4\times35+4\times55+2\times60)}{(5.2+2\times3\times\tan25°)(3.0+2\times3\times\tan25°)}=29.55\text{kPa}$$

11.**[答案]** B

[解析]《建筑桩基技术规范》(JGJ 94—2008)第 5.4.4 条。

持力层为基岩，取 $l_n/l_0=1.0, l_n=12\text{m}$

$$\sigma'_i=p+\sum_{e=1}^{i-1}\gamma_e\Delta z_e+\frac{1}{2}\gamma_i\Delta z_i=50+\frac{1}{2}\times(18.5-10)\times12=101.0\text{kPa}$$

$q_{si}^n=\xi_{ni}\sigma'_i=0.2\times101.0=20.2\text{kPa}>q_{sk}=15\text{kPa}$，取 $q_{si}^n=15\text{kPa}$

$$Q_g^n=\eta_n\cdot u\sum_{i=1}^{n}q_{si}^n l_i=1\times3.14\times1.2\times15\times12=678.24\text{kN}$$

12.**[答案]** A

[解析]《建筑桩基技术规范》(JGJ 94—2008)第 5.3.3 条。

有效桩长 28m，送桩 2m，即将桩顶打入地面下 2m，桩底埋深为 28+2=30m

$p_{sk1}=4.8\text{MPa}<p_{sk2}=10.0\text{MPa}$

$p_{sk2}/p_{sk1}=10/4.8=2.1<5$，查表取 $\beta=1$

$$p_{sk}=\frac{1}{2}(p_{sk1}+\beta\cdot p_{sk2})=\frac{1}{2}(4.8+1\times10.0)=7.4\text{MPa}=7400\text{kPa}$$

$$Q_{uk}=u\sum q_{sik}l_i+\alpha p_{sk}A_p$$
$$=3.14\times0.6\times(4\times15+4\times28+10\times35+8\times52.5+2\times100)+$$
$$0.8\times7400\times\frac{3.14\times0.6^2}{4}=3825\text{kN}$$

13.**[答案]** B

[解析]《铁路桥涵地基与基础设计规范》(TB 10002.5—2005)第 4.1.3 条、第 6.2.2条。

$h=24\text{m}>10d=10\text{m}$，查表得 $k_2=3, k'_2=\frac{3}{2}=1.5$

$$\gamma_2=\frac{\sum\gamma_i h_i}{h}=\frac{2\times18.5+3\times19+15\times18+4\times20}{24}=18.5\text{kN/m}^3$$

$$[\sigma]=\sigma_0+k_2\gamma_2(4d-3)+k'_2\gamma_2\times6d$$
$$=180+3.0\times18.5\times(4-3)+1.5\times18.5\times6=402\text{kPa}$$

$$[P]=\frac{1}{2}U\sum f_i l_i+m_0A[\sigma]$$

$$=\frac{1}{2}\times3.14\times1.0\times(30\times2+50\times3+40\times15+50\times4)+0.3\times3.14\times0.5^2\times402$$
$$=1806.6\text{kPa}$$

14.**[答案]** B

[解析]《建筑地基处理技术规范》(JGJ 79—2012)第7.1.5条、第3.0.4条。

$$置换率\ m=\frac{6\times\frac{3.14\times04^2}{4}}{2.4\times4.8}=0.065$$

$$f_{spk}=\lambda m\frac{R_a}{A_p}+\beta(1-m)f_{sk}=0.9\times0.065\times\frac{400}{\frac{3.14\times0.4^2}{4}}+1\times(1-0.065)\times150$$

$$=326.6kPa$$

修正承载力 $f_a=326.6+1.0\times18\times(2.0-0.5)=353.6kPa$

由 $\frac{F_k+G_k}{A}=f_a$，得 $F_k=353.6\times2.4-\times2\times20\times2.4=752.6kN$。

15. [答案] C

[解析]《建筑地基处理技术规范》(JGJ 79—2012)第7.5.2条。

$$\bar{\rho}_d=\frac{\rho}{1+w}=\frac{14.5/10}{1+15\%}=1.261g/cm^3$$

$$s=0.95d\sqrt{\frac{\bar{\eta}_c\cdot\rho_{dmax}}{\bar{\eta}_c\cdot\rho_{dmax}-\bar{\rho}_d}}=0.95\times0.4\times\sqrt{\frac{1.5}{1.5-1.261}}=0.95m$$

16. [答案] B

[解析]《建筑地基处理技术规范》(JGJ 79—2012)第7.1.5条。

取一个正方形面积作为单元体计算置换率 m，单元体内有1个完整桩，4个$\frac{1}{4}$桩，总桩数为2，得

$$m=\frac{2\times\frac{3.14\times0.4^2}{4}}{2\times0.6\times2\times0.8}=0.131$$

$$f_{spk}=[1+m(n-1)]f_{sk}=[1+0.131\times(3-1)]\times1.2\times100=151.4kPa$$

17. [答案] C

[解析]《建筑地基处理技术规范》(JGJ 79—2012)第7.1.5条、第7.9.6条、第7.9.7条。

(1)计算置换率

$$搅拌桩：m_1=\frac{A_{p1}}{s^2}=\frac{4\times\frac{3.14\times0.6^2}{4}}{3^2}=0.1256$$

$$CFG桩：m_2=\frac{A_{p2}}{s^2}=\frac{5\times\frac{3.14\times0.45^2}{4}}{3^2}=0.0883$$

(2)计算搅拌桩 R_{a1}：

按土对桩的承载力确定 R_{a1}：

$$R_{a1}=u_p\sum_{i=1}^{n}q_{si}l_{pi}+\alpha_p q_p A_p$$

$$=3.14\times0.6\times(8\times25+2\times30)+0.5\times250\times\frac{3.14\times0.6^2}{4}=525.2kN$$

按桩身强度确定 R_{a1}：

$$R_{a1}=\eta f_{cu}A_p=0.25\times2.0\times10^3\times\frac{3.14\times0.6^2}{4}=141.3\text{kN}$$

取小值，$R_{a1}=141.3\text{kN}$

$$f_{spk}=m_1\frac{\lambda_1R_{a1}}{A_{p1}}+m_2\frac{\lambda_2R_{a2}}{A_{p2}}+\beta(1-m_1-m_2)f_{sk}$$

$$=0.1256\times\frac{1.0\times141.3}{3.14\times0.6^2}+0.0883\times\frac{1.0\times850}{3.14\times0.45^2}+0.90\times(1-0.1256-0.0883)\times200=676.45\text{kPa}$$

$$F_k=f_{spk}\cdot A=676.45\times3.0\times3.0=6088.05\text{kN}$$

18.【答案】B

【解析】《碾压式土石坝设计规范》(DL/T 5395—2007)附录 D 第 D.4.2 条。

$$u=\gamma_w[h_1+h_2(1-n_e)-h']$$
$$=10\times[30.0+10.0\times(1-0.40)-3.0]$$
$$=330\text{kPa}$$

19.【答案】C

【解析】《建筑边坡工程技术规范》(GB 50330—2013)附录 F 第 F.0.4 条。

设反弯点到基坑地面的距离为 Y_n

$$K_a=\tan^2(45°-\frac{20°}{2})=0.49,K_p=\tan^2(45°+\frac{20°}{2})=2.04$$

$$e_{ak}=qK_a+\gamma HK_a-2c\sqrt{K_a}$$
$$=20\times0.49\times+18\times(6+Y_n)\times0.49-2\times10\times\sqrt{0.49}$$
$$=8.82Y_n+48.72$$

$$e_{pk}=\gamma HK_p+2c\sqrt{K_p}$$
$$=18\times Y_n\times2.04+2\times10\times\sqrt{2.04}$$
$$=36.72Y_n+28.57$$

由 $e_{ak}=e_{pk}$，即 $8.82Y_n+48.72=36.72Y_n+28.57$，解得 $Y_n=0.72\text{m}$。

20.【答案】C

【解析】《土工合成材料应用技术规范》(GB 50290—1998)6.4.2 条。

$$M_0=\frac{22000}{0.88}=25000\text{kN}\cdot\text{m}$$

$$T_s=45\times10=450\text{kN/m}$$

$$D=25-12/3=21\text{m}$$

$T_s=(F_{sr}-F_{su})\dfrac{M_0}{D}$，即 $450=(F_{sr}-0.88)\times\dfrac{25000}{21}$，解得 $F_{sr}=1.258$。

21.【答案】B

【解析】$K_s=\dfrac{\gamma V\cos\theta\tan\varphi+Ac}{\gamma V\sin\theta}=\dfrac{0.5\gamma hL\cos\theta\tan\varphi+cL}{0.5\gamma hL\sin\theta}=\dfrac{0.5\gamma h\cos\theta\tan\varphi+c}{0.5\gamma h\sin\theta}$

由此可见，K_s 与滑面长 L 无关，只与三角形滑体的高 h 相关，坡率由 1∶1 改为 1∶0.5，h 不变，可知抗滑安全系数也不变，即 $K_1=K_2$。

22.［答案］D

［解析］《水利水电工程地质勘察规范》(GB 50487—2008)附录 N。

$R_b=30\text{MPa}$，评分 $A=10$，属软质岩；

$K_v=(\frac{2800}{3500})^2=0.64$，查表插值 $B=16.25$；

已知 $C=25$，$D=-2$，$E=-5$，$A+B+C+D+E=10+16.25+25-2-5=44.25$；

$S=\frac{R_b\cdot K_v}{\sigma_m}=\frac{30\times0.64}{9}=2.13>2$，不修正，查表围岩类别为 IV 类。

23.［答案］C

［解析］《建筑基坑支护技术规程》(JGJ 120—2012)第 3.4.2 条、第 6.1.2 条。

$K_a=\tan^2(45°-\frac{15°}{2})=0.589$，$K_p=\tan^2(45°+\frac{15°}{2})=1.698$

$$z_0=\frac{\left(\frac{2c}{\sqrt{K_a}}-q\right)}{\gamma}=\frac{\left(\frac{2\times8}{\sqrt{0.589}}-20\right)}{18}\approx0$$

$$E_{ak}=\frac{1}{2}\gamma(H-z_0)^2K_a=\frac{1}{2}\times18\times(6.5+5.5)^2\times0.589=763.3\text{kN/m}$$

$$G=(6.5+5.5)\times4.5\times19=1026\text{kN/m}$$

$$E_{pk}=\frac{1}{2}\gamma h^2K_p+2ch\sqrt{K_p}=\frac{1}{2}\times18\times6.5^2\times1.698+2\times8\times6.5\times\sqrt{1.698}$$
$$=781.2\text{kN/m}$$

$$K_s=\frac{E_{pk}+(G-u_mB)\tan\varphi+cB}{E_{ak}}=\frac{781.2+1026\times\tan15°+8\times4.5}{763.3}=1.43$$

24.［答案］D

［解析］《铁路工程不良地质勘察规程》(TB 10027—2012)附录 A 第 A.1.2 条。

$$V=\frac{1}{2}\gamma_w z_w^2=\frac{1}{2}\times10\times10^2=500\text{kN/m}$$

$$u=\frac{1}{2}\gamma_w z_w(H-z)\csc\beta=\frac{1}{2}\times10\times10\times(25-10)\times\frac{1}{\sin30°}=1500\text{kPa}$$

$$K_s=\frac{(\gamma V\cos\beta-u-V\sin\beta)\tan\varphi+Ac}{\gamma V\sin\beta+V\cos\beta}$$

即 $1=\frac{(6450\times\cos30°-1500-500\times\sin30°)\tan\varphi+30\times65}{6450\times\sin30°+500\times\cos30°}$，解得 $\varphi=24°$。

25.［答案］A

［解析］《土力学》(清华大学出版社)(第 2 版)7.2.1 节、7.2.2 节。

渗水前：$K_s=\frac{\tan\varphi_1}{\tan\beta}=\frac{\tan36°}{\tan25°}=1.56$

渗水后：$K_s=\frac{\gamma'}{\gamma_{sat}}\cdot\frac{\tan\varphi_1}{\tan\beta}=\frac{12}{22}\times\frac{\tan33°}{\tan25°}=0.76$

26.[答案] C

[解析]《岩土工程勘察规范》(GB 50021—2001)(2009 年版)6.9.4 条。

$$w_f=\frac{w-0.01w_A P_{0.5}}{1-0.01P_{0.5}}=\frac{18-0.01\times5\times(100-70)}{1-0.01\times(100-70)}=23.6$$

$$I_p=w_L-w_p=30-18=12$$

$$I_L=\frac{w_f-w_p}{I_p}=\frac{23.6-18}{12}=0.47$$

27.[答案] A

[解析]《建筑抗震设计规范》(GB 50011—2010)第 4.3.3 条。

液化初判:8 度区,砂土,查表 $d_0=8\text{m}$

$d_u=6\text{m}<d_0+d_b-2=8+2-2=8\text{m}$

$d_w=6.5\text{m}<d_0+d_b-3=8+2-3=7\text{m}$

$d_u+d_w=12.5\text{m}>1.5d_0+2d_b-4.5=1.5\times8+2\times2-1.5=11.5\text{m}$

初判可不考虑液化影响。

28.[答案] D

[解析]《建筑抗震设计规范》(GB 50011—2010)第 4.1.4 条、第 4.1.6 条、第 5.1.4 条、第 5.1.5 条。

覆盖层厚度 13m,且为淤泥和淤泥质土,查表判别场地类型为Ⅱ类;

Ⅱ类场地,地震分组第一组,罕遇地震,查表 $T_g=0.35+0.05=0.40\text{s}$;

地震动加速度 0.2g,罕遇地震,查表 $\alpha_{max}=0.90$,则

$5T_g=2.0<T=3<6.0$

$$\alpha=[\eta_2 0.2^{\gamma}-\eta_1(T-5T_g)]\alpha_{max}$$
$$=[1\times0.2^{0.9}-0.02\times(3-5\times0.4)]\times0.90=0.193$$

29.[答案] B

[解析]《建筑抗震设计规范》(GB 50011—2010)第 4.1.4 条、第 4.1.5 条。

土层①剪切波速:$v_{s1}=\dfrac{\sqrt{(2+0.3/2)^2+2^2}}{0.0294}=99.9\text{m/s}$

土层③剪切波速大于土层②的 2.5 倍,且大于 400m/s,覆盖层厚度为 6m,则

$$v_{se}=\frac{6}{\dfrac{2}{199.9}+\dfrac{4}{155}}=130.9\text{m/s}$$

30.[答案] B

[解析]《建筑地基处理技术规范》(JGJ 79—2012)附录 B 第 B.0.2 条、第 B.0.6 条。

$$R_a=\frac{f_{spk}\cdot A_p}{m}=\frac{300\times\dfrac{3.14\times0.5^2}{4}}{0.0625}=942\text{kN}$$

最大加载压力不应小于设计要求承载力特征值的 2 倍,即 $2R_a=2\times942=1884\text{kN}$。

2014年案例分析试题(下午卷)

1.某小型土石坝坝基土的颗粒分析成果见下表,该土属级配连续的土,孔隙率为0.33,土粒比重为2.66,根据区分粒径确定的细颗粒含量为32%。试根据《水利水电工程地质勘察规范》(GB 50487—2008)确定坝基渗透变形类型及估算最大允许水力比降值为哪一选项?(安全系数取1.5) ( )

题1表

土粒直径(mm)	0.025	0.038	0.07	0.31	0.40	0.70
小于某粒径的土质量百分比(%)	5	10	20	60	70	100

(A)流土型、0.74　　(B)管涌型、0.58
(C)过渡型、0.58　　(D)过渡型、0.39

2.某天然岩块质量为134.00g,在105~110℃温度下烘干24h后,质量为128.00kg。然后对岩块进行蜡封,蜡封后试样的质量为135.00g,蜡封试样沉入水中的质量为80.00g。试计算该岩块的干密度最接近下列哪个选项?(注:水的密度取1.0g/cm^3,蜡的密度取0.85g/cm^3) ( )

(A)2.33g/cm^3　　(B)2.52g/cm^3
(C)2.74g/cm^3　　(D)2.87g/cm^3

3.在某碎石土地层中进行超重型圆锥动力触探试验,在8m深度处测得贯入10cm的N_{120}=25击,已知圆锥探头及杆件系统的质量为150kg,请采用荷兰公式计算该深度处的动贯入阻力最接近下列何值? ( )

(A)3.0MPa　　(B)9.0MPa
(C)21.0MPa　　(D)30.0MPa

4.某大型水电站地基位于花岗岩上,其饱和单轴抗压强度为50MPa,岩体弹性纵波波速4200m/s,岩块弹性纵波波速4800m/s,岩石质量指标RQD=80%。地基岩体结构面平直且闭合,不发育,勘探时未见地下水。根据《水利水电工程地质勘察规范》(GB 50487—2008),该坝基岩体的工程地质类别为下列哪个选项? ( )

(A)Ⅰ　　(B)Ⅱ　　(C)Ⅲ　　(D)Ⅳ

5.某既有建筑基础为条形基础,基础宽度b=3.0m,埋深d=2.0m,剖面如图所示。由于房屋改建拟增加一层,导致基础底面压力p由原来的65kPa增加至85kPa,沉降计算经验系数ψ_s=1.0。计算由于房屋改建使淤泥质黏土层产生的附加压缩量最接近以下何值? ( )

(A)9.0mm　　(B)10.0mm

(C)20.0mm　　(D)35.0mm

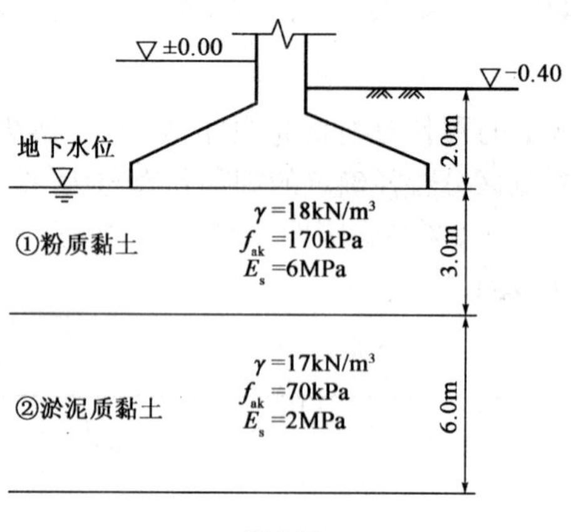

题5图

6.柱下独立方形基础地面尺寸2.0m×2.0m,高0.5m,有效高度0.45m,混凝土强度等级为C20(轴心抗拉强度设计值 f_t=1.1MPa),柱截面尺寸为0.4m×0.4m。基础顶面作用竖向力 F,偏心距0.12m。根据《建筑地基基础设计规范》(GB 50007—2011),满足柱与基础交接处受冲切承载力的验算要求时,基础顶面可承受的最大竖向力 F(相应于作用的基本组合设计值)最接近下列哪个选项?（　　）

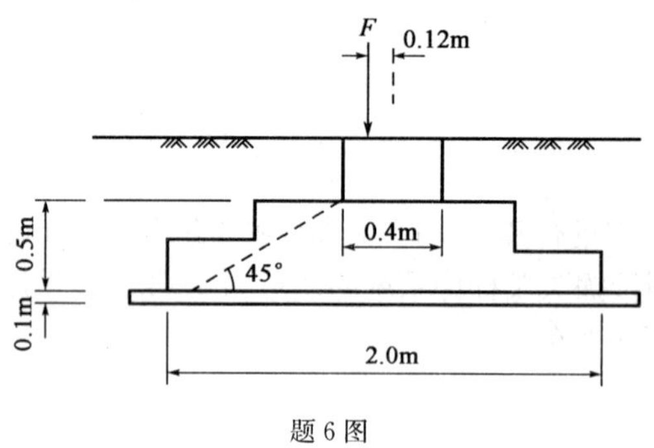

题6图

(A)980kN　　(B)1080kN

(C)1280kN　　(D)1480kN

7.某房屋,条形基础,天然地基。基础持力层为中密粉砂,承载力特征值150kPa。基础宽度3m,埋深2m,地下水埋深8m。该基础承受轴心荷载,地基承载力刚好满足要求。现拟对该房屋进行加层改造,相应于作用的标准组合时基础顶面轴心荷载增加240kN/m。若采用增加基础宽度的方法满足地基承载力的要求。问:根据《建筑地基基础设计规范》(GB 50007—2011),基础宽度的最小增加量最接近下列哪个选项的数值?(基础及基础上下土体的平均重度取20kN/m³)（　　）

(A)0.63m　　(B)0.7m　　(C)1.0m　　(D)1.2m

8.某墙下钢筋混凝土筏形基础，厚度 1.2m，混凝土强度等级为 C30，受力钢筋拟采用 HRB400 钢筋，主要保护层厚度 40mm。已知该筏板的弯矩(相应于作用的基本组合时的弯矩设计值)如图所示。问：按照《建筑地基基础设计规范》(GB 50007—2011)，满足该规范规定且经济合理的筏板顶部受力主筋配置为下列哪个选项？(注：C30 混凝土抗压强度设计值为 14.3N/mm^2，HRB400 钢筋抗拉强度设计值为 360N/mm^2)　(　　)

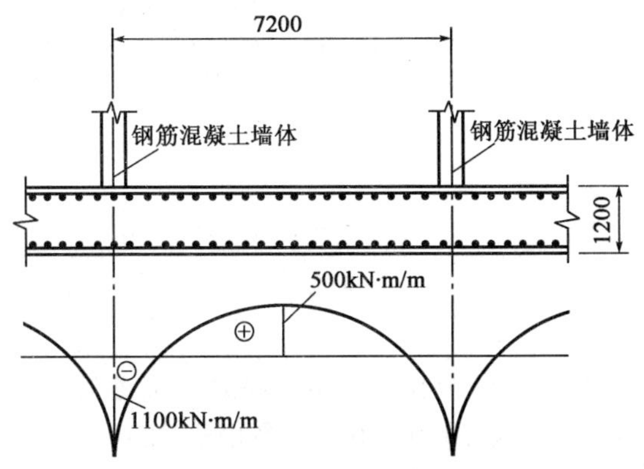

题 8 图(尺寸单位：mm)

题 8 表

公称直径(mm)	不同根数钢筋的计算截面面积(mm^2)								
	1	2	3	4	5	6	7	8	9
6	28.3	57	85	113	142	170	198	226	255
8	50.3	101	151	201	252	302	352	402	455
10	78.5	157	236	314	393	471	550	628	707
12	113	226	339	452	565	678	791	904	1017
14	154	308	461	615	769	923	1077	1231	1385
16	201	402	603	804	1005	1206	1407	1608	1809
18	255	509	763	1017	1272	1527	1781	2026	2290
20	314	628	942	1256	1570	1884	2199	2513	2827
22	380	760	1140	1520	1500	2281	2661	3041	3421
25	491	982	1473	1964	2454	2945	3436	3927	4418
28	616	1232	1847	2463	3079	2695	4310	4926	5542
32	804	1609	2413	3217	4021	4826	5630	6424	7238
36	1018	2036	3054	4072	5089	6107	7125	8143	9161
40	1257	2513	3770	5027	6283	7540	8796	10053	11310
50	1964	3928	5892	7856	9820	11784	13748	15712	17676

(A)⏀ 18@200　　(B)⏀ 20@200

(C)⏀ 22@200　　(D)⏀ 28@200

9.公路桥涵基础建于多年压实未经破坏的旧桥基础下，基础平面尺寸为 2m×3m，修正后地基承载力容许值[f_a]为 160kPa，基底双向偏心受压，承受的竖向力作用位置为图中 o 点，根据《公路桥涵地基与基础设计规范》(JTG D63—2007)，按基底最大压应力验算时，能承受的最大竖向力最接近下列哪个选项的数值？　(　　)

(A)460kN　　(B)500kN

(C)550kN　　(D)600kN

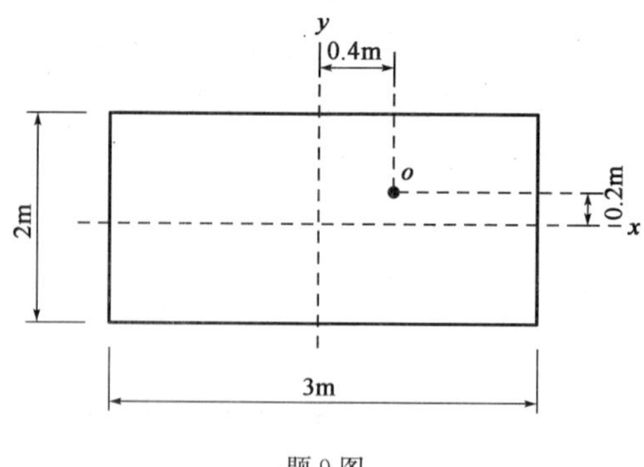

题 9 图

10. 某钢筋混凝土预制方桩，边长 400mm，混凝土强度等级 C40，主筋为 HRB335，12ϕ18，桩顶以下 2m 范围内箍筋间距 100mm，考虑纵向主筋抗压承载力，根据《建筑桩基技术规范》(JGJ 94—2008)，桩身轴心受压时正截面受压承载力设计值最接近下列何值？(C40 混凝土 f_c=19.1N/mm^2，HRB335 钢筋 f'_y=300N/mm^2)　(　　)

(A)3960kN　　(B)3420kN

(C)3050kN　　(D)2600kN

11. 某位于季节性冻土地基上的轻型建筑采用短桩基础，场地标准冻深为 2.5m。地面以下 20m 深度内为粉土，土中含盐量不大于 0.5%，属冻胀土。抗压极限侧阻力标准值为 30kPa，桩型为直径 0.6m 的钻孔灌注桩，表面粗糙。当群柱呈非整体破坏时，根据《建筑桩基技术规范》(JGJ 94—2008)，自地面算起，满足抗冻拔稳定要求的最短桩长最接近下列何值？(N_G=180kN，桩身重度取 25kN/m^3，抗拔系数取 0.5，切向冻胀力及相关系数取规范表中相应的最小值)　(　　)

(A)4.7m　　(B)6.0m　　(C)7.2m　　(D)8.3m

12. 某公路桥梁采用振动沉入预制桩，桩身截面尺寸为 400mm×400mm，地层条件和桩入土深度如图所示。桩基可能承受拉力，根据《公路桥涵地基与基础设计规范》(JTG D63—2007)，桩基受拉承载力容许值最接近下列何值？　(　　)

2m　黏土，q_k=30kPa

6m　粉土，q_k=35kPa

2m　粉质黏土，q_k=40kPa

2m　砂土，q_k=50kPa

题 12 图

(A)98kN　　(B)138kN

(C)188kN　　(D)228kN

13. 某大面积软土场地，表层淤泥顶面绝对标高为 3m，厚度为 15m，压缩模量为 1.2MPa。其下为黏性土，地下水为潜水，稳定水位绝对标高为 1.5m。现拟对其进行真空和堆载联合预压处理，淤泥表面铺 1m 厚砂垫层（重度为 $18kN/m^3$），真空预压加载 80kPa，真空膜上修筑水池储水，水深 2m。问：当淤泥质层的固结度达到 80%时，其固结沉降量最接近下列哪个值？（沉降经验系数取 1.1）　（　）

(A)1.00m　　(B)1.10m

(C)1.20m　　(D)1.30m

14. 拟对某淤泥质土地基采用预压加固，已知淤泥的固结系数 $C_h = C_v = 2.0\times10^{-3}cm^2/s$，$k_h = 1.2\times10^{-7}cm/s$，淤泥层厚度为 10m，在淤泥层中打袋装砂井，砂井直径 $d_w = 70mm$，间距 1.5m，等边三角形排列，砂料渗透系数 $k_w = 2\times10^{-2}cm/s$，长度打穿淤泥层，涂抹区的渗透系数 $k_s = 0.3\times10^{-7}cm/s$。如果取涂抹区直径为砂井直径的 2.0 倍，按照《建筑地基处理技术规范》(JGJ 79—2012)有关规定，问在瞬时加载条件下，考虑涂抹和井阻影响时，地基径向固结度达到 90%时，预压时间最接近下列哪个选项？

（　）

(A)120 天　　(B)150 天

(C)180 天　　(D)200 天

15. 某公路路堤位于软土地区，路基中心高度为 3.5m，路基填料重度为 $20kN/m^3$，填土速率约为 0.04m/d。路线地表下 0～2.0m 为硬塑黏土，2.0～8.0m 为硬塑状态软土，软土不排水抗剪强度为 18kPa，路基地基采用常规预压方法处理，用分层总和法计算的地基主固结沉降量为 20cm。如公路通车时软土固结度达到 70%，根据《公路路基设计规范》(JTG D30—2004)，则此时的地基沉降量最接近下列哪个选项？　（　）

(A)14cm　　(B)17cm

(C)19cm　　(D)20cm

16. 某住宅楼一独立承台，作用于基底的附加压力 $P_0 = 600kPa$，基底以下土层主要为：①中砂～砾砂，厚度为 8.0m，承载力特征值为 200kPa，压缩模量为 10.0MPa；②含砂粉质黏土，厚度 16.0m，压缩模量 8.0MPa，下卧为微风化大理岩。拟采用 CFG 桩＋水泥土搅拌桩复合地基，承台尺寸 3.0×3.0m，布桩如图所示，CFG 桩桩径 ϕ450mm，桩长为 20m，设计单桩竖向抗压承载力特征值 $R_a = 700kN$；水泥土搅拌桩直径为 ϕ600mm，桩长为 10m，设计单桩竖向受压承载力特征值 $R_a = 300kN$，假定复合地基的沉降计算地区经验系数 $\psi_s = 0.4$。根据《建筑地基处理技术规范》(JGJ 79—2012)，问该独立承台复合地基在中砂～砾砂层中的沉降量最接近下列哪个选项？（单桩承载力发挥系数：CFG 桩 $\lambda_1 = 0.8$，水泥土搅拌桩 $\lambda_2 = 1.0$；桩间土承载力发挥

系数 β=1.0)

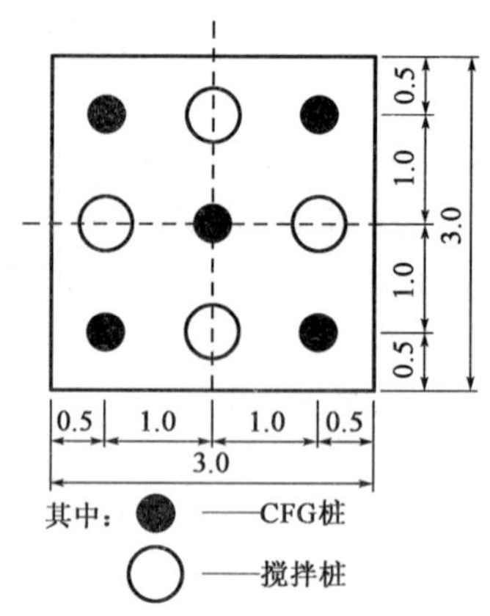

题16图(尺寸单位:m)

(A)68.0mm　　(B)45.0mm

(C)34.0mm　　(D)23.0mm

17. 图示某铁路边坡高8.0m，岩体节理发育，重度22kN/m³，主动土压力系数为0.36。采用土钉墙支护，墙面坡率1∶0.4，墙背摩擦角25°。土钉成孔直径90mm，其方向垂直于墙面，水平和垂直间距为1.5m。浆体与孔壁间黏结强度设计值为200kPa，采用《铁路路基支挡结构设计规范》(TB 10025—2006)，计算距墙顶4.5m处6m长土钉*AB*的抗拔安全系数最接近于下列哪个选项？　　(　　)

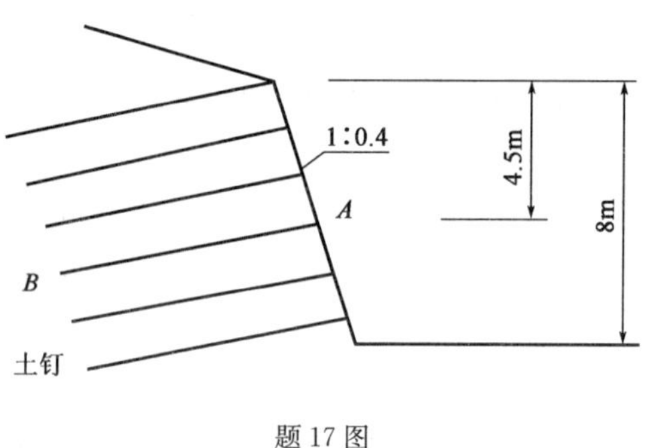

题17图

(A)1.1　　(B)1.4

(C)1.7　　(D)2.0

18. 某砂土边坡，高6m，砂土的 $\gamma=20\text{kN/m}^3$、$c=0$、$\varphi=30°$。采用钢筋混凝土扶壁式挡土结构，此时该挡墙的抗倾覆安全系数为1.70。工程建成后需在坡顶堆载 $q=40\text{kPa}$，拟采用预应力锚索进行加固，锚索的水平间距2.0m，下倾角15°，土压力按朗肯理论计算，根据《建筑边坡工程技术规范》(GB 50330—2013)，如果要保证坡顶堆载后扶壁式挡土结构的抗倾覆安全系数不小于1.60，问锚索的轴向拉力标准值应最接近于下列哪个选项？　　(　　)

(A)136kN　　(B)272kN

(C)345kN　　(D)367kN

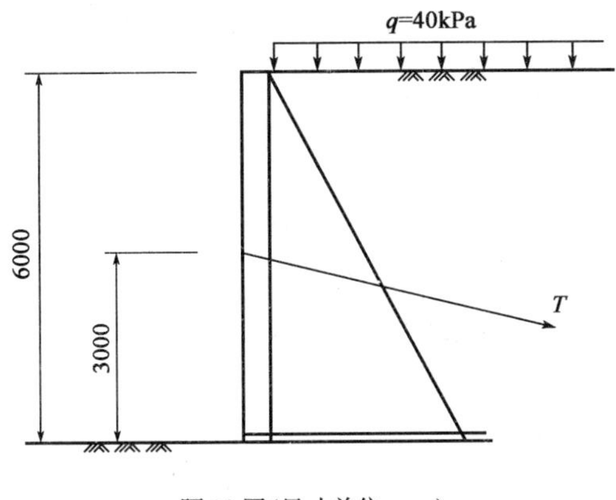

题 18 图(尺寸单位:mm)

19. 某浆砌块石挡墙高 6.0m,墙背直立,顶宽 1.0m,底宽 2.6m,墙体重度 $\gamma=24kN/m^3$ 墙后主要采用砾砂回填,填土体平均重度 $\gamma=20kN/m^3$,假定填砂与挡墙的摩擦角 $\delta=0°$,地面均布荷载取 $15kN/m^3$,根据《建筑边坡工程技术规范》(GB 50330—2013),问墙后填砂层的综合内摩擦角 φ 至少应达到以下哪个选项时,该挡墙才能满足规范要求的抗倾覆稳定性?　　(　　)

(A)23.5°　　(B)32.5°

(C)37.5°　　(D)39.5°

20. 某Ⅰ级铁路路基,拟采用土工格栅加筋土挡墙的支挡结构,高 10m,土工格栅拉筋的上下层间距为 1.0m,拉筋与填料间的黏聚力为 5kPa,拉筋与填料之间的内摩擦角为 15°,重度为 $21kN/m^3$。经计算,6m 深度处的水平土压应力为 75kPa,根据《铁路路基支挡结构设计规范》(TB 10025—2006),深度 6m 处的拉筋的水平回折包裹长度的计算值最接近下列哪个选项?　　(　　)

(A)1.0m　　(B)1.5m

(C)2.0m　　(D)2.5m

21. 某安全等级为一级的建筑基坑,采用桩锚支护形式。支护桩桩径 800mm,间距 1400mm。锚杆间距 1400mm,倾角 15°。采用平面杆系结构弹性支点法进行分析计算,得到支护桩计算宽度内的弹性支点水平反力为 420kN。若锚杆施工时采用抗拉设计值为 180kN 的钢绞线,则每根锚杆至少需要配置几根这样的钢绞线?　　(　　)

(A)2 根　　(B)3 根

(C)4 根　　(D)5 根

22. 图示的某铁路隧道的端墙洞门墙高 8.5m,最危险破裂面与竖直面的夹角 $\omega=38°$,墙背面倾角 $\alpha=10°$,仰坡倾角 $\varepsilon=34°$,墙背距仰坡坡脚 $a=2.0m$。墙后土体重度 γ

$=22kN/m^3$，内摩擦角 $\varphi=40°$，取洞门墙体计算条宽度为1m，作用在墙体上的土压力是下列哪个选项？（　　）

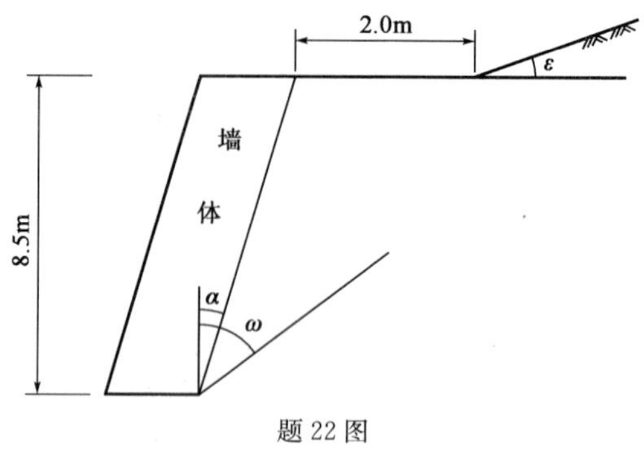

题22图

(A)81kN　　(B)119kN

(C)148kN　　(D)175kN

23. 紧靠某长200m大型地下结构中部的位置新开挖一个深9m的基坑，基坑长20m，宽10m。新开挖基坑采用地下连续墙支护，在长边的中部设支撑一层，支撑一端支于已有地下结构中板位置，支撑截面为高0.8m，宽0.6m，平面位置如图虚线所示，采用C30钢筋混凝土，设其弹性模量 $E=30GPa$，采用弹性支点法计算连续墙的受力，取单位米宽度作计算单元，支撑的支点刚度系数最接近下列哪个选项？（　　）

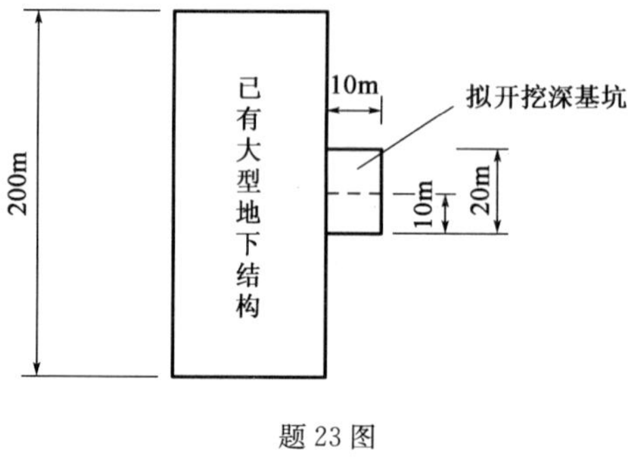

题23图

(A)72MN/m　　(B)144MN/m

(C)288MN/m　　(D)360MN/m

24. 有一倾倒式危岩体，高6.5m，宽3.2m（见下图，可视为均质刚性长方体），危岩体的密度为 $2.6g/cm^3$。在考虑暴雨使后缘张裂隙充满水和水平地震加速度值为 $0.20g$ 的条件下，危岩体的抗倾覆稳定系数为下列哪个选项？（重力加速度取 $10m/s^2$）（　　）

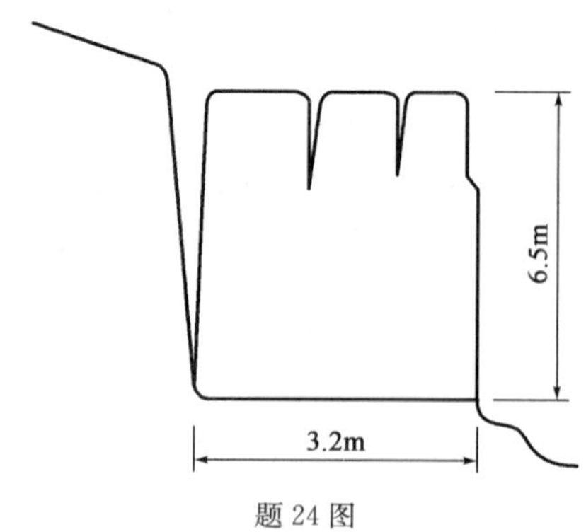

题24图

(A)1.90　　(B)1.76

(C)1.07　　(D)0.18

25. 某铁路需通过饱和软黏土地段，软黏土的厚度为14.5m，路基土重度γ=17.5kN/m^3，不固结不排水抗剪强度为$\varphi=0°$，c_u=13.6kPa。若土堤和路基土为同一种软黏土，选线时采用泰勒(Taylor)稳定数图解法估算的土堤临界高度最接近下列哪一个选项？　（　）

(A)3.6m　　(B)4.3m

(C)4.6m　　(D)4.5m

26. 某公路路堑，存在一折线形均质滑坡，计算参数如表所示，若滑坡推力安全系数为1.20。第一块滑体剩余下滑力传递到第二滑体的传递系数为0.85，在第三块滑体后设置重力式挡墙，按《公路路基设计规范》(JTG D30—2004)计算作用在该挡墙上的每延米的作用力最接近下列哪个选项？　（　）

题26表

滑块编号	下滑力(kN/m)	抗滑力(kN/m)	滑面倾角
①	5000	2100	35°
②	6500	5100	26°
③	2800	3500	26°

(A)3900kN　　(B)4970kN

(C)5870kN　　(D)6010kN

27. 某三层建筑物位于膨胀土场地，基础为浅基础，埋深1.2m，基础的尺寸为2.0m×2.0m，湿度系数ψ_w=0.6，地表下1m处的天然含水量w=26.4%，塑限含水量w_p=20.5%，各深度处膨胀土的工程特性指标如表所示。该地基的分级变形量最接近下列哪个选项？　（　）

题27表

土层深度	土性	重度γ(kN/m^3)	膨胀率δ_{ep}(%)	收缩系数λ_i
0～2.5m	膨胀土	18.0	1.5	0.12
2.5～3.5m	膨胀土	17.8	1.3	0.11
3.5m以下	泥灰岩	—	—	—

(A)30mm　　(B)34mm

(C)38mm　　(D)80mm

28. 某公路桥梁采用摩擦桩基础，场地地层如下：①0～3m为可塑状粉质黏土，②3～14m为稍密至中密状粉砂，其实测标贯击数N_1=8击。地下水位埋深为2.0m。桩基穿过②层后进入下部持力层。根据《公路工程抗震规范》(JTG B02—2013)，计算②层粉砂桩长范围内桩侧摩阻力液化影响平均折减系数最接近下列哪一项？(假设②层土经修正的液化判别标贯击数临界值 $N_{cr}=9.5$ 击)　(　　)

(A)1.00　(B)0.83

(C)0.79　(D)0.67

29. 某场地设计基本地震加速度为 0.15g，设计地震分组为第一组，其地层如下：①层黏土，可塑，层厚 8m，②层粉砂，层厚 4m，稍密状，在其埋深 9.0m 处标贯击数为 7 击，场地地下水位埋深 2.0m。拟采用正方形布置，截面为 300mm×300mm 预制桩进行液化处理，根据《建筑抗震设计规范》(GB 50011—2010)，问其桩距至少不少于下列哪一选项时才能达到不液化？　(　　)

(A)800mm　(B)1000mm

(C)1200mm　(D)1400mm

30. 某桩基工程设计要求单桩竖向抗压承载力特征值为 7000kN，静载试验利用邻近 4 根工程桩作为锚桩，锚桩主筋直径 25mm，钢筋抗拉强度设计值为 360N/mm²。根据《建筑基桩检测技术规范》(JGJ 106—2014)，试计算每根锚桩提供上拔力所需的主筋根数至少为几根？　(　　)

(A)18　(B)20

(C)22　(D)24

2014 年案例分析试题答案(下午卷)

1.[答案] D

[解析]《水利水电工程地质勘察规范》(GB 50487—2008)附录 G。

$$C_u = \frac{d_{60}}{d_{10}} = \frac{0.31}{0.038} = 8.16 > 5$$

$25\% \leqslant P = 32\% < 35\%$,过渡型

$$J_{cr} = 2.2(G_s - 1)(1-n)^2 \frac{d_5}{d_{20}} = 2.2 \times (2.66 - 1) \times (1 - 0.33)^2 \times \frac{0.025}{0.07}$$

$$= 0.585$$

$$J_{允许} = \frac{J_{cr}}{1.5} = \frac{0.585}{1.5} = 0.39$$

2.[答案] C

[解析]《工程岩体试验方法标准》(GB/T 50266—2013)第 2.3.9 条。

$$\rho_d = \frac{m_s}{\dfrac{m_1 - m_2}{\rho_w} - \dfrac{m_1 - m_s}{\rho_p}} = \frac{128.00}{\dfrac{135.00 - 80.00}{1.00} - \dfrac{135.00 - 128.00}{0.85}} = 2.74\text{g/cm}^3$$

3.[答案] D

[解析]《岩土工程勘察规范》(GB 50021—2001)(2009 年版)10.4.1 条条文说明。

$$q_d = \frac{M}{M+m} \cdot \frac{M \cdot g \cdot H}{A \cdot e} = \frac{120}{120+150} \times \frac{120 \times 9.81 \times 1.0}{\dfrac{3.14 \times 7.4^2}{4} \times \dfrac{10}{25}} = 30.4\text{MPa}$$

4.[答案] B

[解析]《水利水电工程地质勘察规范》(GB 50487—2008)附录 V。

R_b=50MPa,属中硬岩;

$K_v = \left(\frac{4200}{4800}\right)^2 = 0.766 > 0.75$,岩体完整;

RQD=80%>70%,查表可知该坝基岩体工程地质分类为Ⅱ类

5.[答案] C

[解析]《建筑地基基础设计规范》(GB 50007—2011)第 5.3.5 条。

题 5 解表

z_i	l/b	z_i/b	$\bar{\alpha}_i$	$4z_i\bar{\alpha}_i$	$4(z_i\bar{\alpha}_i - z_{i-1}\bar{\alpha}_{i-1})$	E_{si}
0				0		
3.0	10	2	0.2018	2.4216	2.4216	6
9.0	10	6	0.1216	4.3776	1.956	2

$$\Delta s=\psi_s\sum_{i=1}^{n}\frac{\Delta p_0}{E_{si}}(z_i\bar{\alpha}_i-z_{i-1}\bar{\alpha}_{i-1})=1.0\times(85-65)\times\frac{1.956}{2}=19.56$$

6.【答案】D

【解析】《建筑地基基础设计规范》(GB 50007—2011)第8.2.8条。

受冲切承载力：$0.7\beta_{hp}f_t a_m h_0=0.7\times1.0\times1100\times(0.4+0.45)\times0.45=294.5\text{kN}$

基底最大净反力：$F_l=p_{jmax}\cdot A_l$

$$=\frac{F}{2\times2}\times\left(1+\frac{6\times0.12}{2}\right)\times\left[\frac{2^2-(0.4+2\times0.45)^2}{4}\right]$$

$$=0.196F$$

令 $F_l=0.7\beta_{hp}f_t a_m b_0$，得 $F=\dfrac{294.5}{0.196}=1502.6\text{kN}$

7.【答案】B

【解析】《建筑地基基础设计规范》(GB 50007—2011)第5.2.1条、第5.2.4条。

加层前：$f_a=f_{ak}+\eta_b\gamma(b-3)+\eta_d\gamma_m(d-0.5)$

$$=150+2.0\times20\times(3-3)+3.0\times20\times(2.0-0.5)=240\text{kPa}$$

$$p_k=\frac{F_k+G_k}{b}=f_a\text{，得 }F_k+G_k=240\times3=720\text{kN/m}$$

加层后：$f_a'=240+2.0\times20\times(b'-3)=40b'+120$

基底压力：$p_k'=\dfrac{F_k+G_k+240+(b'-3)\times2\times20}{b'}=\dfrac{840}{b'}+40$

令 $p_k'=f_a'$，解得 $b'=3.69\text{m}$

则基础加宽量：$\Delta b=b'-b=3.69-3.0=0.69\text{m}$

8.【答案】C

【解析】《建筑地基基础设计规范》(GB 50007—2011)第8.2.1条、第8.2.12条。

$$A_s=\frac{M}{0.9f_yh_0}=\frac{500}{0.9\times360\times10^3\times(1.2-0.04)}\times10^6=1330.35\text{mm}^2$$

按间距200mm，每延米布置1000/200=5根钢筋，计算钢筋直径：

$5\times\dfrac{\pi d^2}{4}=1330.35$，解得 $d=18.4\text{mm}$

取 $d=20\text{mm}$，计算配筋率为：$\dfrac{5\times\dfrac{3.14\times20^2}{4}}{1000\times(1200-40)}\times100\%=13.5\%<15\%$，不满足规范最小配筋率要求；

取 $d=22\text{mm}$，计算配筋率为：$\dfrac{5\times\dfrac{3.14\times22^2}{4}}{1000\times(1200-40)}\times100\%=16.4\%>15\%$，满足要求。

9.【答案】D

【解析】《公路桥涵地基与基础设计规范》(JGT D63—2007)第3.3.6条、第4.2.2条。

经多年压实未经破坏的旧桥基础，取 $\gamma_R=1.5$；

双向偏心受压：$p_{max}=\frac{N}{A}+\frac{M_x}{W_x}+\frac{M_y}{W_y}\leq\gamma_R[f_a]$；

即 $p_{max}=\frac{N}{2\times3}+\frac{N\times0.4}{\frac{2\times3^2}{6}}+\frac{N\times0.2}{\frac{3\times2^2}{6}}\leqslant1.5\times160$，解得 $N=600\text{kN}$。

10.［答案］B

［解析］《建筑桩基技术规范》(JGJ 94—2008)第 5.8.2 条。

$$N\leqslant\Psi_c f_c A_{ps}+0.9f_y{}'A_s{}'$$

$$=0.85\times19.1\times10^3\times0.4^2+0.9\times300\times10^3\times12\times\frac{3.14\times0.018^2}{4}$$

$$=3421.7\text{kN}$$

11.［答案］C

［解析］《建筑桩基技术规范》(JGJ 94—2008)第 5.4.6 条、第 5.4.7 条。

$\eta_f q_f u z_0=0.9\times1.1\times60\times3.14\times0.6\times2.5=279.77$

$T_{uk}=\sum\lambda_i q_{sik}u_i l_i=0.5\times30\times3.14\times0.6\times(l-2.5)=28.26l-70.65$

$\frac{1}{2}T_{uk}+N_G+G_P=\frac{28.26l-70.65}{2}+180+3.14\times0.3^2\times l\times25=21.20l+144.68$

$\eta_f q_f u z_0=279.77\leqslant\frac{1}{2}T_{uk}+N_G+G_P=21.20l+144.68$

$l\geqslant6.37\text{m}$

12.［答案］C

［解析］《公路桥涵地基与基础设计规范》(JTG D63—2007)第 5.3.8 条。

$$[R_t]=0.3u\sum_{i=1}^{n}\alpha_i l_i q_{ik}=0.3\times4\times0.4\times(0.6\times2\times30+0.9\times6\times35+0.7\times2\times40+1.1\times2\times50)=187.7\text{kN}$$

13.［答案］D

［解析］《建筑地基处理技术规范》(JGJ 79—2012)第 5.2.12 条。

$s_\infty=\psi\frac{\Delta p}{E_s}h=1.1\times\frac{80+1\times18+2\times10}{1.2}\times15=1622.5\text{mm}$

$s_t=U_t s_\infty=0.8\times1622.5=1298\text{mm}$

14.［答案］D

［解析］《建筑地基处理技术规范》(JGJ 79—2012)第 5.2.8 条及条文说明。

$$q_w=k_w\cdot\frac{1}{4}\pi d_w^2=2.0\times10^2\times\frac{1}{4}\times3.14\times7^2=0.769\text{cm}^3/\text{s}$$

$$d_e=1.05\times1500=1575\text{mm},n=\frac{d_e}{d_w}=\frac{1575}{70}=22.5$$

$$F_n=\ln(n)-\frac{3}{4}=\ln22.5-\frac{3}{4}=2.36$$

$$F_r=\frac{\pi^2L^2}{4}\cdot\frac{k_h}{q_w}=\frac{3.14^2\times1000^2}{4}\times\frac{1.2\times10^{-7}}{0.769}=0.385$$

$$F_s=\left(\frac{k_h}{k_s}-1\right)\ln s=\left(\frac{1.2\times10^{-7}}{0.3\times10^{-7}}-1\right)\times\ln2=2.079$$

$$F=F_n+F_s+F_r=2.36+2.079+0.385=4.824$$

$$\beta=\frac{8C_h}{Fd_e^2}=\frac{8\times2.0\times10^{-3}}{4.824\times157.5^2}=1.337\times10^{-7}s^{-1}=0.01155d^{-1}$$

径向固结$U=1-e^{-\beta t}$，即$0.90=1-e^{-0.01155\times t}$，解得$t=199.4$d。

15.［答案］C

［解析］《公路路基设计规范》(JTG D30—2004)第7.6.2条。

$$m_s=0.123\gamma^{0.7}(\theta H^{0.2}+VH)+Y$$
$$=0.123\times20^{0.7}\times(0.9\times3.5^{0.2}+0.025\times3.5)+0$$
$$=1.246$$

$$S_t=(m_s-1+U_t)S_c=(1.246-1+0.7)\times20=18.92\text{cm}$$

16.［答案］D

［解析］《建筑地基处理技术规范》(JGJ 79—2012)第7.9.6条～第7.9.9条。

中砂～砾砂层中作用有两种桩：

搅拌桩 $m_1=\frac{A_{p1}}{s^2}=\frac{4\times\frac{3.14\times0.6^2}{4}}{3^2}=0.1256$

CFG桩 $m_2=\frac{A_{p2}}{s^2}=\frac{5\times\frac{3.14\times0.45^2}{4}}{3^2}=0.0883$

$$f_{spk}=m_1\frac{\lambda_1R_{a1}}{A_{p1}}+m_2\frac{\lambda_2R_{a2}}{A_{p2}}+\beta(1-m_1-m_2)f_{ak}$$
$$=0.1256\times\frac{1.0\times300}{3.14\times0.6^2/4}+0.0883\times\frac{0.8\times700}{3.14\times0.45^2/4}+1.0\times(1-0.1256-0.0883)\times200=601.6\text{kPa}$$

压缩模量提高系数：$\xi=\frac{f_{spk}}{f_{ak}}=\frac{601.6}{200}=3.01$

处理后压缩模量：$E'_s=3.01\times10=30.1$MPa

$\frac{z}{b}=\frac{8.0}{3/2}=5.33$，$\frac{l}{b}=1$，查表$\bar{\alpha}=0.0888$

$$s=\psi_s\sum_{i=1}^{n}\frac{p_0}{E_{si}}(z_i\bar{\alpha}_i-z_{i-1}\bar{\alpha}_{i-1})=0.4\times\frac{600}{30.1}\times4\times8.0\times0.0888=22.7\text{mm}$$

17.［答案］D

［解析］《铁路路基支挡结构设计规范》(TB 10025—2006)第9.2.4条、第9.2.6条。

$h_i=4.5\text{m}>\frac{1}{2}H=4.0\text{m}$

节理发育，取大值$l=0.7(H-h_i)=0.7\times(8-4.5)=2.45$m

$l_{ei}=6.0-2.45=3.55$mm

$F_{i1}=\pi \cdot d_h \cdot l_{ei} \cdot \tau=3.14\times0.09\times3.55\times200=200.6\text{kN}$

$h_i=4.5\text{m}>\frac{1}{3}H=2.7\text{m}$，墙背与竖直面间夹角 $\alpha=\arctan(\frac{0.4}{1})=21.8°$

$\sigma_i=\frac{2}{3}\lambda_a\gamma H\cos(\delta-\alpha)=\frac{2}{3}\times0.36\times22\times8\times\cos(25°-21.8°)=42.2\text{kPa}$

$E_i=\frac{\sigma_i S_x S_y}{\cos\beta}=\frac{42.2\times1.5\times1.5}{\cos21.8°}=102.3\text{kN}$

$\frac{F_{i1}}{E_i}=\frac{200.6}{102.3}=1.96$

18.[答案] B

[解析]《建筑边坡工程技术规范》(GB 50330—2013)附录 F 第 F.0.4 条。

$K_a=\tan^2\left(45°-\frac{\varphi}{2}\right)=\tan^2\left(45°-\frac{30°}{2}\right)=\frac{1}{3}$

$e_a=1.1\times(\gamma zK_a-2c\sqrt{K_a})=1.1\times20\times6\times\frac{1}{3}=44\text{kN/m}^2$

$E_a=\frac{1}{2}e_ah=\frac{1}{2}\times44\times6=132\text{kN/m}$

$F_{t1}=\frac{Gx_0+E_{az}x_f}{E_{ax}z_f}=\frac{Gx_0}{132\times\frac{1}{3}\times6}=1.7$，解得 $Gx_0=448.8\text{kN}$

$\Delta E_a=1.1\times qK_ah=1.1\times40\times\frac{1}{3}\times6=88\text{kN/m}$

$E_{a1}=\frac{1}{2}e_ah=\frac{1}{2}\times44\times6=132\text{kN/m}$

$F_{t2}=\frac{Gx_0+T\cos15°\times3}{E_{ax}z_f}=\frac{448.8+2.90T}{132\times2+88\times3}=1.6$，解得 $T=136.6\text{kN}$

锚索轴向拉力标准值为 $2T=273.2\text{kN}$。

19.[答案] C

[解析]《建筑边坡工程技术规范》(GB 50330—2013)第 11.2.1 条、第 11.2.4 条。

$G=\gamma V=24\times0.5\times1.6\times6.0+24\times1.0\times6.0=115.2+144=259.2\text{kN}$

$e_{a1}=1.1qK_a=16.5K_a$

$e_{a2}=1.1\times(\sum\gamma_jh_j+q)K_a=1.1\times(20\times6+15)K_a=148.5K_a$

$$F_t=\frac{Gx_0+E_{az}x_f}{E_{ax}z_f}$$

$$=\frac{115.2\times\frac{2}{3}\times1.6+144\times(1.6+0.5)}{16.5K_a\times6.0\times3.0+0.5\times(148.5-16.5)K_a\times6.0\times\frac{1}{3}\times6.0}$$

$$=\frac{425.28}{1089K_a}=1.6$$

$K_a=0.244=\tan^2\left(45°-\frac{\varphi}{2}\right)$

$\varphi=37.4°$

20.［答案］A

［解析］《铁路路基支挡结构设计规范》(TB 10025—2006)第 8.2.8 条、第 8.2.14 条。

$$l_0=\frac{D\sigma_{hi}}{2(c+\gamma h_i\tan\delta)}=\frac{1.0\times75}{2\times(5+21\times6\times\tan15^\circ)}=0.97\text{m}$$

21.［答案］C

［解析］《建筑基坑支护技术规程》(JGJ 120—2012)第 3.1.7 条、第 4.7.3 条、第 4.7.6 条。

$$N_k=\frac{F_h s}{b_a\cos\alpha}=\frac{420\times1.4}{1.4\times\cos15^\circ}=434.8\text{kN}$$

$$N=\gamma_0\gamma_F N_k=1.1\times1.25\times434.8=597.85\text{kN}$$

$n=\dfrac{N}{T}=\dfrac{597.85}{180}=3.3$，取 4 根。

22.［答案］A

［解析］《铁路隧道设计规范》(TB 10003—2005)附录 D。

将仰坡线伸交于墙背，由所形成的小三角形几何关系(正弦定理)计算 h_0：

$\dfrac{a}{\sin(90^\circ-\alpha-\varepsilon)}=\dfrac{l_0}{\sin\varepsilon}$，即 $\dfrac{2.0}{\sin(90^\circ-10^\circ-34^\circ)}=\dfrac{l_0}{\sin34^\circ}$，解得 $l_0=1.55\text{m}$

$$h_0=l_0\cos\alpha=1.55\times\cos10^\circ=1.53\text{m}$$

$$H=8.5-1.53=6.97\text{m}$$

$$\lambda=\frac{(\tan w-\tan\alpha)(1-\tan\alpha\tan\varepsilon)}{\tan(w+\varphi_c)(1-\tan w\tan\varepsilon)}=\frac{(\tan38^\circ-\tan10^\circ)(1-\tan10^\circ\tan34^\circ)}{\tan(38^\circ+40^\circ)(1-\tan38^\circ\tan34^\circ)}=0.240$$

$$h'=\frac{a}{\tan w-\tan\alpha}=\frac{2.0}{\tan38^\circ-\tan10^\circ}=3.306\text{m}$$

$$E=\frac{1}{2}\gamma\lambda[H^2+h_0(\text{h}'-h_0)]b\xi$$

$$=\frac{1}{2}\times22\times0.240\times[6.97^2+1.53\times(3.306-1.53)]\times1.0\times0.6=81.3\text{kN}$$

23.［答案］B

［解析］《建筑基坑支护技术规程》(JGJ 120—2012)第 4.1.10 条。

$$k_R=\frac{\alpha_R EAb_a}{\lambda l_0 s}=\frac{1.0\times30\times10^3\times0.8\times0.6\times1.0}{1.0\times10\times10}=144\text{MN/m}$$

24.［答案］C

［解析］《工程地质手册》(第四版)第 556 页。

$a=\dfrac{1}{2}\times3.2=1.6\text{m}$，$W=3.2\times6.5\times2.6\times10=540.8\text{kN/m}$

裂隙充满水：$h_0=6.5\text{m}$

水平地震力 $F=ma=3.2\times6.5\times2.6\times0.20\times10=108.16\text{kN/m}$

$$K=\frac{6Wa}{10h_0^3+3Fh}=\frac{6\times540.8\times1.6}{10\times6.5^3+3\times108.16\times6.5}=1.07$$

25.［答案］B

［解析］《铁路工程特殊岩土勘察规程》(TB 10038—2012)6.2.4 条。

$$H_c=\frac{5.52c_u}{\gamma}=\frac{5.52\times13.6}{17.2}=4.3\text{m}$$

26.［答案］C

［解析］《公路路基设计规范》(JTG D30—2004)第 7.2.2 条。

$\psi_i=\cos(\alpha_{i-1}-\alpha_i)-\sin(\alpha_{i-1}-\alpha_i)\tan\varphi_i$

即 $0.85=\cos(35°-26°)-\sin(35°-26°)\times\tan\varphi_i$，解得 $\tan\varphi_i=0.88$

$\psi_2=\cos(26°-26°)-\sin(26°-26°)\times0.88=1.00$

$T_i=F_sW_i\sin\alpha_i+\psi_1T_{i-1}-W_i\cos\alpha_i\tan\varphi_i-c_il_i$

$T_1=1.2\times5000+0-2100=3900\text{kN}$

$T_2=1.2\times6500+0.85\times3900-5100=6015\text{kN}$

$T_3=1.2\times2800+1.00\times6015-3500=5875.0\text{kN}$

27.［答案］A

［解析］根据《膨胀土地区建筑技术规范》(GB 50112—2013)第 5.2.7 条、第 5.2.9 条

$w>1.2w_p$，按收缩变形量计算。

地表下 4m 深度内为基岩：$\Delta w_i=\Delta w_1$

$\Delta w_1=w_1-\psi_w w_p=0.264-0.6\times0.205=0.141$

$$s=\psi_s\sum_{i=1}^{n}\lambda_{si}\Delta w_ih_i$$

$$=0.8\times[0.12\times0.141\times(2.5-1.2)+0.11\times0.141\times(3.5-2.5)]$$

$$=0.03\text{m}=30\text{mm}$$

28.［答案］C

［解析］《公路工程抗震规范》(JTG B02—2013)第 4.4.2 条。

$$C_e=\frac{N_1}{N_{cr}}=\frac{8}{9.5}=0.84$$

查表分层采用加权平均：$\psi_l=\dfrac{7\times\frac{2}{3}+4\times1.0}{7+4}=0.79$

29.［答案］B

［解析］《建筑抗震设计规范》(GB 50011—2010)第 4.3.4 条、第 4.4.3 条。

$$N_{cr}=N_0\beta[\ln(0.6d_s+1.5)-0.1d_w]\sqrt{3/\rho_c}$$

$$=10\times0.8\times[\ln(0.6\times9.0+1.5)-0.1\times2.0]\times\sqrt{3/3}=13.85$$

打桩后：$N_1=N_p+100\rho(1-e^{-0.3N_p})$

即 $13.85=7+100\times\rho\times(1-e^{-0.3\times7})$，解得 $\rho=0.078$

正方形布桩置换率：$\rho=\dfrac{d^2}{s^2}=\dfrac{0.3^2}{s^2}=0.078$

解得 $s=1.0742\text{m}=1074.2\text{mm}$，选用小值 1000mm。

30.[**答案**] D

[**解析**]《建筑基桩检测技术规范》(JGJ 106—2014)第 4.1.3 条、第 4.2.2 条。

加载量不应小于设计要求的单桩承载力特征值的 2.0 倍,加载反力装置能提供的反力不得小于最大加载量的 1.2 倍;

$7000\times1.2\times2.0=4\times n\times\frac{3.14\times25^{2}}{4}\times360\times10^{-3}$,解得 $n=23.8$,取 24 根。